2

28개의 카테고리로 알아 보는

한국의 조경수

이광만

🌲 나무와문화 연구소

28개의 카테고리로 알아 보는

한국의 조경수 ❷

●

발행일 · 2017년 6월 30일 1쇄 인쇄
지은이 · 이광만, 소경자
발 행 · 이광만
출 판 · 나무와문화 연구소

●

등 록 · 제2010-000034호
카 페 · cafe.naver.com/namuro
e-mail · visiongm@naver.com
ISBN · 978-89-965666-7-0 16480
     · 978-89-965666-6-3 (세트) 16480

정 가 · 30,000원

국립중앙도서관 출판시도서목록(CIP)

한국의 조경수수. 2 / 지은이 : 이광만, 소경자. — [대구] :
나무와문화 연구소, 2017
     p. ;   cm

ISBN 978-89-965666-7-0 16480 : ₩30000
ISBN 978-89-965666-6-3 (세트) 16480

조경 수목[造景樹木]
나무(식물)[木]

485.16-KDC6
582.16-DDC23   CIP2017015384

머|리|말

원고를 끝내고 조경에 입문 후의 지난 10여 년의 시간을 돌이켜보았습니다. '무식하면 용감하다'는 말이 있듯이, 처음에는 그야 말로 아무 것도 모르고 그저 자연이 좋아서 나무가 좋아서, 나무를 키워보겠다고 덤벼들었습니다. 여러 번의 실패와 좌절을 맛보아야 했으며, 왜 이런 무모한 시작을 했는지 후회를 하기도 했습니다. 그러나 자연은 결코 인간을 속이지 않을 거라는 믿음 하나로 이 일에 매진하였습니다. 지금도 그 믿음에는 변함이 없습니다. 《한국의 조경수》는 〈나무와 문화 연구소〉를 출범하고, 죽기 전에 나무 관련 책 20권을 쓰자고 약속을 하고 나서 출간하는 네 번째 책입니다. 2년 동안 거의 매일 나무사진 촬영과 자료수집, 집필에 전력하였습니다.

이 책은 우리나라에서 자주 볼 수 있는 251종의 조경수를 나무의 생태, 조경적 가치와 기능에 따라 28개의 카테고리로 분류하였습니다. 그리고 각 수종마다 나뭇잎, 열매, 겨울눈, 수피, 뿌리 등의 사진을 실어 나무에 대한 이해를 높였습니다. 또 '조경수 이야기', '조경 포인트', '재배 포인트', '병충해 포인트', '전정 포인트', '번식 포인트' 등의 항목을 두어 누구나 쉽게 조경수를 즐기고 재배할 수 있게 하였습니다. 특히 '조경수 이야기'에서는 조경수가 단순한 나무가 아니라, 오랜 역사와 문화를 가진 문화재라는 측면에서 재미있는 이야기로 풀어나갔습니다. 나무가 혹은 조경수가 생물학적 측면에서뿐 아니라 이처럼 재미있는 이야기로도 접근이 가능하다는 것을 보여주기 위해서 노력하였습니다. '조경 포인트'는 조경수의 조경적 측면에서 관상 포인트와 활용 가치에 대해 기술하였습니다. '재배 포인트', '병충해 포인트', '전정 포인트', '번식 포인트'는 조경수를 재배하는데 있어서 실질적인 도움이 될 수 있는 내용으로 구성하였습니다. 전문일러스트가 그린 많은 그림을 삽입하여 그림만으로도 쉽게 이해할 수 있도록 기획하였습니다.

이 책이 나오기까지 많은 분들의 도움이 있었음을 밝혀둡니다. 귀중한 나무 사진을 기꺼이 제공해주신 야로 이양노님, 수목의 병충해에 관해 조언과 관련 사진을 제공해주신 진흥녹화센터의 최윤호님, 나무열매를 먹는 조류의 사진을 제공해주신 대곡 정덕채 선생님께 깊은 감사를 드립니다. 그 외에도 흔쾌하게 자료와 사진을 제공해주신 많은 분들의 충심어린 도움과 조언이 없었다면, 오늘 감히 여기까지 오지 못했을 겁니다.
각고의 노력을 기울였다고 생각하지만 미흡한 점도 많이 발견되리라 여겨집니다. 그러나 오늘은 여기에서 마무리하겠습니다. 그리고 '더 좋은 것'은 내일을 위해 남겨두겠습니다.

2017년 6월 **이광만 · 소경자**

아이콘 설명

① 수형

아이콘	수형	아이콘	수형
	원추형		배상형
	우산형		부정형
	달걀형		주립형
	타원형		포복형
	수양형		덩굴형
	구형		

② 잎

아이콘	잎 모양	아이콘	나는 방법
	둥근잎 톱니		어긋나기
	둥근잎 전연		마주나기
	갈래잎		돌려나기
	손모양 겹잎		모여나기
	깃모양 겹잎		
	바늘잎		
	비늘잎		

③ 꽃

아이콘	꽃 모양	아이콘	붙는 방법
	꽃잎이 여러 장인 꽃		가지 끝에 하나의 피는 것
	깔때기 모양의 꽃		꽃줄기에 여러 개의 꽃이 피는 것
	종 모양의 꽃		꽃자루 끝에 꽃이 모여서 피는 것
	나비 모양의 꽃		작은꽃이 아래로 드리워 피는 것
	긴 통 모양의 꽃		기타
	꽃잎이 없는 꽃		
	기타		

④ 열매

아이콘	열매 모양	아이콘	열매 모양
	구형 또는 타원형이며, 익어도 벌어지지 않는 열매		익으면 열매껍질의 3곳 이상이 갈라지는 열매
	작은 열매가 여러 개 모여 있는 열매		침엽수에서 보이는 솔방울 모양의 열매
	콩과 식물 특유의 콩꼬투리 모양의 열매		참나무과 나무에서 보이는 도토리 모양의 열매
	주머니 모양이며, 열매껍질의 1곳이 갈라지는 것		기타
	단풍나무에서 흔하게 보이는 새 날개 모양의 열매		

⑤ 수피

아이콘	수피의 모양	아이콘	수피의 모양
	평활		껍질눈
	그물망		얼룩무늬
	세로줄		길게 벗겨짐
	갈라짐		기타

⑥ 겨울눈

아이콘	성상-겨울눈	아이콘	성상-겨울눈
	낙엽수-비늘눈		상록수-비늘눈
	낙엽수-맨눈		상록수-맨눈
	낙엽수-숨은눈		상록수-숨은눈

⑦ 뿌리

아이콘	뿌리의 형태
	심근형
	중근형
	천근형

⑩ 병충해 아이콘

아이콘	병해충의 종류	아이콘	병해충의 종류
	식엽성		선충
	흡즙성		곰팡이
	천공성		세균
	충영성		바이러스
	종실해충		

⑧ 조경 포인트

아이콘	주요 용도	아이콘	주요 용도
	정원수		녹화수
	공원수		가로수
	과수		방풍수
	산울타리		방화수

⑪ 전정 포인트

아이콘	전정의 형태	아이콘	전정의 형태
	전년지에서 개화하는 낙엽교목류 -개화 후 그리고 겨울에 가지치기를 한다.		포기형 관목류 -개화 후 가지치기를 한다.
	당년지에서 개화하는 낙엽교목류 -겨울에 가지치기를 한다.		둥근형 관목류 -개화 후 수관깎기를 한다.
	상록교목류 -개화 후 수관깎기를 한다.		덩굴성 식물

⑨ 재배 포인트

아이콘		설명
	광 요구도	양수
		중용수
		음수
	내한성	강
		중
		약
	수분 요구도	건조
		적윤
		습윤

⑫ 번식 포인트

아이콘	번식의 종류	아이콘	번식의 종류
	실생		분주
	삽목		휘묻이
	접목		높이떼기

조경수 이름　과명/속명　성상/수고　분포　수형

조경수 분류

QR코드

11-3
녹음수

벽오동

- 벽오동과 벽오동속
- 낙엽활엽교목 · 수고 15m
- 중국 원산, 대만, 일본(오키나와); 전국에 식재

학명 *Firmiana simplex* 속명은 18세기 오스트리아제국 이탈리아 롬비디의 총독이고, 파우다 대학교 식물원의 후원자이었던 Karl von Firmian의 이름에서 비롯되었다. 종명은 '단일한'이라는 뜻으로 홑잎을 뜻한다. │ 영명 Chinese parasol tree │ 일명 アオギリ(靑桐) │ 중명 梧桐樹(오동수)

학명
영명/일명/중명

| 잎

어긋나기,
길래잎이며,
윗부분이
3~5길래로
길라진다.
오동나무 잎과
비슷하다.

10%

잎 사진

| 꽃

암수한그루, 가지 끝에 대형 원추꽃차례에 노란색 꽃이 모여 핀다.

암꽃　수꽃

꽃 사진

| 열매

삭과,
열매는
종자가 익기
전에 벌어진다.
종자는
원두콩 모양이고
식용이 가능하다.

열매 사진

| 겨울눈

끝눈은
반구형이며,
10~16개의
눈비늘조각에
싸여있다.

겨울눈 사진

나무 사진

| 뿌리

뿌리 사진

| 수피

유목은 청록색이고 매우 매끈하다.
성장함에 따라 회백색이 되고
세로줄이 생긴다.

유목　성목

수피 사진

중근형, 중·대경의 수하근과
사출근이 발달한다.

조경수 이야기

조경수 이야기

일본목련의 일본 이름은 호오노키朴ノ木이며, 나무껍질이 두터워서 꼬우보쿠厚朴라고도 부른다. 우리나라에서는 일본목련을 후박厚朴나무라고 잘못 부르는 경우가 많은데, 이는 1920년경 이 나무가 처음 도입될 당시 수입업자들이 후박厚朴이라는 일본목련의 일본 이름을 그대로 번역해서 수입하였기 때문이다. 우리나라에는 녹나무과의 상록교목인 후박나무 *Machilus thunbergii*가 따로 있기 때문에, 이 나무는 반드시 일본목련 *Magnolia obovata*이라 불려야 한다. 우리나라의 후박나무를 일본에서는 타부노키椨ノ木라고 부른다.

일본목련은 다른 종류의 목련에 비해 키가 크고 잎도 크다. 5월경 잎이 나온 다음에 가지 끝에 큰 꽃이 피는데, 백목련만큼 수가 많지는 않지만 향기가 진하다. 가운데 붉은 색의 큰 수술대가 우뚝 솟아 흰색의 꽃잎과는 대조를 이룬다. 이처럼 다른 목련에 비해 관상가치가 떨어지지 않음에도 불구하고, 우리나라에서 많이 심지 않는 이유는 이름 앞에 일본이라는 단어가 붙어 있기 때문인 것으로 여겨진다.

일반 목련류와 달리 잎이 먼저 나오고, 가지 끝에 꽃이 1개씩 듬성듬성 달린다. 꽃의 크기는 지름이 15cm 정도로 어린아이 머리만큼 큼지막하다. 꽃은 노란색이 많이 섞인 유백색이며, 향기가 강해서 황목련 또는 향목련이라는 이름으로도 불린다.

조경 포인트

조경 Point

다른 목련 종류와는 달리 커다란 잎이 나온 후에 연한 노랑 빛을 띠는 향기가 강한 꽃을 피운다. 수간이 곧게 자라고, 돌아가면서 가지가 뻗어 단정한 수형을 보여준다. 자연수형으로 키우

면 주택의 정원, 공원, 가로수 등으로 활용하기에 좋다. 새싹이 나올 때의 가지는 꽃꽂이의 재료로도 인기가 있다.

재배 Point

재배 포인트

다습하지만 배수가 잘 되며, 부식질이 풍부한 산성~중성토양이 좋다. 햇빛이 잘 비치는 곳이나 반음지에 식재한다. 내한성은 강한 편이며, 강풍으로부터 보호해준다.

병충해 Point
병충해 포인트

병해충으로는 잿빛곰팡이병, 흰가루병, 가문비왕나무좀 등이 알려져 있다. 가문비왕나무좀은 침엽수와 활엽수를 광범위하게 가해한다. 목질부로 침입하여 갱도 내에 암브로시아균을 배양하기 때문에 수세가 현저하게 쇠약해져서 수목이 고사하는 경우도 있다. 화학적 방제로 벌레똥을 배출하는 침입공에 페니트로티온(스미치온) 유제 50~100배액을 주입하여 성충을 죽인다. 피해목 안에 있는 성충은 4월 이전에 제거하여 소각하거나 땅에 묻는다.

전정 Point
전정 포인트

맹아력이 강하여 강전정에도 잘 견디지만, 정원에 식재한 경우에는 보통 자연수형으로 키운다. 2월 하순~3월에 정원의 크기에 따라 적당한 높이에서 잘라주어 수고를 제한하고, 길게 자란 도장지 정도만 잘라서 수형을 정리한다.

번식 Point

번식 포인트

가을에 잘 익은 열매를 채취하여 종자를 둘러싼 과육을 제거하고 바로 파종하거나 습기가 있는 모래 속에 노천매장해두었다가, 다음해 봄에 파종한다.

28개의 카테고리로 알아 보는

한국의 조경수 ❷

28개의 카테고리로 알아 보는
한국의 조경수 ❶

02
PART

28개의 카테고리로 알아 보는

한국의 조경수

감탕나무

- 감탕나무과 감탕나무속
- 상록활엽소교목 ・수고 10m
- 중국(저장성), 일본, 대만; 제주도 및 전남, 경남의 남해안 도서의 바닷가 산지

학명 *Ilex integra* 속명은 '늘푸른 참나무류(Quercus ilex)의 잎과 비슷한'에서 유래한 것이며, Holly genus(호랑가시나무류)에 대한 라틴명이다. 종소명은 '잎 가장자리가 밋밋한'이라는 뜻이다. ┃ 영명 Elegance female holly ┃ 일명 モチノキ(黐の木) ┃ 중명 全緣冬青(전연동청)

| 잎

어긋나기. 타원형이며,
잎가장자리는 밋밋하다.
양면의 잎맥이 거의 보이지 않는다.

60%

| 꽃

암꽃

수꽃

암수딴그루. 올해 난 가지의 잎겨드랑이에 황록색의 꽃이 모여 핀다.

| 열매

핵과. 구형이며
적색으로 익는다.
껍질은 찧으면
진득진득하여,
끈끈이용 재료로
이용된다.

| 겨울눈

잎눈

꽃눈

잎눈은 원추형이며,
가죽질의 눈비늘조각에 싸여있다.
꽃눈은 금년지의 잎겨드랑이에 붙는다.

| 수피

지름 21cm

연한 회갈색이고
얕은 세로줄이 있다.
처음에는 평활하나
점차 거칠어진다.

감탕나무의 이름은 감탕甘湯에서 유래된 것이다. 감탕이란 엿을 고아낸 솥을 가시어 낸 단물이나 메주를 쑤어낸 솥에 남은 진한 물을 말하는데, 단 맛과 진흙같이 끈끈한 형태를 나타내는 단어다. 감탕나무 껍질을 물에 넣어 썩혔다가 가을에 깨끗하게 씻어 절구로 찧은 다음에 떡 모양으로 개어 끈끈이를 만들었다. 이 감탕 끈끈이에 새의 깃털이 닿으면 날지 못할 정도이기 때문에 새를 잡는 덫으로 쓰이기도 하고, 나무쪽을 붙이는 천연접착제로 사용하였다고 한다. 제주 목사를 역임했던 이형상이 저술한 《남환박물南宦博物》에 감탕나무를 점목黏木, 즉 '끈끈이 나무'라고 한 것을 보아 옛날에는 접착제의 원료로 널리 쓰였던 것 같다.

감탕나무의 일본 이름 모찌노키縣ノ木는 도리모찌鳥縣에서 온 것으로, 이 역시 감탕나무 껍질을 끓여서 새를 잡는데 사용한 것에서 유래된 것이다. 일본에서는 감탕나무로 만든 끈끈이 덫으로 새를 잡아 시장에 내다 팔기까지 했다고 한다. 우리나라와 일본에서는 나무의 껍질로 끈끈이를 만든 것에서 감탕나무라는 이름을 붙였지만, 중국에서는 겨울에도 지지 않는 푸르고 길쭉한 잎을 보고 세엽동청細葉冬靑이라는 이름을 달아주었다.

◁ 도리모찌(鳥縣)
새나 곤충을 잡기 위해 사용하는 점착성이 있는 물질.

윤선도가 제주도로 가던 중 아름다움에 반해서 정착했다는 보길도에서 빤히 바라보이는 곳에 예작도라는 작은 섬이 있다. 이곳에는 우리나라 유일의 감탕나무 천연기념물제338호 노거수가 있다. 이 나무는 나이가 약 300살 정도로 추정되며, 200여 년 전 처음 이곳에 자리를 잡은 홍씨와 김씨가 마을을 지켜주고 보호하는 당나무로 모시기 시작했고, 제사를 지내며 행운과 풍어를 기원했다고 한다. 감탕나무 위쪽에 있는 소나무에도 제사를 지내며, 소나무를 할아버지당나무, 감탕나무는 할머니당나무이라고 불렀다.

조경 Point

상록의 두꺼운 잎과 빨간 열매가 관상가치가 있으며 후피향나무, 목서와 함께 3대 정원수 중 하나로 꼽으며, 정원이나 공원에 관상수로 사용하기에 적합하다. 해풍이나 대기오염에도 잘 견디며, 잎은 수분을 많이 함유하고 있어서, 해안 및 공단지역에서 녹화용, 방화용 및 방풍림으로 활용한다.

재배 Point

내한성은 약한 편이다. 습기가 있고 배수가 잘 되며, 적당히 비옥하고 부식질이 풍부한 토양이 좋다. 식재 또는 이식은 늦겨울 혹은 이른 봄이 적기이다.

나무			개화	새순		열매					
월	1	2	3	4	5	6	7	8	9	10	11	12
전정				전정			전정				
비료	한비										

감탕나무의 대표적인 해충으로는 깍지벌레와 진딧물을 들 수 있다. 루비깍지벌레, 뿔밀깍지벌레 등이 다발하면 나무의 성장이 저해되고, 이들의 배설물을 영양원으로 하는 병균에 의해 그을음병이 많이 발생한다.

깍지벌레류는 애벌레일 때 줄기나 가지로 이동하여 적당한 장소에 이르면 수액을 흡즙하고, 성충이 되면 다리가 퇴화되어 고착한다. 성충은 몸을 분비물로 덮기 때문에 살충제를 직접 살포하는 것은 효과가 없으므로, 솔 등으로 문질러서 떨어뜨리는 것이 좋다. 6~7월경이 애벌레의 발생기이므로, 이때 살충제를 살포하는 것도 효과가 있다.

잎색에 이상이 있거나 작은 반점이 발견되면, 진딧물에 의한 흡즙피해의 가능성이 있다. 진딧물은 고온건조한 조건에서 많이 발생하며, 몸체가 대단히 작기 때문에 육안으로는 발견하기 어렵다. 따뜻한 지방에서는 성충의 형태로 겨울을 나지만, 대개는 알의 형태로 월동한다. 따라서 발생이 예측되면 겨울철에 기계유유제를 살포하여 월동알을 구제한다.

깍지벌레와 진딧물은 약충이 발생하는 초기에 티아클로프리드(칼립소) 액상수화제 2,000배액과 뷰프로페진.디노테퓨란(검객) 수화제 2,000배액를 교대로 1~2회 살포하여 방제한다.

▲ 매실애기잎말이나방 피해잎

맹아력이 강하기 때문에 강전정이 가능하다. 전정시기는 6월 하순~8월 하순 사이에 두 번 하는 것이 좋다. 첫 번째 전정은 한지에서는 6월 하순, 난지에서는 8월 하순에 실시한다. 전정 후에는 초가을에 나오는 아름다운 새순을 즐길 수 있다.

산울타리로 식재한 경우는 식재한 다음해부터 수관깎기 전정을 하며 높이를 해마다 조금씩 키워서 최종적으로 1.5m 정도가 되게 유지한다.

11월경에 완숙한 열매를 따서 과육을 흐르는 물로 씻어내고 바로 파종하거나, 건조하지 않도록 비닐봉지에 넣어 냉장고에 보관하였다가, 다음해 3월에 파종한다. 건조하지 않도록 반그늘에 두고 관리하며, 발아하면 서서히 햇볕에 익숙해지도록 해주고 2~3년이 지나면 이식한다.

6월 중순~7월 상순에 충실한 햇가지를 삽수로 사용하여 밀폐삽목을 한다. 2~3월에 2~3년생 실생묘를 대목으로 사용하여 절접을 붙인다.

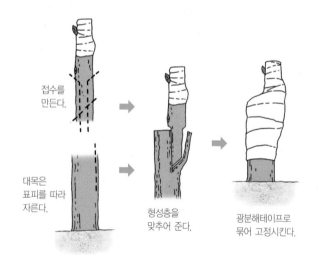

접수를 만든다.

대목은 표피를 따라 자른다.

형성층을 맞추어 준다.

광분해테이프로 묶어 고정시킨다.

▲ 접목(절접) 번식

구상나무

- 소나무과 전나무속
- 상록침엽교목 • 수고 15~20m
- 우리나라 특산식물로 덕유산, 지리산, 한라산의 해발 고도 1,000m 이상 산지에 자생

| 학명 *Abies koreana* 속명은 라틴어 abire(오르는 것)에서 유래한 것으로 몇 전나무류(Silver fir)의 높이가 큰 것을 뜻하며, 종소명은 '한국의'라는 뜻이다.
| 영명 Korean fir | 일명 チョウセンシラベ(朝鮮白檜) | 중명 朝鮮冷杉(조선냉삼)

| 잎

바늘 모양의 잎이
가지나 줄기에 돌려난다.
뒷면에 2줄의
흰색 숨구멍줄이 있다.

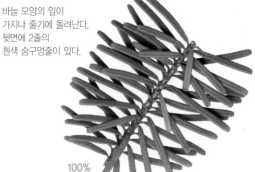

100%

| 꽃

암꽃차례

수꽃차례

암수한그루. 암꽃차례는 긴 타원형이며, 곧추 서서 달린다. 수꽃차례는 타원형이며, 대개 아래를 향해 달린다.

| 열매

구과. 원통형이며,
녹갈색 또는
자갈색으로 익는다.

| 수피

회갈색에서 점차
검은 초록빛 갈색으로 변하다
어려서는 편평하고 매끄럽지만
커감에 따라 거칠어진다.

1907년 프랑스 출신의 포리Faurei 신부가 제주도 한라산에서 구상나무를 채집하여, 미국 하바드대 아놀드식물원의 식물분류학자인 월슨Wilson에게 표본을 보냈다. 포리 신부는 당시 이 표본을 분비나무의 일종으로 알았다. 월슨은 포리 신부가 보내온 표본을 보고 무엇인가 다른 종인 듯한 생각이 들어, 1917년에 직접 제주를 찾아가 일본인 식물학자 나카이中井 박사와 함께 한라산에 올라 구상나무를 채집했다.

그 후 월슨은 연구 끝에 이 구상나무가 분비나무와 전혀 다른, 새로운 종이라고 발표했다. 그는 제주도 사람들이 이 나무를 '쿠살낭'이라고 부르는 것을 보고 구상나무라 이름 지었다. '쿠살'은 성게를 의미하며, '낭'은 제주도 말로 나무라는 뜻으로 구상나무 잎이 성게 가시처럼 생겼다고 해서, 제주도 사람들은 이 나무를 쿠살낭이라 불렀다고 한다. 월슨과 동행했던 나카이 박사는 구상나무와 분비나무를 구별하지 못해 구상나무의 명명자가 되지 못한 것을 두고두고 후회했다고 한다.

구상나무는 한라산을 비롯하여 지리산·덕유산·가야산의 고산지대에 자라는 아한대성 수종이다. 학계에서는 약 12,000년 전 빙하기가 끝난 후에 퍼진 가문비나무나 분비나무의 변종으로 생겨나 한라산 등의 아고산지역에 고립되어 적응한 종으로 추정하고 있다. 현재는 지구온난화로 인해 서식지가 점차 한라산 정상쪽으로 좁아지고 있다.

구상나무는 세계가 인정하는 우리나라 특산나무이지만, 외국인이 가져가 크리스마스 트리용 나무로 육종·개발하여 우리나라가 역수입하고 있는 것이 안타까운 현실이다. 정향나무가 '미스킴 라일락'으로 변신하여 역수입되고 있는 것과 같은 것이다.

구상나무는 솔방울의 색깔이 녹색에서 황록색으로 변하는 푸른구상나무, 검은 색을 띠는 검은구상나무, 붉은 색을 띠는 붉은구상나무 등 3종류가 있다.

▶ **어니스트 월슨**
(Ernest Henry Wilson)
영국의 식물수집가. 동양, 특히 중국의 식물을 수집하여 영국과 미국에 이식하여, 차이니즈 윌슨(Chinese Wilson)라고도 불렸다.

조경 Point

우리나라 특산 수종이며, 피라미드형의 수형이 아름답고 기세가 당당한 조경수이다. 줄기 아래부터 멋지게 퍼지는 가지, 신비로운 분백색이 감도는 잎, 힘차고 아름다운 열매 등 조경수로서 많은 장점을 가지고 있다.

면적이 넓은 공원에 독립수로 심으면 그 진가를 발휘할 수 있다. 유럽 지역에서는 크리스마스트리용으로도 많이 이용되고 있다.

재배 Point

온대와 아한대지역으로 여름에 서늘하고, 바람이 잘 통하고, 습기가 많으며, 거름진 곳이 좋다.

부분적으로 그늘진 곳 즉, 저녁 또는 이른 아침 시간에만 직사광선이 노출되는 곳에 심는다. 내한성이 강한 편이며, 중성 또는 약간 산성토양에서 재배한다. 특히 어린 묘목일 때는 그늘에서도 잘 견딘다.

뿔밀깍지벌레, 복숭아명나방 등의 해충이 발생하는 수가 있다
뷰프로페진.디노테퓨란(검객) 수화제 2,000배액을 살포하여 방
제한다. 병해 중 잎떨림병은 잎이 떨어진다는 뜻에서 붙여진 이
름으로, 자낭균에 의해서 생기며 잣나무, 소나무, 해송, 낙엽송
등에 흔히 발생한다.

발병하면 봄부터 초여름 사이에 떨어진 잎을 모아 태우거나 묻
고, 6~8월에 자낭포자가 비산할 때 2주 간격으로 만코제브(다
이센M-45) 수화제 500배액이나 터부코나졸(호리쿠어) 유제
2,000배액를 살포하여 방제한다.

9월 하순~10월에 솔방울을 채취하여, 햇볕에 건조시킨 후에 털
면 종자가 분리되어 나온다. 종자를 기건저장하였다가 다음해
봄에 파종하기 1개월 전에 노천매장한 후에 파종한다.

묘목이 파종상에서 모잘록병의 피해를 입는 경우가 많기 때문
에, 파종하기 전에 클로로피크린 등으로 토양을 소독한 후에 파
종하는 것이 좋다.

조경수 상식

■ 천연기념물 팽나무 · 회화나무

1	제82호	무안 청천리 팽나무와 개서어나무 숲	7	제351호	인천 신현동 회화나무
2	제108호	함평 향교리 느티나무 · 팽나무 숲	8	제317호	당진 삼월리 회화나무
3	제161호	제주 성읍리 느티나무 및 팽나무 군	9	제318호	월성 육통리 회화나무
4	제400호	예천 금남리 황목근(팽나무)	10	제319호	함안 영동리 회화나무
5	제480호	보성 전일리 팽나무 숲	11	제472호	창덕궁 회화나무 군
6	제494호	고창 수동리 팽나무			

▲ 월성 육통리 회화나무 ⓒ 문화재청
천연기념물 제318호.

▲ 보성 전일리 팽나무 숲 ⓒ 문화재청
천연기념물 제480호.

금송

- 금송과 금송속
- 상록침엽교목 · 수고 30m
- 일본 특산종; 전국적으로 공원수, 정원수로 식재

학명 *Sciadopitys verticillata* 속명은 그리스어 scias(우산)와 pitys(전나무)의 합성어이며, 종소명은 '돌려나기[輪生] 하는'이라는 뜻이다.
영명 Umbrella pine ｜ **일명** コウヤマキ(高野槇) ｜ **중명** 金松(금송)

| 잎

잎이 짧은가지 끝에
15~40개씩 묶음으로
돌려난다.
잎뒷면에 흰색
숨구멍줄이 있다.

15%

| 꽃

암꽃차례

수꽃차례

암수한그루. 3~4월에 가지 끝에 타원형의 꽃이삭이 달린다. 색은
모두 갈색에 가깝다.

| 수피

적갈색이고,
세로로 길게 갈라진다.
표면은 얇은
띠 모양으로 벗겨진다.

| 겨울눈

새순의 끝에만 달리고 적갈색을
띠며, 달걀형이다.

| 열매

구과이며, 달걀모양의 타원형이다.
위로 곧추 서서 달리며, 다음해 10~11월에 익는다.

금송은 일본의 특산수종으로 1과 1속 1종만 존재하는 희귀 수종이다. 잎은 여러 개의 바늘잎針葉이 돌아가며 나서 전체적으로 바람에 뒤집힌 우산 모양을 하고 있다. 속명Sciadopitys은 그리스어로 sciadopity우산와 pitys소나무의 합성어이며, 영어 이름도 우산나무Umbrella tree로 불린다.

수형은 하늘을 향해 곧게 뻗어가는 원추형이며, 장기간 아래쪽 가지가 말라죽지 않기 때문에 오래되더라도 단정하고 아름다운 수형을 유지한다. 히말라야시더·아라우카리아와 함께 세계 3대 공원수로 꼽히며, 우리나라에서는 기념수로 많이 식재되고 있다.

목재가 단단하고 잘 썩지 않아, 일본에서는 오래 전부터 건축재나 관재로 사용되었다. 1971년 공주에서 백제 25대 무령왕의 무덤이 발굴되었는데, 이때 일본 남부지방에서 자라는 금송으로 만든 관이 출토되어, 고대 백제와 일본의 관계를 알 수 있는 귀중한 증거목이 되기도 하였다.

2007년 이전 발행되었던 천 원권 지폐 뒷면에 등장했던 안동 도산서원의 금송이 이후 발행된 신권에서는 자취를 감추었다. 이 금송은 1970년 박정희 전 대통령이 청와대 집무실 앞의 금송을 도산서원으로 옮겨 심은 것이었다고 표지석에 기록되어 있었다.

▲ **구 천 원권 화폐 뒷면**
　도산서원이 그려져 있고 전면에 금송(노란색 원)이 있다.

하지만 심은 지 2년 뒤에 말라죽어 당시 안동군에서 다른 금송을 구해 같은 자리에 심었다고 한다. 이후에도 이 금송은 우리나라는 자생하지 않는 일본 특산종이라는 점과 박정희 전 대통령이 직접 기념식수한 것이 아니라는 사실이 밝혀져 구설수에 올랐다.

결국 안동시는 2013년 도산서원 종합정비계획을 발표하면서, 자연경관을 저해한다 하여 도산서원 내의 금송을 서원 밖으로 옮겨 보존하기로 했다고 한다.

조경 Point

정제된 원추형의 자연수형과 돌려난 것처럼 보이는 잎이 돋보이는 일본 특산의 조경수이다.

수령이 10~25년 된 비교적 어리고 세력이 좋은 나무를 정원이나 공원에 심으면 좋다. 잔디가 심어진 정원에 독립수로 심거나, 큰 나무와 작은 나무를 배합하여 무리로 심으면 잘 어울린다. 특히 일본에서는 정원수뿐 아니라, 신사나 사찰 경내에도 많이 심는다.

재배 Point

보수성이 있고 배수가 잘 되며, 중성~약산성의 비옥한 토양을 좋아한다. 내한성이 강하지 않아서 중부지방에서 재배할 때는 주의를 요한다.

비콩과 수목이면서 뿌리혹박테리아와 공생하며, 생장은 느리지만 장수목이다.

나무			개화	└새순						열매		
월	1	2	3	4	5	6	7	8	9	10	11	12
전정			전정					전정				
비료	한비											

잎마름병, 모잘록병, 솔잎깍지벌레의 피해가 알려져 있다. 잎마름병은 잎이 갈색으로 변하면서 반점이 생겨 조기에 낙엽이 지는데, 코퍼하이드록사이드(코사이드) 수화제 1,000배액을 살포하여 방제한다.

모잘록병은 하이멕사졸(다찌가렌) 액제 1,000배액을 ㎡당 3ℓ씩 토양관주처리한다. 솔잎깍지벌레에는 뷰프로페진.디노테퓨란(검객) 수화제 2,000배액을 살포하여 방제한다.

자연상태에서도 수형이 잘 나오는 나무다. 나무 전체의 균형을 고려하여 가지솎기 정도만 해주거나, 복잡한 가지를 정리하는 정도로도 좋은 수형을 유지한다.

수령 20~30년 되는 나무는 주위의 방해가 없으면, 하지가 많이 나와서 아름다운 원추형의 수형을 유지한다.

종자를 채취하여 바로 파종상에 뿌리면, 다음해 봄에 발아하는 것은 매우 적고 대부분 2년째 봄에 발아한다. 그러나 채취한 종자를 습기가 있는 물이끼나 모래와 섞어서 밀봉한 다음 냉장고에 1~2개월 저장한 후에 뿌리면, 대부분 다음해 봄에 발아한다.

파종상은 습기가 충분히 유지되도록 관리하며, 발아한 것부터 차례로 이식한다. 발아한 후에도 씨껍질이 떡잎에 붙어서 좀처럼 떨어지지 않는 것이 있는데, 이런 것은 떡잎이 상하지 않도록 제거한다.

생장이 매우 느려서 정원에 심을 정도로 성장하려면, 오랜 시간이 걸린다. 삽목은 2년생 혹은 3년생 가지를 삽수로 사용하면, 발근이 잘 된다.

대왕송

- 소나무과 소나무속
- 상록침엽교목 • 수고 20~30m
- 북미(남동부) 원산; 중부 이남에 식재

 | **학명** *Pinus palustris* 속명은 켈트어 pin(산)에서 유래된 라틴어이다. 종소명은 '습지를 좋아하는'이라는 의미이지만, 이는 명명자인 Philip Miller가 이 나무의 특성을 오해한 데서 비롯된 것이다. | **영명** Longleaf pine | **일명** ダイオウショウ(大王松) | **중명** 長葉松(장엽송)

잎

10%

바늘잎이
3개씩 모여 난다.
잎의 길이가
20~45cm로
다른 소나무류에 비해
잎이 길어서
풀처럼 보인다.

잎은 가지에 나선상으로 붙는다.

열매

구과. 원주형 또는 긴 원통형이며, 길이는
15~25cm 정도로 크다.

수피

지름 15cm

성장함에 따라 표면에
붉은색이 증가하고, 가
늘고 긴 비늘 모양으로
갈라져서 떨어진다.

■ 소나무류의 잎 크기 비교

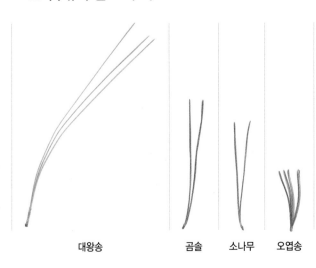

대왕송 | 곰솔 | 소나무 | 오엽송

대왕송은 북아메리카 남동부가 원산지이다. 소나무 중에서 가장 길고 위엄 있는 잎을 달고 있어서 붙여진 이름이며, 왕솔나무라고도 부른다. 말의 갈기처럼 길게 아래로 드리워진 잎의 모양 때문에, 영어 이름은 롱리프파인Longleaf pine 또는 롱리프 옐로 파인Longleaf yellow pine이다.

토심이 깊고 배수가 잘되는 사질토에서 잘 자라지만, 척박한 땅이나 사방지에도 심을 수 있다. 다른 소나무류와 마찬가지로 극양수로 햇볕을 좋아한다. 종소명 팔루스트리스palustris는 '습지를 좋아하는'이라는 뜻을 가지지만, 이는 명명자인 필립 밀러Philip Miller가 이 종의 특성을 오해한 데서 비롯된 이름이다.

1930년경에 우리나라에 들여와서, 남부 지방이나 제주도에 조경수나 기념수로 많이 심었다. 원산지에서는 크게 자라기 때문에 목재로서의 이용가치가 크다. 또 송진을 채취하기 위한 자원으로 이용하며, 솔잎에서 섬유를 얻는다고 한다. 하지만 내한성이 약해서 우리나라에서는 크게 자라지 않는다.

이 나무의 가장 큰 특징은 잎 3개가 한 묶음이며, 길이도 20~45cm로 매우 길다는 것이다. 소나무과의 나무는 한 다발에 몇 개의 잎이 나오는지가 큰 특징이다. 소나무·곰솔·반송은 2개의 잎이 한 다발을 이루어 이엽송이라 하며, 잣나무·섬잣나무·스트로브잣나무 등 잣나무류는 5개의 잎이 한 다발을 이루어 오엽송이라 한다. 이에 대해 대왕송·백송·리기다소나무 등은 3개의 잎이 한 다발을 이룬다.

조경 Point

소나무 중에서 가장 긴 잎과 가장 큰 솔방울이 열리며, 주위에서는 흔하게 볼 수 없는 이색적인 수종이다. 이러한 특이함 때문에 어린이들의 호기심을 자극하기도 한다.
독립수, 첨경목 등으로 활용할 수 있으며, 작은 가지에 난 긴 솔잎은 꽃꽂이의 소재로 활용된다.

재배 Point

내한성은 약한 편이며, 주로 남부지방에 심는다. 햇빛이 잘 비치고 배수가 잘되는 곳이면 어떤 토양에서도 잘 자란다.
이식은 2~3월, 10~11월에 하며, 발근성이 좋지 않으므로 충분히 뿌리돌림을 해야 한다.

나무					개화	새순					열매	
월	1	2	3	4	5	6	7	8	9	10	11	12
전정		전정			전정						전정	
비료	한비											

병충해 Point

병충해에는 강한 편이지만, 종종 식엽성 솔나방이나 수목의 새순을 먹어치우는 심식충류가 발생한다. 솔나방은 애벌레인 송충이를 포살하거나, 애벌레의 가해 초기인 4월 중·하순이나 어린 애벌레시기인 9월 상순에 인독사카브(스튜어드골드) 액상수화제 2,000배액을 수관살포하여 방제한다.

번식 Point

종자로 번식시키며, 파종 시기는 3월 중순 이후가 좋다. 어린 묘의 생장속도가 느려서, 발아 후 1~2년 동안은 밑동에만 잎이 무성하다. 3년째 이후로는 왕성하게 생장한다.

동백나무

- 차나무과 동백나무속
- 상록활엽소교목 • 수고 7m
- 중국, 대만, 일본; 충남, 전라도, 경상도, 제주도의 바다 가까운 산지

학명 *Camellia japonica* 속명은 체코슬로바키아의 모라비아 예수회 선교사로서 1704년 필리핀 루손섬의 식물상을 쓴 Georg Josef Kamel을 기념한 것이며, 종소명은 '일본의'라는 뜻이다. **영명** Common camellia **일명** ツバキ(椿) **중명** 山茶(산다)

| 잎

어긋나기. 긴 타원형이며, 잎끝이 뾰족하다. 재질은 두꺼운 가죽질이며, 앞면은 강한 광택이 난다.

40%

| 꽃

양성화. 붉은색 꽃이 가지 끝이나 잎겨드랑이에서 11월부터 다음해 4월까지 계속 핀다.

| 열매

삭과. 구형이고 녹색 바탕에 붉은색을 띠며, 익으면 3갈래로 갈라진다.

| 수피

지름 14cm

연한 황갈색 또는 연한 회갈색이며, 표면은 매우 평활하다.

| 겨울눈

5~7장의 눈비늘조각에 싸여 있으며, 잎눈은 길쭉하고 꽃눈은 둥글다.

| 뿌리

천근형. 굴곡이 많은 중·대경의 사줄근과 수평근이 발달한다.

▲ 동박새

동백나무의 속명 카멜리아 *Camellia*는 예수회의 선교사이자 식물채집가인 카멜G. J. Kamell의 이름에서 유래한 것이다. 그는 필리핀 루손섬에서 동백나무를 채집하여 스페인으로 가져가 본국의 여왕 마리아 테레사에게 바쳤다. 종소명 자포니카*japonica*는 원산지가 일본임을 나타낸다. 하지만 중국인들은 중국이 동백나무의 원산지라고 주장하고 있다. 동백나무의 중국 이름은 '산에 사는 차나무'라는 뜻의 산다山茶이다. 동백나무가 차나무과에 속하며, 나뭇잎이 차나무와 닮아서 붙여진 이름이다. 예전에는 동백나무 잎으로도 차로 달여 마셨다고 하며, 꽃 또한 차나무 꽃과 닮았다.

18~19세기경 유럽에서는 동백꽃의 인기가 대단했으며, 파티에서는 항상 동백 코르사주*corsage*가 등장했다고 한다. 알렉상드르 뒤마의 서자인 뒤마 피스는 자신이 파리의 사교계에서 만난 고급 매춘부 마리 뒤플레시스와의 추억을 되살려 〈동백꽃의 여인〉이라는 연극을 썼다. 작곡가 베르디가 파리에 머물 때, 이 연극을 보고 그 내용에 크게 감명을 받아서 오페라 〈라 트라비아타 La Traviata〉를 작곡했다. 그 당시 유럽에서는 동백꽃이 엄청나게 인기가 있어서, 오페라의 주인공인 비올레타가 등장할 때는 언제나 가슴에 동백꽃을 꽂고 나왔다고 한다.

이 오페라를 일본에서 수입하여 번역할 때 〈춘희椿姬〉라 했으며, 이것을 우리나라에서 그대로 받아들였다. '춘희'의 본래 의미는 '동백꽃의 아가씨'이지만, 우리나라에서는 한자 춘椿 자가 차나무과 소속의 동백나무가 아니라, 멀구슬나무과 소속의 참죽나무를 의미하므로 '참죽나무 아가씨'라는 의미를 가진다.

동백나무는 우리나라 남부 지방에 자생하며, 특히 해안이나 도서 지방에서 많이 볼 수 있다. 예로부터 동백꽃은 상류층에게는 애완의 대상이었으며, 동백기름은 여인의 삼단 같은 머릿결을 윤기 나고 단정히 다듬는 머릿기름으로 더 잘 알려져 있다. 동백꽃의 야생종은 홑꽃이며, 꽃빛깔은 붉은색이다. 이외에 흰색, 분홍색 등 일본에서 개발한 원예종이 있으며, 꽃잎도 겹꽃 · 중겹꽃 · 대륜 · 소륜 등 종류가 다양하다.

◀ **라 트라비아타(La Traviata)**
우리나라에서 처음 공연된 유럽 오페라로, 1948년에 명동 시공관에서 〈춘희〉라는 제목으로 초연되었다.

조경 Point

겨울에 짙은 녹색의 잎을 배경으로 붉은 꽃이 더욱 돋보이는 아름다운 꽃나무이다. 꽃이 진 후에 열리는 흑자색의 열매 또한 관상가치가 있다. 정원, 공원, 유원지, 학교 등에 무리로 심는 경우가 많다. 정원에는 단독으로 심거나 통로에 열식하여 산울타리로 활용해도 좋다.

재배 Point

배수가 잘되고, 수분을 함유하고 부식질이 풍부한 약산성(pH5) 토양에 재배한다. 건조한 찬바람과 이른 아침의 햇빛은 피할 수 있는 곳이 좋다. 꽃봉오리는 찬바람과 늦서리의 피해를 입을 수 있다. 식재는 4월, 6월 중순~7월에 하고, 충분한 물주기를 한다.

나무	개화						새순			열매	개화	
월	1	2	3	4	5	6	7	8	9	10	11	12
전정			전정		전정			전정				
비료	한비				꽃후							

병충해 Point

동백나무탄저병은 잎과 열매에 주로 발생하며, 때로는 신초에도 발생한다. 병든 열매는 더 이상 커지지 않고 종자는 빈 껍질만 남는다. 신초는 흑갈색으로 변색되며, 발병부의 윗부분은 말라 죽어 동백기름의 생산량이 감소한다. 병든 잎과 열매는 제거하여 불태우며, 가지에 달린 모든 열매는 따서 없앤다. 만코제브(다이센M-45) 수화제 500배액을 6~9월 사이에 4~5회 살포하여 방제한다. 그 외에 동백나무겹둥근무늬병, 동백나무백조병(흰말병), 동백나무잿빛잎마름병(페스탈로치아잎마름병), 그을음병, 뿌리혹선충병 등이 발생한다.

차독나방은 동백나무속과 노각나무속의 잎을 식해하는 해충이다. 어린 애벌레가 잎 위에서 일렬로 나란히 식해하기 때문에 눈에 잘 띄므로 발견하는 대로 포살한다. 이 해충은 위생해충으로도 잘 알려져 있다. 성충, 애벌레, 고치, 알덩어리에 독침이 있어서 피부에 닿으면 통증과 염증을 일으키기 때문에 주의해야 한다. 대량으로 발생한 경우에는 페니트로티온(스미치온) 유제 1,000배액, 인독사카브(스튜어드골드) 액상수화제 2,000배액을 살포한다. 이 외에 차주머니나방, 박쥐나방, 루비깍지벌레, 가루깍지벌레, 짚신깍지벌레, 선녀벌레, 뿔밀깍지벌레, 이세리아깍지벌레, 탱자소리진딧물, 붉나무소리진딧물 등의 해충이 발생한다. 매우 드물게 병해충 외에 주로 상록수에 기생하는 동백나무겨우살이가 있다. 번식력이 강해서 수 년에 걸쳐 대량으로 기생하면 나무가 고사하므로 조기에 제거하는 것이 좋다.

▲ 루비깍지벌레

▲ 뿔밀깍지벌레

전정 Point

정원수는 주로 정형적인 수형 또는 둥근 수형으로 키운다. 양쪽 모두 수관을 깎아 다듬는 전정을 하며, 꽃의 수를 늘리기 위해서는 가지 하나하나마다 전정을 하는 것이 좋다. 묘목을 키워서 정형적인 수형을 가진 정원수로 키우기 까지는 너무 많은 시간이 걸리므로, 특별한 수형을 만들지 않고 자연수형에서 꽃을 즐기는 것도 좋다.

▲ 정형적인 수형

꽃이 진 후 또는
3~4월 또는
9~10월 중에서
한 번 또는
두 번 가볍게
깎아준다.

▲ 둥근 수형

번식 Point

숙지삽은 3월 중순~4월 상순, 녹지삽은 6월 중순~8월 상순, 가을삽목은 9월이 적기이다. 숙지삽은 충실한 전년지를, 녹지삽과 가을삽목은 그해에 나온 충실한 햇가지를 삽수로 사용한다.

접목은 3월 상순~4월 상순과 6~7월이 적기이다. 봄에는 충실한 전년지를, 여름에는 충실한 햇가지를 접수로 사용하며, 재래종 동백나무 실생묘를 대목으로 사용한다.

9~10월에 열매의 일부가 갈라지기 시작하면 채종하여, 며칠 동안 건조시키면 열매껍질이 갈라져서 종자가 나온다. 이것을 바로 뿌리거나 건조하지 않도록 습한 물이끼 등에 싼 후 비닐봉투에 넣어 냉장고에 저장하였다가, 다음해 3월에 파종한다.

표피를 따라 잘라서 형성층이 나오도록 한다.

실생묘나 삽목묘를 대목으로 사용한다.

접수와 대목의 형성층을 맞추어 밀착시키고, 광분해테이프로 감아 밀착시킨다.

 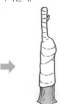

▲ 접목(절접) 번식

삼나무

- 측백나무과 삼나무속
- 상록침엽교목 • 수고 40~50m
- 일본 고유종; 제주도 및 남부 지역에 조림용으로 식재

학명 *Cryptomeria japonica* 속명은 그리스어 crypto (숨은)와 meris (부분)의 합성어로 '모든 꽃 부분이 숨겨져 있는 것' 또는 '잎의 관절이 보이지 않는 것'을 뜻한다는 견해가 있다. 종소명은 '일본의'를 뜻한다. | 영명 Japanese cedar | 일명 スギ(杉) | 중명 日本柳杉(일본류삼)

| 잎 |

바늘잎이 나사 모양으로
돌려가며 난다.
잎이 단단해서 찔리면 아프다.

50%

| 꽃 |

암꽃차례

수꽃차례

암수한그루. 수꽃차례는 연한 황색의 타원형이며, 암꽃차례는 녹색의 구형이다.

| 열매 |

구과. 구형이며, 갈색으로 익는다.
솔방울조각마다 2~5개의 종자가
들어있다.

| 수피 |

지름 15cm

적갈색이고 세로로 갈
라지며, 오래되면 얇은
띠 모양으로 벗겨진다.

| 뿌리 |

심근형. 몇 개의 굵은 뿌리가
고르게 분포한다.

| 겨울눈 |

잎눈

꽃눈

잎눈은 전년지 끝에 달리고 원추형이다. 암꽃눈은
가지 끝에 1개씩, 수꽃눈은 가지 끝의 잎겨드랑이
에 여러 개가 달린다.

삼나무는 일본 특산수종으로 수 세기 동안 일본열도 전역에 걸쳐 울창한 숲을 이루어 자라고 있으며, 훌륭한 목재를 제공하여 궁궐과 신사를 짓는데 사용되었다. 일본에서는 40여 종의 품종이 삼림용 또는 조경용으로 개발·육종되어 있다. 재질이 좋고 특유의 향기가 있어 가구재·건축재·장식재·선박재 등으로 사용되며, 방풍용·산림녹화용·산울타리용으로도 활용되고 있다.

1924년에 우리나라에 도입되어 비교적 기후가 온난한 남부지방에 조림용으로 식재되었으며, 제주도에서는 마을 주변이나 과수원 주위에 방풍용으로 많이 심었다.

일본 열도의 남단에는 세계유산목록에 등재된 야쿠시마屋久島라는 섬이 있다. 이 섬에는 수령이 무려 7,200년이나 되는 삼나무가 있다. 일본의 신석기시대가 끝난 약 1만 년 전부터 기원전 3세기를 죠몬시대라고 하는데, 여기에서 이름을 따와서 죠몬스기繩文杉라고 한다.

이 나무는 1966년에 발견되어 한 신문을 통해 알려지게 되었는데, 당시 신문에서는 수령을 4,000년 정도로 보았다. 죠몬스기의 수령에 대한 설은 분분하다. 7,200년이라는 설이 있고, 탄소연대측정을 통해서 확인하면 2,000년에 불과하다는 설도 있다. 설령 2,000년이라 하더라도 엄청난 수령임에는 분명하다.

야쿠시마 섬이 유명해진 것은 일본 에니메이션의 대부 미야자키 하야오宮崎駿의 〈원령공주 원제목 모노노케 히메もののけ姫〉의 무대가 된 곳이기 때문이다. 야쿠시마의 거대한 삼나무는 보통 수명이 500년이고, 천년이 넘는 삼나무도 2,000여 그루가 넘는다고 한다. 영화 속에서 거대한 삼나무 틈사이로 비치는 신비한 빛줄기가 이해될 만하다.

◀ 죠몬스기(繩文杉)
일본 야쿠시마 섬에 있는 죠몬시대의 삼나무.

 Point

일본 특산수종이며, 가지와 잎이 빽빽이 나서 피라밋형의 수형을 이룬다. 크게 원예용 품종과 조림용 품종이 있으며, 일본 야쿠시마의 천연림은 수령이 2,000~3,000년 된 거목으로 유명하나.

재배 Point

내한성은 약한 편이다. 습도가 유지되고 배수가 원활하며, 양지바른 곳 또는 반음지에서 잘 자란다. 부식질이 풍부한 비옥한 토양이 재배적지이다. 이식은 3~6월,10~11월에 하며, 반드시 뿌리돌림을 한 후에 옮긴다.

가문비왕나무좀, 구리풍뎅이, 남방차주머니나방(주머니나방), 등나무가루깍지벌레, 박쥐나방, 삼나무독나방, 대화병, 뿌리썩이선충병, 삼나무붉은마름병(적고병) 등의 병충해가 발생한다.

삼나무독나방은 애벌레가 잎을 식해하며, 대발생하면 어린 나무에 특히 피해가 심하다. 발생량이 많을 때는 애벌레기인 4월과 9월에 페니트로티온(스미치온) 유제 1,000배액을 수관살포하여 방제한다.

대화병은 수형이 나빠지고 대화(帶化)된 가지나 줄기는 조직이 약하므로, 겨울철에 말라죽기도 한다. 수목이 필요로 하는 영양분이 부족하지 않도록 비배관리를 철저히 하여 예방한다.

▲ 삼나무붉은마름병

가을에 잘 익은 종자를 채취하여 기건저장해두었다가 파종 1개월 전에 노천매장한 후에 파종한다. 삽목 번식도 가능하다.

생장이 빠르고 맹아력이 강하기 때문에 강전정에도 잘 견딘다. 전정은 10~11월과 3~4월이 적기이다. 길게 자란 가지, 고사한 가지, 복잡한 가지 등은 제거한다.

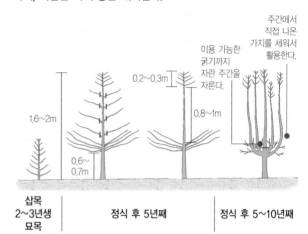

삽목
2~3년생
묘목

정식 후 5년째

정식 후 5~10년째

이용 가능한 굵기까지 자란 주간을 자른다.

주간에서 직접 나온 가지를 세워서 활용한다.

1.6~2m

0.6~0.7m

0.2~0.3m

0.8~1m

오엽송

- 소나무과 소나무속
- 상록침엽교목 • 수고 15~20m
- 일본 원산; 전국에 정원수로 식재

학명 *Pinus parviflora* 속명은 켈트어 pin(산)에서 유래된 라틴어이며, 종소명은 parvi(작은)와 flora(꽃)의 합성어이다.
영명 Japanese white pine | 일명 ゴヨウマツ(五葉松) | 중명 日本五針松(일본오침송)

잎

1다발에 5개의 바늘잎이
모여난다(이름의 유래).
양면에 흰색 숨구멍줄이 있다.

150%

꽃

암꽃차례

수꽃차례

암수한그루. 새가지 밑에 수꽃차례, 끝에 암꽃차례가 달린다.

열매

구과. 달걀형이며, 익으면서 녹색에서 갈
색으로 변한다.

수피

성장함에 따라 암갈색
또는 회흑색이 되며,
세로로 불규칙하게
벗겨진다.

오엽송五葉松이란 '5개의 잎을 가진 소나무'라는 뜻이다. 잣나무·섬잣나무·눈잣나무 등이 한 묶음에 5개의 바늘잎을 가진 오엽송에 속한다. 그러나 조경 수목에서 오엽송이라 하면, 우리나라 울릉도산인 섬잣나무보다 잎이 짧은 일본 원산의 오엽송을 가리킨다.

〈국가표준식물목록〉에서도 'Ulleungdo white pine'이라는 영어 이름의 섬잣나무*Pinus parviflora* Siebold & Zucc.와 'Japanese white pine'라는 영어 이름의 오엽송*Pinus parviflora* Glauca Group을 구별하여 기재하고 있다.

따라서 섬잣나무와 오엽송을 같은 종류로 보고 혼동해서 사용하는 경우가 많은데, 울릉도 원산의 섬잣나무와 일본 원산의 오엽송을 엄밀히 구분해야 한다.

오엽송은 수형이 아담한 소형 소나무로, 일본식 정원에서 정원수로 많이 활용되는 수종이다. 잎은 은백색을 띠고 길이가 3~6cm 정도로 짧으며, 표면에 흰색 숨구멍줄氣孔線이 있다.

▲ 울릉 태하동 솔송나무·섬잣나무·너도밤나무군락
천연기념물 제50호.
ⓒ 문화재청

또 성장이 느리고 목질이 유연해서 구부리기 쉬우므로 분재의 소재로도 많이 이용된다.

조경 Point

잎이 치밀하고 마디 사이가 좁아 짜임새가 있으며, 수형이 어릴 때는 원추형이지만 자랄수록 자연형으로 변한다. 정원이나 공원 등에 독립수나 기념수로 활용하면 좋다.
질감이 곱기 때문에 건물 주위에 무리로 심으면, 겨울철에도 상록의 조경효과를 볼 수 있다.

재배 Point

내한성이 강하며, 양수로 햇빛이 잘 비치는 곳에서 재배한다. 배수가 잘되는 곳이면, 어떤 토양에서도 잘 자란다.

나무				새순		개화					열매	
월	1	2	3	4	5	6	7	8	9	10	11	12
전정			전정		순자르기					가지솎기		
비료	한비											

병충해 Point

소나무재선충병이나 솔나방, 진딧물류에 의한 흡즙 피해, 심식충류에 의한 새가지의 식해피해가 있다. 오엽송가루깍지벌레는 신초와 가지의 수액을 빨아먹는 흡즙성 해충이다. 피해부분에 솜같은 분비물이 묻어 있으며 그을음을 유발하고 잎이 갈색으로 변하면서 가지가 고사한다. 약충 발생시기인 6월 상순~7월 초순에 뷰프로페진.티아메톡삼(킬충) 액상수화제 1,000배액을 7~10일 간격으로 1~2회 살포하여 방제한다.
스트로브솜벌레는 성충과 약충이 가지에 기생하며 수액을 빨아먹고, 하얀 솜과 같은 물질을 분비한다. 5~6월에 디노테퓨란

(검객) 수화제 1,000배액 또는 클로티아니딘(빅카드) 액상수화제 2,000배액을 10일 간격으로 2~3회 살포한다.

▲ 스트로브솜벌레

전정 Point

순자르기를 해서 잔가지를 많이 발생시키는 것이 좋은 수형을 만드는 중요한 포인트이다. 잔가지가 일정한 간격으로 나오도록 전정하여, 크게 키워간다. 가지의 볼륨은 아래쪽은 크고 위로 갈수록 작게 만들면 나무가 안정되게 보인다.

번식 Point

가을에 종자를 채취하여 냉장고에 보관하였다가, 이듬해 3월 중순~4월 상순에 파종하면 그해 혹은 그 다음해에 발아한다. 2년 동안 파종상에서 묘를 키우고 3년째 봄에 식재 간격을 넓혀준다. 2~3년생 곰솔을 대목을 사용해서 접목으로 번식시키기도 한다.

주목

- 주목과 주목속
- 상록침엽교목 • 수고 20m
- 극동러시아, 중국, 일본; 백두대간을 중심으로 자생

| 학명 **Taxus cuspidata** 속명은 그리스어 taxos(주목) 또는 taxon(활)에서 유래한 것이며, 종소명은 '갑자기 뾰족해지는' 이라는 뜻이다.
| 영명 Japanese yew | 일명 イチイ(一位) | 중명 東北紅豆杉(동북홍두삼)

| 잎

가지에 나선형으로 나지만 곁가지에는 2줄로 나란히 난다.
잎이 부드러워 찔려도 아프지 않다.

100%

| 꽃

암꽃

수꽃

암수딴그루. 암꽃은 녹색의 달걀형이며, 수꽃은 황갈색의 거꿀달걀형 또는 구형이다.

| 열매

붉은색 컵 모양의 가종피 속에 종자
가 있다. 익은 가종피는 단맛이 난다.

| 수피

수피와 심재가 짙은 적갈
색을 띤다(이름의 유래).

| 겨울눈

잎눈은 긴 달걀형이며, 꽃눈은 구형이다.
10개의 눈비늘조각에 싸여 있다.

조경수 이야기

주목이라는 이름은 이 나무의 껍질과 심재心材가 붉은
색을 띠는 데서 유래한 것이며, 강원도에서는 같은 의미
로 적목赤木이라고도 부른다. 중국에서도 붉은색을 띤
다 하여 적백송赤柏松, 자백송紫柏松 등으로 불린다.

홀笏은 옥이나 상아, 나무 등으로 얄팍하고 길쭉하게 만
들어 문무백관이 왕을 조알할 때 두 손으로 쥐던 물건이
다. 당나라에서는 5위 이상의 고관이 상아로 만든 홀을
사용했지만, 상아가 없던 우리나라나 일본에서는 향나
무나 주목으로 홀을 만들었다고 한다. 일본에서는 주목
으로 홀을 만들도록 되어 있어서, 이 나무의 이름이 이
찌이一位, 즉 '가장 귀한 나무'라는 뜻을 가지고 있다.

영국에서는 주목으로 활을 만들었다. 주목의 영어 이름
유Yow도 활이라는 뜻이며, 속명 탁수스Taxus도 활Taos
에서 유래한 것이다. 영국과 프랑스의 백년전쟁에서 영

▲ 주목으로 만든 나무젓가락

국을 승리로 이끈 것은 치밀하고 탄력성 있는 재질을 가
진 주목으로 만든 활 덕분이었다고 할 정도이다. 우리나
라에서도 사찰의 불상이나 고관들의 관, 고급 바둑판을
만드는 소재로는 최고로 쳤다고 한다.

주목은 가을에 열매가 빨갛게 익는데, 관상가치가 있으
며 먹을 수도 있다. 그러나 그 안에 있는 씨에는 탁신
taxine이라는 마비와 경련을 일으키는 유독성분이 들어
있으므로 주의해야 한다.

옛날에도 주목 씨에는 독이 있다는 것을 알고 있었던 것
같다. 셰익스피어 4대 비극 중 하나인 〈햄릿〉에서 동생
클로디어스가 잠자는 왕의 귀에 독약을 부어 넣어 죽게
하는데, 이 독이 주목의 씨에서 추출한 것이다. 근래에
는 이 독성분을 이용한 항암제를 개발되었는데, 그 효과
가 매우 좋다고 한다.

미국국립암연구소가 여러 가지 식물의 성분을 분석하
여 항암성분을 조사하던 중에 주목의 줄기껍질에 파클
리탁셀paclitaxel이라는 항암물질 성분이 많이 포함되
어 있다는 것을 밝혀냈다. 그 후 미국의 한 제약회사가
택솔taxol이라는 약품명으로 항암제를 만들어 시판하

고 있다. 택솔은 암세포에 영양분을 공급하는 혈관을
막아 치료하기 때문에 강력한 효과가 있는 것으로 알려
져 있다.

조경 Point

선명한 녹색의 잎과 부드러운 질감, 가을의 붉은 열매가 관상가치
가 높다. 잎이 옆으로 고르게 퍼지는 원추형의 수형을 나타낸다.
정원이나 공원의 중심목, 산울타리, 분재 등 여러 가지 용도로 활
용할 수 있다.
특히 촘촘히 나는 가지는 강전정에도 잘 견디므로 토피어리수
(Topiary)로 적격이다. 내음성이 강하기 때문에 햇볕이 잘 들지
않는 건물 주위에 식재하더라도 푸르름을 뽐낸다.

재배 Point

내한성이 강하다. 배수가 잘되는 비옥한 토양, 양지바른 곳이나
음지에서 재배한다. 석회질 토양 또는 산성토양에서도 잘 자란
다. 이식은 어린나무는 쉽지만 큰나무는 분을 뜬 뒤 마대로 감
싸 옮겨야 한다. 가을 이식은 한풍해가 심하다.

나무				개화	새순				열매		
월	1	2	3	4	5	6	7	8	9	10	11	12
전정		전정				인공수형 전정			인공수형전정		
비료		한비							시비		

병충해 Point

그을음병, 등나무가루깍지벌레, 식나무깍지벌레, 이세리아깍지
벌레, 주목응애 등이 발생한다. 주목응애는 적색의 응애로 잎뒷
면에서 흡즙가해한다.
피해초기에는 잎의 엽록소가 부분적으로 파괴되어 퇴색되고,
피해가 증가함에 따라 잎 전체가 퇴색되어 갈색으로 변한다.
알, 애벌레, 성충이 동시에 존재하며, 아세퀴노실(가네마이트)
액상수화제 1,000배액, 사이플루메토펜(파워샷) 액상수화제

2,000배액을 내성충의 출현을 방지하기 위해 교대로 2~3회
살포한다.
식나무깍지벌레는 줄기나 가지, 잎뒷면에 기생하면서 수액을 빨
아먹는다. 5~6월에 뷰프로페진.티아메톡삼(킬충) 액상수화제
1,000배액을 7~10일 간격으로 2~3회 살포한다.

▲ 주목응애

전정 Point

자연수형으로 키우거나, 다양한 인공수형을 만들어 키울 수 있
다. 자연수형으로 키울 때는 처음 몇 년간은 1년에 한 번 정도
불필요한 가지만 잘라주고, 정식한 후에는 매년 전정을 한다.
산울타리로 심었을 때는 봄에 새 순이 나오기 전이나 새 순이
나온 5월 하순~6월 중순경에 전정을 한다.

묘목을 주지가
난 방향과 반대쪽으로
경사지게 심는다.

위로 올라갈수록
곡의 간격을 작게 하면
안정된 수형이 된다.

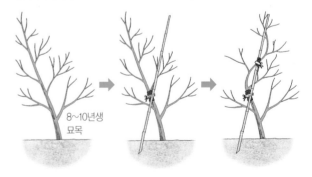

8~10년생
묘목

▲ 곡간형 수형 만들기

숙지삽은 2~3월, 녹지삽은 6월 중순~7월 중순, 가을삽목은 9~10월이 적기이다. 숙지삽은 충실한 전년지를, 녹지삽과 가을삽목은 충실한 햇가지를 삽수로 이용한다.

암나무를 번식시키고자 할 때에는 열매가 열리는 암나무에서 삽수를 채취하여, 바람이 불지 않는 반그늘에 꽂고 건조하지 않도록 관리한다. 삽목 후에 동해를 입지 않도록 주의하며, 다음해 3월에 이식한다.

9월경에 열매가 붉게 익기 시작하면, 떨어지기 전에 채취한다. 너무 늦게 채종하면 발아율이 떨어진다. 열매를 채취하면 과육과 붉은 가종피를 흐르는 물에 씻어낸다. 이것을 바로 파종하거나 건조하지 않도록 습한 물이끼와 섞어서 비닐봉투에 넣어 냉장고에 보관해두었다가, 다음해 봄에 파종한다.

습한 물이끼
등과 섞어
비닐봉지에 넣어 냉장고에 보관한다.

열매껍질을 흐르는
물에 씻어낸다.

채종 후 바로 뿌리거나,
다음해 봄에 뿌린다.

▲ 실생 번식

처진개벚나무

- 장미과 벚나무속
- 낙엽활엽교목 • 수고 10~15m
- 일본, 중국; 전국에 공원수나 가로수로 식재

학명 *Prunus verecunda* var. *pendula* 속명은 라틴어 plum(자두, 복숭아 등의 열매)에서 유래되었으며, 종소명은 '수줍은'이라는 뜻으로 나무의 처진 모습에서 유래한 것이다. 변종명은 '아래로 처지는'이라는 뜻이다. | 영명 Weeping cherry | 일명 シダレザクラ(枝垂櫻) | 중명 垂櫻(수앵)

| 잎

어긋나기.
좁은 타원형 또는
좁은 거꿀달걀형이며,
가장자리에 날카로운
톱니가 있다.

60%

| 꽃

양성화. 가지 끝에 2~3개의 연한 홍색
또는 홍백색 꽃이 모여 핀다.

| 열매

핵과. 구형이며, 검은색으로 익는다.
종자는 편평하고 연한 노란색이다.

| 겨울눈

잎눈은 길쭉하고,
꽃눈은 둥글다.
눈비늘에는 부드러운
털이 있다.

| 수피

지름 22cm

회갈색이고
광택이 있으며,
세로로 얕게
갈라진다.

처진개벚나무는 개벚나무의 변종이며, 수양벚나무라고도 한다. 〈국가표준식물목록〉에는 처진개벚나무를 추천명으로, 수양벚나무를 이명으로 기록하고 있다. 북한에서는 분홍벚나무라고 부른다.

잎이나 줄기는 벚나무와 비슷하지만 수양버들처럼 가지가 아래로 축축 늘어지는 특징이 있어, 꽃과 나무의 수형미를 동시에 감상할 수 있다. 변종명 펜둘라 pendula도 '아래로 처지는'이라는 뜻으로 나무의 형태를 나타내는 이름이다. 처지는 가지가 시선을 아래로 끌어내리는 효과가 있어서, 물가에 심으면 잘 어울린다.

병자호란을 겪고 청나라에 볼모로 잡혀 갔던 효종이 북벌을 계획하면서 활을 만드는 재료로 쓰기 위해, 우이동과 장충단 근처에 수양벚나무를 대단위로 심게 했다는 기록이 있다. 그 이유는 이 나무의 껍질을 활에 감아서 쏘면 손이 아프지 않기 때문이라고 한다.

이처럼 호국의 상징인 수양벚꽃이 활짝 피는 봄이면,

▲ 현충원의 수양벚나무
국립서울현충원에서는 매년 '수양벚꽃과 함께 하는 열린 현충원 행사'를 개최하고 있다.

매년 국립현충원에서는 '수양벚꽃과 함께 하는 열린 현충원 행사'를 개최하고 있다. 이곳의 벚꽃은 수양버들처럼 가지가 축축 늘어지는 수양벚나무 처진개벚나무로 분홍색이 많이 돌고, 활짝 피었을 땐 마치 불꽃축제 때 하늘에서 쏟아지는 불꽃 폭포수같이 환상적이어서 절로 탄성을 자아내게 한다.

조경 Point

가지가 아래로 축축 처지는 성질을 가진, 수형이 매우 독특한 벚나무이다.
수양버들처럼 처지는 가지가 시선을 아래로 끌어내리는 효과가 있어서 물가에 심으면 잘 어울린다. 정원의 첨경목, 녹음식재, 가로수식재로도 좋다.

재배 Point

내한성이 강하며, 해가 잘 비치는 곳에 식재하면 좋다. 습기가 있으나 배수가 잘되는, 적당히 비옥한 사질토양에서 잘 자란다.

병충해 Point

벚나무류에 준한다.

전정 Point

수양형 조경수의 수형은 중심줄기에서 가지가 고르게 퍼지도록 만들어 주는 것이 중요하다. 일단 수형이 잡히면, 낙엽기에 내부의 복잡한 가지를 전정하여, 햇볕이 잘 들고 통풍이 잘 되도록 해준다.

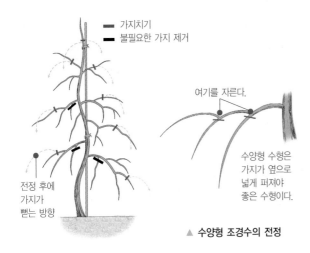

가지치기
불필요한 가지 제거

여기를 자른다.

수양형 수형은
가지가 옆으로
넓게 퍼져야
좋은 수형이다.

전정 후에
가지가
뻗는 방향

▲ 수양형 조경수의 전정

산벚나무 실생묘를 대목으로 사용하여 접목으로 번식시킨다. 3월 상순에 전년지를 5~6cm로 잘라서 삽수로 사용한다. 가지가 가늘기 때문에 저장하지 않고 바로 삽목을 하면, 활착율이 높다. 활착 후 7~8년이 지나면 개화 · 결실한다.

조경수 상식

■ 겨울눈

수목에서 늦여름부터 가을에 걸쳐 생겨, 겨울을 넘기고 다음해 봄에 자라는 싹을 겨울눈[冬芽]라 한다. 잎이 되는 잎눈과 꽃이 되는 꽃눈으로 나뉘어지며, 붙는 위치에 따라 끝눈과 곁눈으로 분류된다.

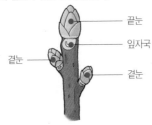

끝눈

잎자국

곁눈

곁눈

향나무

- 측백나무과 향나무속
- 상록침엽교목 · 수고 20m
- 중국, 몽골, 일본; 강원도(삼척, 영월), 울릉도 등의 암석지대에 자생한다.

학명 *Juniperus chinensis* 속명은 켈트어 '거칠다'는 뜻 또는 라틴어 juvenis(젊은)와 pario(분만하다)의 합성어로 이 식물이 낙태제로 쓰인 것에서 유래한다. 종소명은 '중국의'라는 뜻이다. | 영명 Chinese juniper | 일명 イブキ(伊吹) | 중명 圓柏(원백)

| 잎

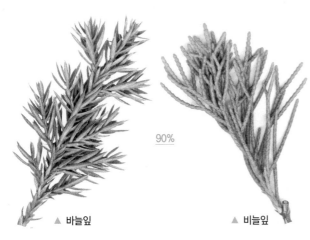

90%

▲ 바늘잎   ▲ 비늘잎

어린 가지에는 날카로운 바늘잎(침엽)이 나고,
7~8년 후에는 부드러운 비늘잎으로 바뀐다.

| 꽃

암꽃   수꽃

암수딴그루(간혹 암수한그루), 암꽃도 수꽃도 작아서 눈에 잘 띄지 않는다.

| 수피

지름 16cm

적갈색이고 세로로 얕게 갈라진다. 성장함에 따라 띠 모양으로 길게 벗겨지고, 줄기 전체가 융기한다.

| 열매

구과. 구형이며, 녹색이나 회청색을 띠다가 흑자색으로 익는다. 흰색 분이 생긴다.

'향기가 나는 나무'라는 뜻에서 향나무라는 이름이 붙여졌으며, 옛날부터 아주 귀중한 향재로 쓰였다. 우리 선조들은 향나무의 향이 정신을 맑게 하고 부정한 것을 청정하게 한다고 믿어 궁궐·절·문묘·묘지 등에 많이 심었으며, 제사를 지낼 때나 절에서 분향할 때도 향나무를 깎아서 향으로 사용했다.

중국에서도 원백圓柏 또는 보송寶松이라 하여, 매우 귀중한 나무로 여겼다. 우리나라에서는 벼슬아치가 임금을 알현할 때에 손에 쥐는 홀을 만드는 홀나무로도 이용되었다. 향나무로 장롱이나 궤를 만들어 의류나 귀중한 서화 등을 보관하면 해충의 피해를 막을 수 있다고 생각했으며, 벼루집·담배합·단장·실패·옷마름자·벼루집·단장 등의 민예품도 즐겨 만들었다.

순천 송광사 천자암 뒤에는 수령이 800년 정도로 추정되는 곱향나무 쌍향수雙香樹가 있다. 향나무 두 그루가 함께 서 있어 쌍향수라 부르는데, 이 나무의 천연기념물 지정번호가 88호여서 나무의 모양과 느낌이 너무나 잘 어울린다.

◀ 송광사 천자암 쌍향수
고려시대에 보조국사와 담당국사가 중국에서 돌아올 때 짚고 온 향나무 지팡이를 꽂은 것이라 한다. 천연기념물 제88호.
ⓒ 문화재청

전설에 의하면 조계산에 천자암을 짓고 수도하던 고려시대 보조국사와 담당국사가 중국에서 돌아올 때 짚고 온 향나무 지팡이를 이곳에 나란히 꽂은 것이 뿌리를 내리고 자란 것이라 한다. 담당국사는 왕자의 신분으로 보조국사의 제자가 되었는데, 나무의 모습이 한 나무가 다른 나무에 절을 하고 있는 듯하여, 예의 바른 스승과 제자의 관계를 나타내는 모습이라고 말하기도 한다.

한 사람이 밀거나 여러 사람이 밀거나 약간 흔들릴 뿐 그 움직임은 한결같다고 한다. 한번 흔들어 보면 극락에 갈 수 있다는 속설이 전해지면서 더욱 유명해졌다. 요즘은 나무의 뿌리가 상한다 하여 나무밀기를 금지하고 있다.

조경 Point

향나무가 정화한다는 의미를 내포하고 있기 때문에, 예로부터 궁궐, 사찰, 서원, 묘지 등의 전통조경공간에 많이 식재되었다. 생장이 빠르며 전정에 잘 견디므로, 정형적인 모양으로 다듬어서 독립수나 토피어리수로 활용하면 좋다. 또 열식하여 경계식재 또는 산울타리의 용도로도 적합하다. 그러나 향나무가 붉은별무늬병의 중간기주가 되므로 배나무 등 장미과 과수의 주위에는 식재하지 않는 것이 좋다.

재배 Point

추위와 건조에 강하며, 석회질 또는 사질의 배수가 잘되는 토양에 재배한다. 해가 잘 비치는 곳 또는 나뭇잎 사이로 간접햇빛이 비치는 곳이 좋다.
이식은 싹트기 전(2~4월)이 좋으며, 가을(9~10월)에도 된다.

병충해 Point

향나무녹병, 향나무아고병, 향나무페스탈로치아잎마름병, 향나무하늘소, 향나무혹응애, 향나무혹파리가 발생한다. 향나무녹병은 가장 흔한 병으로 봄에 잎과 가지에 적갈색 가루 모양의 균체가 붙어서 습기를 흡수하여 한천 덩어리 같은 모양을 나타내는데, 비가 온 후에 특히 많이 나타난다.

향나무에는 6~7월에, 중간기주 수목에는 4월 중순부터 6월까지 디페노코나졸(로티플) 액상수화제 2,000배액, 트리아디메폰(티디폰) 수화제 1,000배액을 7~10일 간격으로 3~4회 살포한다. 향나무 2km 주위에 배나무, 산당화, 모과나무, 사과나무 등의 장미과 나무를 심지 않는 것이 가장 좋은 예방법이다.

향나무하늘소의 애벌레가 수피 속으로 침투하여 형성층을 갉아먹음으로써, 나무를 급속하게 고사시킨다. 수세가 쇠약한 나무에 피해를 주지만, 대발생하면 건전한 나무에도 피해를 준다. 줄기와 수관에 티아메톡삼(플래그쉽) 입상수화제 3,000배액을 10일 간격으로 2~3회 살포하여 성충과 애벌레를 구제한다. 피해를 입은 나무나 가지는 10월부터 이듬해 2월까지 벌채하여 소각한다.

번식 Point

실생이나 삽목으로 번식시킨다. 종자로 번식한 나무는 15년 정도 지나야 꽃이 피고 열매를 맺으며, 삽목으로 번식한 나무는 7~8년 정도부터 꽃이 피고 열매를 맺는다.

삽목은 삽수를 10~15cm 길이로 잘라서 12시간 이상 물에 담가 물을 올린 후에, 발근촉진제를 발라서 삽목상에 꽂는다.

전정 Point

향나무류는 조형목이나 토피어리와 같이 다양한 모양으로 수관을 다듬어 키울 수 있다. 수관다듬기를 할 때는 아랫부분은 생장이 약하기 때문에 약하게 깍고, 윗부분으로 갈수록 강하게 깍아준다. 전정할 때는 내부의 마른 가지, 복잡한 가지, 웃자란 가지 등을 잘라준다.

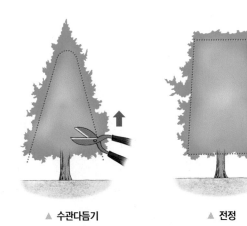

▲ 수관다듬기   ▲ 전정

산딸나무

- 층층나무과 층층나무속
- 낙엽활엽교목 • 수고 8~12m
- 일본, 중국; 중부 이남의 산지

 학명 *Cornus kousa* 속명은 라틴어 corn(뿔)에서 온 말로 나무의 재질이 단단한 것에서 유래한 것이다. 종소명은 옛날 일본의 하코네 지방 방언으로 산딸기나무를 쿠사(クサ)라고 부른 데서 왔다는 견해와 '식물'에 대한 일본어에서 왔다는 견해가 있다.

영명 Kousa dogwood | **일명** ヤマボウシ(山法師) | **중명** 四照花(사조화)

| 잎

마주나기.
달걀형이며, 톱니는 없다.
4~5쌍의 측맥이 잎끝을
향해 둥글게 뻗어 있다.

30%

| 꽃

양성화. 짧은가지 끝에 연한 황색의 꽃
이 20~30개씩 모여 핀다. 주위에 크고
화려하게 보이는 것은 포엽이다.

| 열매

집합핵과. 구형이며, 붉은색으로 익는다.
표면이 울퉁불퉁하다.

| 수피

지름 7cm

진한회갈색이며,
성장하면서
표면이 불규칙하게
벗겨져 떨어진다.

| 겨울눈

꽃눈은 구형이며,
가운데가 부풀어 있다.
잎눈은 원추형이다.

조경수 이야기

산딸나무는 열매가 딸기와 비슷하여 '산에 자라는 딸기나무'라는 뜻으로 붙여진 이름이다. 산딸나무 열매는 구형이면서 정확하게 정오각형으로 구획되어 있는 것이 축구공과 흡사하다. 그래서 산림청에서는 산딸나무를 한 · 일월드컵이 시작되는 2002년 6월, '이 달의 나무'로 선정한 바가 있다.

신록이 짙어가는 초여름에 산에서 만나는 산딸나무는 순백의 옷을 입고 있는 듯하여, 우리 눈에 금방 띈다. 그래서 중국 이름은 '사방을 비추는 나무'라는 뜻의 사조화四照花이다. 산딸나무에서 흰색의 크고 화려하게 보이는 것은 꽃잎이 아니라 포엽苞葉이다. 포엽은 포라고도 하며, 변형된 잎의 일종으로 꽃이나 눈을 보호하는 기능을 한다.

산딸나무의 포엽을 위에서 보면 두 장이 서로 마주보고 십자가 모양을 이루고 있어서, 기독교인들에게는 인기가 있는 나무이다. 꽃산딸나무 · 서양산딸나무 · 미국산딸나무 등의 종류가 있으며, 유럽이나 미국 등 기독교국가에서는 정원수로 많이 심는다. 일설에는 예수가 골고다 언덕에서 이 나무로 만든 십자가에 못 박혔다 하여, 기독교도인은 성스러운 나무로 여긴다고 한다.

산딸나무의 영어 이름은 독우드Dogwood인데, 우리 말로 하면 '개나무'이다. 이 나무의 껍질을 삶아서 나온 물로 개의 피부병을 치료했다 하여 붙여진 이름이다. 열매의 모양을 보고 스트로베리 트리Strawberry tree라고도 한다.

조경 Point

하얀 꽃, 빨간 열매, 붉은 단풍의 3박자를 고루 갖춘 개발이 기대되는 조경수종으로 정원, 아파트단지, 공원, 학교 등 어디에 심어도 잘 어울린다. 가지가 수평으로 퍼져서 나오고 그 위에 꽃이 피므로, 조금 높은 곳에서 내려다 볼 수 있게 심으면 꽃을 감상하기 좋다.

추위와 공해에 강하기 때문에 도심의 가로수로 심으면 계절감을 일깨워줄 수 있으며, 축구공 모양의 열매는 조류를 유인하는 데 활용된다.

재배 Point

추위에 강하며, 어떤 토양이나 환경조건에서도 잘 자란다. 여름에 잎 끝이 마르지 않도록 충분히 관수해준다. 이식은 2월 중순 ~3월에 한다.

나무				새순		개화		꽃눈분화		열매		단풍
월	1	2	3	4	5	6	7	8	9	10	11	12
전정		전정							전정			
비료		한비			시비							

병충해 Point

산딸나무는 꽃산딸나무에 비해 병충해가 적은 나무이다. 가끔 점무늬병이 보이는데, 이것으로 인해 수세가 약화되는 것은 아니지만 나무의 미관을 지저분하게 만든다.

빗방울의 비말에 의해 병원균이 전염되므로 뿌리 주위에 병든

▲ 산딸나무 열매와 축구공

낙엽이 있으면 빨리 제거하여 소각하는 것이 좋다.

또 꽃산딸나무 정도는 아니지만 흰가루병의 피해도 보이며, 노랑쐐기나방, 미국흰불나방, 깍지벌레 등이 가끔 발생하기도 한다.

▲ 산딸나무점무늬병

전정 Point

묘목을 심어서 원하는 수고까지 자라면, 중심줄기를 자르고 곁가지의 뻗음을 조절하여 식재공간에 적합한 수고와 가지폭으로 키워간다.

가지치기와 가지솎기 전정을 해서 나무의 크기를 조절하며, 너무 굵은 가지가 생기지 않도록 한다.

번식 Point

10월경에 열매가 붉은색을 띠면 채취하여 열매껍질을 물로 씻어 종자를 발라낸다. 이것을 바로 파종하거나 비닐봉지에 넣어 냉장고에 보관하였다가, 다음해 2월 하순~3월 상순에 파종한다. 발아하면 서서히 해가 비치는 곳으로 옮겨 햇볕에 단련시키며, 1년 후에는 직근을 자르고 이식한다.

녹지삽은 6~7월에 충실한 햇가지를 삽수로 사용한다. 삽목 후 해가림을 해서 건조하지 않도록 관리하며, 발아하면 서서히 햇볕에 내어둔다. 원예품종은 삽목 후에 화분 전체를 비닐로 덮어서 밀폐삽목을 하는 것이 효과적이다.

접목은 2~3월과 6~9월이 적기이다. 숙지삽은 충실한 전년지를 잘라서 접수로 사용한다. 여름~가을에 하는 삽목은 신초나 신초의 눈을 접수로 사용한다. 대목은 모두 2~3년생 산딸나무나 꽃산딸나무의 실생묘를 사용한다.

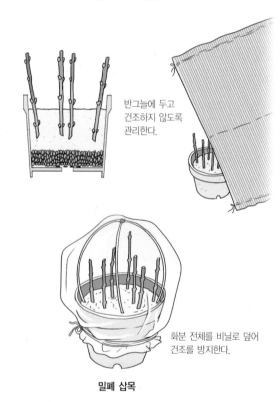

반그늘에 두고 건조하지 않도록 관리한다.

화분 전체를 비닐로 덮어 건조를 방지한다.

밀폐 삽목

▲ 삽목 번식

16-2 잡목풍

산사나무

- 장미과 산사나무속
- 낙엽활엽소교목 • 수고 5~10m
- 중국(중부 이북), 극동러시아; 전국의 산지에 분포

학명 *Crataegus pinnatifida* 속명은 그리스어 kratos(힘)와 agein(가지다)의 합성어로 목재의 질이 단단하고 가시가 많은 것에서 유래한 것이며, 종소명은 '우상중열'이라는 뜻이며, 잎이 깃모양이고 깊게 갈라진 것을 나타낸다.

영명 Red hawthorn | 일명 オオミサンザシ(大実山樝子) | 중명 山査(산사)

| 잎

5~7갈래로 갈라지는 갈래잎이다.
넓은 달걀형이며, 잎의 좌우가 비대칭이다.

70%

| 꽃

양성화. 가지 끝에 흰색 꽃이 산방꽃차
례로 모여 핀다.

| 열매

이과. 구형이며, 붉은색으로 익는다. 약
간 떫은맛이 난다.

| 수피

지름 21cm

회갈색을 띠며,
불규칙하게
얇은 조각으로
갈라져 벗겨진다.

| 겨울눈

겨울눈은 반구형이며,
7~8장의 눈비늘조각에
싸여 있다.
끝눈은 곁눈보다 크다.

산사나무라는 이름은 중국 이름 산사수山査樹에서 유래한 것으로, 산에서 자라는 '아침日의 나무木'라는 의미이다. 산사나무의 붉은 열매와 흰 꽃을 태양이 떠오르는 아침에 비유한 것이라고 한다. 우리나라에서는 찔구배나무 · 아가위나무 · 아기위나무 · 동배나무 · 이광나무 · 뚤광나무 등 여러 가지 지방이름으로 불린다.

산사나무의 열매를 한약명으로 산사자山査子라 한다. 열매의 씨를 발라낸 것을 산사육山査肉이라 하는데, 흔히 산사자라고 하는 것은 이 산사육을 말한다. 고기를 요리할 때 산사자를 넣으면 육질이 부드러워진다 하여, 예로부터 닭고기나 돼지고기를 삶을 때는 산사자 몇 알씩을 넣었다.

또, 생선을 요리할 때 넣으면 해독작용도 해준다고 한다. 중국에서는 소화불량에 특효약으로 널리 사용되었으며, 혈관을 확장시켜 혈압을 내리는 작용도 있어 고혈압에도 좋다고 한다. 소동파의 《물류상감지物類相感志》에 보면 "늙은 닭의 질긴 살을 삶을 때, 산사자를 넣으면 고깃살이 부드러워진다"라고 나와 있다.

서양에서는 산사나무를 Haw산사나무와 Thorn가시를 합하여 호손Hawthorn이라 부른다. 나무에 난 가시가 벼락을 막아준다는 뜻으로 밭의 울타리로 심는 것에서 유래한 것이다. 천둥칠 때 이 나무가 생겨났다고 하여,

시신을 화장할 때 잘 타라고 밑에 쌓는 나무로도 썼다고 한다. 영국의 일부 지방에서는 마른 나무로 만든 울타리가 아니라, 살아 있는 나무로 만든 울타리라는 뜻으로 퀵Quick 또는 퀵셋Quickset이라 부른다. 독일에서는 산사나무를 땅의 경계를 표시하는 산울타리로 사용하였기 때문에 해기돈Hagedon이라고 한다.

또, 5월에 꽃이 피기 때문에 메이플라워May flower라고도 한다. 1620년 최초의 청교도 이민들이 영국 뉴잉글랜드에서 미국까지 타고 간 배의 이름 〈메이플라워호 The Mayflower〉 역시 벼락을 막아주어 안전운항을 바라는 염원이 담겨져 있다.

조경 Point

무리지어 피는 흰 꽃과 빨간 열매가 산사나무의 특징이다. 가지가 햇볕을 고르게 받으면 자연스러운 수형을 이루므로, 독립수로 활용해도 좋다. 산사나무의 가시가 잡귀를 물리치는 힘이 있다고 여겨, 산울타리로 심기도 한다. 특히 열매는 관상가치가 높으며 약용이나 과실주로 사용할 수 있어서, 조경수를 겸한 가정과수로도 좋다.

재배 Point

내한성이 강하다. 양지에서 잘 자라며, 음지에서는 생장이 불량하다. 수분이 유지되고 배수가 잘되며, 유기질이 풍부한 토양에서 잘 자란다.

◀ 메이플라워(May flower) 호
1620년에 첫 이민자들이 영국에서 미국으로 타고 간 배.

나무	새순		개화				꽃눈분화			열매	단풍	
월	1	2	3	4	5	6	7	8	9	10	11	12
전정	전정											전정
비료				시비								

병충해 Point

조팝나무진딧물, 노랑쐐기나방, 매실애기잎말이, 무지개납작잎벌, 산사나무붉은별무늬병 등의 병충해가 발생할 수 있다.

산사나무붉은별무늬병(적성병)은 녹병균에 의해 발병하는데, 병원균은 중간기주인 노간주나무에서 4월경에 잎과 어린 가지에 삼각뿔 모양의 균체(겨울포자퇴)가 집단으로 나타난다. 비가 오면 겨울포자퇴는 크게 부풀어서 한천이나 젤리 모양이 된다.

방제법은 4~5월에는 산사나무에, 6~7월에는 노간주나무에 트리아디메폰(티디폰) 수화제 1,000배액, 디페노코나졸(로티플) 액상수화제 2,000배액을 7~10일 간격으로 3~4회 살포한다. 그리고 산사나무 가까이에는 노간주나무를 심지 않도록 한다.

▲ 노랑쐐기나방

전정 Point

전정은 길게 자란 도장지만 잘라주는 것으로 충분하다. 나무 전체가 너무 크게 자란 경우는 가지솎기를 해서 수고와 수관폭을 줄여준다.

도장지를 자른다
(마디의 5mm
위를 자른다).

도장지를 자른다
(마디의 5mm
위를 자른다).

가지를 솎아서 나무의 키와
폭을 줄여준다
(분기점 바로 위를 자른다).

10cm

10cm

번식 Point

가을에 잘 익은 열매를 따서 바로 파종하거나 마르지 않도록 모래에 넣어 두었다가, 다음해 봄에 파종한다. 파종상이 건조하지 않도록 짚이나 거적으로 덮어서 관리한다. 생장이 느리기 때문에 10년 정도 키우면 조경수로 활용할 수 있다.

원예품종이나 외국산 도입품종은 산사나무 실생묘를 대목으로 절접이나 할접으로 번식시킨다. 3월에 전년지를 6~7cm 길이로 잘라서 삽목 번식도 가능하다.

상수리나무

- 참나무과 참나무속
- 낙엽활엽교목 • 수고 20~25m
- 일본, 중국, 인도, 라오스, 네팔; 함경남도를 제외한 전국의 낮은 산지

학명 *Quercus acutissima* 속명은 켈트어 quer(질이 좋은)와 cuez(목재)의 합성어로 Oak Genus(참나무류)에 대한 라틴명에서 비롯한 것이며, 종소명은 '매우 뾰족한'이라는 뜻이다. | **영명** Sawthooth oak | **일명** クヌギ(櫟) | **중명** 麻櫟(마력)

| 잎

어긋나기.
긴 타원형이며,
가장자리에
바늘처럼
뾰족한
톱니가 있다.

20%

| 꽃

암꽃차례

수꽃차례

암수한그루. 수꽃차례는 새가지 밑부분에서 아래로 드리워 피며, 암꽃차례는 새가지 끝의 잎겨드랑이에 달린다.

| 뿌리

심근형. 하나의 수직근에서 수평근이 고르게 분기한다.

| 열매

견과. 달걀형 또는 구형이며, 갈색으로 익는다. 깍정이의 포린(인편)은 줄모양으로 뒤로 젖혀진다.

| 수피

지름 25cm

짙은 갈색이고 세로로 갈라진다. 성장함에 따라 코르크질이 발달하며, 그물 모양으로 융기한다.

| 겨울눈

물방울형이며, 20~30장의 눈비늘조각이 포개져 있다. 5개의 겨울눈이 가지를 2회 돌려난다.

상수리나무 · 떡갈나무 · 굴참나무 · 갈참나무 · 신갈나무 · 졸참나무 · 물참나무 등을 통틀어 참나무로 부르며, 영어로는 오크 트리oak tree라 한다. 우리나라는 식물지리학상 참나무대에 속하기 때문에 참나무류가 많다. 도토리는 참나무류의 열매를 통틀어 이르는 말로 '굴밤'이라는 방언으로도 불린다.

'잿마루의 도토리는 아랫마을 들판을 내려다보며 열린다'라는 속담이 있다. 그 해의 농사를 도토리의 수로 짐작해볼 수 있다는 뜻이다. 즉, 상수리나무 꽃이 피는 5월에 비가 많이 오면 농사는 풍년이 들지만, 도토리는 그만큼 꽃가루받이가 되지 않아서 열매가 적게 열린다는 뜻이다. 반대로 비가 적게 와서 흉년이 들면, 도토리가 많이 달려 구황식품 역할을 톡톡히 한다는 뜻이다. 제법 과학적인 근거가 있는 속담이다.

상수리나무와 떡갈나무의 열매를 각각 상실橡實, 곡실槲實이라 한다. 도토리를 삶아서 겨울동안 얼렸다가 봄에 말려서 삶은 다음 알맹이를 물을 쳐가며 빻은 것을 도토리쌀이라 하는데, 떫은 맛을 뺀 후에 도토리밥 · 도토리수제비 · 도토리묵 · 도토리떡 등을 만들어 먹는다.

지금처럼 먹거리가 다양하지 않던 시절에는 최고의 별식이었다. 한방에서는 도토리를 설사나 이질에 지사제止瀉劑로 사용했으며, 바닷가에서는 열매나 나무껍질의 탄닌 성분을 우려낸 물로 그물을 염색하기도 했다.

상수리나무는 표고버섯을 재배하는 버섯나무로 가장 많이 쓰이며, 참나무를 구워서 만든 참숯은 화력이 좋고 그을음이 없어서 오늘날에도 애용되고 있다.

조경 Point

참나무속에 속하는 나무를 참나무라 하기도 하고, 상수리나무만을 참나무라고 부르기도 한다. 상수리나무는 산기슭이나 농촌 주변의 산지에서 가장 흔하게 볼 수 있는 나무로 조경수로 활용된 경우는 많지 않았다.

그러나 근래에는 잡목풍의 정원에 정원수로 많이 활용된다. 참나무류 중에서는 잎이 가장 작아서 질감이 부드러우며, 수형이 단정하고 아름답다.

가을의 황갈색 단풍이 겨울 내내 나뭇가지에 달려있어서 겨울의 경관을 제공해준다.

재배 Point

내한성이 강하며, 토심이 깊고 배수가 잘되는 비옥한 토양을 좋아한다. 해가 잘 비치는 곳 또는 반음지에 재배한다. 특별한 경우가 아니면 석회질 토양에서도 잘 자란다.

병충해 Point

갈참나무가루진딧물, 털두꺼비하늘소, 장수하늘소, 광릉긴나무좀, 니토베가지나방, 참가지재주나방, 도토리나방, 박쥐나방, 어리상수리혹벌, 참나무순혹벌(갈떡혹벌), 거위벌레, 신갈마디혹벌 등의 해충이 발생한다.

갈참나무가루진딧물은 약간 경화된 잎에 모여 살면서 흡즙가해

◀ 도토리묵

한다. 발생초기에 이미다클로프리드(코니도) 액상수화제 2,000
배액을 10일 간격으로 2~3회 살포하여 방제한다. 광릉긴나무
좀은 수세가 쇠약한 나무나 쓰러진 나무의 목질부를 가해하여,
목재의 질을 저하시킨다.

벌레똥을 배출하는 침입공에 페니트로티온(스미치온) 유제 500
배액을 주사기 등으로 주입한다. 거위벌레는 성충이 잎을 접어
원통형으로 말고 있어서, 눈에 쉽게 띈다. 잎살을 식해하며, 말
린 부분은 일찍 낙엽이 진다. 5~6월에 성충을 대상으로 클로티
아니딘(빅카드) 액상수화제 2,000배액을 10일 간격으로 2회 수
관살포하여 방제한다.

참나무류흰가루병, 참나무류둥근무늬병, 참나무백립잎마름병 등
의 병해가 발생한다. 참나무백립잎마름병은 주로 상수리나무에
발병하며, 9월 이후에 비가 온 후 잎에 황록색의 작은 반점이
생긴다. 만코제브(다이센M-45) 수화제 500배액, 디페노코나졸
(로티플) 액상수화제 2,000배액을 7~10일 간격으로 3~5회 살
포한다.

▲ 상수리나무 벌레혹

▲ 참가지재주나방

실생으로 번식시킨다. 가을에 도토리를 따서 습기가 많은 모래
와 섞어서 저온에서 저장하거나 노천매장을 해두었다가, 다음해
봄에 파종한다. 도토리를 따서 바로 파종하면, 노천매장을 해두
었다가 봄에 파종하는 것에 비해 발아율이 떨어진다.

파종상에서 3~5년 정도 기른 후에 묘목을 캐어 판갈이를 해주
면 잔뿌리가 많이 생겨 더 튼튼한 묘목으로 키울 수 있다.

신갈나무

- 참나무과 참나무속
- 낙엽활엽교목 • 수고 20~30m
- 몽고, 러시아 서부, 중국, 일본; 전국의 해발고도가 높은 산지

 학명 *Quercus mongolica* 속명은 켈트어 quer(질이 좋은)와 cuez(목재)의 합성어로 Oak Genus(참나무류)에 대한 라틴명에서 비롯한 것이며, 종소명은 원산지가 몽고라는 뜻이다. | **영명** Mongolian oak | **일명** モンゴリナラ | **중명** 蒙古櫟(몽고력)

| 잎

어긋나기.
거꿀달걀형이며,
가장자리에 물결 모양의
둥근 톱니가 있다.
잎자루가 아주 짧다.

20%

| 꽃

암꽃차례

수꽃차례

암수한그루. 수꽃차례는 새가지 밑부분에서 아래로 드리워 피며, 암꽃차례는 새가지 끝의 잎겨드랑이에 달린다.

| 열매

견과. 좁은 달걀 모양의 타원형이며, 갈색으로 익는다.

| 겨울눈

단면은 5각형이며,
25~35장의 눈비늘조각에 싸여 있다.
끝눈 주위에 여러 개의
곁눈이 붙는다(정생측아).

| 수피

암회색 또는 회갈색이며, 세로로 불규칙하게 갈라진다.

조경수 이야기

옛날 나무꾼들이 숲속을 다니다가 짚신 바닥이 해어지면, 밑바닥에 깔창 대신 잎이 넓은 신갈나무 잎사귀를 깔았다 하여 신갈나무라는 이름이 붙여졌다고 한다. 신갈나무 잎은 가지에 어긋나게 달리며, 가지 끝에서는 여러 장이 모여서 달린다. 끝이 뾰족한 긴 타원형이며, 가장자리에 날카로운 파도 모양의 둥근 톱니가 있다. 잎을 만져보면 가죽처럼 두껍고 푸른 빛이 많기 때문에, 한자 이름은 청강목靑剛木이라 한다. 떡갈나무 잎에 비해 작으며, 갈참나무 잎과 비슷하나 잎자루가 거의 없는 것이 특징이다. 참나무 6형제 중에서 다른 5종은 종소명이 나무의 특징을 표현하고 있는데 견주어, 신갈나무의 종소명 몽골리카mongolica는 이 나무의 원산지가 몽고라는 것을 나타내고 있다.

우리나라의 높은 산 윗부분은 대부분 신갈나무가 차지하고 있다. 살아가기에는 척박한 땅이지만 경쟁자들이 없기 때문에 좋아하는 햇빛을 마음껏 받으며 마음 편하게 살아갈 수 있다. 한반도의 중심 생태축인 백두대간 생태지도에 의하면, 우리나라 전체 식물 가운데 33%, 특산종 가운데 27%가 백두대간에 분포하는 것으로 나타났다. 이 중에서 가장 많이 자생하는 나무는 해발 200~1,900m까지 다양한 고도에서 고르게 분포하는 신갈나무라고 한다.

조경 Point

우리나라 산지에서 자라고, 높은 산에서는 순림을 형성한다. 지금까지 조경수로 활용한 예는 별로 없지만, 수형이 웅대하고 아름다우며 생장이 빠른 편이어서 조경수로 활용해볼 만하다. 가을에 황갈색 단풍이 들며, 겨울 내내 나뭇가지에 달려있어서 푸근한 겨울 경관을 제공해준다.

재배 Point

내한성이 강하며, 토심이 깊고 배수가 잘되는 비옥한 토양이 좋다. 해가 잘 비치는 곳 또는 반음지에 재배한다. 특별한 경우가 아니면 석회질 토양에서도 잘 자란다. 이식은 3~4월에 한다.

병충해 Point

참나무순혹벌(갈떡혹벌), 거위벌레, 사과독나방, 신갈마디혹벌, 장수하늘소 등의 해충이 발생한다. 거위벌레는 성충이 잎을 접어서 원통형으로 말고 있어서 쉽게 눈에 띈다. 잎살을 식해하며, 피해를 입은 부분은 일찍 낙엽이 진다. 5~6월에 성충을 대상으로 페니트로티온(스미치온) 유제, 수화제 1,000배액을 10일 간격으로 2회 수관살포하여 방제한다.

참나무류흰가루병, 참나무류둥근무늬병, 참나무시들음병 등의 병해가 발생한다. 참나무시들음병은 참나무류 중에서 특히 신갈나무에 피해가 심하다. 매개충인 광릉긴나무좀에 의해 매개되며, 피해를 받으면 7월말부터 빨갛게 시들면서 말라죽기 시작해서 8~9월에 고사한다. 고사목 또는 피해도가 심한 감염목은 벌채하여 메탐소디움(킬퍼) 액제로 훈증처리하거나 소각한다. 또는 흉고직경 10cm당 1개의 구멍을 뚫고 메탐소디움(킬퍼) 액제를 구멍당 3㎖씩 주입한다. 피해도가 적은 감염목은 티아메톡삼(플래그쉽) 입상수화제 3,000배액을 20일 간격으로 3~4회 수간에 흠뻑 뿌려준다.

번식 Point

종자로 번식시킨다. 가을에 도토리를 따서 습기가 많은 모래와 섞어서 저온에서 저장하거나 노천매장을 해두었다가, 다음해 봄에 파종한다. 도토리를 따서 바로 파종하면, 노천매장을 해두었다가 봄에 파종하는 것에 비해 발아율이 떨어진다. 파종상에서 3~5년 정도 기른 후에 묘목을 캐어 판갈이를 해주면 잔뿌리가 많이 생겨 더 튼튼한 묘목으로 키울 수 있다.

이팝나무

- 물푸레나무과 이팝나무속
- 낙엽활엽교목 • 수고 20m
- 중국, 대만, 일본(홋카이도와 규슈 일부, 대마도); 중부 이남의 산야에 드물게 분포

 | **학명** *Chionanthus retusus* 속명은 그리스어 chion(눈)와 anthos(꽃)의 합성어로 꽃이 많이 피는 것을 나타내며, 종소명은 '잎 끝에 톱니가 있는'이라는 뜻으로 잎 끝이 뾰족한 것을 가리킨다. | **영명** Retusa fringetree | **일명** ヒトツバタゴ(一つ葉タゴ) | **중명** 流蘇樹(유소수)

| 잎

마주나기.
넓은 달걀형이며,
가장자리는 밋밋하지만,
어린 잎에는
잔톱니가 있다.

80%

| 꽃

암수딴그루. 전년지 끝에 흰색 꽃이 모여 피는데, 좋은 향기가 난다.

| 수피

짙은 회갈색이며,
성장함에 따라
세로로 갈라지고
코르크질이 발달한다.

지름 12cm

| 겨울눈

가지 끝에 원뿔형의
끝눈이 1개 붙고,
좌우로 곁눈이 마주난다.

| 열매

핵과. 달걀형 또는 넓은 타원형이며,
자흑색 또는 검은색으로 익는다.

속명 치오난투스*Chionanthus*는 눈이라는 뜻의 치온chion과 꽃이라는 뜻의 안토스antos의 합성어이다. 이는 하얗게 무리지어 핀 꽃이 마치 흰 눈과 같다는 데서 유래한 것으로 꽃이 핀 모양을 보면 충분히 수긍이 간다.

이팝나무 이름의 유래에 대해서는 여러 가지 설이 있다. 절기로 입하立夏 무렵에 꽃이 핀다고 해서, 입하나무로 부르다가 이팝나무가 되었다는 설과 나무에 핀 꽃이 마치 밥그릇에 소복이 담긴 쌀밥과 같다 하여, 이밥나무에서 이팝나무가 되었다는 설이 있다. 또 조선시대에 왕족인 이씨가 먹는 쌀밥 '이씨의 밥'에서 유래되었다는 설도 있다.

이처럼 이팝나무는 벼농사와 무척 관련이 깊은 나무로 농민들은 그해의 벼농사가 풍년이 들 것인지 흉년이 들 것인지를 점치는 지표목으로 삼았다.

이팝나무가 꽃 피는 입하절기에 남쪽 지방에서는 못자리를 만드는데, 이 때 물이 많으면 꽃이 많이 피고 가물면 꽃이 적게 피기 때문에 그해의 농사를 가늠해볼 수 있다는 것이다. 오랜 세월을 통해 경험한 우리 선조들의 지혜가 아닐 수 없다.

흰 밥알과 같은 이팝나무 꽃과 관련된 슬픈 전설이 전해진다. 시어머니의 구박을 받던 착한 며느리가 제사 지낼 밥을 짓다가 뜸이 잘 들었는지를 보려고 밥알 몇 개를 떠먹은 것 때문에, 시어머니로부터 구박을 받아서 결국은 목을 매어 자살하고 만다.

그 후 며느리의 무덤가에 쌀밥과 같이 흰 꽃이 가득 핀 나무가 하나 자랐는데, 동네사람들은 이 나무를 쌀밥에 한이 맺힌 며느리가 죽어서 된 나무라 하여 이팝나무라고 불렀다고 한다.

300년 전, 마을에 흉년이 들자 당장 먹을 양식이 없어 사람들은 굶기가 일쑤였다. 빈 젖을 빨며 울다 지친 아이는 결국 굶어 죽게 되었는데, 아비는 아이를 마을 어귀의 작은 동산에 묻고 곁에 이팝나무를 심었다. 비록 살아서는 먹지 못했지만 죽어서라도 이팝나무 꽃같은 쌀밥을 실컷 먹으라는 마음이었을 것이다.

사연을 아는 이들도 죽은 아이를 생각하며 이곳에 이팝나무를 한 그루씩 심었다. 이렇게 아이들의 공동묘지 터에는 이팝나무가 무리를 이루어 자라게 되었으며, 마을 사람들은 이곳을 어린 아이의 무덤터라는 뜻으로 '아기사리'라 불렀다.

이곳이 천연기념물 제214호로 지정된 진안 평지리 이팝나무군이며, 현재는 마령초등학교가 세워지고 운동장 주위에 노거수 7그루가 모여 자라고 있다.

▲ **진안 평지리 이팝나무 군**
천연기념물 제214호

ⓒ 문화재청

조경 Point

5~6월에 흰 쌀밥 같은 순백색 꽃이 나무 전체를 뒤덮어 장관을 이룬다. 넓은 수관을 형성하기 때문에 생육공간이 넓은 곳에서는 크게 키워 독립수로 활용하면 좋다.

정원수, 공원수, 녹음수, 정자목 등 다양한 활용이 가능한 조경수이다. 근래에 우리나라 곳곳에 가로수로 식재되고 있다.

재배 Point

배수가 잘되고, 햇빛이 잘 비치는 비옥한 곳에 식재한다. 여름이 길고 더운 지역에서는, 꽃이 많이 피고 열매도 많이 열린다.

이식은 3~4월, 10~11월에 하고, 큰 나무는 뿌리돌림을 해서 옮긴다.

나무					새 순	개 화					열매		
월	1	2	3	4	5	6	7	8	9	10	11	12
전정	전정						전정					
비료	한비					시비						

병충해 Point

병해로는 아까시재목버섯에 의한 줄기밑동썩음병, 탄저병, 반점병, 흰날개무늬병, 흰가루병 등이 알려져 있다.

아까시재목버섯병은 일단 발병하면 방제가 어려우므로 예방이 중요하며, 뿌리부위나 줄기밑동에 상처가 나지 않도록 한다. 상처가 났을 때는 즉시 상처부위에 테부코나졸(실바코) 도포제를 발라서 감염을 방지한다.

탄저병과 반점병은 모두 잎에 반점이 나타나는 병으로 만코제브(다이센M-45) 수화제 500배액 터부코나졸(호리쿠어) 유제 2,000배액을 살포하여 방제한다.

해충으로는 혹응애, 매미류, 쥐똥밀깍지벌레 등이 있으며, 깍지벌레의 배설물에 의해 그을음병이 발생하기도 한다. 아바멕틴. 티아메톡삼(쏠비고) 액상수화제 4,000배액을 1주 간격으로 2~3회 살포하여 방제한다.

전정 Point

일반적으로 자연수형으로 키우는 나무이지만, 식재장소에 맞는 수형을 만들기 위해서는 전정이 필요하다. 길게 자란 도장지에는 꽃눈이 생기지 않으므로 잘라준다. 전정의 적기는 1~2월이다.

번식 Point

10월경에 잘 익은 종자를 채취하여 과육을 제거한 후, 종자의 2배 정도 되는 모래와 섞어서 노천매장하거나, 저온저장고에 2년간 저장하였다가 3년째 되는 봄에 파종한다.

초기에는 생육이 좋지 않기 때문에 파종한 후에 파종상에서 2년을 기른 후에 이식하면 좋다.

생장속도가 느려서 개화·결실하기까지는 7~8년 정도가 걸린다.

쪽동백나무

- 때죽나무과 때죽나무속
- 낙엽활엽교목 • 수고 10~15m
- 중국(동부), 일본; 전국의 산지에 분포

 학명 *Styrax obassia* 속명은 나무진의 일종인 storax(안식향)을 생산하는 식물의 고대 그리스 이름이다. 종소명은 쪽동백나무의 일본 이름 오바지샤(オオバジャ)에서 온 것이다. **영명** Fragrant snowbell **일명** ハクウンボク(白雲木) **중명** 玉鈴花(옥령화)

잎

어긋나기.
큰 잎 밑에 작은잎이 2장 달리는 경우가 많다.
겨울눈이 잎자루 속에 들어 있다(엽병내아).

15%

▲ 엽병내아

꽃

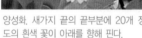

양성화. 새가지 끝의 끝부분에 20개 정도의 흰색 꽃이 아래를 향해 핀다.

열매

삭과. 달걀 모양의 구형이며, 회백색으로 익는다.

겨울눈

눈비늘이 없는 맨눈이며,
황갈색의 털로 덮여있다.
잎자루 밑부분에 싸여 있다
(엽병내아).

수피

지름 17cm

짙은 회갈색이고 평활
하다. 성장함에 따라 회
흑색으로 되고, 세로로
얕게 갈라진다.

이름이 '쪽동백'이어서 차나무과의 동백나무와 친척인 것 같지만, 이와는 아무런 관련이 없는 나무다. 쪽동백나무는 동백나무와 같이 열매에서 머리에 바르는 기름을 짰기 때문에 붙여진 이름이며, 동백나무 열매보다 작기 때문에 '쪽' 이라는 접두어가 붙은 것이다.

또 머릿기름이 나온다 하여, 지방에 따라서는 산아주까리나무라고도 부른다. 동백나무가 자라지 않는 북쪽 지방에서는 쪽동백나무 기름을 등불을 켜는 등유나 머릿기름으로 사용했다고 한다. 또 수피에서 나오는 수지는 향료나 방부제로 사용되었으며, 한방에서는 종기의 염증을 없애는데도 쓰였다고 한다.

오히려 동백나무보다는 때죽나무가 쪽동백나무와 더 가까운 사이이다. 쪽동백나무는 때죽나무과에 속하며, 때죽나무와 꽃과 열매가 비슷하게 생겨서 서로 구별이 어렵지만, 쪽동백나무 잎이 때죽나무 잎보다 훨씬 크다. 종소명 오바시아*obassia*는 일본어 오바지샤オオバジシャ, 즉 '큰 잎의 상추'에서 유래한 것이며, 우리나라에서도 잎이 크다는 뜻으로 '넙죽이나무' 라고도 부른다.

쪽동백나무의 영어 이름은 프레그런트 스노우벨*Fragrant snowbell*이고, 때죽나무는 스노우벨*Snowbell*이다. 무리지어 피는 하얀 꽃이 구름과 같다 하여, 일본 이름은 하쿠운보쿠白雲木이다.

대부분의 꽃들은 자기의 아름다움을 뽐내며 하늘을 향해 피지만, 쪽동백나무 꽃은 화려하고 향기도 좋지만 아래를 향해 다소곳이 핀다. 그래서인지 꽃말도 '겸손' 이다.

조경 Point

커다란 잎, 종 모양의 흰 꽃, 갈색 열매가 관상가치가 높다. 관리를 하지 않아도 수형이 잘 나오는 나무로 공원, 정원, 광장 등에 무리로 심으면 좋다.

그러나 한 그루만 단독으로 심으면, 수형과 잎이 커지고 꽃도 훨씬 많이 핀다. 각종 공해와 병충해에 강하기 때문에 바닷가나 도심의 공원에 심으면 좋다.

재배 Point

내한성이 강하다. 다습하지만 배수가 잘되는 곳, 중성~산성의 비옥하고 부식질이 풍부한 토양에 심는다.

해가 잘 비치거나 부분적으로 해가 비치는 곳이 좋으며, 차고 건조한 바람은 막아준다.

병충해 Point

해충으로는 때죽납작진딧물, 때죽나무혹파리, 가문비왕나무좀 등이 있다. 때죽납작진딧물은 가지 끝에 꽃 모양의 재미있는 벌레혹을, 때죽나무혹파리는 잎에 공 모양의 벌레혹을 만들지만, 수세에는 영향을 거의 미치지 않는다.

발생초기에 아세타미프리드(모스피란) 수화제 2,000배액을 10일 간격으로 1~2회 살포하여 방제한다.

가문비왕나무좀은 침엽수와 활엽수를 가리지 않고 광범위하게 가해한다. 목질부로 침입하여 갱도 내에 암브로시아균을 배양하기 때문에 수세가 현저하게 쇠약되어 수목이 고사되는 경우도 있다.

벌레똥을 배출하는 침입공에 페니트로티온(스미치온) 유제 50~100배액 주입하여 성충을 죽인다.

▲ 때죽납작진딧물의 벌레집

번식 Point

주로 종자로 번식시킨다. 가을에 잘 익은 종자를 채취하여 노천 매장해두었다가, 다음해 봄에 점뿌림(점파)으로 파종한다. 발아율이 높으며 생장도 빠르다.

파종상은 건조하지 않게 짚으로 덮어서 관리한다. 조경수로 활용하기까지는 5~6년 정도의 시간이 걸린다.

전정 Point

자연수형으로 키우는 것이 좋다. 줄기의 아름다움을 즐기기 위해서는 낙엽기에 불필요한 가지나 복잡한 가지를 잘라준다.

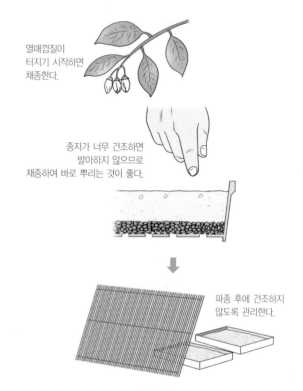

열매껍질이 터지기 시작하면 채종한다.

종자가 너무 건조하면 발아하지 않으므로 채종하여 바로 뿌리는 것이 좋다.

파종 후에 건조하지 않도록 관리한다.

▲ 실생 번식

참식나무

- 녹나무과 참식나무속
- 상록활엽교목 • 수고 15m
- 중국, 대만, 일본; 서남해안 도서 지역, 제주도 및 울릉도

학명 *Neolitsea sericea* 속명은 그리스어 neos(새로운)와 *Litsea*(까마귀쪽나무속)의 합성어로서 New Litsea를 말하며, 까마귀쪽나무속과 비슷하지만 후에 독립된 속이 된다. 종소명은 '비단같은'이라는 뜻이다. | **영명** Sericeous newlitsea | **일명** シロダモ(白ダモ) | **중명** 舟山新木姜子(주산신목강자)

| 잎

어긋나기.
긴 타원형이며,
가장자리는 밋밋하다.
잎을 찢으면
장뇌향내가 난다.

25%

| 꽃

암꽃

수꽃

암수딴그루. 잎겨드랑이에 황백색 꽃이 모여 핀다.

| 겨울눈

잎눈은
긴 타원형이고,
꽃눈은 둥글다.
끝눈은 모여나고,
곁눈은 어긋난다.

| 수피

지름 13cm

짙은 갈색 또는
회갈색이다.
자잘한 껍질눈이
있으나 평활하다.

| 열매

장과. 구형이며,
붉은색으로 익는다.
꽃과 열매를
동시에 볼 수 있다.

▲ 새잎은 아래로 처지고 황갈색 비단털로 덮여 있다.

불갑사佛甲寺는 전남 영광군 불갑면 모악리 불갑산 자락에 자리 잡고 있다. 인도의 승려 마라난타가 백제에 불교를 전래하고 최초로 창건한 유서 깊은 사찰이다.

불갑사에는 보물 제830호 대웅전, 보물 제1377호 목조석가여래삼불좌상, 보물 제1470호 불복장전적佛腹藏典籍 등 많은 문화재가 있으며, 불갑사를 품은 불갑산에는 천연기념물 제112호 참식나무 군락지와 전국 최대 규모의 상사화 군락지가 있다.

참식나무는 울릉도와 남부지방의 따뜻한 지역에서 자라는 나무로, 북한北限 자생지가 불갑사 뒷산이다. 이곳 참식나무 군락지에는 신라 때 이 절에 있던 젊은 스님과 인도 공주의 애절한 사랑의 이야기가 전해지고 있다.

불갑사에 있던 경운이라는 법명을 가진 스님이 인도로 유학을 떠났다. 스님이 머물던 인도의 절은 왕실과 관련이 깊은 터라, 어느 날 진희수라는 아리따운 인도 공주가 찾아와 서로 사랑에 빠지게 되었다. 이 사실을 알게 된 인도의 국왕은 경운 스님을 인도에서 떠나게 했다. 이별을 슬퍼한 공주는 정표로 두 사람이 만나던 곳의 나무 열매를 몇 알 따서 스님에게 주었다. 스님은 귀국 후 이 열매를 불갑사 뒷산 양지바른 곳에 심었는데, 그것이 자라서 참식나무 군락지를 이루었다고 한다. 스님과 공주는 이승에서 이루지 못할 사랑을 참식나무로 승화시키고, 스님은 다시 부처님의 제자로 돌아갔다는 전설이다.

조경 Point

울릉도나 한라산의 남쪽 따뜻한 곳 또는 해변가 산지에서 자란다. 갈색 또는 회색 털로 덮인 새잎과 빨간색 열매가 아름다우며 악센트식재, 배경식재, 녹음식재 등의 용도로 활용할 수 있다. 방풍수, 방화수로 활용하기에 적합한 수종이다.

재배 Point

배수가 잘되며, 토심이 깊고 비옥한 부식질 토양에서 잘 자란다. 추위와 건조에는 약하며, 해풍과 공해에는 잘 견딘다.

병충해 Point

루비깍지벌레, 후박나무굴깍지벌레, 잎말이벌레 등의 해충이 발생한다. 루비깍지벌레는 새가지에 기생하면서 흡즙가해하므로 수세가 약화되고, 2차적으로 그을음병을 유발한다. 약충발생기에 뷰프로페진.티아메톡삼(킬충) 액상수화제 1,000배액을 살포하여 방제한다. 발생 밀도가 높지 않으면, 면장갑을 낀 손으로 문질러서 제거한다.

번식 Point

10월에 잘 익은 열매에서 종자를 채취하여 직파하거나 노천매장 해두었다가 파종하며, 발아율은 높은 편이다. 삽목이나 접목으로도 번식이 가능하다.

▲ **영광 불갑사 참식나무 자생북한지**
천연기념물 제112호.

© 문화재청

가죽나무

- 소태나무과 가죽나무속
- 낙엽활엽교목 • 수고 20~25m
- 중국 원산, 인도, 인도네시아, 말레이시아; 전국의 인가 주변에 서식

 학명 *Ailanthus altissima* 속명은 인도네시아 Moluccan 섬의 방언 ailanto(하늘의 나무; Sky tree)를 라틴어화시킨 것이며, 종소명은 alta(키가 매우 큰)란 뜻으로 모두 나무의 키가 큰 것을 나타낸다. **영명** Tree of heaven **일명** ニワウルシ(庭漆) **중명** 臭椿(취춘)

| 잎

어긋나며, 6~12쌍의 작은 잎으로 이루어진 홀수깃꼴겹잎. 뒷면 톱니 끝에 샘점[腺點]이 있어서 만지면 고약한 냄새가 난다.

15%

| 꽃

암꽃

수꽃

암수딴그루. 원뿔꽃차례의 녹백색 꽃이 가지 끝에서 밑으로 처져 달린다.

| 열매

시과. 좁은 타원형이며 황갈색으로 익는다. 날개의 중앙에 1개의 종자가 들어 있는데, 오래 남아있다.

| 겨울눈

2~3개의 눈비늘조각에 싸여있다. 커다란 잎자국이 호랑이의 눈을 닮았다 하여 가죽나무를 호목수라고도 부른다.

| 수피

회백색이고, 성장함에 따라 세로로 얕게 갈라진다.

가죽나무는 가중나무·까중나무·개가죽나무라고도 한다. 가죽나무의 가假 자는 가짜를 뜻하는데, 참죽나무와 생김새는 비슷하지만 참죽나무와 달리 잎을 식용할 수 없기에, 가짜 참죽나무라는 뜻으로 가죽나무라고 부른다. 참죽나무와 가죽나무를 죽나무라고 부르는 데, 여기에는 두 가지 설이 있다. 참죽나무의 새순은 대나무의 죽순처럼 먹을 수 있기 때문에 대나무 죽竹 자를 썼다는 설과 스님들이 참죽나무의 새순을 즐겨 먹었기 때문에 중나무에서 죽나무가 되었다는 설이 있다. 이처럼 스님들이 즐겨 먹기 때문에 참중나무를 진짜 중나무 진승목眞僧木, 가죽나무를 가짜 중나무 가승목假僧木이라고도 부른다. 이 두 나무는 이름은 비슷하지만 분류학적으로 가죽나무는 소태나무과에 속하며, 참죽나무는 멀구슬나무과에 속하는 집안이 완전히 다른 나무이다. 잎 모양이 비슷하기 때문에 붙여진 이름인 듯하다.

속명 아이란투스Ailanthus는 아이란투스 몰루카Ailantus Molucca 섬의 방언 알란토ailanto; 하늘의 나무를 라틴어화 시킨 것이며, 종소명 알티시마altissima는 '키가 매우 크다'는 뜻을 가지고 있다. 영어 이름도 하늘나무Tree of Heaven이다. 이것을 일본에서는 신쥬神樹라 번역하여, 이 나무의 별명으로 부르고 있다. 겨울에 줄기에서 잎자루가 떨어진 자국이 마치 호랑이의 눈을 닮았다 하여 호목수虎目樹 또는 호안수虎眼樹라고도 한다. 예전에는 가로수로 많이 활용했지만, 지금은 서울 시내 몇 곳에서만 가죽나무 가로수를 볼 수 있다. 가죽나무는 암수딴그루인데, 수나무의 꽃은 냄새가 좋지 않고 꽃가루가 알레르기를 일으키기 때문에 조경수로 심을 때는 암나무를 골라서 심는 것이 좋다.

조경 Point

내건성, 내한성, 내공해성이 강하며 생장도 빠르기 때문에, 도심지나 공업지구에 가로수, 녹음수로 심기에 적합한 수종이다. 일제 강점기 때에는 가로수 수종으로 각광을 받았지만, 지금은 가로수로는 거의 심고 있지 않다. 나무가 크고 웅장하기 때문에 학교, 공원, 유원지 등에 녹음수로 심으면, 여름에 시원한 그늘을 즐길 수 있어 좋다.

재배 Point

내한성이 강하며 생장속도가 빠르고, 척박한 땅에서도 잘 자란다. 토양환경에 적응성이 강하고 침투성이 강한 뿌리 조직을 가지고 있다. 해가 잘 비치는 곳 또는 반음지에 식재하면 좋다.

병충해 Point

가죽나무흰가루병이 발병하면, 7~8월에 잎뒷면에 반점이 나타나고 점점 커져서 조기에 낙엽이 지는 현상이 일어난다. 트리아디메폰(티디폰) 수화제 1,000배액을 10~15일 간격으로 2~3회 살포한다. 가죽나무갈색무늬병은 병반이 확대되고 회갈색으로 변하면서, 병반 뒷면에 작은 점이 생기며 습하면 포자덩어리가 나타난다. 만코제브(다이센M-45) 수화제 500배액 또는 클로로탈로닐(다코닐) 수화제 600배액을 발생초기에 10일 간격으로 2~3회 살포한다.

전정 Point

전정하지 않아도 자연스러운 수형을 유지한다.

번식 Point

가을에 종자를 채취하여 노천매장을 해두었다가, 다음해 봄에 파종하면 잘 발아한다. 근삽은 뿌리를 10~15cm 정도의 길이로 잘라 꽂으며, 발근이 잘 되는 편이다. 분주(포기나누기)로도 번식이 가능하다.

개잎갈나무

- 소나무과 개잎갈나무속
- 상록침엽교목 · 수고 20~30m
- 티벳 서남부, 히말라야 서남부; 전국적으로 식재

 | **학명** *Cedrus deodara* 속명은 라틴어 cedrus(향기가 좋은 나무) 또는 같은 뜻의 그리스어 kedros에서 유래한 것이다. 종소명은 인도의 나무 이름 'deodar'에서 왔으며, 신의 나무(divine)를 의미하는 산스크리트어 'devadaru'에 어원을 두고 있다.
| **영명** Himalaya ceodar | **일명** ヒマラヤスギ(ヒマラヤ杉) | **중명** 雪松(설송)

| 잎

긴가지에는 1개씩 달리지만,
짧은가지에는 30개씩 다발로 모여서 난다.

50%

| 꽃

암꽃차례

수꽃차례

암수한그루. 꽃이삭은 짧은가지 끝에서 위를 향해서 달린다.

| 열매

구과.
다음해 가을에
달걀형 또는
넓은 타원형으로
익는다.

| 수피

지름 16cm

회갈색을 띠며, 성장함
에 따라 어두운 회색이
되고 불규칙하게 갈라
진다.

| 겨울눈

적갈색을 띠며,
둥근꼴 달걀형이다.

개잎갈나무는 크리스마스트리를 연상시키는 아름다운 수형을 가진 상록교목으로 금송·아라우카리아와 더불어 세계 3대 미수美樹로 꼽힌다.

도시의 가로수로 심은 개잎갈나무는 자동차나 사람의 통행에 방해가 되기 때문에 아랫가지를 잘라서 볼품없는 것이 많지만, 원산지인 인도 히말라야에서는 지면에서부터 꼭대기까지 완전한 원추형의 수형을 이루는 멋진 나무다.

잎갈나무와 비슷하게 생겼으나 잎갈나무가 낙엽수인데 비해, 이 나무는 상록수이기 때문에 개잎갈나무라 부른다. 영어 이름인 히말라야시더Himalaya cedar는 고대 산스크리트로 눈雪을 뜻하는 히마hima와 거처를 뜻하는 알라야alaya에, 삼나무라는 뜻의 시더cedar를 합친 말이다. 풀이 하자면 '눈 덮인 산에 사는 삼나무'라는 뜻이며, 히말라야삼나무·개이깔나무·설송雪松 등으로도 불린다.

대구의 관문인 동대구로에는 수령 40~50년 된 히말라야시더 360여 그루가 심어져 있다. 박정희 정권 시절, 대통령이 좋아하는 나무라고 해서 동대구역에서 숙소로 가는 길에 심었던 나무이다. 하지만 척박한 도시환경에서 뿌리를 제대로 내리지 못하고, 땅속 깊이 들어가지 않고 옆으로만 퍼져서 폭풍우에 쓰러지는 경우가 많았다. 그래서 오래 전부터 다른 수종으로 교체하자는 요구가 끊이지 않고 있다.

그러나 일부에서는 동대구로의 히말라야시더가 대구를 대표하는 상징 가로수이며, 동대구역을 통해 들어오는 외지인들에게 대구의 첫인상을 각인시키는데 중요한 역할을 하고 있다며 강력하게 반발했다. 지금은 폭풍우에도 넘어지지 않도록 파이프 지지대를 세워 지탱하고 있으며, 논쟁은 아직도 계속되고 있다.

▲ 동대구로의 개잎갈나무 가로수길

조경 Point

자연수형으로 키워서 공원이나 서양식 정원에 독립수 또는 주목(主木)으로 활용하면 좋다. 주택 정원에서는 높이 3~4m 정도의 자연수형으로 키우는 것이 좋으며, 그 이상 커지면 수관부가 커져서 장소를 너무 많이 차지하게 된다. 또 강전정하여 원통형 수형을 만들거나 줄심기를 하여 수목스크린으로 활용하는 방법도 있다.

가로수로 많이 식재되고 있으며, 특히 광주와 대구의 가로수가 인상적이다. 가로수로 심을 때는 겨울에 나무 그늘로 인해 빙판길을 만들어질 수 있으므로 주의해야 한다. 뿌리가 천근성이어서, 가로수로 심었을 때 강풍에 뿌리채 뽑히는 경우가 발생하기도 한다.

재배 Point

햇빛이 잘 들고, 배수가 잘되는 개방된 장소라면 어떠한 토양에서도 재배가 가능하다. 해풍에 잎이 시드는 경우도 있으므로 바닷가에 식재하는 것은 피한다.

이식은 3월에 하며, 가을에는 너무 늦으면 좋지 않다.

나무					새순				개화		열매	
월	1	2	3	4	5	6	7	8	9	10	11	12
전정			전정				전정			전정		
비료		한비										

병충해 Point

병충해가 많지는 않은 편이지만 주머니나방, 솔나방, 복숭아명나방 등이 가끔 발생한다.

주머니나방이 많이 발생하면, 애벌레기인 7월 하순~8월에 페니트로티온(스미치온) 유제 1,000배액 또는 인독사카브(스튜어드골드) 액상수화제 2,000배액을 10일 간격으로 2회 살포하여 방제한다.

가지끝마름병은 6~7월경에 발생하며, 잎이 갈색으로 변하고 햇가지가 고사한다. 클로로탈로닐(다코닐) 수화제 600배액, 코퍼하이드록사이드(코사이드) 수화제 1,000배액을 7~10일 간격으로 2~3회 살포한다.

번식 Point

가을에 채취한 종자를 3월 중·하순에 파종하며, 한 달 정도 지나면 발아하기 시작한다. 발아한 것은 다음해 혹은 그 다음해 봄에 이식하며, 3년생을 정식용 묘목으로 사용한다. 중심줄기는 한 번 손상을 입으면 잘 생기지 않는 성질이 있으므로, 묘목을 키울 때 중심줄기가 상하지 않도록 주의해야 한다.

숙지삽은 3월 상순에, 어린 나무의 전년지를 20cm 길이로 잘라서 삽수로 사용한다. 녹지삽은 6~7월에, 당년지 중에서 굳은 것을 삽수로 사용한다. 9월초에 가을삽목도 가능하며, 이때에는 온실이나 비닐하우스에서 한다.

전정 Point

자연수형으로 키우려면 그다지 전정이 필요 없으며, 나무가 생장함에 따라 밀집한 가지를 쏙아주는 정도의 가지치기만 해주면 된다.

자연수형으로 키우기 어려운 좁은 장소에서는 원추형 또는 원통형의 수형으로 키우며, 봄부터 햇가지가 생장을 멈추는 6월 하순~7월이 전정의 적기이다. 맹아력이 매우 강하기 때문에 강전정에도 잘 견딘다.

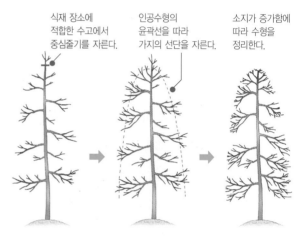

식재 장소에 적합한 수고에서 중심줄기를 자른다.

인공수형의 윤곽선을 따라 가지의 선단을 자른다.

소지가 증가함에 따라 수형을 정리한다.

▲ 작은 수형으로 만드는 전정

대왕참나무

- 참나무과 참나무속
- 낙엽활엽교목 ・ 수고 20~30m
- 북미(동부) 원산; 전국에 식재

학명 *Quercus palustris* 속명은 켈트어 quer(질이 좋은)와 cuez(목재)의 합성어로 Oak Genus(참나무류)에 대한 라틴명에서 비롯한 것이며, 종소명은 '소지생(沼地生)의'라는 뜻이다. | 영명 Pin oak | 일명 アメリカガシワ(アメリカ柏) | 중명 沼生櫟(소생력)

| 잎

어긋나기.
5~7개의 열편이 있고 열편 끝에 가시같은 침이 있다.
단풍은 청동색 또는 붉은색을 띤다.

30%

| 꽃

수꽃차례

암수한그루. 자가수분
이 불가능하다.

| 열매

견과. 각두는 도토리의 약 1/3을 감싸며, 맛
이 매우 쓰다.

| 겨울눈

달걀형이며,
눈비늘조각에 싸여 있다.

| 수피

성장함에 따라 회갈색
이 되고, 세로로 거칠게
갈라진다.

조경수 이야기

소나무 중에는 가장 길이가 길고 위엄이 넘치는 잎을 달고 있는 대왕송이 있듯이, 참나무 중에는 키가 크고 웅대한 수형을 가진 대왕참나무가 있다. 자연 고사한 잔가지가 떨어지지 않고 오랫동안 줄기나 큰 가지에 핀 모양으로 남아있어서, 핀오크Pin oak라는 영어 이름을 가지고 있다.

대왕참나무가 우리나라에 알려진 것은, 1963년 베를린 올림픽에서 손기정 선수가 마라톤에서 우승하고 난 후부터이다. 올림픽에서 마라톤 우승자에게는 월계수 잎으로 만든 월계관을 씌워주고 월계수 묘목을 주도록 되어 있으나, 독일에는 월계수가 자라지 않으므로 대왕참나무로 대신했다고 한다. 손기정 선수가 우승할 때 시상대에서 들고 있던 대왕참나무 화분은 히틀러가 선물한 것이다. 그가 귀국한 후, 이를 기념하기 위하여 그의 모교인 서울 양정고등학교 교정에 이 대왕참나무를 심었다. 따라서 이 나무가 우리나라에 가장 먼저 들어온 대왕참나무인 셈이다.

1991년에 양정고등학교를 목동으로 옮긴 뒤, 서울시는 그 자리에 손기정공원을 조성하였으며, 1982년에는 이 나무를 '손기정 월계관 기념수'로 이름 붙이고 서울특별시 기념물 제5호로 지정하여 관리하고 있다.

대왕참나무는 북아메리카가 원산지이며, 미국참나무라는 별칭으로 불리기도

▲ **손기정 월계관 기념수**
서울특별시 기념물 제5호.
ⓒ 문화재청

한다. 우리나라 토종 참나무류와는 수형이나 잎의 모양은 확연히 다르지만 엄연히 도토리를 맺는 참나무과 참나무속의 나무이다. 가을에 갈색 단풍이 드는데 바로 떨어지지 않고 겨우내 나무에 달려 있어, 보는 사람에 따라서는 좋은 경관이 되기도 한다.

조경 Point

가을에 붉은색 혹은 오렌지색으로 물드는 단풍잎이 아름다운 조경수이다. 또, 단풍잎은 바로 떨어지지 않고 겨울 내내 가지에 붙어있어서, 겨울의 삭막함을 완화시켜준다.
추위에 잘 견디고 공해와 병충해에 강하기 때문에, 외래종이지만 정원수 혹은 도심의 가로수로 많이 식재되고 있는 추세이다.

재배 Point

토양을 가리지 않고 잘 자라지만, 토심이 깊고 배수가 잘되는 비옥한 토양이 좋다. 내한성이 강한 편이며, 해가 잘 비치는 곳 또는 반음지에 재배한다.

병충해 Point

병충해가 거의 발생하지 않는 것으로 알려져 있으나, 최근 유리나방류(국내 미기록종)의 주간천공 피해가 나오고 있다. 침투기인 3~4월경 티아메톡삼(플래그쉽) 입상수화제 3,000배액을 주간에 20일 간격으로 3~4회 살포한다.

번식 Point

가을에 종자를 채취하여 기건저장해두었다가 봄에 파종한다.

메타세쿼이아

- 측백나무과 메타세쿼이아속
- 낙엽침엽교목 • 수고 35~50m
- 중국(양쯔강 상류) 원산; 전국에 식재

| 학명 *Metasequoia glyptostroboides* 그리스어 meta(~와 유사한)와 Sequoia(아파라치산맥의 인디언 체로키족 추장의 이름)의 합성어이다. 종소명은 그리스어 glypto(조각하다)와 strobus(솔방울)의 합성어이다. | 영명 Dawn redwood | 일명 メタセコイア | 중명 水杉(수삼)

| 잎

가는 잎이 2장씩 마주나며,
곁가지도 2개씩 마주난다.
침엽수이지만
가을에 단풍이 들고
낙엽진다.

30%

| 겨울눈

달걀형이며, 12~16개
의 눈비늘조각에 싸여
있다. 곁눈은 마주나
며, 가지에 거의 직각
으로 붙는다.

| 꽃

암꽃차례

차례수꽃

암수한그루. 수꽃차례는 타원형이고 아래를 향해 달리며, 암꽃차례
는 구형이고 짧은가지 끝에 달린다.

| 열매

| 수피

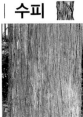

적갈색이고 오래되면
세로로 얇게 갈라져 벗
겨진다.
성장함에 따라 표면이
두껍게 융기한다.

구과. 구형이며,
갈색으로 익는다.
종자에는 날개가
달려있다.

조경수 이야기

1939년 미끼三木 박사가 일본에서 세쿼이아와 닮은 화석을 발견하고, 이것을 고생대 침엽수로 알고 새로운 속을 하나 만들어 '메타세쿼이아'라 이름 지어 1941년 학회에 발표했다.

이 나무는 백악기에서부터 제3기층에 걸쳐 지구상에서 번성하다가 절멸하여, 이제는 화석으로만 만날 수 있는 사라져 버린 나무로 알았다. 그러나 공교롭게도 그해, 중국 중경의 왕전이라는 임업공무원이 사천성의 양자강 지류인 마도磨刀 계곡의 사당 부근에서 거대한 나무를 발견한다.

그는 이 나무의 이름을 알아보려고 남경대학을 거쳐 북경대학 부설 생물학 연구소에 표본을 보냈는데, 이 나무가 바로 미끼 박사가 이름 붙인 메타세쿼이아라는 사실을 알게 되었다. 그 후 메타세쿼이아에 대한 본격적인 연구와 번식은 미국의 아놀드 식물원 원장인 메릴 Merrill 박사에 의해 시작되었다.

미국에 있는 세쿼이아보다 더 오랜 특성을 가지고 있다고 하여, 영어 이름은 돈 레드우드Dawn redwood이다. 습기가 많은 계곡에서 잘 자란다 하여 중국에서는 수삼水杉이라고 하며, 북한 이름도 수삼이다. 속명 메타세쿼이아 Metasequoia는 그리스어로 '뒤'라는 뜻의 메타meta와 속을 표시하는 세쿼이아sequoia의 합성어이며, 세쿼이아는 애팔라치아 산맥의 인디언 체로키족의 추장 이름인 세쿼이아Sequoia에서 유래한 것이다.

우리나라에는 1956년, 중국이 아니라 미국에서 일본을 거쳐서 들여왔다. 담양에서 순창으로 이어지는 24번 국도변의 메타세쿼이아 가로수길이 유명하다.

이 가로수길은 '생명의 숲 운동본부'가 선정한 '2002년 아름다운 거리숲' 대상을 수상했고, 2006년에는 건설교통부 선정 '한국의 아름다운 길 100선'에서 최우수상을 받았다. 1970년대 초반에 정부에서 펼친 가로수 조성사업 때 심었는데, 3~4년생 작은 묘목이 40년이 지난 지금은 20~30미터 높이의 거대한 숲을 이루고 있다.

▲ **메타세쿼이아 화석**
신생대 제3기 점신세(Oligocene), 약 3,000만 년 전에 만들어진 것.

조경 Point

전국 곳곳에 가로수로 식재되고 있으며, 특히 담양의 가로수길이 유명하다. 또 공원, 유원, 학교 등 넓은 장소에 독립수로 심으면 좋다. 침엽수이지만 가을에 붉게 물드는 단풍이 아름답다.

재배 Point

내한성이 강하며, 햇빛이 잘 비치는 곳이 좋다. 부식질이 많고, 다습하지만 배수가 잘되는 토양에 심는다.

초기 생장은 빠르며, 건조지에서는 수고가 10m까지 자라면, 그 후에는 생장이 느려진다. 이식은 낙엽기에 하고, 잎이 필 때는 피한다.

병충해 Point

메타세쿼이아잎마름병, 식엽성 주머니나방이나 박쥐나방, 흡즙성 노린재 등이 발생한다. 메타세쿼이아잎마름병은 가뭄, 오랜 강우, 태풍, 이식 등으로 나무가 쇠약해졌을 때 잘 발생한다. 7월 초순부터 발생하는데, 주로 잎끝에서부터 갈색으로 변해서 나중에는 회갈색이 된다. 가지솎기를 해서 통풍과 채광이 잘 되게 하고 배수관리 등 환경을 개선하여 튼튼한 나무로 키우는 것이 중요하다.

메타세쿼이아잎마름병 은 코퍼하이드록사이드(코사이드) 수화제 1,000배액, 클로로탈로닐(다코닐) 수화제 600배액을 10일 간격으로 2~3회 살포하여 방제한다.

▲ 메타세쿼이아응애류 피해잎

전정 Point

특별히 전정이 필요하지 않는 나무이다.

번식 Point

가을에 종자를 채취하여 기건저장해두었다가, 파종 1개월 전에 노천매장한 후 파종한다. 그러나 아직 우리나라에는 결실주가 없어 현재로는 실생 번식이 거의 힘든 실정이다.

삽목은 3월경 싹트기 전에 지난해에 자란 가지를 5~10cm 길이로 잘라서, 모래나 흙에 1/3가량 묻히게 꽂으면 40~50일 후에 발근한다. 특히 건조에 약하므로 삽목상에서나 이식 후에도 관수에 특별히 주의해야 한다.

장마 때에 식재간격을 넓혀 심어 주면, 가을에는 30cm 정도까지 자란다. 이렇게 이식하는 것이 잔뿌리가 많이 나므로 생육에 유리하다. 또 장마가 지난 후, 그해에 자란 충실한 가지를 5~7cm 길이로 잘라 물을 올린 후에 같은 요령으로 삽목한다.

백합나무

- 목련과 백합나무속
- 낙엽활엽교목 • 수고 30~40m
- 북아메리카(동남부) 원산; 전국에 가로수 및 공원수로 식재

 학명 *Liriodendron tulipifera* 속명은 그리스어 leiron(백합)과 dendron(나무)의 합성어로 백합을 닮은 꽃을 피우는 나무라는 뜻이다. 종소명 역시 tulipu(백합)와 fera(있다)의 합성어이다. **영명** Tulip tree **일명** ユリノキ(百合の木) **중명** 美國鵝掌楸(미국아장추)

| 잎

어긋나기.
잎몸은 반팔 T셔츠
모양이며, 가을에
노란색으로
단풍이 든다.

20%

| 꽃

양성화. 새가지 끝에 백합꽃을 닮은 황록색 꽃이 1개씩 핀다.

| 열매

취과에는 다수의 시과가 모여 달린다. 익으면 벌어지면서 날개 달린 씨가 날린다.

| 뿌리

심근형. 몇 개의 굵은 뿌리가
고르게 분포한다.

| 수피

지름 16cm

회갈색이고
성장함에 따라
세로로 얕게
갈라진다.

| 겨울눈

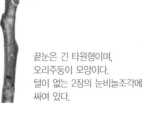

끝눈은 긴 타원형이며,
오리주둥이 모양이다.
털이 없는 2장의 눈비늘조각에
싸여 있다.

백합나무는 목련과 백합나무속에 속하며, 튜울립을 닮은 꽃을 피운다 하여 튜울립나무, 나무에 백합꽃이 핀다 하여 목백합이라고도 한다.

영어 이름이 튜립 트리Tulip tree이고, 일본 이름이 유리노끼百合ノ木인데, 이것 역시 백합나무라는 뜻이어서 백합을 닮은 꽃이 이 나무의 가장 큰 특징임을 나타내고 있다.

미국 중부 지방이 원산지이며, 미국에서는 가을에 노랗게 단풍 들고, 포플러처럼 빨리 자라기 때문에 옐로 포플러Yellow popular라고 부른다. 이전에 〈국가표준식물목록〉에는 이 나무의 국명이 튜울립나무로 기재되어 있었으나, 몇 년 전에 백합나무로 바뀌었다. 나무 이름이 바뀜에 따라, 속명도 튜울립나무속도 백합나무속Liriodendron으로 바뀌게 되었다.

백합나뭇잎은 깨끗하고 널찍하여 잉카 건축양식의 원시적 단순성을 지녔다고 한다. 양버즘나뭇잎과 비슷하지만 앞부분을 마치 가위로 뭉툭 잘라놓은 것 같은 모양을 하고 있어서, 디자인의 마스터피스라고 불릴 정도로 특이하고 아름답다.

백합나무는 구한말 고종 시절에 우리나라에 인공적으로 심은 최초의 가로수 수종 중 하나이다. 당시 중앙내무행정 관청인 내무아문에서 신작로新作路라는 이름의 넓은 도로 좌우에 나무를 심도록 각 도에 공문서를 보냈다. 이때 백합나무·플라타너스·포플러·미루나무 등의 속성수를 수입해서 심었다.

백합나무는 지구온난화의 주범인 이산화탄소를 흡수하는 능력이 뛰어난 '탄소통조림나무'로 알려져 있다. 산림청 국립산림과학원이 우리나라 주요 조림 수목의 이산화탄소 흡수능력을 측정한 결과 30년생 백합나무 1ha가 1년 동안 흡수하는 탄소량이 6.8t 1그루당 10.8kg으로, 소나무 4.2t, 상수리나무 4.1t, 잣나무 3.1t에 비해 1.6~2.2배나 되었다고 한다. 따라서 속성수면서 이산화탄소 흡수 능력이 뛰어난 백합나무의 식재 면적을 해마다 넓혀갈 계획이라고 밝혔다.

조경 Point

키가 크고 꽃과 잎이 큼직하여 시원한 느낌을 주며 가로수, 공원수, 독립수, 녹음수 등으로 널리 활용되고 있다.

수형이나 잎이 양버즘나무와 비슷하게 생겼지만, 수피를 보면 확실하게 구별이 된다. 구한말 고종 시절에 신작로라 이름 붙여진 넓은 길에 심어진 우리나라 최초의 가로수 수종이며, 지금도 도심의 곳곳에 가로수로 많이 심겨진 것을 볼 수 있다.

그러나 생장이 빨라서 크게 자라지만, 눈이나 바람에 가지가 부러지기 쉽기 때문에 가로수로 심을 때는 주의해야 한다.

재배 Point

적당히 비옥하고 약산성이며, 배수가 잘되는 다습지를 좋아한다.

내한성이 강하며, 양지바른 곳이나 조금 그늘진 곳에서 잘 자란다. 가을 식재에 민감함으로, 가능하면 봄에 식재하는 것이 좋다.

◀ 백합나무속
(Liriodendron)의 화석
중신세 후기.

진딧물, 깍지벌레, 알락하늘소 등의 해충이 발생하지만, 심각한 정도는 아니다. 진딧물을 방제하기 위해 살충제를 살포하면 진딧물은 구제를 할 수 있지만, 천적인 무당벌레까지 죽여버린다. 이처럼 무분별한 약제사용은 천적조차 죽임으로써 해충의 대발생으로 이어지기도 하므로, 주기적으로 예찰을 실시하여 종합적인 방제를 시행할 필요가 있다.

병해로는 곰팡이, 세균, 바이러스에 의해 잎에 점 모양의 무늬가 나타나는 점무늬병이 있다. 뿌리 부위에 아까시재목버섯이라는 목재부후균이 침입하여 줄기밑동썩음병을 일으키기도 한다.

이 병은 아까시나무, 느티나무, 벚나무, 백합나무 등의 노목에 흔히 발생하며, 강풍에 의해 줄기 밑동의 썩은 부분이 잘 넘어지기 때문에 위험하다. 이 병은 일단 발병하면 방제가 어려우므로 줄기 밑동이나 뿌리에 상처가 나지 않도록 관리하는 것이 중요하다. 만약 이런 부위에 상처가 났다면, 즉시 테부코나졸(실바코) 도포제 등을 발라서 상처부위를 보호한다.

▲ 백합나무세균성점무늬병

전정 Point

특별히 전정을 하지 않아도 좋은 자연수형을 유지한다.

번식 Point

11월에 열매를 채취하여 건조하지 않도록 기건저장해두었다가, 다음해 3월 하순에 파종한다. 종자를 건조하게 보관하면 발아율이 현저히 낮아지므로 주의를 요한다.

버드나무

- 버드나무과 버드나무속
- 낙엽활엽교목 · 수고 10~20m
- 중국, 만주, 러시아; 제주도를 제외한 전국의 계곡, 하천, 저수지 등의 습지

학명 *Salix koreensis* 속명은 켈트어 sal(가깝다)과 lis(물)의 합성어로 '물가에서 흔히 자란다'에서 유래한 것 또는 라틴어 salire(도약하다)가 어원으로 '생장이 빠르다'라는 의미를 가지고 있다는 설이 있다. 종소명은 '한국의'를 의미한다.
영명 Korean willow ┃ **일명** コウライヤナギ(高麗柳) ┃ **중명** 朝鮮柳(조선류)

| 잎

어긋나기. 피침형이며,
잔톱니가 있다.
잎뒷면은 분백색이며,
털이 약간 있다.

40%

| 꽃

암꽃차례

수꽃차례

암수딴그루. 잎이 나면서 동시에 잎겨드랑이에 꽃이 핀다.

| 겨울눈

꽃눈은
황록색이고 달걀형이며,
1장의 눈비늘조각에
싸여있다.
곁눈은 가지에 바짝
붙어서 난다.

| 수피

지름 28cm

회갈색이고 껍질눈이
있다. 성장하면서 불균
칙하게 갈라지고 코르
크층이 발달한다.

| 열매

삭과. 열매이삭은
원주형이며, 종자에
는 흰색의 긴 털이
있다.

버드나무의 속명 살릭스*Salix*는 켈트어로 가깝다는 뜻의 살sal과 물을 뜻하는 리스lis의 합성어이다. 그래서 예로부터 강가 · 연못가 · 우물가 · 포구 등 물가에 많이 심었으며, 물을 좋아하는 나무라 하여 수향목水鄉木이라는 별명도 가지고 있다.

버드나무와 관련된 이야기로는 고려 태조 왕건과 유씨 부인의 우물가 로맨스가 유명하다. 태조 왕건이 왕위에 오르기 전에 궁예와 싸우고 있을 때이다. 왕건이 말을 달리다 목이 말라 정주경기도 덕풍의 한 우물가에서 여인에게 물을 청했더니, 그 여인은 우물에서 물 한 바가지를 떠서 옆에 있던 버들잎을 한줌 훑어 띄워서 건냈다.

물을 마신 후에 왕건이 물에 버들잎을 띄운 연유를 물으니, 여인은 물을 급하게 마시면 체할 수 있으므로 버들잎을 불면서 천천히 마시라고 한 것이라 대답했다. 왕건은 나중에 이 지혜로운 여인을 왕비로 삼았는데, 이 여인이 바로 유씨 부인이다.

버드나무 껍질이 통증이나 염증을 없애는 데 효과가 있다는 사실은 히포크라테스 시대에는 물론이고, 기원전 1550년에 만들어진 파피루스에도 쓰여 있다고 한다.

버드나무 껍질 속에 들어 있는 살리실산salicylic acid이라는 물질이 해열 · 진통 · 소염뿐 아니라 장티푸스와 류마티즘에도 효과가 있었다는 사실은 1830년대에 와서야 과학적으로 밝혀졌다. 그렇지만 살리실산은 맛이 좋지 않고 먹으면 구역질이 나기 때문에 먹기가 무척 어려웠다. 그 후에 독일의 제약회사 바이엘에 근무하던 화학자 호프만Hoffmann은 류머티즘으로 이 약을 먹느라 고생하는 아버지를 위해, 살리실산에 아세트산acetic acid을 섞어 보았는데 먹기가 훨씬 좋아졌다고 한다.

이렇게 해서 인류 최초의 합성의약품인 아스피린이 개발된 것이다. 현재 아스피린은 전 세계에서 매년 600억 알이 소비되고 있을 만큼 인기가 있는 약이다.

조경 Point

어디에서나 잘 자라고 생육이 빠르기 때문에 경관수, 정자목, 가로수 등으로 많이 식재된다. 특히 물을 좋아하여 물가에서 잘 자라므로 포구, 연못가, 냇가, 우물가 등에 심으면 수변의 정취를 더한다.

꽃은 4월에 잎과 동시에 피며, 열매는 5월에 익어 흰 솜털이 붙은 씨가 바람에 날려 흩어진다. 예전에는 가로수로 많이 심었지만 이 씨가 사방에 날려 거리를 어지럽히고 위생에도 좋지 않다 하여, 요즘은 많이 심지 않으며 심더라도 씨가 날리지 않는 수나무만 골라 심는다.

◀ 아스피린
진통제의 대명사로 알려져 있다.

재배 Point

내한성이 아주 강하며, 건조함에 잘 견디지만 습지에서 잘 자라 수원의 지표식물이기도 하다. 햇빛이 잘 비치고 습기가 있지만 배수가 잘 되는 토심이 깊은 토양이 좋다.

버들하늘소, 미국흰불나방 등의 피해가 있다. 버들하늘소는 부분적으로 부후한 노령목이나 상처가 있는 나무에 피해가 심하며, 애벌레가 부후부위를 뚫고 목재 속으로 들어가서 외부로 톱밥을 배출하므로 발견이 용이하다. 상처부위나 가지절단부에 티아메톡삼(플래그쉽) 입상수화제 3,000배액을 산란기에 몇 회 도포하면 방제에 도움이 된다.

미국흰불나방은 북미 원산으로 1948년부터 일본, 한국, 중국 등 아시아 지역에 침입하여 만연하고 있다. 애벌레 1마리가 100~150㎠의 잎을 섭식하며, 산림지역에서의 피해는 경미한 편이나 도시주변의 가로수, 조경수, 정원수에 특히 피해가 심하다.

1세대 발생초기인 5월 하순~6월 초순과 2세대 발생초기인 7월 중·하순에 클로르플루아주론(아타브론) 유제 3,000배액, 페니트로티온(스미치온) 유제 1,000배액, 인독사카브(스튜어드골드) 액상수화제 2,000배액, 에토펜프록스(세베로) 유제 1,000배액을 1~2회 살포하여 방제한다.

이외에 버들재주나방, 노랑쐐기나방, 다색풍뎅이, 대륙털진딧물, 독나방, 말채나무공깍지벌레, 먹무늬재주나방, 박쥐나방, 그을음병 등의 피해가 우려된다.

▲ 미국흰불나방

▲ 대륙털진딧물

버드나무는 가지를 거꾸로 꽂아도 잘 자란다는 말이 있을 정도로 생명력이 왕성한 나무다.

삽목은 2~3월에 전정을 하고 난 후에 나온 휴면지를 이용하며, 다른 시기에 해도 용이하게 발근한다. 적옥토 등을 넣은 삽목상에 꽂으며, 물삽목도 가능하다. 씨앗이 날리지 않는 수나무만 증식시키고자 할 때는, 수나무에서 채취한 가지로 삽목한다.

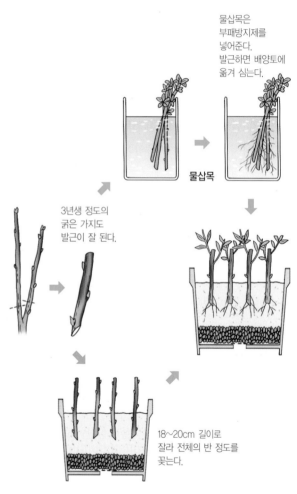

물삽목은 부패방지제를 넣어준다. 발근하면 배양토에 옮겨 심는다.

물삽목

3년생 정도의 굵은 가지도 발근이 잘 된다.

18~20cm 길이로 잘라 전체의 반 정도를 꽂는다.

▲ 삽목 번식

스트로브잣나무

- 소나무과 소나무속
- 상록침엽교목 • 수고 20~30m
- 북미(동부) 원산; 전국의 공원과 고속도로에 식재

| **학명** *Pinus strobus* 속명은 켈트어 pin(산)에서 유래된 라틴어이며, 종소명은 '솔방울에 관한'이라는 뜻이다.
| **영명** Eastern white pine | **일명** ストローブマツ(ストローブ松) | **중명** 東部白松(동부백송)

| 잎

1다발에 5개의
바늘잎이 모여 난다.
짙은 녹색 또는 회녹색이며,
촉감이 부드럽다.

70%

| 꽃

암꽃차례

수꽃차례

암수한그루. 암꽃차례는 타원형이고 새가지 끝에 달린다. 수꽃차례는 황갈색이고 새가지 아래쪽에 여러 개가 모여 달린다.

| 열매

구과. 원통형이며,
녹색에서 갈색으로 익는다.

| 수피

회갈색이며 어릴 때는 매끈한 편이며,
오래되면 세로로 불규칙하게 갈라진다.

속명 피누스*Pinus*는 라틴어로 피치pitch, 즉 역청이라는 의미의 픽스pix에서 온 것이며, 종소명 스트로부스*strobus*는 솔방울을 의미한다.

스트로브잣나무의 영어 이름은 화이트 파인White pine인데, 이는 스트로브잣나무의 목재가 흰색이기 때문이다. 우리가 흔히 말하는 중국 원산의 백송白松, *Pinus bungeana*은 영어 이름이 레이스바크 소나무Lace-bark pine이다. 나무껍질이 레이스를 둘러놓은 것 같다고 하여 붙여진 이름이다.

침엽수 중에서 소나무·곰솔 등은 2개의 잎이 뭉쳐나므로 이엽송, 백송이나 리기다소나무는 3개가 뭉쳐나므로 삼엽송이라 한다. 스트로브잣나무는 잣나무의 일종으로 한 다발에 바늘잎이 5개가 뭉쳐나며, 잣나무에 비해 잎이 가늘고 부드러워서 북한에서는 '가는잎소나무'라고 부른다.

이 나무의 원산지는 북아메리카 동부 지역이다. 원산지에서는 중요한 조림수종이며, 1920년경에 우리나라에 들어와 일부 지역에서 녹화용·가로수용·산울타리용으로 심고 있다. 각종 공해에 강하므로 도심지나 고속도로 주변에 심기에 적합한 수종이다.

▲ **스트로브잣나무 우표**
미국 메인(Maine) 주의 주나무

조경 Point

북아메리카가 원산지이며, 어릴 때는 수형이 원추형이지만 커가면서 자연형으로 변한다. 소나무류 중에서는 공해에 강한 편이어서, 고속도로변에 가로수로 많이 심지만 제설작업에 사용되는 염화칼슘에는 약하므로 주의를 요한다.
산울타리, 차폐용, 방풍용으로 활용하면 좋다.

재배 Point

내한성이 강하다. 햇빛이 잘 비치고 배수가 잘되는 곳이면 어떤 토양에서도 잘 자란다. 토양산도는 pH4.0~6.5이다.

병충해 Point

소나무잎떨림병, 잣나무털녹병, 모잘록병이 발생할 수가 있다. 잣나무털녹병이 발생하면 피해나무는 빨리 베어내어 소각하고, 이 병의 중간기주인 까치밥나무를 8월 이전에 제거한다.
저습지에 심었을 때는 모잘록병이 생기기 쉬운데, 발병했을 때에는 즉시 뽑아버리고 다조멧(밧사미드) 입제를 10a당 40kg 토양혼화 후에 훈증처리한다.

번식 Point

10월에 종자를 채취하여 기건저장해두었다가, 봄에 파종하기 1개월 전에 노천매장을 한 후에 파종한다. 이와 같이 기건저장해두었다가 파종 1개월 전에 노천매장을 하는 종자로는 소나무, 해송, 가문비나무, 전나무, 측백나무 등이 있다.

양버들

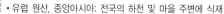

· 버드나무과 사시나무속
· 낙엽활엽교목 · 수고 30m
· 유럽 원산, 중앙아시아; 전국의 하천 및 마을 주변에 식재

 학명 *Populus nigra* var. *italica* 속명은 옛 라틴명 popu(사람)에서 비롯되었으며, Poplar를 뜻한다. 종소명은 줄기가 검은 것을 뜻하고, 변종명은 '이탈리아의'를 뜻한다. | 영명 Lombardy poplar | 일명 セイヨウハコヤナギ(西洋箱柳) | 중명 鑽天楊(찬천양)

| 잎

어긋나기.
잎 모양은 마름모꼴 또는 넓은 삼각형이며,
잎자루가 눌린 것처럼 납작하다.

35%

| 꽃

암꽃(만개한 상태)

수꽃

암수딴그루. 잎이 나기 전에 위쪽 가지에 꽃이 핀다.

| 열매

삭과. 달걀형이고
털이 없으며,
열매이삭은
아래로 처진다.

| 겨울눈

긴 원뿔형이며,
끝이 뾰족하고 5~6장의
눈비늘조각에 싸여있다.
표면에 약간의 점성이 있다.

| 수피

지름 30cm

회갈색이고
세로로 깊게 갈라지며,
성장하면 세로로
가늘고 긴
그물 모양이 된다.

포플러라는 이름은 참나무처럼 특정한 나무를 지칭하는 것이 아니라, 서양에서 들어온 버드나무 정도의 의미를 가지는데, 이 안에는 미류美柳나무와 양류楊柳나무, 즉 양버들이 있다.

미루나무는 미국에서 들어왔다 하여 붙여진 이름으로, 원래는 미류나무이던 것이 모음이 단순화하는 형태로 표준어가 정해지면서 미루나무가 된 것이다. 양버들은 서양 혹은 유럽에서 들어왔다 하여 붙여진 이름이다. 미루나무와 양버들의 잡종이 이태리포플러이다.

양버들은 유럽 남부의 이탈리아 북부 롬바디가 원산지이며, 서양의 버드나무라 하여 양洋버들이란 이름이 붙여졌다. 양버들의 일본 이름 세이요하코우야나기西洋箱柳에서 힌트를 얻어 붙인 이름이다. 하지만 버드나무 종류Salix spp.가 아니라 포플러 종류Populus spp.이다.

예전에 신작로 양옆으로 줄기는 곧게 직립하고 잔가지는 위를 향하여 마치 빗자루를 세워둔 것 같은 모양의

▲ 〈포플러 가로수길〉
빈센트 반 고흐 작품.

양버들 가로수가 있었다. 수형이 하늘을 찌르는 듯하여, 중국 이름은 '하늘을 뚫는 버들'이라는 뜻의 찬천양鑽天楊이다. 우리나라에는 일제강점기 말에 수입·재배되었으며 이쑤시게·나무젓가락·성냥 등을 만드는 용재수用材樹로 많이 활용되었다.

속명 포풀루스Populus는 라틴어로 인민을 뜻하며, 이는 로마 사람들이 이 나무 밑에서 집회를 가진 것에서 유래한 것이다. 종소명 니그라nigra는 줄기가 검다는 뜻이고, 변종명 이탈리카italica는 이탈리아가 원산지임을 나타낸다.

조경 Point

생장이 매우 빠르고 습기를 좋아하기 때문에 물가, 하천변, 논둑 등에 가로수, 용재수, 조림수 등의 용도로 많이 식재하였다. 신작로라 불리는 지방도로에는 아직도 가로수로 심은 것이 남아 있는 곳도 있다. 수형이 거의 수직으로 자라기 때문에 마치 빗자루를 거꾸로 세워 놓은 것 같은 모양을 나타낸다.

재배 Point

내한성이 강하다. 항상 침수되는 곳이 아니라면, 어떤 토양에서도 재배가 가능하다. 습기가 있지만 배수가 잘되며, 토심이 깊은 비옥한 토양이 재배적지이다.
이식은 3~4월, 9~10월에 한다.

병충해 Point

발생하기 쉬운 병충해로는 잎녹병, 줄기마름병(부란병, 지고병, 동고병), 잎마름병, 날개무늬병, 하늘소, 매미나방, 미국흰불나방, 애기재주나방, 깍지벌레류 등을 들 수 있다.

하늘소의 침입은 나무 내부의 부후를 일으켜 수간이 부러질 위험이 있으므로 주의를 요한다. 매미나방은 양버들뿐 아니라 많은 수목의 잎을 식해하는 독나방과의 해충으로, 애벌레와 성충의 독가시털이 인체에 피부질환을 일으키므로 주의해야 한다.

잎녹병은 잎갈나무나 전나무속 나무가 중간숙주이며, 감염되면 8월 중·하순부터 낙엽이 지기 시작하여 상층부의 몇 개만 남기고 모든 잎이 떨어진다. 트리아디메폰(티디폰) 수화제 1,000배액, 디페노코나졸(로티플) 액상수화제 2,000배액을 살포하여 방제한다.

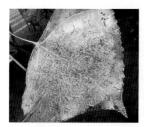
▲ 미국흰불나방

▲ 애기재주나방 애벌레

번식 Point

삽목 번식과 실생 번식이 가능하지만, 삽목 번식이 더 효율적이다. 2월경에 묵은 가지를 20cm 길이로 잘라서 다발로 묶어 흙 속에 보관하였다가, 3월 중·상순에 4~5시간 물을 올려 건조하지 않은 곳에 삽목한다.

종자는 사전처리가 필요 없으며, 건조하지 않도록 보관해두었다가 파종하는 것이 중요하다.

조경수 상식

■ 멀칭

토양의 건조방지, 지온조절, 잡초 발생 억제 등의 목적으로 흙표면을 짚이나 나무칩, 비닐, 피트모스 등으로 덮는 것을 멀칭이라 한다.

ⓒ KATORISI

양버즘나무

- 버즘나무과 버즘나무속
- 낙엽활엽교목 • 수고 40~50m
- 북미(동부) 원산, 유럽동남부; 전국적으로 가로수 및 공원수로 식재

학명 *Platanus occidentalis* 속명은 그리스어 platys(넓은)에서 유래된 것으로 '넓은 잎'이라는 뜻이며, 종소명은 원산지가 서양인 것을 나타낸다.
영명 Buttonwood   **일명** アメリカスズカケノキ(亞米利加鈴懸の木)   **중명** 一球懸鈴木(일구현령목)

| 잎

어긋나기.
갈래잎이며,
3~5갈래로 갈라진다.
잎자루 밑부분이
부풀어 있으며,
이 속에 겨울눈이
들어 있다(엽병내아).

15%

| 꽃

암꽃차례

수꽃차례

암수한그루. 암꽃차례는 가지 끝에 달리고, 수꽃차례는 잎겨드랑이에 달린다.

| 뿌리

중근형. 중·대경의 수평근과
수직근이 발달한다.

| 수피

흰색, 녹색, 갈색의
무늬가 얼룩덜룩하며,
커다란 조각으로
떨어져 버짐을 닮았다
(이름의 유래).

열매는 많은 수과가 모인 구형이다.
수과에는 황갈색의 긴 털이 있다.

| 겨울눈

원뿔형이며, 1장의 눈비늘조각에 싸여있다.
잎자루의 밑부분에 겨울눈이 들어있다(엽병내아).

조경수 이야기

양버즘나무의 속명 플라타누스*Platanus*은 그리스어로 '넓은' 이라는 뜻의 플라티스*platys*에서 유래한 것으로 이 나무의 넓은 잎을 나타내는 말이며, 종소명 옥시덴탈리스*occidentalis*은 서양이 원산지라는 뜻이다.

플라타너스의 우리말 이름은 '버즘나무'이다. 우리가 플라타너스라고 부르는 나무로는 양버즘나무·버즘나무·단풍버즘나무가 있는데, 가로수로 심은 나무는 대부분 양버즘나무이다.

▲ 버튼우드 합의
1792년 뉴욕의 중요 증권브로커들이 월스트리트의 플라타너스 나무 아래에서 버튼우드 합의서(Buttonwood Agreement)에 서명한 것이 미국 증권거래소의 기원이 되었다.

지금은 거의 볼 수 없지만 먹고 살기 어렵던 시절, 영양실조에 걸린 아이들 얼굴에 생긴 버짐과 이 나무의 얼룩덜룩한 나무껍질의 무늬가 닮았다 하여 버즘나무라는 이름이 붙었다. 원래 버짐이 표준말이지만 오랜 세월 관습적으로 버즘이라 해왔으므로 버즘나무라 부른다. 북한에서는 수피를 보고 이름을 짓지 않고, 조롱조롱 열리는 열매가 방울 같다고 하여 방울나무라 하며, 영어 이름도 비슷한 뜻의 버튼우드Buttonwood이다.

플라타너스는 마로니에·히말라야시더와 함께 세계 3대 가로수 중 하나이며, 파리의 가로수 중 50%, 런던의 가로수 중 90%가 이 나무이다. 기원전 5세기경 그리스에서도 이 나무를 가로수로 심었을 정도로 역사가 오랜 나무이다.

우리나라에서는 가로수로 벚나무와 은행나무가 가장 많고, 다음으로 많이 심은 나무가 양버즘나무이다. 양버즘나무는 생장 속도가 빠르고 도시의 공해에도 잘 견디며 어떠한 강전정에도 아랑곳하지 않고 잘 자라는, 가로수로는 최고의 조건을 갖춘 나무이다. 또 하나 이 나무를 가로수로 많이 심는 이유는 토양을 정화시키는 정토

수淨土樹이기 때문이다.

그러나 근래에 우리나라에서는 이 나무의 열매가 부서질 때 발생하는 미세한 솜털이 알레르기성 환자들에게 비염을 일으킨다 하여 빠르게 다른 수종으로 대체되고 있는 실정이다.

조경 Point

양버즘나무는 버즘나무보다 추위와 도시공해에 강하며, 어떠한 강전정도 견딜 수 있는 왕성한 생명력을 가진 나무이다. 커다란 잎, 가을의 노란 단풍, 겨울의 열매와 얼룩 수피가 있는 장점이 많은 조경수이다.

세계적으로 가장 많이 식재된 가로수 수종이며, 우리 주위에서도 가로수로 식재된 것을 흔하게 볼 수 있다. 가로수 이외에도 넓은 공간에서 독립수, 녹음수로 활용하면 좋다.

재배 Point

건조에 강하며, 생장속도가 매우 빠르다. 더운 여름 기후에서 그 해의 새눈이 잘 성숙하므로 전반적인 생장이 좋다. 해가 잘 비치는 곳, 배수가 잘되는 비옥한 토양에 식재한다.

병충해 Point

미국흰불나방, 거북밀깍지벌레, 알락하늘소, 남방차주머니나방, 박쥐나방, 어스렝이나방, 차주머니나방 등의 해충이 발생한다.

잎을 식해하는 미국흰불나방이 가장 흔하게 발생한다. 피해가 현저하게 나타나면 클로르플루아주론(아타브론) 유제 3,000배액, 인독사카브(스튜어드골드) 액상수화제 2,000배액 등을 살포한다.

거북밀깍지벌레는 약충발생기에 뷰프로페진.티아메톡삼(킬충) 액상수화제 1,000배액을 살포한다.

알락하늘소의 애벌레는 수간의 목질부를 파먹고 들어가며 톱밥 같은 부스러기를 밖으로 배출한다. 침입한 구멍을 발견하면 철

사나 송곳을 찔러 넣어 포살한다. 방제법은 성충활동기에 페니트로티온(스미치온) 유제 1,000배액, 티아클로프리드(칼립소) 액상수화제 2,000배액을 1~2회 살포한다. 버즘나무 방패벌레는 이미다클로프리드(어드마이어) 분산성액제를 흉고직경 10cm당 4cc씩 수간주사한다.

버즘나무탄저병(가지마름병), 버즘나무페스탈로치아병, 버즘나무 갈색점무늬병 등의 병해가 발생한다. 발병하면 터부코나졸(호리쿠어) 유제 2,000배액을 몇 차례 살포하여 방제한다. 터부코나졸(바이칼) 유탁제를 흉고직경 10cm당 5cc씩 수간주사하는 방법도 있다.

▲ 미국흰불나방 피해잎

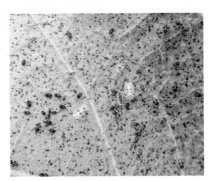
▲ 버즘나무방패벌레

▲ 버즘나무탄저병

생장속도가 빠르기 때문에 가로수로 심었을 때는 주로 두목작업(頭木作業)을 실시한다. 즉 동일한 위치에서 새로 나온 모든 가지를 1~3년 주기로 잘라주는 전정을 반복한다.

두목작업은 버드나무, 포플러, 아까시나무와 같이 맹아력이 왕성한 나무에서만 적용이 가능하다.

▲ 두목전정

숙지삽은 2~3월 중순에 충실한 전년지를, 녹지삽은 8~9월에 충실한 햇가지를 삽수로 사용한다. 삽수는 15~20cm 길이로 잘라 윗잎은 2~3장 남기고 아랫잎은 떼어낸다. 남긴 잎도 큰 경우는 잎을 반 정도 잘라낸다. 1~2시간 물을 올려서 적옥토, 강모래, 마사토 등을 넣은 삽목상에 꽂는다.

밝은 음지에 두고 건조하지 않도록 관수관리와 비배관리를 한다. 새눈이 나오기 시작하면 서서히 해가 비치는 곳으로 옮기고, 다음해 3월에 이식한다.

충실한 가지를 삽수로 골라 15~20cm 길이로 자르고, 기부는 경사지게 만든다.

1~2시간 정도 물을 올린다.

새순이 나오면 서서히 햇볕에 내어놓는다.

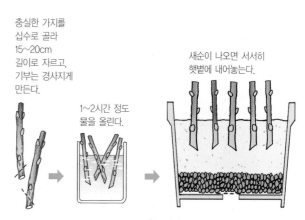

▲ 삽목 번식

졸참나무

• 참나무과 참나무속
• 낙엽활엽교목   • 수고 20~25m
• 일본, 대만, 중국, 히말라야; 전국에 분포, 주로 중부 이남의 낮은 산지

학명 *Quercus serrata* 속명은 켈트어 quer(질이 좋은)와 cuez(목재)의 합성어로 Oak genus(참나무류)에 대한 라틴명에서 비롯한 것이며, 종소명은 '톱니가 있는'이라는 뜻이다. | 영명 Konara oak | 일명 コナラ(小楢) | 중명 柏櫟(포력)

| 잎

30%

어긋나기.
거꿀달걀형이며, 가장자리에
뾰족한 톱니가
잎끝을 향해 나있다.
참나무류 중에서
잎이 가장 작다.

| 꽃

암꽃차례

수꽃차례

암수한그루. 잎이 나면서 동시에 황록색의 꽃이 핀다. 암꽃차례는
곧추 서고, 수꽃차례는 아래로 처진다.

| 열매

견과. 긴 타원형이며,
각두와 각두의
인편은 참나무류 중에서
가장 작다(이름의 유래).

| 수피

회갈색 또는 회색이고
세로로 불규칙하게 갈라진다.
성장함에 따라 표면이
융기한다.

| 겨울눈

눈비늘조각이 20~25장 겹
쳐서 난다.
끝눈 주위에 여러 개의 곁눈
이 붙는다(정생측아).

▲ 전개 중인 겨울눈

우리말에 접두사 '참' 이 들어가는 말이 참 많다. 참새 · 참외 · 참숯 · 참기름 · 참개구리 · 참조기 · 참꽃 · 참말 · 참나리 · 참세상 · 참교육 · 참모습 · 참고등어 · 참수리 · 참빗살나무 · 참뜻 · 참가리비 · 참조기 · 참새우 등등 이루 헤아릴 수 없을 정도이다. 여기서 참은 진짜 眞라는 뜻이다.

나무에도 '진짜 나무'라는 의미를 담고 있는 참나무가 있다. 우리가 흔히 말하는 참나무에는 신갈나무, 떡갈나무, 상수리나무, 굴참나무, 갈참나무, 졸참나무 등 여섯 종류가 있다. 이들 참나무는 우리나라 산 어디에서나 흔하게 볼 수 있으며, 가구재 · 건축재 · 버섯재배용 · 장작 · 숯 · 갱목 · 도토리 등 여러모로 쓸모가 많아 우리 선조들은 참나무라는 이름을 붙여주었다.

서양에서도 참나무를 오크oak라 부르며, 마찬가지로 여러 가지 용도로 사용되는 나무이다. 참나무의 속명 퀘르쿠스Quercus는 켈트어로 '질이 좋은'이라는 뜻의 퀘르quer와 재목을 의미하는 퀘즈cuez의 합성어이다.

▲ 졸참나무 공예품
젓가락꽂이 혹은 퍼즐로 활용할 수 있다.

그러나 충절을 중시하는 유교사회에서 참나무는 소나무에 밀려 잡목 취급을 받았다. 1970년대 이전만 해도 농촌에서는 나무를 베어서 땔감으로 이용했는데, 그때 참나무가 많이 희생되었다.

참나무에 열리는 열매를 도토리라 한다. 오랜 옛날부터 사람들은 도토리를 주어모아 껍질을 벗겨내고, 알맹이는 가루를 내어 그것으로 묵을 쑤어 먹곤 했다. 흔히 말하는 도토리묵이다. 우리나라에서는 선사시대부터 도토리를 식용했으며, 삼국시대에는 주식이었다고 한다.

《고려사》에는 흉년이 들자 왕이 백성을 생각해서 도토리를 맛봤다는 기록이 있는 것으로 보아, 고려시대에도 구황식물로 활용되었음을 알 수 있다. 도토리acorn에는 중금속 해독에 효과가 있는 아콘산Acornic acid이라는 물질을 함유하고 있을 뿐 아니라, 열량이 적어 비만 걱정이 없으며, 내장을 튼튼히 하는 작용을 한다고 알려져 있다.

졸참나무는 참나무 중에서 잎이 가장 작아 '졸병 참나무'라는 뜻을 담고 있으며, 일본 이름 코나라小楢 역시 '작은 잎을 가진 참나무'라는 뜻이다. 참나무에 열리는 도토리는 모두 묵을 만들 수 있지만, 그 중에서 졸참나무 도투리묵이 제일 맛있다고 한다.

조경 Point

우리나라의 산야에 널리 분포하는 수종으로, 지금까지 조경수로 활용된 예는 많지 않다. 그러나 수형이 자연스러워 자연풍의 정원에 조경수로 활용하면 좋다. 가을의 황갈색 단풍이 겨울 내내 나뭇가지에 달려있어서 겨울의 경관을 제공해준다.

재배 Point

내한성이 강한 편이다. 토심이 깊고, 배수가 잘되는 비옥한 토양이 좋다. 해가 잘 비치는 곳 또는 반음지에서 잘 자란다. 이식은 봄 2~3월, 가을 10~11월에 한다.

나무		새순	개화					단풍	열매			
월	1	2	3	4	5	6	7	8	9	10	11	12
전정	전정			전정								전정
비료	한비					시비						

병충해 Point

광릉긴나무좀은 졸참나무, 신갈나무, 갈참나무, 상수리나무, 서어나무 등에 발생하는 참나무시들음병의 매개충이다.

목재 내부에 구멍을 내어 가해하기 때문에, 목재의 경제적 가치를 떨어뜨린다. 흉고직경이 30㎝가 넘는 큰 나무에 피해가 많으며, 특히 신갈나무에 피해가 크게 나타난다.

성충우화기에 주간부의 약 1.5~2m 높이에 티아메톡삼(플래그쉽) 입상수화제 3,000배액을 도포하듯이 살포하면 효과적이다. 벌채목의 훈증이나 나무를 비닐로 덮어씌우는 등의 확산방지법도 있다.

광릉긴나무좀에 기생하는 천적류나 딱따구리류와 같이 해충을 잡아먹는 각종 조류를 보호하는 것도 좋은 생물학적 방제법이다. 이외에 도토리나방(야마다나방), 참가지재주나방, 대벌레, 도토리바구미, 박쥐나방, 하늘소, 어리상수리혹벌류, 밤나무왕진딧물, 혹응애류 등이 발생한다. 병해로는 자주날개문늬병, 줄기마름병, 흰가루병 등이 발생한다.

▲ 밤나무왕진딧물

▲ 참가지재주나방

전정 Point

졸참나무와 같은 잡목풍의 나무는 휴면 중인 낙엽기에 도장지, 고사지, 복잡한 가지 등의 불필요한 가지를 밑동에서 잘라준다. 또 가지치기를 할 때는 바깥눈[外芽]의 위쪽을 잘라주어야 가지가 외부로 향하여 좋은 수형이 유지된다.

번식 Point

가을에 도토리를 따서 습기가 많은 모래와 섞어서 저온에서 저장하거나 노천매장을 해두었다가, 다음해 봄에 파종한다. 도토리를 따서 바로 파종하면, 노천매장을 해두었다가 봄에 파종하는 것에 비해 발아율이 떨어진다.

파종상에서 3~5년 정도 기른 후에 묘목을 캐어 판갈이를 해주면 잔뿌리가 많이 생겨 더 튼튼한 묘목으로 키울 수 있다.

중국단풍

- 단풍나무과 단풍나무속
- 낙엽활엽교목 · 수고 15~20m
- 중국, 대만이 원산지; 전국에 가로수 및 공원수로 식재

학명 *Acer buergerianum* 속명은 라틴어 acer(갈라지다)에서 유래된 것으로 잎이 손바닥 모양으로 갈려져 있는 것을 의미하거나, 로마 병정들이 사용했던 단풍나무 목재의 단단함에 관련된 것이라고도 한다. 종소명은 19세기 네덜란드의 식물학자로서 일본 식물을 채집한 H. Buerger를 기념한 것이다.

영명 Trident maple ┃ **일명** トウカエデ(唐楓) ┃ **중명** 三角楓(삼각척)

| 잎

마주나기.
잎몸은 3갈래로 갈라져
오리발처럼 생긴 갈래잎이다.
드물게 갈라지지 않은 것도 있다.

40%

30%

| 꽃

양성화

수꽃

수꽃양성화한그루. 새가지 끝에 황록색 꽃이 모여 핀다.

| 열매

2개의 시과로
이루어져 있다.
시과는 털이 있으며,
예각을 이룬다.

| 겨울눈

물방울형이며,
9~16장의 눈비늘조각에
싸여 있다.
눈비늘조각 가장자리에
털이 있다.

| 수피

회갈색이며,
세로로 얕게 갈라진다.
성장함에 따라
작은 조각으로
벗겨져 얼룩무늬를
만든다.

중국에는 단풍을 이르는 말이 여럿 있는데, 그 중 하나가 홍협 紅叶이다. 협叶은 협協 자와 같은 한자로 '화합할 협'이다. 나뭇잎이 붉은색 또는 노란색으로 물들어 일제히 화합을 이루어야 멋진 단풍을 연출한다는 뜻이다. 당나라 시인 두목杜牧은 〈산행山行〉이라는 시에서 '서리 맞은 단풍이 이월 봄꽃보다 더 붉다霜葉紅於二月花'라고 했다.

흔히 중국단풍과 당단풍나무를 같은 나무로 혼동하는 경우가 많다. 당단풍나무는 잎이 9~11개로 갈라지고 잎 표면에 약간의 털이 있으며 우리나라 산에서 흔하게 볼 수 있는 나무로, 중국단풍과 전혀 다른 종류이다. 중국단풍은 중국동남부가 원산지이며, 잎 모양이 갈퀴 달린 오리발처럼 3갈래로 갈라져 있다. 그래서 중국 이름은 삼각척 三角槭이며, 영어 이름 트라이덴트 메이플Trident maple도 '삼지창을 닮은 단풍'이라는 뜻으로 같은 의미이다.

중국의 신화집 《산해경山海經》에서는 단풍나무를 풍향수楓香樹로 표기하였으며, 청나라의 식물도감에서는 잎이 오리발을 닮은 삼각형, 즉 삼각풍三角楓이라고 설명

하는 것으로 미루어 볼 때, 풍향수와 삼각풍은 모두 중국단풍을 가리키는 듯하다. 일본 이름 또우카에데唐楓는 이 나무가 중국산이라는 것을 나타낸다.

조경 Point

수형이 곧고 단정하며, 가을에 물드는 노란색 또는 붉은색 단풍이 아름다워 독립수 또는 가로수로 많이 심는다.
가로수가 갖추어야 할 구비조건으로 직립성이며, 지하고가 높고, 대기오염에 강하며, 보행자에게 위험하지 않을 것 등이 있다. 여기에 꽃이나 단풍으로 시각적인 즐거움을 준다면 금상첨화라 할 수 있을 것이다. 이러한 조건에 비추어 볼 때 중국단풍은 가로수로 추천할 만한 수종이다.

재배 Point

내한성이 강하며, 공해에도 강하다. 비옥하고 수분이 유지되며, 배수가 잘되는 곳에 식재한다. 해가 잘 드는 곳 또는 반음지를 선호한다.
이식은 3~4월, 10~11월에 한다.

병충해 Point

해충으로는 하늘소, 진딧물, 오리나무좀, 미국흰불나방 등의 피해가 있다.
미국흰불나방은 북미가 원산이며, 우리나라에는 1958년 서울에서 처음 발생하여 현재까지 만연하고 있다. 애벌레 1마리가 100~150㎠의 잎을 섭식하며, 산림에서의 피해는 경미한 편이나 도시의 가로수, 조경수, 정원수에 특히 피해가 심하다. 가해초기에 피해잎을 채취하여 소각하며, 집단생활을 하는 애벌레를 포살한다.
애벌레 발생초기에 클로르플루아주론(아타브론) 유제 3,000배액이나 인독사카브(스튜어드골드) 액상수화제 2,000배액 등의

▲ 중국단풍 분재

약제를 살포하여 방제한다. 병해로는 흰가루병, 근두암종병(뿌리혹병), 흰날개무늬병 등이 있다.

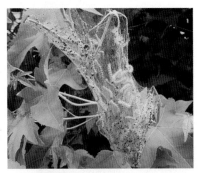
▲ 미국흰불나방

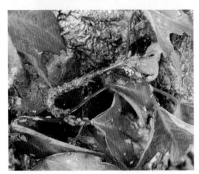
▲ 푸른진사진딧물

전정 Point

묘목에서 수형을 만들 때는 마주난 가지의 한쪽을 잘라주어 가지가 서로 어긋나게 나오는 수형을 만들어 준다. 굵은 가지는 단번에 자르지 않고 두 번으로 나누어 잘라야 수피가 찢어지지 않는다. 12~2월이 전정의 적기이다.

번식 Point

10~11월에 열매가 완전히 익으면 따서 바로 파종하거나 젖은 모래와 섞어 노천매장해두었다가, 다음해 봄에 파종한다.
종자가 너무 건조하면 봄에 뿌려도 발아하지 않고, 그대로 있다가 1년이 경과한 다음해 봄에 싹이 트기도 한다. 파종한 후에는 모래나 부드러운 흙으로 얇게 복토하고, 그 위를 볏짚으로 덮어 싹틀 때까지 적당한 습기를 유지할 수 있도록 관수에 힘쓴다.
삽목은 6월경에 아직 목질화하지 않은 햇가지를 10~15cm 길이로 잘라서 꽂는다. 활착할 때까지 차광하고 다습하게 공중습도를 유지해서 관리하면 활착이 잘 된다.

후박나무

- 녹나무과 후박나무속
- 상록활엽교목 • 수고 20m
- 중국, 대만, 일본; 울릉도, 울산시(목도), 제주도, 서남해안 도서의 낮은 지대

학명 *Machilus thunbergii* 속명은 인도의 지명인 Makilian을 라틴어화한 것이며, 종소명은 스웨덴의 식물학자인 Thunberg를 기념한 것이다.
영명 Thunbergii camphor tree **일명** タブノキ(椨) **중명** 紅楠(홍남)

잎

어긋나기.
긴 타원형이며,
가장자리는 밋밋하다.
잎은 가지 끝에 모여 나는
경향이 있다.

25%

꽃

꽃차례

꽃

양성화. 새가지 밑부분의 잎겨드랑이에 황록색 꽃이 모여 핀다.

열매

장과. 약간 납작한 구형이며, 검은
자주색으로 익는다.

수피

지름 35cm

갈색 또는 회갈색
이고 매끈한 편이
며, 껍질눈이 많다.
오래되면 가늘게
갈라지면서 요철이
생기고, 회백색 얼
룩무늬가 생기기도
한다.

겨울눈

잎과 꽃이 함께 들어있
는 겨울눈이다(섞임눈).
눈비늘껍질은 붉은빛이
돈다.

후박厚朴이란 말의 사전적 의미는 '인정이 두텁고 거짓이 없다'는 뜻이다. 후박나무도 이처럼 껍질이 두텁고 크며 잘 갈라지지 않는 성질을 가지고 있어서 붙여진 이름이다.

사람의 손길이 닿을 수 없는 울릉도의 절벽에 붙어 살아가는 후박나무 5그루가 유명하다. 천연기념물 제237호로 지정된 이 나무에는 흑비둘기가 서식하고 있으며, 흑비둘기 자체는 천연기념물 제215호로 지정되어 보호를 받고 있다.

울릉도 흑비둘기가 처음 알려진 것은 1936년 일본인 학자가 암컷 한 마리를 채집하여 학계에 보고하면서부터이다. 그 뒤 흑비둘기의 서식 상황을 조사한 결과, 후박나무 열매가 익는 7월 하순부터 8월 하순 사이에 열매를 먹기 위해 바닷가의 후박나무에 규칙적으로 찾아드는 것을 확인하였다. 울릉도뿐 아니라 제주도, 흑산도, 홍도 등에서도 후박나무 흑비둘기 서식지가 발견되었다.

후박나무 껍질은 후박피厚朴皮라 하여 한약재로 사용된

다. 일부 울릉도 주민들의 이야기로는 오늘날 널리 알려진 울릉도 호박엿이 옛날에는 후박나무 껍질을 넣어 만든 약용 '후박 엿'이었는데, 언제부터인가 호박으로 만든 호박엿으로 바뀌었다고 한다. 아마 후박나무 껍질을 많이 구할 수 없었기 때문으로 여겨진다.

일본목련 *Magnolia obovata*을 일본에서는 박목朴木 또는 후박厚朴이라 하는데, 우리나라 수입업자들이 일본목련을 수입할 때 후박나무라 한 것이 발단이 되어, 지금도 일본목련을 후박나무라 잘못 부르는 경우가 있다. 일본에서는 일본목련을 호오노키朴ノ木, 후박나무를 타부노키椨ノ木라고 부른다.

▲ **울릉도 사동의 흑비둘기 서식지**
천연기념물 제237호.

ⓒ 문화재청

조경 Point

울릉도와 제주도의 남부 해안가에 많이 자생하는 수종이다. 수형이 단정하고, 잎에 광택이 있으며, 열매 또한 아름다워서 독립수로 식재하면 조경적 특성을 충분히 살릴 수 있다.

해풍과 염분에 강하기 때문에 해안지대의 방풍림, 방화림으로 적합하다. 맹아력이 강해서 경계식재나 산울타리의 용도로 활용하면 좋다.

재배 Point

내조성이 강해서 해안지방에 많이 자라며, 해풍에도 강하다. 어릴 때는 그늘에서도 잘 자라지만, 커서는 햇빛을 좋아한다.
내한성이 약하며, 생장이 빠르다.

병충해 Point

병해로는 후박나무잎녹병, 그을음병, 활엽수근주심재부후병 등이 있다. 후박나무잎녹병은 후박나무에 가장 큰 피해를 주는 병해로 어린 나무와 묘목의 잎, 잎자루, 당년생 가지 등에 발생한다.

심하게 발생한 묘목은 잎과 잎자루가 기형으로 뒤틀리고 조기에 대량으로 떨어지므로, 묘목의 생육이 크게 저하된다. 디페노코나졸(로티플) 액상수화제 2,000배액을 10일 간격으로 1~2회 살포하여 방제한다.

충해로는 후박나무굴깍지벌레, 루비깍지벌레, 굴깍지벌레, 짚신 깍지벌레 등의 깍지벌레류와 후박나무이, 진딧물 등이 있다.

종자가 나무에서 떨어지면 곧 발아하는 성질이 있다. 8월말에 종자를 채취하여 바로 파종하면 7~10일 내에 발아한다.

종자는 건조한 것을 싫어하여, 직사광선에 3주일만 놔두어도 거의 발아하지 않는다. 직파하지 않을 경우에는 과육을 물로 씻어내고 그늘에 말려서 비닐봉지에 넣어 5~10℃로 저온저장을 해두었다가, 다음해 3월경에 뿌리면 발아가 잘 된다.

조경수 상식

■ 천연기념물 소나무

1	제103호	보은 속리 정이품송	6	제352호	보은 서원리 소나무
2	제180호	청도 운문사 처진소나무	7	제359호	의령 성황리 소나무
3	제289호	합천 화양리 소나무	8	제383호	괴산 적석리 소나무
4	제295호	청도 동산리 처진소나무	9	제409호	울진 행곡리 처진소나무
5	제351호	속초 설악동 소나무	10	제426호	문경 대하리 소나무

▲ **합천 화양리 소나무** 천연기념물 제289호. ©문화재청

▲ **청도 운문사 처진소나무** 천연기념물 제180호.

개오동

- 능소화과 개오동속
- 낙엽활엽교목 ·수고 10~15m
- 중국(중북부) 원산, 일본; 전국에 식재

| 학명 *Catalpa ovata* 속명 Catalpa는 Georgia주와 Carolina주에 사는 원주민이 불렀던 이름, Catawba에서 온 것으로, 이 나무의 꽃 모양과 관련하여 '날개달린 머리(winged head)'를 뜻한다. 종명은 '달걀 모양의'이라는 뜻이다.
| 영명 Chinese catalpa | 일명 キササゲ(木大角豆) | 중명 梓樹(재수)

| 잎

마주나기.
갈래잎이며, 가장자리는 밋밋하고
3~5갈래로 얕게 갈라진다.

40%

| 꽃

양성화. 가지 끝에서 원추꽃차례에 황백색 꽃이 모여 달린다.

| 열매

삭과. 20~30cm의 선형이며, 아래로 처져 달린다. 종자는 양 끝에 긴 털이 있다.

| 겨울눈

구형~반구형이며,
3륜생이거나 마주난다.
8~12장의 눈비늘조각에
싸여 있다.

| 수피

지름 13cm

회갈색이며,
세로로 얕게 갈라진다.

큰지막한 잎이 오동나무 잎을 닮았지만 오동나무만큼 쓰임새가 없다 하여, '개'라는 접두어를 붙여 개오동이라는 이름으로 불린다. 개오동의 한자 이름은 목각두木角豆인데, 각두는 동부 *Vigna sinensis*라고 부르는 꼬투리가 긴 콩과의 한해살이 덩굴식물이다. 또 말린 개오동 열매를 목각두라고 하는데, 신장병·당뇨병·부종 등에 효과가 있다고 한다. 북한에서는 개오동을 '향오동나무'라고 한다. 이는 "꽃과 잎이 아름답고 향기도 좋은데, 왜 하필 개오동이라 하느냐"라는 김일성 주석의 지적에 따라 향오동나무로 이름을 바꾼 것이라 한다.

《박물지博物誌》에서는 개오동을 뜰에 심으면 벼락이 떨어지는 일이 없다고 하였다. 우리나라에서도 이러한 영향으로 궁궐이나 절간에 심겨진 것을 볼 수 있으며, 경복궁 뜰에도 여러 그루가 있다. 일본에서도 이 나무가 벼락을 막아 준다고 하여 라이덴보쿠雷電木이라고 부르며, 절이나 신사에 많이 심었다. 개오동나무는 중국이 원산지이지만, 우리나라에서 본격적으로 심기 시작한 것은 1914년 미국에서 종자를 들여오면서부터이다. 당시 이 나무를 심어 놓기만 하면, 10년 뒤에는 철도침목으로 값 비싸게 팔아 떼돈을 벌 수 있다고 수입업자들이 부추겨서 곳곳에 심었다.

오동나무는 현삼과에 속하지만, 개오동은 능소화과에 속하며 능소화를 닮은 꽃을 피운다. 6월에 햇가지 끝에서 연한 노랑색 꽃을 피우는데, 꿀이 많아서 벌과

◀ 청송 홍원리 개오동나무
오래전부터 마을을 지켜주고 보호해주는 나무로 여겨 매년 정월 대보름에 마을의 안녕과 풍년을 기원하는 제사를 지낸다.
천연기념물 제401호.　　　ⓒ 문화재청

나비의 좋은 밀원식물이다. 열매는 갈색의 노끈 같은 모양을 하며, 온 겨울 동안 나무에 붙어 있어서 이 나무를 노끈나무 혹은 노나무라 부르기도 한다. 햇볕에 말린 것을 달여서 먹으면 심장병에 탁월한 효과가 있다고 한다.

조경 Point

오동나무와 잎 모양과 수형이 비슷하여 개오동이란 이름이 붙여졌다. 공간이 넓은 공원에 심으면 큰지막한 잎과 특이한 모양의 열매를 즐길 수 있으며, 가로수로 심어도 좋은 수종이다. 생장이 빠르고 공해와 건조함에 강하기 때문에 도시녹화에 활용해도 좋다.

재배 Point

추위에도 잘 견딘다. 비옥하고 수분이 충분하며, 배수가 잘되는 곳에서 잘 자란다. 햇빛이 잘 비치는 곳에서 재배하며, 강한 바람을 막아준다. 유목은 서리의 피해를 입기 쉽다.

병충해 Point

탄저병이 잎, 줄기, 가지에 발생하는데, 오래되면 회색으로 변하면서 작은 반점이 많이 생긴다. 베노밀 수화제 1,500배액, 터부코나졸(호리쿠어) 유제 2,000배액 등을 6~9월에 4~5회 살포한다. 줄기에 갈색 반점이 생기고 부패하는 부란병이 발생하면, 피해 부위를 잘라내어 소각하고 자른 부위에는 테부코나졸(실바코) 도포제을 발라준다. 또 박쥐나방, 하늘소 등의 해충이 발생한다.

번식 Point

가을에 긴 꼬투리 모양의 열매를 채취해서, 기건저장하였다가 다음해 3월에 파종한다. 종자를 뿌린 후에 종자 지름의 2~3배 두께의 흙을 덮고 그 위를 눌러준다. 발아율은 높은 편이다.

골담초

- 콩과 골담초속
- 낙엽활엽관목 · 수고 2m
- 중국 원산; 약용으로 재배하거나 관상용으로 식재

학명 *Caragana sinica* 속명은 이 식물의 몽골 이름 caragon에서 유래된 것이며, 종소명은 '중국의'라는 뜻이다.
영명 Chinese peashrub | 일명 ムレスズメ(群雀) | 중명 錦鷄兒(금계아)

잎

어긋나기.
작은잎이 2쌍인 짝수깃꼴겹잎.
작은잎은 타원형이고,
가장자리는 밋밋하다.

60%

꽃

양성화. 잎겨드랑이에 노란색 꽃이 1~2개씩 핀다.
단맛이 나며 먹기도 한다.

열매

협과. 원통형이며, 7~8월에
익지만 드물게 결실한다.

겨울눈

타원형 또는 달걀형이고 뾰족하며,
털로 덮여있다.

수피

흑갈색이며, 가로로 긴
껍질눈이 발달한다.
가시가 있다.

▲ 양골담초(*Cytisus scoparius*)

신라시대에 의상대사가 창건한 영주 부석사의 조사당 추녀 밑에는 일명 선비화禪扉花라고 불리는 골담초 한 그루가 있다.

《택리지擇里志》에 보면, 이 골담초는 의상대사가 부석사를 창건한 후 도를 깨치고 서역 천축국인도으로 떠날 때, 자기의 표적을 남기기 위해 거처하던 방문 앞에 지팡이를 꽂으면서 "내가 간 뒤에 이 지팡이에 뿌리가 내리고 잎이 날 터이니, 이 나무가 죽지 않으면 나도 죽지 않은 것으로 알라"는 말을 남기고 길을 떠났다는 내용이 나온다.

만약 현재 조사당 앞에 살아있는 골담초가 그 때 의상대사가 꽂은 지팡이라면 선비화의 수령은 1,300살 이상이 된다. 일반적으로 느티나무나 은행나무와 같은 교목이 1,000년 이상을 사는 경우는 흔하지만, 골담초와 같은 관목이 1,000년 이상을 산다는 것은 드문 일이다.

비록 조사당 처마 밑의 철창 속에 갇혀 있지만, 지금도

▲ **영주 부석사 조사당과 선비화**   ⓒ 문화재청
조사당 앞 동쪽 처마 아래에서 자라고 있는 골담초. 사람들이 몸에 좋다고 하여 잎과 가지를 뜯어가기 때문에 철창을 씌워 보호하고 있다.

어디엔가 의상대사가 살아있음을 대변하는 것 같다.

골담초는 예로부터 관상용보다는 민간약으로 집 주위에 몇 그루씩 심었다. 골담초라는 이름에서도 알 수 있듯이, 골절로 쑤시고 아플 때나 타박상을 입거나 삐었을 때와 같이 주로 뼈질환에 뿌리를 달여 먹으면 좋은 효과를 나타낸다. 또 골담초에 들어있는 에테르 추출물이 혈압을 강하시켜주고, 풍기를 없애며 통증을 가라앉히는 효능이 있어 중풍에도 도움이 된다고 한다.

유럽에서 온 양골담초는 애니시다영어 발음으로는 제니스타 Genista라 한다. 전설에 나오는 마녀가 이 나무로 만든 빗자루를 타고 밤하늘을 날아다녔다 하며, 실제로 가지로 빗자루를 만들기도 한다.

영어로는 스카치 브룸Scotch broom이라 하는데, 이것 역시 빗자루를 만들었기 때문에 붙여진 이름이다. 양골담초는 원래는 노란색만 있었지만, 프랑스 노르망디에서 꽃잎이 붉은 자연변종이 발견되어 조경수로 인기를 모으고 있다.

조경 Point

나비 모양의 노란색 꽃이 관상가치가 있다. 야생동물의 지피식물 또는 산울타리로 심어 꽃을 관상하면 좋다. 또 꽃과 뿌리는 약용할 수 있으므로, 정원에 1~2그루 정도 약용수로 심어 활용하는 것도 좋다.
꽃잎에 붉은색이 들어가는 양골담초도 관상수로 인기가 있다.

재배 Point

배수가 잘 되고 해가 잘 비치며, 적당히 비옥한 토양이 재배적지이다. 그러나 추위가 심하고 비바람에 노출된 곳, 척박한 토

양에서도 잘 자란다. 질소고정식물이며, 알카리성 토양에서 잘
자란다.

탄저병은 묘포에서 큰 피해가 나타나며, 발병하면 잎과 어린 가
지가 검게 변한다. 묘포장에서는 미리 토양을 소독한 후에 양묘
하며, 병든 잎과 가지를 채취하여 태우거나 묻는다.

번식 Point

분주, 근삽, 실생 등의 번식방법이 있으나, 가장 간편하고 실용
적인 방법은 근삽이다. 근삽은 초봄에 연필 굵기 정도의 뿌리를
캐어 10~15cm 정도 길이로 잘라서 다시 심는 방법이다.
분주법은 옆으로 번진 골담초 뿌리를 캐어 따로 나누어 다시 심
는 번식방법으로 싹이 트기 전 3월경에 하는 것이 좋다.

전정 Point

묘목을 식재한 후에 몇 년간은 방임해서 키우고, 원하는 가지폭
이상으로 자라면 수관을 깎아준다(전정 1). 이 방법은 원하는 크
기의 나무를 만들 수 있으며, 관리가 수월하다.
또 다른 전정법은 긴 가지를 솎아주어 자연스러운 가지의 모양
새가 살아나도록 수형을 만들어주는 것이다(전정 2).

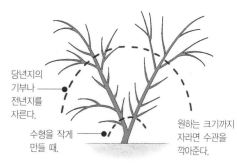

당년지의 기부나 전년지를 자른다.

수형을 작게 만들 때.

원하는 크기까지 자라면 수관을 깎아준다.

▲ 꽃이 진 후에 전정

전정 1

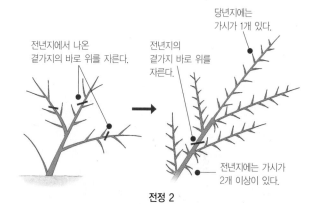

전년지에서 나온 곁가지의 바로 위를 자른다.

전년지의 곁가지 바로 위를 자른다.

당년지에는 가시가 1개 있다.

전년지에는 가시가 2개 이상이 있다.

전정 2

구기자나무

- 가지과 구기자나무속
- 낙엽활엽관목 · 수고 1~2m
- 중국, 네팔, 타이, 대만, 일본; 전국의 산야 및 민가 주변에 분포

| 학명 *Lycium chinese* 속명은 중앙아시아 Lycia(현재 터키 남부 지중해 연안지역)에서 자라는 가시가 많은 나무 lycion에서 유래한 것이며, 종소명은 '중국의' 라는 뜻이다. | 영명 Chinese matrimony vine | 일명 クコ(枸杞) | 중명 枸杞(구기)

| 잎

어긋나기.
넓은 달걀형이며,
가장자리는 밋밋하다.
잎의 촉감이 부드럽다.

50%

| 꽃

양성화. 짧은가지의 잎겨드랑이에 1~3개의 보라색 꽃이 모여 핀다.

| 열매

장과. 타원형 또는 달걀형이며, 적색으로 익는다. 열매 안에 10~20개의 종자가 들어 있다.

| 겨울눈

겨울눈은 작고
가시 밑에 붙는다.
4~6개의
눈비늘조각에
싸여있다.

예나 지금이나 인간은 불로장생을 염원한다. 구기자는 오래 전부터 불로장생을 대표하는 약초로 사랑받아 왔으며, 동양에서는 인삼·하수오와 함께 3대 보약재로 꼽힌다.

중국 최초의 약물학 전문서적인 《신농본초경》에는 약물 365종을 상품·중품·하품으로 분류하고 상품과 중품은 각각 120종, 하품은 125종을 선정하였다. 여기에서 구기자는 인삼과 함께 상품에 속할 정도로 족보가 있는 약이다.

일설에 의하면, 진시황이 방사 서복徐福에게 동남동녀 500명을 데리고 동해의 봉래섬에 가서 불로초를 구해 오라고 한 것이 바로 이 구기자라고도 한다. 서태후는 단명한 청조의 황제들과는 달리 74세까지 장수했는데, 그 비결이 장춘익수단방長春益壽丹方이라는 장수약 때문이었다고 하며, 여기에는 인삼·구기자·두충·오미자 등 총 23가지의 약재가 들어간다고 한다.

이수광의 《지봉유설芝峰類說》에는 구기자에 대한 다음과 같은 이야기가 나온다. 옛날 호서 지방을 여행하던 한 관리가 길을 지나다, 15~16세로 보이는 여자아이가 80~90세 되어 보이는 백발의 노인을 때리는 것으로 보고 이상히 여겨 그 이유를 물어보았다.

여자아이는 노인을 가리키며 "이 아이는 내 셋째 아들인데 약을 먹기 싫어하여 나보다 먼저 머리가 희어졌다"고 대답했다. 이에 깜짝 놀란 관리가 "당신은 몇 살이냐?고 물었더니 그녀의 나이는 395세라 하였다. 그 말을 들은 관리가 급히 말에서 내려 불로장생의 명약을 물으니, 구기자술이라고 일러주었고 담그는 법도 가르쳐 주었다.

그래서 그도 집에 돌아가 구기자술을 담가 마시니, 그후로 300년을 더 살았다고 한다. 구기자의 효능을 강조하는 믿거나 말거나 한 이야기이다.

구기자라는 이름은 가시가 탱자나무枸와 비슷하고 줄기는 버드나무杞와 비슷하다 하여, 구기枸杞라고 명명한 것이다.

구기자나무는 관목이지만 늙은 줄기로 지팡이를 만들어 짚으면 늙지 않는다고 하여 신선의 지팡이, 즉 선인장仙人杖 또는 서왕모장西王母杖이라 한다.

▲ **구기자 열매**
열매를 채취하여 설탕으로 발효를 하여 숙성시켜 사용하든가, 잘 말려서 탕제 혹은 달여서 차로 마신다.

조경 Point

보라색의 작은 꽃과 조롱조롱 열리는 붉은색 열매가 관상가치가 있다. 어린잎, 열매, 뿌리 등은 약재나 차 혹은 술의 재료가 되므로 집 주위에 몇 그루 심어 활용하는 것도 좋다.

정원, 산울타리, 암석원 등에 심는다.

내한성이 강한 편이다. 적당히 비옥하고 배수가 잘되는 토양, 양지바른 곳에서 잘 자란다.

나무			새순					개화	열매		
월	1	2	3	4	5	6	7	8	9	10	11	12
전정	전정									전정		
비료	한비				한비							

병충해 Point

구기자혹응애, 뽕나무깍지벌레, 큰이십팔점박이무당벌레 등의 해충이 발생한다.

구기자혹응애는 구기자나뭇잎에 기생하여, 뱀눈 모양의 둥근 벌레혹을 만들고 그 속에서 가해한다. 피해를 입은 나무는 벌레혹이 달린 잎을 채취하여 소각한다.

피해가 발견되면 즉시 아세퀴노실(가네마이트) 액상수화제 1,000배액과 사이플루메토펜(파워샷) 액상수화제 2,000배액을 내성충 출현을 방지하기 위해, 10일 간격으로 교대로 2회 살포하여 방제한다.

번식 Point

실생, 삽목, 분주, 휘묻이 등의 방법으로 번식이 가능하지만, 주로 삽목으로 번식시킨다.

숙지삽은 3~4월에 묵은 가지(숙지)를, 가을삽목은 9~10월에 그해에 자란 푸른가지(녹지)를 삽수로 사용한다.

조경수

■ **보르도액**(bordeaux液)

• **보르도액을 살포한 포도잎**

19세기 말경 프랑스 남부 보르도시에서 황산구리와 석회의 혼합물이 포도 노균병에 효과가 있는 것을 발견한 이래 현재까지도 과수나 화훼작물에 보호살균제로소 널리 사용되고 있다.

18-4
약용 · 식용

만병초

- 진달래과 진달래속
- 상록활엽관목 · 수고 1~4m
- 일본; 설악산, 오대산, 지리산 등의 백두대간, 울릉도

| 학명 *Rhododendron brachycarpum* 속명은 그리스어 rhodon(붉은 장미)과 dendron(나무)의 합성어로 '붉은 장미같은 아름다운 꽃이 피는'이라는 뜻이며, 종소명은 brachy(짧은)와 carpum(열매)의 합성어이다.
| 영명 Fauriei rhododendron | 일명 ハクサンシャクナゲ(白山石楠花) | 중명 短果杜鵑(단과두견)

| 잎

어긋나며, 보통 가지 끝에 5~7개씩 모여난다. 긴 타원형이며, 가장자리가 뒤로 말린다.

40%

| 꽃

양성화. 가지 끝에서 흰색 또는 연한 홍색의 꽃이 모여 핀다.

| 열매

삭과. 갈색의 긴 원통형이며, 익으면 위쪽이 5갈래로 벌어진다.

| 겨울눈

꽃눈은 넓은 달걀형이고 황록색의 눈비늘로 덮여있다.
잎눈은 긴 타원형이다.

▲ 붉은만병초(R. brachycarpum var. roseum)

이 풀로 만 가지 병을 고친다 하여, 만병초라는 이름이 붙여졌다. 또 꽃향기가 7리를 간다고 해서 칠리향, 향기가 좋은 나무라는 뜻으로 향수香樹라고도 한다. 이외에도 신선들이 가꾸는 꽃이라 하여 신선초, 만 년 동안 산다고 하여 만년초라는 별명도 가지고 있다. 꽃으로 향수를 만들기도 하였으며, 꽃과 잎을 태워서 향나무 대신 제사 지낼 때 사용하기도 하였다.

만병초는 날씨가 건조하여 수분이 부족하거나 추운 겨울에는, 잎이 뒤로 말려들어 스스로를 보호하는 성질이 있다. 이런 강인함 때문에, 사람들은 만병초가 만 가지의 병을 고칠 것이라는 생각한 것인지도 모른다. 그러나 만병초는 잘 쓰면 약, 잘못 쓰면 독이 된다.

약으로 쓰는 것은 잎에 포함된 안드로메도톡신 andromedotoxin이라는 유독 성분이다. 이 성분은 조금 복용하면 혈압을 낮추어주지만, 한꺼번에 많이 섭취하면 호흡중추를 마비시켜서 식도가 타는 듯이 아프고 구토와 설사를 일으키는 치명적인 물질이다.

만병초 잎을 말린 것을 한방에서는 석남엽石南葉이라고 하며, 강장과 최음의 효과가 있다고 한다.

▲ 만병초 잎
만병초 잎은 술을 담가 먹거나 차로 달여 마신다.

만병초는 세계적으로 1천여 종이 있다. 우리나라에는 지리산·설악산·태백산 등 고산지대에 자생하며 흰색 꽃을 피우는 만병초, 울릉도에만 자생하는 붉은만병초, 노란색 꽃이 피는 노랑만병초 등 3종류가 있다.

만병초는 아름다운 꽃과 향기 덕분에 조경수로도 주목을 받고 있다. 특히 미국이나 유럽 등지에서 수입하여 우리나라 땅에 잘 적응한 서양만병초는 꽃이 크고 색깔이 다양해서 관상수로 널리 식재되고 있다. 또 동양의 만병초와 유럽계, 중국계 등을 교배하여 만든 종류도 관상용으로 크게 사랑받고 있다.

조경 Point

만병초는 이름 그대로 한약재로 널리 사용될 뿐 아니라, 상록의 큰 잎과 기품있는 꽃을 피우는 아름다운 정원수이기도 하다.

초(草)라는 이름을 달고 있지만, 해발 700m 이상의 고산지대에 무리지어 자생하는 상록활엽관목이다. 추운 겨울철에는 잎을 뒤로 말아서 수분의 증발을 억제하는 지혜를 발휘한다.

내한성이 강하기 때문에 추운 지방의 정원이나 공원의 하목 또는 바위틈에 식재하면, 아름다움을 한껏 발휘할 수 있는 꽃이다.

재배 Point

습기가 있고 배수가 잘되며, 부엽토를 포함한 유기질이 풍부한 산성(pH4.5~5.5) 토양에 재배한다. 내한성이 강하며, 식재할 때는 얕게 심는 것이 좋다.

기후환경은 공중습도가 높고, 주야간 온도 차이가 심하지 않은 서늘한 곳이고, 여름의 고온과 건조는 피한다.

나무						개화	꽃눈분화					
월	1	2	3	4	5	6	7	8	9	10	11	12
전정			전정									
비료		한비				꽃후			시비			

병충해 Point

잎마름병, 갈색무늬병, 녹병, 철쭉방패벌레 등이 발생하는 수가 있다. 만코제브(다이센M-45) 수화제 500배액, 티아클로프리드 (칼립소) 액상수화제 2,000배액 등을 살포하여 방제한다.

번식 Point

9월에 종자를 채취하여 이끼나 피트모스 위에 직파하거나, 다음해 봄에 파종한다. 파종하고 관리하는 방법은 철쭉에 준해서 하면 된다.

삽목은 9월에 그해에 자란 충실한 가지를 7~10cm 길이로 잘라서 삽수로 사용한다. 증산작용을 억제하기 위해 아랫잎은 따내고 발근촉진제를 발라서 꽂으면, 발근율을 높일 수 있다.

전정 Point

원칙적으로 전정을 하지 않는 나무다. 가지 중간을 자르더라도 거의 부정아가 발생하지 않으며, 꽃이 진 후에 가지의 끝에 있는 눈을 따내면(눈따기, 摘芽) 남아 있는 작은 눈에서 가지가 발생한다.

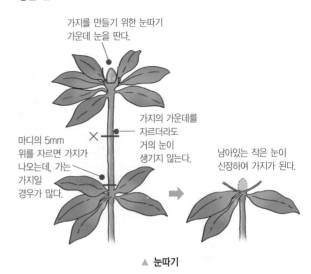

▲ 눈따기

오미자

- 오미자과 오미자속
- 낙엽활엽덩굴식물   • 수고 10m
- 중국, 일본, 러시아; 전국의 경사도가 낮은 산지

| 학명 *Schisandra chinesis* 속명은 그리스어 schizein(갈라지다)과 andros(수술의) 합성어로 분리된 꽃밥 세포를 뜻하며, 종소명은 '중국의'를 뜻한다.
| 영명 Chinese magnolia vine | 일명 チョウセンゴミシ(朝鮮五味子) | 중명 五味子(오미자)

| 잎

어긋나기.
타원형이며, 잎끝이 뾰족하다.
가장자리에 물결 모양의 톱니가 있다.

80%

| 꽃

암꽃

수꽃

암수딴그루(간혹 암수한그루). 새가지 아래의 잎겨드랑이에 연한 홍백색의 꽃이 핀다.

| 열매

장과. 구형이며, 붉은색으로 익는다.
여러 개가 모여 송이 모양으로 달려 밑으로 처진다.

| 겨울눈

긴 달걀형이며, 황갈색을 띤다.
4~6개의 눈비늘조각에 싸여 있다.

열매가 달고, 시고, 쓰고, 맵고, 짠 다섯 가지의 맛을 고루 갖추고 있다고 하여 오미자五味子라고 한다. 조선 숙종 때 실학자 홍만선의 《산림경제》에서도 "오미자는 다섯 가지 맛이 난다. 열매와 껍질은 달고도 시며, 씨앗은 맵고도 쓴데, 모두 합하면 짠맛이 나기 때문에 오미자라 한다"고 쓰여 있다.

그러나 웬만큼 미각이 발달하지 않은 사람은 이 다섯 가지 맛을 확실하게 구별할 수 없다. 다만 말산malic acid이나 타르타르산tartaric acid 등의 성분이 많아서 대부분의 사람들은 시큼한 맛 정도만 느낄 뿐이다.

오미자의 약효는 이루 열거할 수 없을 정도로 많다. 중국 명나라 때 본초학자 이시진이 쓴 《본초강목》에는 "시고 짠맛은 신장에 좋고, 맵고 쓴맛은 심장과 폐를 보호하며, 단맛은 비장과 위에 좋다"고 적혀있다.

또 허준의 《동의보감》에도 "오미자는 허한 기운을 보충하고 눈을 밝게 하며, 신장을 덥혀 양기를 돌워준다"고 나와있다.

중국 양나라 때 도홍경이 쓴 《본초경주本草經注》라는 책에도 "오미자는 고구려에서 나는 것이 가장 품질이 좋아서, 살이 많고 시고 달다."라고 적혀 있다. 고구려에서 나는 오미자는 품질이 좋아서 중국에 수출까지 한 것을 알 수 있다.

오미자차는 한여름에 갈증을 해소하는데 최고의 음료로 치는데, 《조선왕조실록》에도 임금에게 오미자탕을 올렸다는 내용이 여러 번 나온다. 영조 때 기록을 보면 "짐이 목이 마를 때에는 오미자차를 마시는데, 남들이 간혹 소주인 줄 의심을 한다."고 할 정도로 오미자탕은 갈증의 해소에도 좋은 음료였다.

▲ 오미자차
오미자는 청룡탕, 청폐탕, 인삼양영탕 등에 한약제로 들어가며, 오미자차나 오미자주로도 이용된다.

조경 Point

산골짜기에서 흔하게 볼 수 있는 낙엽덩굴나무이다. 5~6월에 흰색 또는 연한 분홍색의 꽃이 피며, 8~9월에 짙은 붉은 색의 열매가 달린다.

열매 속에는 갈색을 띠는 1~2개의 종자가 들어 있으며, 단맛·신맛·쓴맛·짠맛·매운맛의 5가지 맛이 난다 하여 오미자라는 이름이 붙여졌다.

붉은 열매가 아름다워 정원이나 공원의 경계식재, 산울타리, 그늘시렁 등으로 활용하면 좋은 효과를 낼 수 있다.

재배 Point

내한성이 강하다. 적습하지만 배수가 잘되는 토양, 부분적으로 그늘진 곳이 재배적지이다. 활착할 때까지 어린 줄기는 고정시켜준다.

이식한 뒤에는 수시로 사이갈이를 하되, 뿌리부분에 자극되지 않도록 얕게 한다.

남방쐐기나방, 식나무깍지벌레, 뽕나무깍지벌레, 점무늬병, 푸른곰팡이병, 흰가루병 등의 병해충이 발생한다.

남방쐐기나방은 연 1회 발생하며, 애벌레가 무리지어 잎을 식해한다. 점무늬병은 병든 조직에서 병자각(가루홀씨기)의 형태로 월동하며, 병포자를 형성하여 1차 전염원이 된다. 고온다습한 조건에서 피해가 심하다.

실생, 분주, 접목 등의 번식법이 가능하다. 9월 중순경에 채취한 열매를 상온에 저장하였다가 파종하면, 종자의 휴면성 때문에 발아하지 않는다.

휴면은 노천매장이나 저온처리에 의해 타파할 수 있으며, 휴면을 타파한 후 3월 하순~4월 상순에 파종한다. 우수한 품종을 얻기 위해서는 모수를 이용한 분주나 접목 등의 영양번식도 가능하다.

조경수 상식

■ 발근촉진제

삽목을 할 때 묘의 뿌리생장을 촉진하는 호르몬으로 루톤, 아토닉, 메네델 등의 상품명으로 시판되는 것이 있다.

월계수

- 녹나무과 월계수속
- 상록활엽교목   • 수고 10~15m
- 유럽남부 지중해 연안이 원산지; 제주도 및 남부 지방에 관상수로 식재

| 학명 *Laurus nobilis* 속명은 켈트어 laur(녹색)에서 온 라틴명으로 월계수가 상록수인 것에서 유래한 것이다. 종소명은 '기품이 있는'이라는 뜻이라는 견해와 올레미아 노빌리스(Wollemia nobilis)를 발견한 David Noble의 이름에서 왔다는 견해가 있다.
| 영명 Bay laurel | 일명 ゲッケイジュ(月桂樹) | 중명 月桂樹(월계수)

| 잎

어긋나기.
긴 타원형이며,
잎맥 분기점에 부풀어
오른듯한 벌레집이 있다.

40%

| 꽃

암꽃   수꽃

암수딴그루. 잎겨드랑이에 노란색 꽃이 1~3개씩 모여 핀다.

| 수피

회백색 또는 회색이고
껍질눈이 산재한다.
성장하면서 큰 변화를 보이지 않는다.

장과. 타원상 구형이며,
검은색을 띤 자주색으로 익는다.

잎눈은 달걀형이고
끝이 조금 뾰족하며,
꽃눈은 구형이고 눈자루가 있다.

조경수 이야기

월계수는 지중해 지역에서 오래 전부터 재배해 온 나무로 성경에 자주 등장하는 감람나무와 같은 나무이다. 속명 라우루스Laurus는 켈트어로 녹색을 뜻하는 laurus가 라틴어화한 것이며, 종소명 노빌리스nobilis는 '기품이 있는'이라는 뜻이다. 영어 이름인 로럴laurel은 속명에서 온 것으로 월계수 외의 다른 식물을 가리키기도 하므로, 이와 구별하기 위해서 노블 로럴Noble laurel, 스위트 로럴Sweet laurel, 스위트 베이Sweet bay 등의 이름으로 불리기도 한다. 가지와 잎에는 향기가 있으며,

말린 잎을 베이 리브스Bay leaves라고 하며 요리에 사용되기도 한다.

다프네Daphne는 그리스 신화에 나오는 강의 신, 페네이오스Peneios의 딸이다. 아름다운 그녀를 사랑하는 태양의 신 아폴로가 도망가는 그녀를 따라가서 잡으려는 순간, 순결한 다프네는 남자의 손이 닿는 것이 싫어서 월계수로 모습을 바꾸었다. 그 이후 월계수그리스어로 다프네는 아폴로의 성수聖樹가 되었다고 한다. 이 이야기는 안토니오 폴라이올로의 〈아폴로와 다프네〉, 잔 로렌초 베르니니의 〈아폴로와 다프네〉 등 많은 미술 작품의 소재가 되었다.

월계수 잎이 달린 가지로 엮은 관을 월계관이라 하는데, 고대 그리스 올림픽에서부터 승리자에게 씌워준 것으로 알려져 있다. 이후로 전쟁이나 경기의 승자 뿐 아니라, 시인이나 음악가에게도 월계관을 씌어주어 승리를 축하하고 있으며, 수상자laureate와 계관시인桂冠詩人, poet laureate이라는 말도 여기에서 유래한 것이다.

◀ 〈아폴로와 다프네〉
베르니니 작품.

조경 Point

지중해가 원산지이며, 난대지역에서 정원수, 공원수, 경관수, 산울타리 등의 용도로 활용된다. 내음성이 강하기 때문에 건물의 북편이나 그늘진 곳에 심어도 잘 자란다. 올림픽 우승자에게 월계관을 씌워준 유래로 인해 기념수로도 식재되고 있다.

재배 Point

비옥하고 습기가 있으며, 배수가 잘되는 토양이 좋다. 햇빛이 잘 비치는 곳이나 부분적으로 그늘지는 곳에서 잘 자란다. 내한성이 약하기 때문에 차고 강한 바람에 잎이 피해를 입을 수 있다.

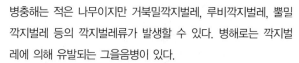

나무			개화	└새순					열매		
월	1	2	3	4	5	6	7	8	9	10	11	12
전정			전정				전정			전정		
비료	한비											

병충해 Point

병충해는 적은 나무이지만 거북밀깍지벌레, 루비깍지벌레, 뿔밀깍지벌레 등의 깍지벌레류가 발생할 수 있다. 병해로는 깍지벌레에 의해 유발되는 그을음병이 있다.

그을음병은 깍지벌레나 진딧물이 많이 발생하는 나무에서 흔하게 발병하며, 깍지벌레나 진딧물의 분비물에서 번식한다. 대부분 전정을 해서 통풍과 채광이 잘되게 환경을 개선해주면, 예방이 가능하다.

▲ 거북밀깍지벌레

▲ 루비깍지벌레

전정 Point

옆가지가 느리기 자라기 때문에, 약목의 전정은 옆가지의 순을 잘라서 잔가지가 많이 나오게 하는 정도로 충분하다. 성장한 후에는 수고가 너무 커지지 않도록 적당한 높이에서 중심줄기를 잘라준다.

요리에 사용하는 잎은 여름까지 채취해서 그늘에 말린 후 보관하였다가 사용한다.

번식 Point

10월경에 열매가 자흑색으로 익으면 채취하여 과육을 제거하고 바로 파종하거나, 건조하지 않도록 비닐봉지에 넣어 냉장고에 보관해두었다가 다음해 2~3월 중순에 파종한다.

숙지삽은 3~4월, 녹지삽은 6~9월이 적기이지만, 연중 삽목이 가능하다. 숙지삽은 충실한 전년지, 녹지삽은 충실한 햇가지를 삽수로 사용한다. 삽수를 10~20cm 길이로 잘라서 삽목상에 꽂으며, 밀폐삽목을 하면 관리가 효율적이다.

뿌리 주위에서 뻗은 가지를 흙으로 성토를 해주면 가지에서 발근하는데, 이것을 떼어내어 4월 중순~5월에 옮겨 심는다(성토법). 또 가지의 일부를 땅으로 구부려서 흙을 덮어두면 뿌리가 나오는데, 이것을 떼어서 옮겨 심는다(압조법).

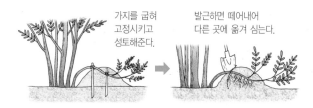
가지를 굽혀 고정시키고 성토해준다. 발근하면 떼어내어 다른 곳에 옮겨 심는다.
▲ 취목(압조법) 번식

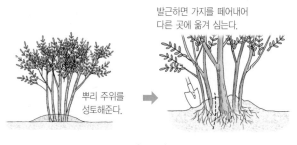
발근하면 가지를 떼어내어 다른 곳에 옮겨 심는다. 뿌리 주위를 성토해준다.
▲ 취목(성토법) 번식

음나무

- 두릅나무과 음나무속
- 낙엽활엽교목 • 수고 25m
- 일본, 중국(중북부), 러시아(동부); 전국의 산지에 분포

학명 *Kalopanax septemlobus* 속명은 그리스어 kalos(아름다운)와 panax(인삼속)의 합성어로 인삼 잎처럼 결각이 규칙적인 것을 나타낸다. 종소명은 septem(7을 뜻하는 어두)과 lobus(잎의) 합성어로서 '7개의 잎을 가진'이란 뜻으로 7개의 갈래잎을 뜻한다.

영명 Castor aralia │ 일명 ハリギリ(針桐) │ 중명 刺楸(자추)

| 잎

30%

어긋나기.
5~9갈래로 갈라지는 갈래잎이다.
잎을 비비면 특유의 냄새가 난다.

| 꽃

양성화. 가지 끝에 황백색의 꽃이 모여 핀다.

| 열매

핵과. 거의 구형이며, 검은색으로 익는다. 특유의 맛이 난다.

| 겨울눈

끝눈은 반구형~원추형이다.
2~3장의 눈비늘조각은
자갈색이며, 광택이 있다.

| 수피

지름 22cm

어릴 때는 회백색이고
가시가 많다.
자라면서 가시는 없어지고
회갈색으로 변하며,
세로로 깊게 갈라진다.

식물은 자신을 보호하기 위해, 가시로 무장하기도 한다. 음나무는 억센 가시가 촘촘히 나 있어서 무서운 느낌을 주기 때문에 엄嚴나무라고도 불린다. 겨울에 보는 음나무는 온통 가시로 덮인 모습이다.

예전에는 집집마다 집안이나 밖 대문 옆에 음나무를 심었는데, 이는 무서운 가시를 달고 있는 음나무가 나쁜 귀신을 막아준다는 벽사辟邪사상에서 기인한 것이다. 또 천연두나 장티푸스 같은 전염병이 발생하면 발병 원인을 몰랐으므로, 그저 병귀의 저주를 받은 것이라 믿었다.

그래서 병귀가 집안으로 들어오지 못하도록 가시가 돋은 음나무 가지를 묶어 방문 위에 가로로 걸어두어 귀신의 침입을 막았다. 일종의 부적과 같은 것으로, 의학이 발달하여 병의 원인이 밝혀진 오늘날까지도 이러한 풍습은 전해지고 있다. 또 음나무로 6각형의 노리개를 만들어 어린 아이에게 채워주면 악귀가 침범하지 못한다고 믿었다.

음나무 가시가 귀신을 쫓아준다는 믿음 때문에, 마을 수호신으로 음나무 노거수를 보호하기도 했다. 현재 천연기념물로 보호받고 있는 음나무 노거수는 창원 신방리 음나무 군 천연기념물 제164호, 청원 공북리 음나무 천연기념물 제305호, 삼척 궁촌리 음나무 천연기념물 제363호 등 3건이 있다.

음나무를 지방에 따라서는 개두릅나무라 하며, 어린 싹은 개두릅이라 하여 이른 봄에 먹는 맛있는 산나물 중 하나이다. 또 닭백숙이나 삼계탕에 음나무 가지를 넣는 끓이는 것도 흔하게 볼 수 있다.

조경 Point

나무껍질은 약용하며, 뿌리와 어린잎은 식용한다. 시골에서는 집안에 잡귀가 침입하지 못하게 한다는 의미에서 신목으로 음나무를 심는다. 또 같은 의미에서 이 나무의 가지를 집안의 문설주 위에 달아 두기도 한다.

음나무에는 가시가 있어서 관리에 주의를 요하지만, 최근에는 가시가 없는 음나무가 개발되었다.

재배 Point

내한성이 강하지만, 어릴 때는 서리의 피해를 입기 쉽다. 습기가 많으나 배수가 잘되는 비옥한 토양이 좋다. 양지 또는 반음지에서 재배하며, 다른 나무가 바람을 막아주는 곳이면 좋다.

이식은 3~4월, 9~10월에 하고, 어린 나무일수록 생존율이 높다.

병충해 Point

붉나무소리진딧물, 제주니방, 잎벌레 등이 발생한다. 붉나무소리진딧물은 암갈색을 띠며 새가지, 새잎의 뒷면에 모여 살면서 흡즙가해한다.

2차적으로 그을음병을 유발하여, 나무 전체가 검게 오염되어 미관을 해친다. 이미다클로프리드(코니도) 액상수화제 2,000배액

◀ 음나무 나물무침

을 10일 간격으로 2회 살포하여 방제한다.

갈색무늬병(갈반병)은 7월 하순에 발생하기 시작하며, 발병하면 갈색 반점이 나타나서 점차 커진다. 감염된 잎은 채취하여 소각하거나 땅에 묻고, 만코제브(다이센M-45) 수화제 500배액 이미녹타딘트리스알베실레이트(벨쿠트) 수화제 1,000배액을 2~3회 살포한다.

10월 중하순에 열매가 검게 익으면 채종해서, 흐르는 물에 과육을 제거하고 충실한 종자를 선별한다. 종자와 젖은 모래를 1:3의 비율로 섞어서 저온저장하거나 노천매장을 한다. 상온과 냉장고에서 각각 1개월 정도씩 교대로 보관하는 변온처리를 해주면 발아가 촉진된다.

노천매장한 것은 다음해 봄에 파종하거나 1년을 그대로 두었다가, 그 다음해 봄에 파종한다. 충실한 종자는 그해에 발아하지만 후숙이 덜된 종자는 2년째 봄에 발아한다.

근삽은 1~4년 미만의 나무에서 연필 굵기 정도의 뿌리를 캐어, 10~15cm 길이로 잘라서 땅에 묻는 번식법이다. 노지에서 하는 것보다 비닐하우스에서 하는 것이 발근율이 높고 병충해 방제도 쉽다. 삽목 후에 충분히 관수해주고 짚이나 거적으로 덮어주면, 수분유지와 보온효과가 있어서 발근이 더 잘 된다.

조경수 상식 _____

■ 버미큘라이트(vermiculite)

질석을 고온에 구워서 잘게 만든 인공 흙. 가볍고 통기성과 보수성이 우수하며 무균 상태이므로 파종, 삽목, 분실용토로 많이 이용된다.

초피나무

· 운향과 산초나무속
· 낙엽활엽관목   · 수고 3~5m
· 일본; 황해도 이남의 낮은 산지의 숲 가장자리

| **학명** *Zanthoxylum piperitum* 속명은 그리스어 xanthos(황색)와 xylon(목질부)의 합성어로 '노란 목재'를 뜻한다. 종소명은 그리스어 peperi(후추)에서 유래한 것이다. | **영명** Japanese pepper | **일명** サンショウ(山椒) | **중명** 胡椒木(호초목)

| 잎

어긋나기.
4~9쌍의 작은잎을 가진 홀수깃꼴겹잎이다.
잎가장자리의 톱니와 톱니 사이에 기름샘이 있다.

40%

| 꽃

암꽃

수꽃

암수딴그루. 잎겨드랑이에 연한 황록색 꽃이 모여 핀다.

| 열매

삭과는 2개의 분과로 갈라지며, 적갈색 또는 적색으로 익는다.

| 수피

짙은 갈색이고 날카로운 가시와 함께 껍질눈이 있다. 오래되면 가시가 떨어지고 코르크질의 돌기가 발달한다.

| 겨울눈

맨눈이며, 표면에 누운 털이 밀생한다. 거의 구형이며, 끝은 둥글다.

▲ 초피나무   ▲ 산초나무
가시가 초피나무는 마주나고, 산초나무는 어긋난다.

조경수 이야기

초피나무와 산초나무는 모두 운향과 산초나무속에 속하며, 생김새도 쓰임새도 비슷하여 혼동하는 경우가 많다. 초피와 산초를 혼동하게 된 건 일본의 영향이 크다. 한국의 초피를 일본에서는 산쇼サンショウ, 山椒라 하며, 일본 음식에 약방 감초처럼 쓰이는 향신료이다. 일본식 가락국숫집 식탁에 놓여 있는 시치미七味에도 이게 들어가며, 국물음식 위에 산쇼초피의 어린 잎을 올리기도 한다. 일본에서 산쇼를 맛본 우리나라 사람들이 한국의 초피를 산초 부르는 일이 잦아졌고, 심지어 초피 대신 산초를 쓰는 일까지 생긴 것이다.

여기에 중국의 화자오花椒가 등장하면서 혼란은 더 커지게 된다. 화자오는 화과火鍋; 중국식 샤부샤부 등 사천四川 요리가 인기를 얻으면서 한국인들 사이에 알려진 이름으로, 한국의 초피와 거의 같은 식물이지만 한국 초피보다 신맛이 덜하다. 정리하자면 한국의 초피椒皮, 일본의 산쇼山椒, 중국의 화자오花椒는 같은 향신료이다.

초피는 사천 요리를 통해 서양에 알려졌기 때문에 영어로는 쓰촨 후추Sichuan pepper 또는 중국 후추Chinese pepper라고 하며, 일식을 통해서도 전파되면서 일본 후추Japanese pepper란 이름으로도 불린다. 동양 특산인데다 후추에는 없는 독특한 향을 지니고 있어, 서양에서는 '동양의 신비한 후추'로 여기기도 한다. 우리나라에서는 추어탕을 끓일 때 반드시 들어가는 향신료이다.

초피의 매운 맛을 내는 성분인 샨슐sanshool은 국부마취성이 강하고 살충

▲ 초피나무 열매
초피열매를 말려 빻아서 추어탕이나 매운탕에 넣기도 한다.

효과도 있어서, 예로부터 민간에서는 독사에 물리거나 벌에 쏘였을 때 해독제로도 사용되었다.

조경 Point

턱잎이 변한 가시가 잎자루 밑에 1쌍씩 마주보고 달려있다. 잎은 깃모양겹잎이며, 손으로 비비면 강한 향기가 난다. 열매는 9월에 붉게 익으며 검은 종자가 드러나는데, 이것을 제피라고도 하며 향신료로 사용된다. 운향과 소속이며 향내가 특이하여 바람을 고려하여 군식하면, 좋은 효과를 얻을 수 있다. 차폐식재, 경계식재로도 활용 가능하다.

재배 Point

내한성이 강하다. 습기가 있으나 배수가 잘되는, 비옥한 사질 양토에서 잘 자란다. 양지바른 곳이나 나뭇잎 사이로 간접 햇빛이 비치는 곳에 재배한다.

병충해 Point

복숭아혹진딧물, 호랑나비, 산제비나비, 긴꼬리제비나비 등의 해충이 발생한다. 산제비나비는 애벌레가 잎을 식해하여 피해를 주는데, 산초나무와 황벽나무에 특히 심한 피해를 입힌다. 산란한 잎과 애벌레의 피해 입은 잎은 채취하여 소각한다.

번식 Point

가을에 잘 익은 종자를 채취하여 기건저장하거나 노천매장해두었다가, 다음해 봄에 파종한다. 실생묘는 성장이 느린 편이어서 개화·결실까지는 6~7년 이상이 걸린다.

3월 중순에 접목 번식도 가능하다. 접수는 2월 중순에 전년지를 잘라서 서늘한 곳에 저장해둔 것을 사용하며, 대목은 초피나무나 산초나무 2~3년생 실생묘를 사용한다.

탱자나무

- 운향과 탱자나무속
- 낙엽활엽관목 · 수고 3∼5m
- 중국(중남부) 원산; 경기도 이남의 민가 주변에 식재

 학명 *Poncirus trifoliata* 속명은 프랑스어 poncire (귤)에서 유래한 것이며, 종소명은 '3장의 잎의'라는 뜻이다.
영명 Trifoliate orange ┃ **일명** カラタチ (枸橘) ┃ **중명** 枳(지)

| 잎

어긋나며, 잎자루에 날개가 있다.
종소명 트리폴리아타(*trifoliata*)는
'3장의 잎' 이라는 의미이다.

60%

| 꽃

양성화. 잎이 나기 전에 가시가 있는 곳에
1∼2개의 흰색 꽃이 피며, 향기가 좋다.

| 열매

감과(柑果). 구형이며, 노란색으로 익는
다. 신맛이 강하며, 향기가 좋다.

| 수피

녹갈색이고 세로로 얕게
갈라지지만 평활하다.
성장함에 따라
회갈색이나 회흑색으로
변한다.

| 겨울눈

가시 위에 작은 겨울눈이 있고,
밑에 반원형의 잎자국이 있다.
눈비늘조각은 2∼3개이다.

탱자나무에는 귤과 비슷한 열매가 열린다 하여, 구귤枸橘 또는 지귤枳橘이라고도 부른다. 그러나 탱자나무의 가장 큰 특징은 귤을 닮은 열매가 아니라, 날카로운 가시이다. 탱자나무를 뜻하는 한자 지枳 자는 '해치다', '해하다'라는 뜻을 가지고 있어, 날카로운 가시가 외부로부터의 침입을 막는데 큰 구실을 하고 있음을 나타낸다.

옛날에는 적이 접근하지 못하도록 성 주위에 못을 파고 성 밑에 탱자나무를 심었는데, 이런 성을 탱자성이란 뜻으로 지성枳城이라 하였다. 《신증동국여지승람》에 충남 서산의 해미읍성을 지성으로 쌓고, 성 밖을 탱자나무 숲枳林으로 둘렀다는 기록이 있다.

강화도에는 400년 된 강화 갑곶리 탱자나무 제78호와 500년 된 강화 사기리 탱자나무 제79호가 천연기념물로 지정되어 있는데, 이 탱자나무도 왜적이 성벽에 접근하는 것을 막기 위해 심은 것이다.

중국의 고전 《춘추좌씨전春秋左氏傳》에 탱자에 관한 고사 귤화위지橘化爲枳가 나온다. 제나라 재상 안영이 초나라에 갔을 때, 초나라 영왕이 제나라 도둑을 잡아놓고 "당신 나라 사람은 도둑질을 잘 하는군" 하고 비아냥거렸다. 이 때 안영이 말하기를 "제가 듣기로는 귤이 회남淮南에서 나면 귤이 되지만, 회북淮北에서 나면 탱자가 된다고 들었습니다. 저 사람도 초나라에 살았기 때문에 도둑이 됐을 것입니다."라고 대답했다. 사람이 자라는 주변 환경을 강조할 때 인용하는 고사이다.

탱자나무 열매는 향기가 좋지만, 다른 운향과 열매와는 달리 먹을 수가 없다. 그래서 하는 일없이 빈둥거리거나 게으름을 피울 때, 별 쓸모없는 탱자나무 열매에 비유하여 '탱자탱자 한다'라는 표현을 쓰기도 한다.

탱자나무는 내한성이 강할 뿐 아니라 내병성도 강해서, 귤나무를 접목할 때 대목으로 이용한다. 탱자나무는 또 다른 특별한 용도로 쓰이는데, 이 나무로 만든 북채는 고수들 사이에서 최고로 친다고 한다. 박과 박 사이를 치고 들어가면서 북통을 '따악'하고 칠 때, 울려 퍼지는 탱자나무 북채 소리에 소리꾼들은 희열을 맛본다고 한다.

▲ 강화 갑곶리 탱자나무
천연기념물 제78호.

© 문화재청

조경 Point

5월에 흰색 꽃이 잎보다 먼저 피며, 9월에 익는 노란 열매는 향기가 좋으나 먹지는 못한다. 날카로운 가시가 있어서 예로부터 외부로부터의 침입자를 막기 위한 산울타리로 많이 사용되었다.

지금도 농촌 지역에서는 산울타리로 과수원이나 논밭 주위에 심겨진 것을 흔하게 볼 수 있다. 나무의 성질이 강해서, 귤나무를 접목할 때 대목으로 활용된다.

재배 Point

햇빛이 잘 비치는 곳, 배수가 잘되는 비옥한 토양에 식재한다. 내한성이 강하지만, 차고 건조한 바람은 막아준다. 이식은 하기 쉬운 편이다.

병충해 Point

탱자소리진딧물, 루비깍지벌레, 샌호제깍지벌레, 호랑나비, 알락하늘소, 긴꼬리제비나비 등의 해충이 발생한다. 탱자소리진딧물은 잎뒷면에 모여 살면서 흡즙가해한다.

귤나무에서는 잎자루에 모여 살면서 흡즙가해하므로, 조기에 낙과하는 피해가 발생한다. 벌레가 발생하는 초기에 이미다클로프리드(코니도) 액상수화제 2,000배액을 10일 간격으로 2회 살포한다.

호랑나비는 애벌레가 잎을 식해하며, 피해가 심한 경우에는 앙상한 가지만 남긴다. 애벌레 발생초기에 이미다클로프리드(코니도) 액상수화제 2,000배액을 1~2회 살포하여 방제한다. 산란한 잎과 애벌레의 피해 입은 잎을 채취하여 소각한다.

▲ 탱자소리진딧물

전정 Point

탱자나무는 산울타리로 심은 경우가 많기 때문에 대부분 수관 깎기 전정을 한다. 기본적으로 채광과 통풍이 잘 될 수 있도록 바깥쪽을 넓게 만들어주며, 시기는 꽃이 진 후가 좋다.

번식 Point

종자를 채취하여 직파하거나 습기 있는 모래와 섞어 보관해 두었다가, 다음해 봄에 파종한다. 종자를 저장할 때 건조하지 않도록 주의하며, 발아율은 95% 정도로 매우 높다.

육성된 탱자나무 묘목은 귤나무 접목에 대목으로 사용한다. 발근율이 높지 않기 때문에 삽목 번식은 그다지 이용하지 않는다.

10~11월경 열매가 노랗게 익으면 따서 과육을 제거하여 종자를 얻는다.

바로 파종하거나 건조하지 않도록 보관하였다가 다음해 2~3월에 파종한다.

그 다음해에 이식하면 접목용 대목으로 사용할 수 있다.

▲ 실생(대목용) 번식

황벽나무

- 운향과 황벽나무속
- 낙엽활엽교목 • 수고 10~15m
- 중국, 일본, 극동러시아; 울릉도, 전라남도를 제외한 전국의 산지

 학명 *Phellodendron amurense* 속명은 그리스어 phellos(코르크)와 dendron(수목)의 합성어로 수피에 코르크가 발달한 것을 나타내며, 종소명은 아무르 지역이 원산지임을 나타낸다. | **영명** Amur corktree | **일명** キハダ(黃肌) | **중명** 黃蘗(황벽)

| 잎

마주나기.
쌍의 작은잎을 가진 홀수깃꼴겹잎이다.
작은잎은 타원형이며, 끝이 길게 뾰족하다.

15%

| 꽃

암꽃

수꽃

암수딴그루. 새가지 끝에서 원추꽃차례에 황록색 꽃이 모여 핀다.

| 열매

핵과. 구형이며, 검은색으로 익
는다. 겨울 동안에도 달려있다.

| 겨울눈

반구형이며, 눈비늘조각은 2장이다.
부푼 잎자루 끝에 겨울눈이 들어 있다(엽병내아).

| 수피

지름 17cm

내피

회색이며, 성장함에 따라 세로로 갈라지고 노목에
서는 코르크층이 발달한다.
내피는 황색이며(이름의 유래), 약용한다.

황벽 黃蘗이라는 이름은 나무의 속껍질이 노란색인 것에서 유래한 것이며, 황경피나무라고도 한다. 일본 이름은 기하다 黃肌로 '노란색 피부'라는 뜻이다. 노란 속껍질에 함유된 베르베린berberine 성분은 살균력이 뛰어나서 황백 黃柏이라는 약재로 사용된다. 열매는 해충과 세균을 막는 기능이 있으며, 착색제로도 이용된다. 인간의 인쇄물 중에서 세계에서 가장 오래된 국보 제126호 무구정광대다라니경이 1,300년 이상 보전될 수 있었던 것도 바로 황벽나무 덕분이었다. 닥나무로 종이를 만드는 과정에서 황벽나무 열매로 황물처리를 했는데, 이것이 벌레나 세균을 막아 이처럼 오랫동안 종이를 보존할 수 있었던 것이다.

고대 중국에서는 최상위 계급을 나타내는 의복 색이 노란색이었는데, 이 색은 황벽나무 내피로 염색했다고 한다. 조선 후기 부녀자들의 생활 지침서인《규합총서 閨閤叢書》에도 "황벽나무의 속껍질을 햇볕에 말려두었다가 치자와 마찬가지로 노란 물을 들이는데 이용했다"고 기록하고 있다.

황벽나무의 영어 이름은 코르크나무Cork tree이며, 속명 펠로덴드론 Phellodendron은 코르크를 뜻하는 펠로스phellos와 나무를 뜻하는 덴드론dendron의 합성어로 이루어져 있어, 코르크가 이 나무의 큰 득징인 것을 나타내고 있다. 우리나라에서는 굴참나무·개살구나무·황

▲ **무구정광대다라니경**
불국사의 석가탑을 보수하기 위해 해체했을 때, 탑 내부에 사리봉안을 위한 공간에서 발견된 유물 중 하나로 현재까지 알려진 세계 최고의 목판인쇄본이다.
ⓒ 문화재청

벽나무 등에서 코르크를 채취하는데, 황벽나무에서 채취한 것이 가장 품질이 뛰어나다고 한다.

조경 Point

전라남도을 제외한 우리나라 전역의 깊은 산이나 습하고 비옥한 산골짜기에서 자란다. 수피에는 코르크질이 잘 발달하였으며, 내피가 노란색을 띠므로 황벽나무라는 이름이 붙여졌다. 꽃은 벌과 나비의 좋은 밀원이며, 검은 열매는 야생조류의 좋은 먹잇감이다. 가지가 굵고 사방으로 퍼져 웅장한 수형을 나타내며, 가로수로 활용해도 좋은 수종이다.

재배 Point

내한성이 강하지만, 어린 나무일 때는 늦서리의 피해를 입기 쉽다. 햇빛이 잘 비치고 배수가 잘 되며, 토심이 깊은 비옥한 토양에 재배한다.

병충해 Point

가문비왕나무좀, 붉나무소리진딧물, 호랑나비, 산제비나비 등의 해충이 발생한다. 산제비나비는 애벌레가 잎을 식해하며, 특히 황벽나무와 산초나무에 피해가 심하다. 애벌레 발생초기에 인독사카브(스튜어드골드) 액상수화제 2,000배액 또는 클로르플루아주론(아타브론) 유제 3,000배액을 1~2회 살포한다. 산란한 잎과 애벌레의 피해잎을 채취하여 소각한다.

번식 Point

실생, 삽목, 분주 등의 번식방법이 가능하지만, 주로 실생으로 번식시킨다. 가을에 잘 익은 종자를 채취하여 노천매장을 해두었다가, 다음해 봄에 파종한다.

황칠나무

- 두릅나무과 황칠나무속
- 상록활엽교목 • 수고 10~15m
- 일본, 대만; 전라도의 도서 지역 및 제주도의 산지

 학명 *Dendropanax morbiferus* 속명은 그리스어 dendro(나무)와 panax(인삼)의 합성어로 인삼과 비슷하지만 큰 나무로 자란다는 뜻이다. 종소명은 morbi(질병)와 ferus(함유한)의 합성어로서 '병을 지닌'의 뜻이다. | 영명 Korean dendropanax | 일명 カクレミノ(隱蓑) | 중명 三裂樹蔘(삼렬수삼)

| 잎

25%

어긋나기.
어린 가지의 잎이 3~5갈래로
갈라지는 갈래잎이며, 잎가장자리는 밋밋하다.

| 꽃

▲ 수꽃과 양성화가 혼재해 있다.
새가지 끝에 황록색 꽃이 모여 핀다. 양
성화만 피는 꽃차례와 수꽃과 양성화가
함께 피는 꽃차례가 있다.

| 열매

핵과. 구형이며, 검은색으로 익는
다. 종자가 2~5개 들어있다.

| 수피

회백색이고 평활하며,
광택이 있고 껍질눈이
많이 생긴다.
노목에서는 얕게 세로로
갈라지기도 한다.

지름 19cm

| 겨울눈

편평한 삼각형이며, 연한
초록색과 붉은색을 띤다.
눈비늘조각에 싸여있다.

우리나라의 전통 칠은 대부분 옻나무에서 진을 채취하였으며, 옻칠을 하면 짙은 적갈색이 난다. 지금은 겨우 명맥만 유지하고 있지만, 예전에 황칠나무 액을 사용한 황칠공예가 있었다. 여기에 사용한 황칠은 황칠나무에 상처를 내어 수액을 채취하고 정제하여 액을 얻었으며, 황금빛을 띠므로 고려 때는 금칠이라 불렀다. 10년 이상 자란 황칠나무에서 1~2년 동안 황칠을 채취한 후에는 상처를 아물게 하여 다시 채취해야 한다.

다산 정약용은 《여유당전서與猶堂全書》에서 "아름드리 나무에서 1년에 겨우 한 잔 얻어진다"라 할 정도로 적은 양밖에 채취할 수 없었으므로, 더욱 귀한 대접을 받았다.

신비의 금빛 천연도료로 알려진 황칠은 내열성과 내구성이 강해서, 고대부터 공예품의 표면을 장식하는데 쓰였다. "옻칠 천년, 황칠 만년"이란 말이 있을 정도로 오랜 세월을 견뎌낸다고 한다. 《삼국사기》에 "백제가 금빛 광채의 갑옷을 고구려에 공물로 보냈다"고 적혀 있으며, 신라는 칠전漆典이라는 관청을 두고 국가가 칠 재료의 공급을 조절하였다고 전해진다.

우리나라에서 중국으로 수출한 황칠은 주로 중국 황실에서 사용되었다. 《삼국사기》〈고려본기〉에 이세적을 선봉장으로 하여 직접 요동성을 점령한 당태종은 백제에 의전용 갑옷에 사용할 황칠을 요구했으며, 이세적을 만날 때 황칠한 갑옷의 광채가 번쩍거렸다는 기록이 나온다.

최근에는 황칠이 원적외선을 뿜어내고 전자파를 차단하는 기능이 있다고 알려져, 주목을 받고 있다. 또 콜레스테롤 수치를 낮춰주고 멜라닌의 생성을 억제한다는 연구결과도 나와 있다.

▲ 완도 정자리 황칠나무
ⓒ 문화재청
이 지역 주민들은 이 나무를 신들린 나무로 인식하여 마을 가까이 위치한 유용자원인데도 지금까지 보존해오고 있다. 천연기념물 제479호.

조경 Point

손바닥 모양의 큰 잎과 오갈피처럼 검게 익는 열매가 관상가치가 있다. 나무껍질을 벗기면 노란색의 액이 나오는데, 이것을 '황칠'이라 하며 도료나 약재로 사용되고 있다.

남부지방에서는 가로수로 식재된 것을 흔하게 볼 수 있다. 추위에 약하기 때문에 중부지방에서는 화분에 심어 실내 관엽식물로 이용하기도 한다.

재배 Point

내한성이 약하다. 식재장소는 양지 또는 반음지가 좋으며, 토심이 깊고 비옥한 사질양토 또는 양토에서 잘 자란다.

이식은 봄(4~5월), 여름(8~10월)에 한다.

진딧물류가 흡즙가해하거나, 하늘소의 애벌레가 줄기를 식해하여 피해를 준다.

◀ 꼬리진딧물

11월에 검게 익은 열매를 채취하여 종자를 발라내고 노천매장을 해두었다가, 다음해 봄에 파종한다. 파종상은 짚이나 거적을 덮어 건조하지 않도록 관리한다.

삽목은 6월에 그해에 나온 당년지를 적당한 길이로 잘라서, 아랫잎을 따내고 윗잎은 반 정도 잘라내고 삽목상에 꽂는다. 발근은 잘 되는 편이지만, 성장속도는 느리다.

황칠나무는 잎의 파임이 특징이며, 가지가 마르면 잎의 파임도 없어지므로 관상가치가 떨어진다. 파임이 없는 둥근 잎은 가지 밑동에서 잘라서 새 가지로 갱신시킨다.

성장함에 따라 세력이 좋은 윗부분은 가지가 많이 나오고, 아랫부분은 성기게 된다. 위쪽의 어리고 세력이 좋은 가지를 잘라주면, 아래쪽 가지가 많아져서 좋은 수형이 만들어진다.

위쪽의 가지를 자르면 아래쪽에 가지가 나온다.
전정을 하지 않으면 아래쪽의 가지는 고사한다.

감나무

- 감나무과 감나무속
- 낙엽활엽교목 • 수고 10~15m
- 중국(양쯔강 지역의 계곡) 원산; 경기도 이남에 식재

 학명 *Diospyros kaki* 속명 Diospyros은 dios(쥬피터 신)와 pyros(곡물)의 합성어로 과일의 맛을 찬양한 것이며, 종소명은 일본 이름 가키(ヵヰ)에서 유래한 것이다. **영명** Oriental persimmon **일명** ヵヰノヰ(柿の木) **중명** 柿(시)

| 잎

어긋나며,
타원형 또는 긴 타원형이다.
가을에 붉게 물드는 단풍이 아름답다.

15%

15%

| 꽃

암꽃

수꽃

암수한그루(간혹 암수딴그루). 암꽃은 잎겨드랑이에, 수꽃은 새가지 끝에 연한 황백색 또는 황적색으로 핀다.

| 열매

장과. 구형이며, 황적색으로 익는다.
종자는 짙은 갈색이며, 납작한 타원
상 달걀형이다.

| 수피

지름 15cm

회갈색이고,
성장함에 따라
코르크화하며,
잘게 갈라진다.

| 겨울눈

삼각꼴 달걀형이며,
끝이 뾰족하다. 4장의
눈비늘조각에 싸여 있다.

감에 대한 기록은 중국에 현존하는 가장 오래된 종합농업기술서 《제민요술齊民要術》에 최초로 나타나며, 우리나라에서는 삼한시대 이전부터 감을 재배한 것으로 추정되고 있다. 당나라 때의 학자 단성식은 수필집 《유양잡조》에서 감나무를 '칠절七絶'이라 예찬하였다. 첫째 수명이 길고, 둘째 그늘이 짙고, 셋째 새가 집을 짓지 않으며, 넷째 벌레가 꼬이지 않으며, 다섯째 단풍이 아름다우며, 여섯째 열매가 좋고, 일곱째 잎이 큼직해서 글씨를 쓸 수 있다는 것이다.

또 감나무를 오상五常이라 극찬한 기록도 있다. 잎은 글을 쓰는 종이가 되므로 문文, 단단한 나무는 화살촉으로 쓰이므로 무武, 감의 겉과 속이 모두 붉어서 표리가 동일하므로 충忠, 홍시는 치아가 없는 노인도 즐겨 먹을 수 있어 효孝, 서리가 내린 후에도 나뭇가지에 달려 있으므로 절節을 고루 갖춘 훌륭한 나무라는 것이다. 이외에도 감나무는 계절마다 부위마다 독특한 색을 띠므로 오색五色의 나무라고도 부른다. 줄기는 검은색, 잎은 푸른색, 꽃은 노란색, 열매는 붉은색, 곶감은 하얀색을 띤다는 것이다.

한국·중국·일본이 원산지인 감은 동양권에서 매우 사랑받는 과일이며, 우리나라에서는 밤·대추와 더불어 삼실과三實果로 제상에 빠질 수 없는 과일이기도 하다. 감은 날로 먹거나 깎아 말려 곶감으로 먹지만, 감식

◀ 감물로 염색한 옷
감물 염색은 일명 시염(柿染)이라고 하며, 우리나라 특유의 염색법이다.

초·감술·감장아찌·감고추장·감차·감수정과 등으로 만들어 먹기도 한다.

한의학에서는 감을 시자柿子라고 하여 폐와 심장을 좋게 하고 소화기능을 튼튼하게 하는데 쓰며, 해갈·설사·이질·토혈·구내염·기침 등을 치료하는 데도 이용하고 있다. 또 민간요법에서도 많이 활용되고 있다. 감이나 곶감은 숙취와 돼지고기를 먹고 체한 데 잘 듣는다고 하며, 감꼭지는 시체柿蒂라고 하여 구토와 딸꾹질을 멎게 하는데 탁월한 효능이 있는 것으로 알려져 있다. 《동의보감》에서도 "홍시가 심장과 폐장의 열을 내려주고 입맛을 돋우며, 위의 열을 내리고 입이 마르는 것과 토혈을 치료한다"고 하였다. 감잎에는 비타민이 풍부하여 차로 달여 마시며, 특히 고혈압 환자에게 좋다고 한다. 감은 숙취해소에도 큰 효과를 발휘하는데, '진짜 술꾼은 감을 먹지 않는다'는 속담이 전해질 정도이다.

풋감의 떫은 맛은 디오스피린diospyrin이라는 탄닌tannin 성분 때문인데, 감물로 염색을 하면 이 성분이 천에 탄력을 준다고 한다. 예로부터 감물을 이용하여 천연염색을 하였으며, 제주도의 갈옷이 바로 감물로 염색한 옷이다. 제주도에서는 집집마다 감나무를 몇 그루씩 심었는데, 과일을 먹기 위해서라기보다 주로 천이나 그물을 염색하기 위한 것이라고 한다.

조경 Point

경기도 이남의 주택이나 인가 부근에서 유실수로 재배되고 있다. 진홍색의 열매와 화려한 단풍 그리고 자연스러운 수형이 관상가치가 있다. 공원, 아파트단지, 캠퍼스 등에 몇 그루 심어 녹음수, 경관수, 유실수로 활용하면 좋다. 가로수로도 활용되고 있다.

내한성은 중간 정도이며, 배수가 잘되고 토심이 깊은 비옥한 토양에서 잘 자란다. 양지바른 곳에 식재하며, 차고 건조한 바람과 늦서리로부터 보호해준다. 토양에 대한 적응 범위가 넓고, 산도는 pH 5.5~7.50이다.

나무			새순		개화					열매		
월	1	2	3	4	5	6	7	8	9	10	11	12
전정	전정					전정						전정
비료	한비					시비						

병충해 **Point**

애벌레가 감꼭지 부분에서 열매의 내부로 파고들어가 감을 낙하시키는 감꼭지나방에 특히 주의해야 한다. 성충발생기에 1주 간격으로 2~3회 에토펜프록스(크로캅) 수화제 1,000배액 또는 카탑하이드로클로라이드(파단) 수용제 1,000배액 등의 살충제를 살포한다. 이외에 깍지벌레, 노랑쐐기나방, 주머니나방, 감관총채벌레 등이 있으며, 발생초기에 티아클로프리드(칼립소) 액상수화제 2,000배액을 2~3회 살포한다.

감나무에 흔한 흰가루병에는 페나리몰(훼나리) 수화제 3,000배액을 탄저병, 둥근무늬낙엽병, 잎마름병 등에는 초기예방제로 만코제브(다이센M-45) 수화제 500배액을 1주 간격으로 2~3회 살포한다. 증상이 지속되면 디페노코나졸(로티플) 액상수화제 2,000배액을 1~2회 살포한다.

가을에 잎에 둥근 반점이 생겨 점점 커져서 붉은색을 띠며 조기에 낙엽이 지는 둥근무늬낙엽병에는 만코제브(다이센M-45) 수화제 500배액 또는 베노밀(베노밀) 수화제 2,000배액을 10일 간격으로 3회 살포한다. 잎마름병은 주로 잎에 다각형 반점이 생기는 병으로 만코제브 수화제 500배액 또는 클로로탈로닐(다코닐) 수화제 600배액을 살포하여 방제한다.

▲ 감관총채벌레 피해과

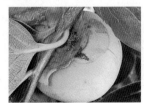
▲ 감꼭지나방 피해과

전정 **Point**

꽃눈은 충실한 햇가지의 선단이나 그 가까이에서 분화하며, 다음해 4월 하순~5월에 개화한다. 따라서 너무 강하게 전정을 하면 꽃눈을 없앨 수도 있으므로 주의해야 한다. 그러나 전년에 결실한 가지에는 거의 꽃눈이 생기지 않으므로 1월 하순에서 3월 중순 사이에 전정하여 수형을 정리하는 것이 좋다.

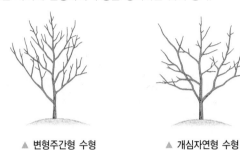
▲ 변형주간형 수형　　▲ 개심자연형 수형

충실한 당년지 선단의 3~4개 정도의 꽃눈이 생긴다.

결과한 가지에는 다음해 거의 꽃눈이 생기지 않으므로 자른다.

결과모지에서 나온 가지에는 특히 충실한 가지에만 꽃눈이 생긴다.

결실한 전년지는 자른다.

꽃눈

잎눈

결과모지

번식 **Point**

실생 번식은 용이하지만, 파종 후부터 열매가 열리기까지는 8년 정도의 오랜 기간이 소요된다. 따라서, 감나무의 실생 번식은 주로 삽목용 대목을 생산하는데 이용된다. 완숙한 감의 과육을 제거하고 바로 파종하거나, 비닐봉투에 넣어 냉장고에 보관하였다가, 2월 중순~하순에 파종한다. 1~3월에 충실한 전년지를 접수로 사용하거나, 6~8월에 충실한 신초를 접수로 사용하여 절접 혹은 눈접을 붙인다. 대목은 2~3년생 실생묘를 사용한다.

감을 먹은 후에 나오는 종자를 뿌린다.

빌이히면 묽은 액비를 뿌려준다. 다음해 봄에는 접목용 대목으로 사용할 수 있다.

▲ 실생(대목용) 번식

개암나무

- 자작나무과 개암나무속
- 낙엽활엽관목 • 수고 2~3m
- 러시아, 중국, 일본, 몽골; 전북, 경북 이북 산지의 숲 가장자리

학명 *Corylus heterophylla* 속명은 그리스어 krylos (개암)에서 비롯되었으며, 또는 corys (투구)에서 온 것으로 종자를 둘러싼 총포의 모양을 나타낸 것이라고도 한다. 종소명은 hetero (다른)와 phylla (잎)의 합성어이다. | **영명** Asian hazel | **일명** ハシバミ (榛) | **중명** 榛 (진)

| 잎

20%

얼룩무늬 잎

어긋나며, 가장자리에 불규칙한 치아 모양의 겹톱니가 있다.
어린 잎에는 적자색 반점이 나타나지만 점차 사라진다.

| 꽃

암꽃차례

수꽃차례

암수한그루. 수꽃차례는 전년지에 아래로 달리고, 암꽃차례는 적색의 암술대가 겨울눈의 비늘조각 밖으로 나온다.

| 열매

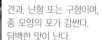

견과. 난형 또는 구형이며, 종 모양의 포가 감싼다.
담백한 맛이 난다.

| 수피

연한 갈색이나 회색을 띠며, 껍질눈이 있고 평활하다.

| 겨울눈

달걀형이며, 5~8장의 눈비늘조각에 싸여있다.
수꽃눈은 맨눈 상태로 겨울을 난다.

조경수 이야기

음력 정월 보름날 아침에 견과류를 깨물어 먹는 풍속을 일컬어 '부럼깨기'라고 한다. 부럼을 깨물면서 1년 동안 무사태평하고 만사가 뜻대로 되며, 부스럼이 나지 말기를 기원한다. 이런 견과류에는 밤·호두·은행·잣·땅콩 등과 함께 개암도 한 몫을 한다.

개암은 껍질이 단단한 견과류이기도 하지만, 어릴 적부터 익히 들어온 "금 나와라 뚝딱, 은 나와라 뚝딱"하는 도깨비 방망이 이야기에서 한 해를 무사하게 지켜달라는 벽사의 의미도 함축되어 있다고 할 수 있다.

개암이란 이름은 밤보다 조금 못하다는 뜻으로 '개밤'에서 '개암'이 된 것이며, 개암의 한자 이름에도 산반율 혹은 진율처럼 밤栗이 들어간다. 또 진자, 진율 등으로도 불리는데 진榛 자는 무성한 덤불을 의미하며, 개암나무가 떨기나무임을 나타내고 있다.

개암은 《시경 詩經》, 《예기 禮記》 등의 고서에도 자주 나오는 아주 오래된 과실이다. 고려시대에는 제사를 지낼 때 앞줄에 놓았다는 기록이 있으며, 《조선왕조실록》에도 제사에 사용되었다고 한다.

그러나 임진왜란 전후로 개암은 제사상에서 사라지게 되는데, 아마 개암보다 더 맛있는 과일이 많아진 탓인 것 같다. 조선 왕실의 역대의 왕과 왕비의 신주를 모신 사당인 종묘에서도 개암나무를 볼 수 있다. 《성경통지 盛京通志》에는 임금님께 진상까지 한 귀중한 과실이라 기록되어 있다.

지금같이 맛있는 과자가 넘쳐나는 시대에는 거의 잊혀진 과실이지만, 옛날에는 달고 고소한 맛 때문에 꽤 인기가 있던 과실이었으며, 귀중한 구황식량 구실을 하기도 했다.

서양개암을 헤이즐hazel 혹은 열매를 강조해서 헤이즐넛hazelnut이라 한다. 서양에서도 식용유의 원료에서부터 마법의 지팡이를 만드는 데까지 사용한 것으로 보아 꽤 친근한 나무였음을 알 수 있다. 최근에는 개암 향을 넣은 헤이즐넛 커피와 과자 등이 재래종 개암을 대신하고 있어 안타까운 마음이다.

▲ 헤이즐넛 커피
커피 원두에 서양개암의 추출물 약간을 섞어서 만든 커피.

 조경 Point

이른 봄에 피는 노란색의 수꽃차례와 붉은색의 암꽃차례가 관상가치가 있다. 예전에는 견과를 많이 식용했지만, 지금은 아이들에게 도깨비방망이의 전래동화를 소개하는 식물소재로 활용해도 좋다.
줄기가 치밀하게 자라므로 산울타리로 심어도 좋다.

 재배 Point

내한성이 강하며, 비옥하고 배수가 잘되는 양지 또는 반음지에서 잘 자란다. 석회질 토양이 가장 이상적이다.

개암나무탄저병, 느티나무알락진딧물, 흰가루병 등이 발생한다. 개암나무탄저병이 발생하면 병든 낙엽은 모아서 태우고, 6월 중 순~9월까지 만코제브(다이센M-45) 수화제 500배액과 디페노 코나졸(로티플) 액상수화제 2,000배액을 1주 간격으로 교대로 3~4회 살포하여 방제한다.

주로 종자로 번식하지만 분주나 삽목도 가능하다. 실생 번식은 9~10월경에 열매를 따서 포를 제거한 다음 젖은 모래와 섞어 저온저장해두었다가, 이듬해 봄에 파종한다.

뿌리목에서 분얼하여 많은 줄기가 생기는 성질이 있는데, 분주 법은 이렇게 번진 포기를 파서 따로 떼어내어 심는 번식방법이 다. 또, 가지를 구부려서 흙을 덮어 두었다가 뿌리가 내린 후, 가을이나 이른 봄에 잘라 심는 휘묻이도 가능하다.

숙지삽은 3월에 전년지를, 녹지삽은 6~7월에 당년지를 삽수로 사용하며, 발근촉진제를 사용하면 발근율을 높일 수 있다.

조경수 상식

■ **생석회**

산화칼슘의 속칭이며 석회암을 구워서 만든 다. 보르도액을 만드는 원료로도 쓰인다.

귤

- 운향과 귤속
- 상록활엽소교목
- 수고 3~5m
- 대만, 중국(남부), 일본(류큐 제도) 원산; 제주도 및 남부지방에서 과실수로 재배

학명 *Citrus unshiu* 속명은 citron(레몬)이 라틴어화 한 것으로 그리스어 kitron(상자)에서 비롯된 것이며, 종소명은 중국의 절강성 온주(溫州)의 일본 발음이다. **영명** Unshiu orange **일명** ウンシュウミカン(溫州蜜柑) **중명** 溫州蜜柑(온주밀감)

| 잎

어긋나기.
두꺼운 가죽질이고 잎자루에는 좁은 날개가 있다.
잎몸을 찢으면 밀감냄새가 난다.

35%

| 꽃

양성화. 잎겨드랑이에 1~3개의 흰색 꽃이 모여 피며, 달콤한 향기가 난다.

| 열매

감과. 등황색의 약간 납작한 구형이다.
새콤달콤한 맛이 난다.

| 수피

녹갈색이고,
세로로 길게 갈라진다.

감귤류는 운향과 감귤나무아과 중에서 감귤속·금감속·탱자나무속에 속하는 과수와 열매의 총칭으로, 일반적으로 말하는 밀감 외에 광귤·금귤·오렌지·유자·레몬·유자·탱자 등 여러 종류가 있다.

감귤의 원산지는 아시아의 열대 혹은 아열대 지역이라고 하며, 그 발생의 중심지는 인도와 중국의 접경지인 히말라야산맥으로 보는 견해가 지배적이다. 우리나라에도 오래 전에 해류를 따라 흘러 들어와 낙도인 제주도에 자생하게 되었으며, 기록에 의하면 삼국시대에 이미 귤이 알려졌다고 한다.

《일본서기》에는 기원전 730년경 신라에서 일본으로 귀화한 신라인이 귤을 제주도에서 일본으로 가져갔다고 기록되어 있으며, 제주도에서는 신라와 백제에 귤을 진상품으로 바쳤다고 한다. 고려시대에는 제주도와 남부의 호남 지방에서 귤이 생산되었으며, 《고려사》에는 고려 문종 때 "탐라에서 공물로 바쳐오던 감귤의 수량을 100포로 늘린다"는 공납기록이 있으며, 고려 때 국가의 종교행사인 팔관회에도 감귤이 사용되었다고 한다.

▲ **제주 도련동 귤나무류(사진은 산귤나무)** ⓒ 문화재청
귤나무 4종류 6그루. 삼국시대 이전부터 제주에서 재배되어 온 제주 귤의 원형을 짐작할 수 있다. 천연기념물 제523호.

조선시대부터는 제주에서 매년 20운運의 귤이 조정에 진상되었는데, 1운은 3~7천개라고 하니 당시로서는 실로 어마어마한 물량이었음을 알 수 있다. 임금은 감귤을 진상 받은 답례로 제주목사에게 베와 비단 등을 하사하여 치하하였으며, 성균관과 동·서·남·중학 등 사학四學의 유생들에게 과거를 보게 하고 귤을 나눠 주었는데, 이 특별과거를 황감과 또는 황감제라고 불렀다.

하지만 귤의 진상이 오래 계속되면서 벼슬아치들의 제주도민에 대한 수탈이 극에 달하게 되었다. 제주도민을 달래기 위해 파견된 김상헌의 《남사록南槎錄》에는 "해마다 7~8월이면 목사는 촌가의 귤나무를 순시하며 낱낱이 장부에 적어두었다가, 감귤이 익을 때면 장부에 따라 납품할 양을 조사하고, 납품하지 못할 때는 벌을 주었다. 이 때문에 민가에서는 재배를 하지 않으려고 나무를 잘라버렸다"고 적혀 있다. 다산 정약용도 그 당시 앞으로 10년 이내에 감귤을 볼 수 없게 될 것이라고 개탄할 정도였다.

이와 같은 귤의 암흑기는 과일 소비가 본격화되어 제주도에서 대대적으로 귤농사가 시작된 1960년대 이전까지 이어졌다. 이때부터 귤나무 두 그루만 있어도 자식을 대학까지 보낼 수 있다 하여 '대학나무'라는 별명을 얻을 정도로 인기를 누리는 과수가 되었다.

조경 Point

제주도를 포함한 남부지방에서만 월동이 가능하다. 가을부터 오랫동안 노란색의 큰 열매를 감상할 수 있어, 정원이나 공원에 열매를 감상하는 과수로 심으면 좋다.

재배 Point

햇빛이 잘 비치는 곳, 배수가 잘되는 비옥한 토양에 식재한다. 내한성이 약하며, 생육에 지장을 주는 건조한 바람은 막아준다.

나무	열매(품종에 따라 다르다)		개화		열매 (품종에 따라 다르다)							
월	1	2	3	4	5	6	7	8	9	10	11	12
전정			전정									
비료		시비				시비			시비			

병충해 Point

호랑나비의 애벌레가 잎을 식해하여, 심할 때는 앙상한 가지만 남긴다. 특히 여름눈과 가을눈의 어린잎이 많은 나무나 고접을 한 나무에 피해가 크다. 정원에 몇 그루 심은 경우는 애벌레를 포살하여 구제한다.

방제법으로는 애벌레가 나오는 4월 하순, 6월 하순, 9월 초순에 페니트로티온(스미치온) 유제 1,000배액을 살포한다.

그 외에 깍지벌레류, 귤응애, 알락하늘소, 탱자소리진딧물, 줄고운가지나방, 어스렝이나방 등이 밀감류의 해충으로 알려져 있다.

▲ 귤응애

▲ 이세리아깍지벌레 성충

전정 Point

봄가지, 여름가지, 가을가지 등 1년에 3회 새 가지가 발생하며, 다음해에 결과모지(결실하는 가지)가 되는 것은 10~20cm 정도의 봄가지이다. 꽃이 핀 것을 봐가면서 전정을 실시하며, 꽃이 없는 가지나 세력이 강한 도장지는 밑동에서 자르고 수관 내부의 복잡한 소지도 제거하여 채광과 통풍을 좋게 해준다.

격년결과를 하는 경향이 있으므로, 당년에 열매가 너무 많이 열리면 7~8월경에 열매솎기를 해준다.

번식 Point

접목은 휴면지접목과 신초접목이 있다. 1~4월이 휴면지접목의 적기이며, 충실한 전년지를 접수로 사용하여 절접을 한다. 대목으로는 탱자나무 2~3년생 실생묘를 사용하며, 시판되는 유자나무 묘목을 사용해도 좋다.

6~8월에 충실한 신초를 접수로 사용하여 신초접목을 하는데, 이때에는 2~3년생 탱자나무 실생묘를 대목으로는 사용한다.

접목에 사용하는 대목은 실생으로 번식시킨 탱자나무를 사용한다. 10~11월경에 완숙한 탱자나무 열매를 채취하여, 과피를 제거하면 종자가 나온다. 이것을 바로 파종하거나 건조하지 않도록 비닐봉지에 싸서 냉장고에 보관하였다가, 다음해 2~3월에 파종한다.

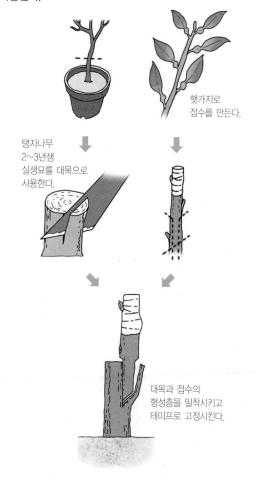

햇가지로 접수를 만든다.

탱자나무 2~3년생 실생묘를 대목으로 사용한다.

대목과 접수의 형성층을 밀착시키고 테이프로 고정시킨다.

▲ 접목(절접) 번식

대추나무

- 갈매나무과 대추나무속
- 낙엽활엽소교목 · 수고 5~8m
- 중국, 유럽 남부, 아시아 서남부; 평안북도, 함경북도를 제외한 전국에 식재

학명 *Zizyphus jujuba* 페르시안어 zizafun에서 비롯되어 옛 그리스어 ziziphon이 되었고, 다시 현대명으로 바뀐 것이다. 종소명은 이 식물에 대한 아라비안어 jujuba가 라틴어화한 것으로 추정하고 있다. **영명** Common jujube **일명** ナツメ(棗) **중명** 棗木(조목)

| 잎

어긋나기.
달걀형이며, 앞면에는
광택이 있다.
밑부분에서 3개의 뚜렷한
잎맥이 발달해 있다.

50%

| 꽃

양성화. 잎겨드랑이에 황록색 꽃이 1개
또는 2~8개씩 모여 핀다.

| 열매

핵과. 타원형이며, 짙은 적갈색으로 익는
다. 단맛이 난다.

| 수피

지름 14cm

성장함에 따라
짙은 회갈색이 되고,
세로방향으로 갈라진다.

| 겨울눈

겨울눈과 잎자국이 마디 주위에 모여 난다.
긴가지에는 턱잎이 변한 2개의 가시가 있다.

대추는 밤·감과 함께 삼색과실 중 하나로, 각종 민속 차림상에 빠지지 않고 오르는 우리 민족의 사랑을 받아 온 과실이다. 제사상에는 조율이시棗栗梨枾라 하여, 반드시 좌측부터 대추·밤·배·감을 필수적으로 올리도록 하였다.

대추가 제사상의 첫 번째 자리에 놓이는 것은 씨가 하나뿐이라서 왕을 상징하며, 후손 중에 왕이나 성현이 나오기를 기대하는 의미가 있다. 또 대추는 양성화兩性花라서 하나의 꽃이 피면 반드시 하나의 열매가 열리며 절대 헛꽃이 없어서, 사람으로 태어났으면 반드시 자식을 낳고 죽어야 한다는 것을 의미한다.

결혼 후 폐백에서 대추를 다홍실에 꿰어 사려 담은 그릇을 놓고 새댁이 큰 절을 올리면, 시어머니가 새댁에게 대추를 많이 던져 주어 아들 낳기를 기원하는 풍습은 지금까지도 전해지고 있다.

벼락 맞은 대추나무를 벽조목霹棗木이라 하는데, 이것으로 부적이나 도장을 만들어 몸에 지니고 다니면 요사스러운 기운이 범접하지 못한다고 여겼다.

벼락을 맞는 순간 고열로 인해 나뭇결이 없어지고 무게가 무거워지는 등, 재질에 큰 변화가 생기기 때문에 그 과정에서 어떤 영험한 힘이 생겨 사악한 기운을 쫓는다고 믿는 것이다. 벽조목은 칼로 쳐도 갈라지지 않으며, 같은 크기의 일반 대추나무에 비해 3배나 무겁기 때문

에 물에 넣으면 가라앉는 것이 특징이다.

벽조목이 아닌 일반 대추나무도 재질이 굳고 단단하여 판목·떡살·떡메·도장재·달구지 등으로 많이 이용되었다. 키가 작으나 성질이 야무지고 단단한 사람을 가리켜 '대추나무 방망이' 같다고 하는 것 역시 대추나무의 이 같은 성질에서 나온 말이다.

조경 Point

우리나라 전통정원에 과일나무로 많이 식재되며, 최근에는 주택이나 아파트 등의 주거단지에 첨경수로 많이 도입되고 있다.

광택이 나는 연한 잎과 늘어지는 가지, 그리고 가을에 조롱조롱 열리는 다산(多産)을 상징하는 붉은 열매가 특징이다.

재배 Point

알칼리성 토양에 잘 견디며, 추위와 건조에 대한 저항력도 강하다. 토심이 깊고 배수가 잘되며, 유기질이 풍부한 모래참흙과 진참흙이 좋다.

기후환경은 햇빛을 많이 받을 수 있는 남향의 완만한 경사지가 적당하다.

나무				새순 개화					열매			
월	1	2	3	4	5	6	7	8	9	10	11	12
전정	전정											전정
비료	한비						시비					한비

병충해 Point

복숭아심식나방, 흰독나방 등의 해충이 발생한다. 흰독나방은 산림보다는 조경수, 정원수, 과수에 많이 발생하는 경향이 있으

▲ 벽조목 도장
벼락 맞은 대추나무로 만든 도장.

며, 성충과 애벌레에는 독모가 있어 피부에 닿으면 염증을 일으키므로 주의해야 한다.

병해로는 대추나무빗자루병(천구소병)이 있다. 이 병은 파이토플라스마(phytoplasma)에 의해 발생하는데, 어린 나무에 발병하면 2~3년 내에 말라 죽으며, 큰 나무일지라도 감염되면 열매를 맺지 않고 수년이 경과하면 죽는다. 병세가 경미하거나 아주 심하지 않은 나무에는 옥시테트라사이클린을 흉고직경 10cm당 1,000ppm을 1ℓ 기준으로 수간주입하는데, 4월 하순과 9월 하순(대추수확 직후)에 각각 1번씩 한다.

땅속에서 뿌리의 접촉에 의해 전염될 우려가 있으므로 밀식을 피하며, 분주묘는 감염되지 않은 나무에서만 채취한다.

또한 매개충인 모무늬매미충에 의한 감염을 막기 위하여 6월 중순~10월 중순에 티아클로프리드(칼립소) 액상수화제 2,000 배액을 2주 간격으로 살포한다.

번식 Point

종자의 의한 실생 번식, 뿌리에서 나온 흡지를 포기나누기에 의해 번식시키는 분주 번식, 대목을 양성하여 우량품종을 접목하는 접목 번식, 뿌리나 가지를 이용하는 삽목 번식 등이 가능하다.

이 중에서 접목 번식이 가장 흔하게 사용된다.

조경수 상식

■ 토피어리(topiary)

수목을 기하학적인 모양이나 동물 모양으로 전정하여 다듬은 것. 철사로 원하는 모양의 틀을 만들고 그 안에 식물을 심어 키워서 밖으로 나온 부분을 잘라서 만든다.

ⓒ Bill Cresswell

뜰보리수

- 보리수나무과 보리수나무속
- 낙엽활엽관목 • 수고 2~4m
- 일본 원산; 전국의 공원 및 정원에 식재

학명 *Elaeagnus multiflora* 속명은 그리스어 elaia(올리브)와 agnos(서양목형)의 합성어로 올리브와 비슷한 열매와 서양목형을 닮은 은백색의 잎을 가진 것에서 유래한다. 종소명은 '꽃이 많은'이라는 뜻이다. | 영명 Cherry silverberry | 일명 ナツグミ(夏茱萸) | 중명 木半夏(목반하)

| 잎

어긋나기.
타원형이며, 가장자리에 톱니가 없다.
앞뒷면이 은백색 털로 덮여 있어 반짝거리는 느낌이다.

60%

| 꽃

양성화. 새가지의 잎겨드랑이에서 깔때기 모양의 연한 황백색 꽃이 핀다.

| 열매

핵과. 난상 타원형이며, 붉은색으로 익는다.
단맛이 많이 난다.

| 수피

흑갈색~흑회색이고, 오래되면 세로로 불규칙하게 갈라진다.

| 겨울눈

맨눈. 달걀형이며, 적갈색의 물고기 비늘 모양의 털로 덮여있다.

보리수나무라 불리는 나무에는 여러 가지가 있다. 부처님이 깨달음을 얻었다는 인도보리수나무, 우리나라 사찰에서 인도보리수나무 대용으로 심는 피나무 종류의 보리수나무, 슈베르트의 가곡 〈겨울 나그네〉에 나오는 보리수나무 등이 그것이다. 그러나 우리가 일반적으로 말하는 보리수나무는 보리수나무과 보리수나무속에 속하는 낙엽관목으로, 봄에 은백색 꽃이 피고 가을에 약간 떫은 듯한 단 맛이 나는 빨갛고 콩알만한 열매가 열리는 나무를 말한다. 열매 껍질에 파리똥 같은 작은 점이 있어서 전라도 지방에서는 파리똥나무 혹은 포리똥나무로 불리기도 한다.

보리수나무와 비슷하게 생긴 뜰보리수가 있다. 뜰보리수는 일본이 원산지이며, 사찰이나 정원에 조경 용도로 많이 심는다. 보리수나무는 봄에 꽃이 피고 가을에 열매를 맺지만 뜰보리수는 봄에 꽃이 피고 5~7월에 열매를 맺어, 열매를 맺는 시기가 다르다. 또 뜰보리수는 가지가 휠 정도로 붉은 열매가 많이 달리고, 보리수나무에 비해 열매가 약간 크고 떫으면서 단 맛을 가지고 있다.

뜰보리수의 열매를 본초학에서는 목반하木半夏라 하며, 약으로 쓰는데 맛이 담백하고 약간 떫으며 약성은 따뜻하고 독성이 없는 과일생약이다. 목반하에는 당분과 사과산 타닌 등의 성분이 들어있으며, 자양강장·피로해소·혈액순환 등의 효능이 있고, 수렴효과를 비롯해 천식·기침·가래·종기·타박상·이질·치질·피부염 등을 치료한다. 또 뿌리껍질은 민간약으로 요통치료에 이용된다.

조경 Point

향기 나는 흰색의 꽃과 빨갛게 익는 열매가 아름다운 일본 원산의 조경수이다. 특히 가을에 붉은 열매가 열려 나무 전체를 뒤덮는 듯한 장관을 이룬다. 정원이나 공원에 첨경수로 식재하지만, 열매를 식용할 수도 있어서 정원에 과일나무로 심기도 한다. 공간에 맞게 전정하여 산울타리식재, 경계식재, 차폐식재로 활용해도 좋다.

재배 Point

비옥하고 배수가 잘되는 양지바른 곳, 사질양토에 잘 자란다. 내한성이 강하며, 토양 건조나 해풍에 잘 견딘다.

나무					개화		열매					
월	1	2	3	4	5	6	7	8	9	10	11	12
전정		전정				전정						전정
비료		시비				시비						

병충해 Point

장마철에 햇가지에서 흰가루병이 많이 발생한다. 흰가루병에 감염된 가지는 이른 봄에 가지치기를 할 때, 모두 제거하여 소각한다. 봄에 새순이 나오기 전에는 석회유황합제를 1~2회 살포하며, 여름에는 디페노코나졸(로티플) 액상수화제 2,000배액이나 페나리몰(훼나리) 수화제 3,000배액을 2주 간격으로 살포한다.

전정 Point

특별히 전정을 하지 않아도 자연스러운 수형을 유지하는 나무이다. 전정은 겨울에 가지솎기와 웃자란 가지를 자르는 정도로 충분하다. 뿌리 근처에서 나온 움돋이나 수간에서 발생한 부정아는 발견하는 즉시 제거한다.

번식 Point

실생, 삽목, 분주, 휘묻이 등의 방법으로 번식시킬 수 있지만, 보통 삽목을 많이 한다. 3~4월의 숙지삽은 전년지를 10~15cm 길이로 잘라 삽수로 사용하며, 6~7월의 녹지삽은 당년지 중에서 굳은 것을 10~15cm 길이로 잘라 삽수로 사용한다.

무화과나무

- 뽕나무과 무화과나무속
- 낙엽활엽관목 · 수고 2~4m
- 아시아 서부 및 지중해 연안이 원산지; 남부 지역에서 재배

 학명 *Ficus carica* 속명은 라틴어 옛 이름 sycon(무화과나무)에서 온 것이며, 종소명은 서부 아시아(현재 터키의 서남부 지역)의 고대 지방이름 Carex(Caria)를 나타낸다. **영명** Common fig **일명** イチジク(無花果) **중명** 無花果(무화과)

잎

15%

어긋나기.
3~5갈래로 갈라진
포크 모양의
갈래잎이다.
가장자리에
물결 모양의
큰 톱니가 있다.

열매

▲ **열매의 속**

화낭이 자라서 흑자색 또는 황록색의 열매가 된다. 거꿀달걀형이고 단맛이 난다.

수피

회백색에서 회갈색으로
변하고 작은 껍질눈이
있으며, 평활하다.

꽃

▲ **암꽃주머니의 내부**

암수딴그루이며, 대게
수분없이 과낭이 성숙하
는 암그루를 심는다. 화
낭(花囊) 속에 여러 개의
작은 꽃이 들어 있다.

겨울눈

물방울 모양이며,
2장의 눈비늘조각에
싸여있다.
관다발자국은 원형으로
배열되어 있나.

무화과는 '꽃이 피지 않는 열매'라는 뜻이다. 그러나 우리가 무화과의 열매라고 부르는 것은 실제로는 비대하여 다육질화 한 꽃턱花托을 말한다. 꽃턱은 위가 넓고 밑이 좁은 타원형이며, 위쪽 끝에 작은 구멍이 뚫려 있고 그 안쪽 벽에 자잘한 꽃이 많이 붙어 있다.

따라서 꽃이 꽃턱 안에 숨어 있어서 보이지 않기 때문에 은화과隱花果 또는 '꽃이 없는 열매'라 하여 무화과라 한다. 무화과 열매를 먹어 보면 모래알 같이 씹히는 것이 있는데, 이것이 진짜 열매이며 씨이다.

무화과는 서남아시아 또는 시리아 고원 지대가 원산지이다. 예나 지금이나 이집트·팔레스타인·시리아 등에서 널리 재배하고 있으며, 이 지방 사람들의 중요한 식량 중 하나이다.

무화과나무는 성서에도 자주 등장하는데, 성서에 최초로 이름이 나오는 식물이기도 하다. 《구약성서》〈창세기〉에 아담과 하와가 선악과를 따먹고 눈이 열려 자기들이 알몸인 것을 알고 무화과나무 잎을 엮어서 두렁이를 만들어 입었다고 나온다. 무화과나무 잎이 인류 최초

▶ **티치아노의 〈아담과 하와의 유혹〉**
아담과 하와가 선악과를 따먹고 알몸인 것을 알게 되어, 무화과 나뭇잎으로 가렸다.

의 섬유소재인 셈이다.

무화과 열매에는 2종류가 있다. 하나는 봄에 새잎이 나오면서 잎겨드랑이에 녹색의 작은 열매가 생기고, 이것이 커져서 8~9월에 익으면 껍질이 연하고 맛있는 과일이 되는 것을 말한다. 다른 하나는 가을에 달린 열매가 기온이 낮아지면서 더 이상 자라지 못하고 덜 익은 상태로 겨울을 나고, 다음해 봄에 다시 부풀어서 커진 것을 말한다.

히브리어로는 이것을 구분하여 전자를 '테에나', 후자를 '파게'라고 부른다. 성서에 나오는 무화과나무의 저주 사건에서 예수님이 제철이 아닌 때에 무화과나무에서 열매를 찾은 것은 바로 파게이다.

조경 Point

아열대성 과수로 현재 전라남도와 경상남도에서 재배하고 있으며, 가정에서는 마당에 한두 그루 정도 심거나 화분에 심어 과일을 맛보는 정도이다.

'꽃이 피지 않는다' 하여 무화과라 하지만 열매 속에 피어 밖으로 드러나지 않는 것이며, 큼지막한 잎은 3~5갈래로 깊게 갈라진다. 여름과실 품종, 가을과실 품종, 여름과 겨울과실 품종의 3종류가 있다.

재배 Point

부식질 또는 낙엽성분이 많으며, 다습하지만 배수가 잘되는 토양이 좋다. 양지 또는 반음지에 재배하며, 건조함을 초래하는 찬바람을 막아준다. 길고 부드러운 가지를 가진 품종은 지주를 세워준다.

이식은 큰 나무인 경우 뿌리돌림을 하여 잔뿌리가 많이 나왔을 때 한다.

나무			새순	개화			여름열매		가을열매			
월	1	2	3	4	5	6	7	8	9	10	11	12
전정	전정											전정
비료	한비						시비					한비

병충해

뿌리혹병은 나무의 생육기간 중에 언제나 발생할 수 있으며, 특히 무화과나무, 밤나무, 감나무, 포플러류 등 접목 또는 삽목, 즉 무성생식(영양생식) 시의 감염으로 인하여 발생하는 수가 많다.

감염된 나무는 갑자기 죽지는 않으나, 지상부의 발육이 뚜렷하게 나빠지면서 대체로 수 년 후에는 말라 죽는다. 묘포에서부터 감염되지 않은 묘목을 생산하는 것이 중요하며, 이 병이 발생한 묘포는 3년 이상 다른 묘목으로 돌려짓기를 해야 한다. 감염된 나무는 발견 즉시 뽑아서 태우고, 묘포는 객토를 해준다.

하늘소는 나무의 줄기 속으로 침입하여 목질부를 먹고, 침입한 구멍으로 배설물을 내보내므로 발견하기가 쉽다.

산란기와 애벌레기에 티아메톡삼(플래그쉽) 입상수화제 3,000배액을 주간부에 살포하고, 침입한 구멍을 발견하면 즉시 철사나 송곳으로 찔러 죽인다.

▲ 하늘소의 배설물

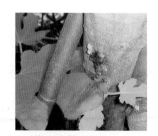

▲ 하늘소의 침입구

번식

2~3월이 삽목의 적기이다. 주로 충실한 전년지를 삽수로 사용하지만, 2~3년지도 활착이 잘 된다. 15~20cm 정도의 길이로 잘라 1시간 정도 물을 올린 후에 삽목상에 꽂는다. 위쪽의 눈이 조금 나오는 정도로 깊게 꽂는다.

삽수가 굵은 경우는 상부의 잘린 부분에 유합제를 도포하여 건조를 방지한다. 삽목 후 반그늘에 두고 관리한다. 발근하면 서서히 햇볕에 내어 단련시키고, 다음해 3월에 이식한다.

뿌리 주위에 난 작은 가지를 구부려서 흙을 묻어두었다가 발근하면 분리해서 옮겨 심는다(휘묻이). 또 나무의 뿌리 부근에서 새 줄기가 잘 나오는데, 이것을 떼어내어 옮겨 심는 방법으로도 번식이 가능하다(분주).

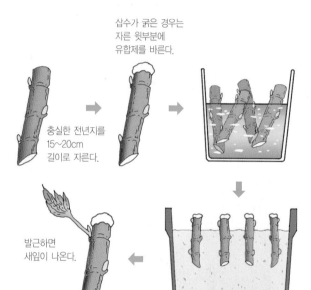

삽수가 굵은 경우는 자른 윗부분에 유합제를 바른다.

충실한 전년지를 15~20cm 길이로 자른다.

2~3년생 정도의 굵은 가지도 발근한다.

발근하면 새잎이 나온다.

▲ 삽목 번식

밤나무

- 참나무과 밤나무속
- 낙엽활엽교목 • 수고 15m
- 아시아, 유럽, 북아메리카, 북아프리카 등 온대지역; 주로 중부 이남에 식재

 학명 *Castanea crenata* 속명은 그리스어 kastana(밤나무)에서 유래한 것이며, 뒤에 그리스 북부의 소도시가 된다. 종소명은 '둔한 톱니'라는 뜻이다.
영명 Japanese chestnut | **일명** クリ(栗) | **중명** 日本栗(일본률)

| 잎

어긋나기.
긴 타원 모양의 피침형이며,
가장자리에 가시 같은
톱니가 있다.

25%

| 꽃

암꽃

수꽃

암수한그루. 5~6월에 황백색 꽃이 피며, 독특한 향기가 난다.

| 열매

견과. 가시가 빽빽한 각두에
완전히 싸여있다.
익으면 껍질이 4갈래로 갈라진다.

| 수피

적갈색이고 마름모꼴의
껍질눈이 발달한다.
성장함에 따라
회색으로 변하고
세로로 깊게 갈라진다.

| 겨울눈

겨울눈은 색과 모양은
밤열매와 비슷하며,
3~4장의 눈비늘조각에 싸여 있다.

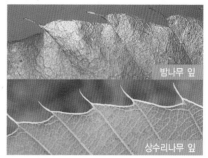

밤나무 잎은 톱니의 끝부분이 녹색이고, 상수리나무
잎은 흰색이다.

조경수 이야기

《삼국유사》에 원효대사의 탄생에 관한 일화가 나온다. 원효대사의 어머니가 들에 나갔다가 급하게 산기가 있어서, 미처 집에 돌아오지 못하고 남편의 옷을 밤나무에 걸어 가리고 원효를 순산했다고 한다.

대사가 태어난 곳은 집안이 아니라 지금의 경상북도 경산시 자인면 불지촌 북쪽 밤나무골 밤나무 아래였으며, 그 밤나무를 사라수娑羅樹라 하고 그 나무의 열매를 사라율이라 했다. 사라율은 크기로 이름 나 있었다고 하는데, 밤 한 톨이 스님의 밥그릇인 발우에 가득 찰 정도였

▲ 위패
죽은 사람의 이름과 죽은 날짜를 적은 나무패로, 주로 밤나무로 만들었다.

다고 한다.

스님은 출가한 뒤에 자기가 살던 곳에 초개사初開寺를 짓고, 자기가 태어난 그 밤나무가 있던 곳에 사라사娑羅寺를 지었다. 사라사는 후에 제석사帝釋寺로 이름이 바뀌어 지금까지 전해지고 있다. 제석사에는 신라말기의 것으로 보이는 석조좌불과 부서진 탑신·석등·연화대석 등이 남아 있어서 사라사의 후신임을 짐작케 한다.

밤은 옛날에 임금님 진상품의 하나로서 종묘제사의 귀중한 제수품이었으며, 일반 민가에서도 감·대추와 함께 삼색과실로 제사 때 제상에 반드시 올리는 물품이다. 그런데 왜 꼭 밤을 제사에 사용할까? 대부분의 식물은 싹을 틔우면서 종자껍질을 밀고 올라오지만, 밤은 싹을 틔울 때 종자껍질이 땅속에 오랫동안 썩지 않고 그대로 붙어 있다. 밤나무의 이러한 특성이 자신의 근본, 곧 조상을 잊지 않는 존재라고 여기기 때문이다.

예로부터 밤나무는 신주神主나 위패位牌를 만드는 중요한 재료였으며, 특히 밤나무로 만든 신주를 율주栗主라 한다. 오동나무나 느티나무 같이 주위에서 흔하게 구할 수 있는 더 좋은 나무가 있었는데도, 밤나무를 신주의 재료로 선택한 것 역시 언제나 자신의 근본을 잊지 않겠다는 조상숭배의 상징성 때문이다.

조경 Point

마을주변의 산기슭이나 밭둑에 많이 재배하는 우리나라의 대표적인 과일나무 중 하나이다. 6월에 꼬리 모양의 긴 꽃이삭이 피면, 특유의 꽃향기가 천지를 진동한다.
예로부터 가정에서 간식용 밤을 따기 위해 집 주위에 많이 식재했다. 다른 과수에 비해 관리가 간단하며, 경사가 급한 지형에서도 비교적 용이하게 재배할 수 있다는 장점이 있다.

재배 Point

배수가 잘되는 약산성의 토양이 좋으며, 해가 잘 들거나 반음지인 곳에서 잘 자란다. 부식질의 비옥한 토양을 좋아하지만, 건조한 사질토에도 잘 자란다.
자가불화합성이 크므로, 밤을 얻기 위하여서는 적어도 두 나무를 심어야 한다.

나무				새순	개화			열매			
월	1	2	3	4	5	6	7	8	9	10	11	12
전정		전정										
비료	한비											한비

병충해 Point

밤나무혹벌은 밤나무에 중대한 해충이다. 4월 하순부터 밤나무 눈에 기생하여, 직경 10~15mm 정도의 붉은색 벌레혹을 만든다.
벌레혹이 피해를 가한 부위에는 여러 개의 작은 잎이 생기고,

새가지의 자람이 나빠져서 개화 · 결실이 되지 않고, 피해목은 고사하는 경우가 많다.
무엇보다 병충해에 강한 품종을 심는 것이 중요하다. 또 천적인 남색긴꼬리좀벌, 노란꼬리좀벌, 상수리좀벌 등의 기생성 벌을 보호하여 생물학적으로 방제하는 것도 좋은 방법이다.
그 외에 밤나무왕진딧물, 밤애기잎말이나방, 밤바구미, 복숭아명나방, 오리나무잎벌, 하늘소류(하늘소, 참나무하늘소), 박쥐나방 등의 해충이 발생한다.
병해로는 줄기마름병, 역병, 갈색점무늬병, 눈마름병, 갈색점무늬병 등이 있다. 특히 주의할 것은 줄기마름병인데, 이 병은 20세기 초에 동양에서 수입해간 밤나무에 묻어 들어가 미국 동부 지역과 유럽의 밤나무숲을 황폐화시킨 것으로 유명하다.
보통 가지와 줄기에 발생하지만, 지표에 노출된 뿌리에 발생하기도 한다. 일소나 동해의 피해를 입지 않도록 늦가을에 흰색 수성페인트를 발라준다. 병원균이 나무의 상처를 통해 침입하므로, 상처 부위에는 테부코나졸(실바코) 도포제를 발라준다.

▲ 밤나무왕진딧물   ▲ 밤나무혹벌 벌레혹

번식 Point

1~3월이 휴면지접목의 적기이며, 충실한 전년지를 접수로 사용하여 절접을 붙인다. 접수는 1~2개의 눈이 붙은 가지를 4~5cm 길이로 경사지게 잘라 준비한다.
대목은 2~3년생 실생묘를 사용하여 접을 붙이는 위치에서 자르고, 수피와 목질부 사이를 칼로 쪼개어 형성층이 드러나게 한다. 대목의 갈라진 부분에 접수를 꽂아 넣어 형성층끼리 서로 맞추어 주고, 광분해테이프로 묶어서 단단하게 고정시킨다.
활착하여 눈이 나오면 대목에서도 눈이 나오는데, 이것은 보이

는데로 바로 제거한다. 6~9월이 신초접목의 적기이며, 그해에
나온 충실한 햇가지를 접수로 사용한다. 접을 붙이는 방법은 휴
면지접목과 같다.

실생 번식은 접목의 대목을 생산하는데 사용한다. 완숙하여 떨
어진 종자를 바로 파종하면 봄에는 발아한다. 여름까지 1~2번
시비하면, 생장이 빠른 것은 6~9월에 햇가지 접목의 대목으로
사용할 수 있다.

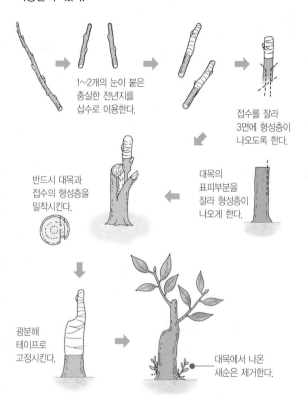

1~2개의 눈이 붙은
충실한 전년지를
삽수로 이용한다.

접수를 잘라
3면에 형성층이
나오도록 한다.

대목의
표피부분을
잘라 형성층이
나오게 한다.

반드시 대목과
접수의 형성층을
밀착시킨다.

광분해
테이프로
고정시킨다.

대목에서 나온
새순은 제거한다.

▲ 접목(절접) 번식

배나무

- 장미과 배나무속
- 낙엽활엽소교목 또는 교목 • 수고 7~15m
- 일본 원산; 전국에 널리 재배

학명 *Pyrus pyrifolia* var. *culta* 속명은 그리스어 phaeno(보이는)과 pyrus(배)에서 비롯되었다. 종소명은 'Pyrus(배나무속)와 같은 잎을 가진', 변종명은 '경작하는'이라는 의미를 가지고 있다. **영명** Sand pear **일명** ナシ(梨) **중명** 沙梨(사리)

| 꽃

양성화. 잎과 함께 짧은가지 끝에 흰색 꽃이 5~10개씩 모여 핀다.

| 열매

이과. 구형이며, 황갈색으로 익는다. 단맛이 난다.

| 겨울눈

달걀형 또는 원추형이고 끝이 뾰족하다. 5~7장의 눈비늘조각에 싸여 있다.

| 잎

25%

어긋나기. 달걀 모양의 타원형이며, 끝은 길게 뾰족하다. 가장자리에 바늘 모양의 뾰족한 톱니가 있다.

| 수피

짙은 회색이며, 오래되면 작은 조각으로 벗겨져서 떨어진다.

우리나라의 대표적인 과수의 명산지로는 봉산의 배, 평양의 밤, 울릉도의 복숭아, 풍기의 감, 보은의 대추, 제주의 감귤 등이 있다. 이 중에서 재래종 배는 봉산 배, 함흥 배, 원산 배, 금화 배 등이 유명하다.

우리나라의 이름난 술 중에 배와 생강을 주원료로 하여 소주에 우려내어 만든 술인 이강고梨薑膏, 혹은 이강주梨薑酒가 있다. 조선시대 상류사회에서 빚어 마시던 대표적 명주로 전라도 나주와 황해도 봉산에서 주로 빚어왔다.

'이강'이라는 이름은 전통 소주에 배梨와 생강薑을 넣어 만들었기 때문에 붙은 것으로, 약소주인 셈이다. 이강고는 달콤하고 매콤한 맛이며, 많이 마셔도 잘 취하지 않는 편이고 뒤끝이 깨끗한 술이라는 평가를 받고 있다.

세시풍속의 사전이라 할 수 있는 《조선상식문답》에서 육당 최남선은 술의 격을 로露, 고膏, 춘春, 주酒의 순으로 구분하면서, 이강고를 죽력고竹瀝膏, 감홍로甘紅露와 함께 조선 3대 명주로 꼽았다.

◀ **이강주**
소주에 배와 생강을 혼합하여 만든 약소주.

서유구가 지은 농업백과사전인 《임원경제지》에는 이강고를 만드는 방법을 다음과 같이 기록하고 있다. "배의 껍질을 벗기고 돌 위에서 갈아, 즙을 고운 베주머니에 걸러서 찌꺼기는 버리고, 생강도 즙을 내어 받친다. 배즙, 좋은 꿀 적당량, 생강즙 약간을 잘 섞어 소주병에 넣은 후 중탕한다."

현재 이강고는 전북 무형문화재로 지정되어 있으며, 전주 조씨 집안에서 빚어서 판매하고 있다. 지금의 조씨 6대조가 한양에서 벼슬하다 전주로 내려와 정착하면서, 이강주를 가양주家釀酒로 빚기 시작한 것이라 한다.

조경 Point

4월에 피는 순백의 꽃이 아름다우며, 공원수로 심는다. 시원한 맛이 나는 배를 따기 위해, 예로부터 집 주위에 많이 심는 과일나무이다.

배나무는 세계적으로 20여 종이 있으며 크게 일본배, 중국배, 서양배의 3품종군으로 나뉜다. 우리나라에서 주로 재배되는 일본배는 돌배나무를 개량한 품종이다.

재배 Point

내한성이 강하며, 배수가 잘되는 비옥한 토양에서 생장이 양호하다. 해가 잘 비치고, 고온다습한 곳에서 재배하기 좋다.

나무	새순			개화				열매				
월	1	2	3	4	5	6	7	8	9	10	11	12
전정		전정				전정						
비료		한비					열매후			시비		

붉은별무늬병(적성병)은 배나 사과와 같은 과일의 상품성을 저하시키고 생산량을 감소시키는, 과수재배 농가의 골치거리로 알려져 있다.

향나무녹병균에 감염된 배나무, 사과나무, 꽃사과나무, 산당화, 팥배나무, 모과나무, 산사나무, 야광나무, 윤노리나무 등 장미과 수목의 잎앞면에는 붉은 반점이, 뒷면에는 흰색 털모양의 녹포자퇴가 다량으로 형성된다.

병든 잎은 조기에 떨어져서 조경수목의 미적 가치를 크게 손상시킬 뿐 아니라, 사람에게는 혐오감을 주는 대표적인 병이다. 일반적으로 향나무류의 나무에는 큰 피해를 주지 않지만, 눈향나무는 병원균의 겨울포자퇴가 가지 및 줄기에 침입하여 수년간 지속적으로 피해를 받으면 나무가 말라죽기도 한다.

중간기주식물인 향나무류 부근에는 배나무, 사과나무, 모과나무 등의 장미과 수목을 심지 않는 것이 좋다. 또 심더라도 가능하면 향나무류와는 2㎞ 이상 떨어진 곳에 심어 빗물과 바람에 의한 균의 전파를 차단하는 등, 향나무와 장미과 수목의 동시방제가 중요하다.

향나무류에는 3~4월에 트리아디메폰(티디폰) 수화제 1,000배액, 디페노코나졸(로티플) 액상수화제 2,000배액 등을 10~15일 간격으로 3~4회 나무 전체에 살포한다.

이외에 검은별무늬병(흑성병), 겹무늬병(윤무병) 등의 병해와 배나무방패벌레, 복숭아순나방, 응애류, 진딧물류, 가루깍지벌레류, 잎말이나방류, 꼬마배나무이 등의 해충이 발생하기도 한다.

▲ 배나무적성병(앞면)

▲ 배나무적성병(뒷면)

휴면지접목은 1~3월에 충실한 전년지를 접수로 사용하여 절접을 붙인다. 대목은 돌배나무 1~3년 실생묘가 좋지만, 구하기 어려운 경우도 있으므로 배를 먹으면 종자를 버리지 말고 바로 파종해서 미리 대목을 준비해두는 것이 좋다.

햇가지접목은 6~8월이 적기이며, 충실한 햇가지를 접수로 사용하여 절접을 붙인다. 접을 붙이는 방법은 휴면지접목과 같다.

▲ 배나무방패벌레

▲ 배나무방패벌레 피해잎

▲ 배나무왕진딧물

▲ 차잎말이나방 피해잎

복사나무

- 장미과 벚나무속
- 낙엽활엽소교목 • 수고 6m
- 중국 원산, 일본: 전국에 과수로 식재, 인가 주변의 산지에 야생화되어 자람

 | 학명 *Prunus persica* 속명은 라틴어 plum(자두, 복숭아 등의 열매)에서 유래된 것이다. 종소명은 페르시아가 원산지임을 나타내지만, 실제로는 중국이 원산지이다. | 영명 Peach | 일명 モモ(桃) | 중명 桃(도)

| 잎

어긋나기.
피침형이며, 잎가운데
부분이 폭이 가장 넓다.
잎자루에 1~2쌍의
꿀샘이 있다.

30%

| 꽃

양성화. 잎이 나기 전에, 연한 홍색 꽃이 줄기에 1~2개씩 핀다.

| 열매

핵과. 구형이며, 황적색으로 익는다. 표면에 털이 많고 달콤한 맛이 난다.

| 겨울눈

물방울형이며,
회백색 털이 많다.
4~10장의 눈비늘조각에
싸여 있다.

| 수피

적갈색이며,
광택이 난다.
껍질눈이 발달하며,
오래되면 거칠게
갈라진다.

▲ 만첩홍도(*P. persica* f. *rubroplena*)

조경수 이야기

명나라 때 오승은이 지은 《서유기》에는 서왕모西王母라는 선녀가 가꾸는 반도원蟠桃園이라는 복숭아밭이 나온다. 여기에는 3종류의 복숭아나무 3,600그루가 있는데, 맨 앞줄의 1,200그루는 3천 년 만에, 중간 줄의 1,200그루는 6천 년 만에, 맨 뒷줄의 1,200그루는 9천 년 만에 한번 열매를 맺는다고 한다. 사람이 3천년복숭아를 먹으면 몸이 원기왕성해지고 가벼워지며, 6천년복숭아를 먹으면 아지랑이를 타고 오르며 불로장생하고, 9천년복숭아를 먹으면 천지일월과 함께 수명을 겨룬다고 쓰여 있다. 반도원의 문지기였던 손오공이 이 밭의 복숭아를 먹으면 영원히 살 수 있다는 말에 넘어가 싹쓸이하듯 따먹었다. 《한서》〈동방삭전東方朔傳〉에는 한나라 무제의 신하였던 동방삭이 서왕모의 복숭아 3개를 훔쳐먹었기 때문에 죽지 않고 장수하였다 한다. 사람들이 그를 '삼천갑자 동방삭'이라 부르니, 갑자60년가 삼천 번이므로 무려 18만 년을 산 셈이 된다.

도연명은 《도화원기桃花源記》에서 무릉도원의 선경을 잘 묘사하였다. 진晉나라 때 무릉武陵의 한 어부가 작은 강을 따라 올라가다가 복숭아꽃이 아름답게 핀 숲 속에서 길을 잃고 말았다. 숲이 끝나는 강의 발원지에 산이 하나 있고, 거기에 난 동굴 속으로 들어가자 진秦나라의 난리를 피하여 온 사람들이 모여 사는 외부와는 단절된 별천지가 있었다. 도연명은 이곳을 무릉도원이라 하였으며, 그의 유토피아 사상은 후세의 문학과 예술에 큰 영향을 주었다.

옛사람들은 복숭아가 귀신을 쫓는데 효험이 있다고 믿었다. 귀신이 복숭아를 보면 달아난다고 해서 제사상에는 복숭아를 놓지 않는 것이 상식이 되었다. 조선 숙종 때 실학자 홍만선이 엮은 《산림경제》에서도 복숭아나무는 온갖 귀신을 억제하니 선목仙木이라고 쓰여 있다. 그래서 무당은 복숭아나무로 점을 치는 윷가락을 만들거나 굿을 하는 도구를 만들기도 했다. 복숭아 도桃 자는 이 나무에 꽃이 많이 피고 열매가 많이 열리므로, 나무 목木 변에 억億보다 한 단위 높은 조兆 자를 붙인 것이다.

조경 Point

복사꽃은 매화와 함께 예부터 즐겨 심었던 전통정원의 조경수이다. 원산지는 중국 고원지대이며, 기원전에 페르시아 지방에 전해졌고 거기에서 다시 유럽으로 전래되었다. 우리나라에는 중국으로부터 전래되어, 일찍부터 식용, 약용, 화목용으로 재배되었다. 현재는 관상용으로 품종개량된 붉은색 계통의 겹꽃인 만첩홍도가 많이 재배되고 있다. 잎이 없는 나무에 꽃만 가득히 피므로, 정원수로 심을 때는 단식하는 것이 좋다. 공원, 큰 정원, 유원지 등 넓은 장소에서는 군식하는 것도 보기 좋다.

재배 Point

내한성이 강하며, 해가 잘 비치는 곳에 식재하면 좋다. 습기가 있고 배수가 잘되는 적당히 비옥한 토양이라면 어떤 곳에도 식재할 수 있다. 이식은 2~3월에 한다.

◀ **무릉도원도**
오른쪽 그림은 한 어부가 배를 타고 무릉도원의 입구인 동굴을 발견하고, 그 안으로 들어가는 모습을 묘사한 것이다.

나무		개화└새순						열매				
월	1	2	3	4	5	6	7	8	9	10	11	12
전정				꽃후				전정			전정	
비료	원비				꽃후							

병충해 Point

천막벌레나방(텐트나방), 복숭아명나방, 복숭아유리나방, 복숭아심식나방, 복숭아가루진딧물 등의 피해가 발생한다. 복숭아유리나방의 애벌레가 나무줄기와 가지에 구멍을 뚫고 형성층 부위를 식해하므로, 나무가 쇠약해지고 피해 부위로 가지마름병균이나 부후균이 들어가서 심하면 나무 전체가 고사하기도 한다.

피해가 줄기 밑부분에 많고 쉽게 발견되므로 벌레집을 제거하고, 페니트로티온(스미치온) 유제 100배액을 주사기로 주입한다. 약제살포는 우화기인 7월 하순~8월 상순에 티아메톡삼(플래그쉽) 입상수화제 3,000배액을 20일 간격으로 2회 살포한다. 물리적 방제법으로는 피해목이나 고사목을 제거하여 소각하고, 침입 구멍에 철사를 찔러 넣어 애벌레를 죽인다.

꽃복숭아나무잎오갈병은 과수원의 과일복숭아나 정원수로 심은 꽃복숭아나무에서 흔하게 볼 수 있는 병이다. 주로 잎에 발생하며 감염된 잎은 마치 불에 데인 것처럼 부풀어 오르고 주름이 생겨 잎 전체 또는 부분이 오그라든다. 이른 봄 꽃이 피기 전에 클로로탈로닐(다코닐) 수화제 600배액을 10일 간격으로 1~2번 살포한다.

▲ 복숭아가루진딧물

▲ 복숭아가루진딧물의 분비물에 의한 그을음병

▲ 복숭아유리나방 피해줄기

전정 Point

복사나무는 목적에 따라 여러 가지 수형으로 만들어 키울 수 있다.

A : 특별히 전정하지 않으며, 불필요한 가지를 발견하면 수시로 제거한다.
B : 묘목 식재 후에 3~5년은 A와 같은 방법으로 키우고, 그 이후에는 꽃이 진 후에 수형을 고려하여 불필요한 가지를 잘라준다.
C : 원하는 수고에 도달하면 B와 같이 전정한다. 당년지는 2~3마디 남기고 잘라준다.
D : B나 C와 같은 방법으로 전정한 나무를, 낙엽기에 당년지를 적절히 잘라서 가지의 모양새를 만든다.

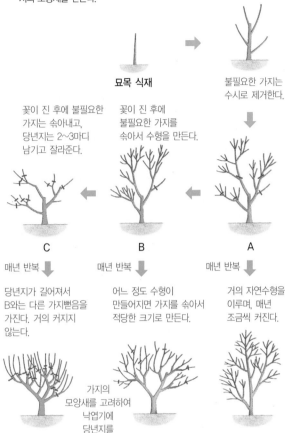

묘목 식재

불필요한 가지는 수시로 제거한다.

꽃이 진 후에 불필요한 가지는 솎아내고, 당년지는 2~3마디 남기고 잘라준다.

꽃이 진 후에 불필요한 가지를 솎아서 수형을 만든다.

C

매년 반복

당년지가 길어져서 B와는 다른 가지뻗음을 가진다. 거의 커지지 않는다.

B

매년 반복

어느 정도 수형이 만들어지면 가지를 솎아서 적당한 크기로 만든다.

A

매년 반복

거의 자연수형을 이루며, 매년 조금씩 커진다.

가지의 모양새를 고려하여 낙엽기에 당년지를 적절히 잘라준다.

번식 Point

휴면지접목은 1~3월에 충실한 전년지를 접수로 사용하여 절접을 붙인다. 대목은 복사나무 1~3년 실생묘가 가장 좋지만, 자두나무 삽목묘, 앵도나무 실생묘 또는 삽목묘도 가능하다. 대목의 수피와 목질부 사이를 쪼개어 대목과 접수의 형성층이 서로 밎도록 꽂은 후, 접목용 광분해테이프로 묶어준다. 신초접목은 6~9월에 충실한 햇가지를 접수로 사용하여 절접을 붙이며, 눈접도 용이하다. 복숭아를 먹고 난 후에 씨에 붙은 과육을 흐르는 물로 씻어내고, 적당한 곳에 파종해두면 봄에 발아한다. 그대로 키우면 신초접목의 대목으로 사용할 수 있다.

뽕나무

- 뽕나무과 뽕나무속
- 낙엽활엽교목 또는 관목 • 수고 3~10m
- 중국(중북부) 원산, 북반구 온대 지역; 전국의 민가 주변에 야생화되어 자람

학명 *Morus alba* 속명은 켈트어 mor(검다)에서 온 것으로 열매가 검은 mulberry의 옛 라틴 이름이다. 종소명은 alba(흰색의)라는 뜻이다.
영명 White mulberry │ 일명 マグワ(眞桑) │ 중명 桑(상)

| 잎

20%

어긋나기.
갈래잎이며, 어릴 때는 3~5갈래의
불규칙한 결각이 있으나 점차 사라진다.

| 꽃

암꽃차례

수꽃차례

암수딴그루. 암꽃차례는 새가지의 밑부분에 달리고, 수꽃차례는 잎겨드랑이
에 달리고 아래로 처진다.

| 겨울눈

달걀형이며, 3~5개의
눈비늘조각에 싸여 있다.
잎자국에 여러 개의
관자발자국이 둥글게
배열되어 있다.

| 열매

상과(桑果).
타원형이며,
흑자색으로
익는다.
단맛이 난다.

| 뿌리

중근형. 중·대경의 수하근과 수평근
이 고르게 분포한다.

| 수피

지름 16cm

회갈색이고 껍질눈이
있으며, 세로로 불규칙
하게 갈라진다.

조경수 이야기

농상農桑이라는 말은 농사짓는 일과 뽕나무를 심고 누에를 길러 비단을 짜는 일이 나라의 중요한 산업이었음을 말해준다. 농본사회에서 양잠은 농사와 비길 정도로 중요한 자리를 차지한다고 할 수 있다.

《후한서》에 황제의 원비 서릉씨西陵氏가 최초로 누에치기를 시작했다고 한다. 그래서 그녀를 양잠의 신으로 받들고 제사 지내는 선잠의先蠶儀를 행한다.

우리나라에서는 삼한시대에 잠상과 길삼이 활발했다고 하며, 신라의 시조 박혁거세가 농경과 뽕나무 심기를 권장했다는 기록이 있다. 고려 초기에 선잠의가 시작되었으며, 조선시대에 들어와서는 왕비가 친히 누에를 치고 고치를 거두어 백성들에게 양잠의 중요성을 알리고 장려하는 의식인 친잠례親蠶禮가 왕비의 소임 중 하나였다.

서울 성북동에 있던 선잠단先蠶壇은 정종 2년에 세워졌는데, 잠신 서릉씨에게 매년 제사를 올리고 누에농사의 풍년을 기원하던 곳이다. 지금은 터만 남아있고, 잠신의 신위는 1908년에 사직단으로 옮겼다.

▲ 선잠단
서울시 성북동에 있는 누에농사의 풍년을 빌던 제단. 사적 제83호.
© 문화재청

나라에서는 궁의 후원에 뽕나무를 심어 가꾸며, 일반인들에게도 양잠을 권장하였다. 태종 때에는 중국 주나라 성왕의 공상제도公桑制度를 본 따서 궁원에 뽕나무를 심도록 명했다는 기록이 있다. 창덕궁 내에는 여러 그루의 뽕나무 노거수가 있지만 천연기념물 제471호로 지정된 창덕궁 관람지 입구의 뽕나무는 가장 규모가 크고 수형이 단정하고 아름답다.

뽕나무는 먹을 것이 부족하던 시절에는 귀중한 구황식량이기도 했다. 봄에 나온 어린 잎을 나물로 먹기도 하고, 여름에 잎을 따서 말려 가루로 만들어 곡식가루와 섞어서 먹기도 했다. 또 뽕나무의 열매인 오디를 생으로 먹거나 오디술을 만들어 마시기도 했다. 지금은 뽕나무 잎이나 열매가 건강식으로 인기가 있다니 격세지감이다.

조경 Point

예전에는 뽕나무잎으로 누에를 치기 위해 집주변이나 마당에 심었다. 뽕나무의 열매를 오디라고 하며, 식용하거나 술을 담가 먹기도 하지만 관상가치도 있다.
가을에 노랗게 물드는 단풍 또한 아름답다. 생장속도가 빨라 녹음식재, 경계식재 또는 가로수로 활용이 가능하다.

재배 Point

내한성이 강하지만, 미성숙한 물관부는 서리의 피해를 입는 경우가 있다. 비옥하고 다습하며, 배수가 잘되는 토양이 좋다.
양지에서 재배하며, 차고 건조한 바람을 막아준다.

뽕나무이, 뽕나무깍지벌레, 뽕나무하늘소, 미국흰불나방, 뽕나무명나방 등이 발생한다.

뽕나무이는 약충이 집단으로 서식하면서 뽕나무잎의 즙을 빨아먹어 피해를 준다. 약충 발생시기에 뷰프로페진.티아메톡삼(킬충) 액상수화제 1,000배액을 살포한다.

뽕나무깍지벌레는 잎, 가지, 줄기에 발생하여 즙을 빨아먹는다. 가지치기를 해서 채광과 통풍이 잘되게 하여 예방하는 것이 가장 좋으며, 부화 초기에 뷰프로페진.티아메톡삼(킬충) 액상수화제 1,000배액을 살포한다.

겨울철에 기계유유제를 살포하여 월동하는 해충을 죽이는 것도 좋은 방제법이다. 뽕나무하늘소는 애벌레가 줄기 내의 목재부를 갉아먹어 피해를 준다. 성충발생기에 티아메톡삼(플래그쉽) 입상수화제 3,000배액을 살포한다. 애벌레가 있는 구멍을 찾아 주사기로 페니트로티온 유제 500배액을 주입한다.

뽕나무녹병은 잎뒷면에 황갈색의 하포자퇴가 군생하는 병으로 트리아디메폰(티디폰) 수화제 1,000배액,디페노코나졸(로티플) 액상수화제 2,000배액 등을 살포하여 방제한다.

▲ 미국흰불나방

▲ 뽕나무명나방

실생묘는 양친의 특성을 가지지 않고 열성형질을 나타내므로, 주로 접목에 쓸 대목을 생산하는데 사용된다. 6월 중하순에 야생뽕나무의 종자를 채취하여 바로 파종하여 관리하면, 충실한 대목을 얻을 수 있다.

삽목은 봄에 싹이 트기 전에 전년지를 10~15cm 길이로 잘라서, 마사토나 강모래를 넣은 삽목상에 꽂고 마르지 않게 관리한다. 휘묻이는 뿌리 부근에 나온 움돋이를 흙으로 묻어두었다가 발근하면 떼어내어 옮겨 심는다.

사과나무

- 장미과 사과나무속
- 낙엽활엽소교목 • 수고 5~10m
- 서아시아, 유럽 원산; 전국적으로 식재

 학명 *Malus pumila* 속명은 그리스어 mala(빰, 턱)에서 비롯되었으며, apple(사과)의 라틴명이며, 종소명은 '키가 작은'이라는 뜻이다.
영명 Commom apple | 일명 リンゴ(林檎) | 중명 苹果(평과)

| 잎

어긋나기.
타원형 또는
달걀형이며,
불규칙한
잔톱니가 있다.
뒷면에 흰털이
빽빽하다.

35%

| 꽃

양성화. 가지 끝에 흰색 또는 연한 홍색의 꽃
이 모여 핀다.

| 열매

이과. 구형이며, 적색으로 익는다. 신맛과 단맛
이 난다.

| 수피

연한 회색이며,
성장함에 따라
작은 조각으로
불규칙하게 벗겨진다.

| 겨울눈

달걀형이며, 비단 털로 덮인
눈비늘조각에 싸여있다.
곁눈은 끝눈보다 작다.

사과나무는 아득한 옛날부터 유럽, 아시아 및 북아메리카대륙에 걸쳐 약 25종이 자생하고 있으며, 현재 재배되고 있는 품종은 주로 유럽과 서부아시아의 원생종 중에서 개량된 것이다. 중국에서는 기원전 2세기에 벌써 야생 사과나무인 임금林檎을 재배했다고 한다. 우리나라에서도 《고려도경》에 고려의 과실 금檎이 있었다고 나온다. 조그마한 열매가 많이 달리고, 새가 그 숲에 모여들기 때문에 임금이라고 불렀다 한다. 최세진은 《훈몽자회訓蒙字會》에서는 금을 속칭 사과沙果라 하며, 작은 능금을 화홍花紅라 부른다고 기술하고 있다. 따라서 능금이란 단어가 사용되기 시작한 시기는 조선 초기인 듯하다. 임금이란 어휘가 왕을 뜻하는 임금과 발음이 같아 능금으로 바꿔 부른 것으로 추정된다. 일본에서 사과를 가리키는 링고リンゴ 역시 한자는 임금林檎인 것으로 봐서 우리의 능금과 같은 열매가 오래 전부터 있었던 것으로 보인다.

우리나라에서 지금과 같이 경제적 목적으로 사과를 재배한 역사는 그리 길지 않다. 1901년 원산에 살던 윤병수라는 사람이 미국 선교사를 통하여 다량의 사과 묘목을 들여와 원산 부근에 사과나무 과수원을 만든 것이 효시라고 한다.

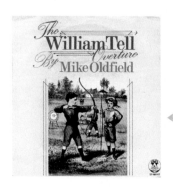

◀ **로시니의 〈윌리엄 텔〉 서곡**
자기 아들의 머리 위에 올려 놓은 사과를 화살로 통쾌하게 쏘아 떨어뜨리는 이야기를 오페라로 작곡한 곡이다.

서양의 유명한 철학자 헤겔Hegel의 '사강四强의 사과'라는 말이 있다. 첫째는 《성경》〈창세기〉에 등장하는 아담의 사과이다. 선악의 열매, 즉 사과를 따 먹은 아담과 하와가 비로소 자신의 벌거벗은 몸을 부끄러워하게 된다. 두 번째는 호메로스Homeros의 〈일리아드Iliad〉에 나오는 파리스의 황금사과이다. 파리스가 3여신 중에 아프로디테에게 황금사과를 주자 아프로디테가 네메라우스 왕의 왕비 헬레나를 납치하여 파리스에게 아내로 바친다. 이것이 원인이 되어 트로이전쟁이 일어나게 된다. 세 번째는 뉴턴의 사과이다. 뉴턴은 떨어지는 사과를 보고 고전역학의 상징인 만유인력의 법칙을 생각해낸다. 네 번째 사과는 오스트리아 총독 게슬러가 윌리엄 텔의 아들 머리 위에 올려놓고 활을 쏘게 한 사과이다. 만약 다섯 번째 사과를 정한다면 혁신의 아이콘인 스티브잡스Steve Jobs의 애플을 추천해본다.

조경 **Point**

사과나무는 옛날부터 재배되어 온 우리나라의 대표 과실수이다. 현재 재배되고 있는 품종은 주로 유럽과 서부아시아에 분포된 원생종 중에서 개량된 것이다. 근래에 알프스오토메와 같은 원예품종의 미니사과를 정원수로 많이 심고 있다.

재배 **Point**

적당히 비옥하고 다습하지만, 배수가 잘되는 토양이 좋다. 내한성이 강하며, 햇빛이 잘 비치는 곳이 적지이지만 반음지에서도 잘 자란다. 이식은 낙엽이 진 뒤부터 잎이 나기 전인 11~3월 중에 심는다.

나무	새순		개화				열매				
월	1	2	3	4	5	6	7	8	9	10	11	12
전정	전정											전정
비료	한비				시비							한비

병충해 Point

사과응애, 점박이응애, 사과혹진딧물, 조팝나무진딧물, 심식나방류, 잎말이나방류, 사과면충, 갈색날개노린재 등의 해충이 발생한다. 사과갈색무늬병, 사과점무늬낙엽병, 사과탄저병, 사과부란병 등의 병해가 발생한다. 각 병충해에 대해서는 적기에 적절한 약제를 살포하여 방제한다.

- 응애류 : 아세퀴노실(가네마이트) 액상수화제 1,000배액 사이플루메토펜(파워샷) 액상수화제 2,000배액을 내성충의 출현(교차저항성)을 방지하기 위해 교대로 1~2회 살포한다.
- 진딧물류 : 이미다클로프리드(코니도) 액상수화제 2,000배액, 에토펜프록스(크로캅) 수화제 1,000배액
- 나방류 : 인독사카브(스튜어드골드) 액상수화제 2,000배액, 티아클로프리드(칼립소) 액상수화제 2,000배액
- 탄저병, 갈색무늬병 : 만코제브(다이센M-45) 수화제 500배액, 이미녹타딘트리스알베실레이트(벨쿠트) 수화제 1,000배액
- 점무늬낙엽병 : 프로디온(로브랄) 수화제 1,000배액 등의 약제를 적절히 살포한다.

▲ 갈색날개노린재 피해과

▲ 사과면충

▲ 사과혹진딧물 피해잎

▲ 조팝나무진딧물

전정 Point

어린 묘목을 심어 5~6년 정도는 전정을 하지 않고, 주지를 만드는데 중점을 두고 키운다. 이후에 수형이 만들어지면 전정을 시작하며, 전정 시기는 2월이다. 세력이 강한 도장지나 아래로 처진 가지 등 수형을 해치는 가지는 제거하며, 불필요한 가지를 잘라서 햇빛이 나무의 내부까지 잘 비치도록 한다.

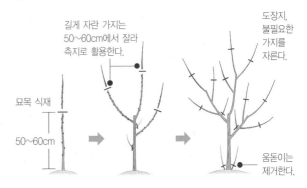

길게 자란 가지는 50~60cm에서 잘라 측지로 활용한다.

묘목 식재

50~60cm

도장지, 불필요한 가지를 자른다.

움돋이는 제거한다.

번식 Point

휴면지접목은 1~3월에 충실한 전년지를 접수로 사용하여 절접을 붙인다. 대목은 튼튼한 1~3년생 사과나무 실생묘를 사용한다. 대목의 수피와 목질부 사이를 쪼개어 대목과 접수의 형성층이 서로 맞도록 꽂은 후에, 접목용 광분해테이프를 감아 밀착시킨다. 테이프를 감아주면 건조도 방지할 수 있다. 이후에 대목에서 나오는 눈은 수시로 제거해준다. 신초접목은 6~9월에 충실한 햇가지를 접수로 사용하여 눈접 또는 절접으로 접을 붙인다.

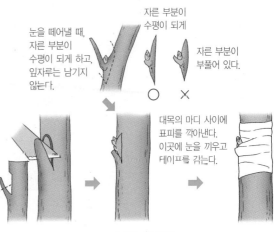

눈을 떼어낼 때, 자른 부분이 수평이 되게 하고, 잎자루는 남기지 않는다.

자른 부분이 수평이 되게

○

자른 부분이 부풀어 있다.

✕

대목의 마디 사이에 표피를 깎아낸다. 이곳에 눈을 끼우고 테이프를 감는다.

▲ 접목(눈접) 번식

19-12
과수

살구나무

- 장미과 벚나무속
- 낙엽활엽소교목 • 수고 5~10m
- 중국 원산; 전국적으로 널리 재배

학명 *Prunus armeniaca* var. *ansu* 속명은 라틴어 plum(자두, 복숭아 등의 열매)에서 유래하였으며, 종소명은 흑해 연안에 있는 아르메니아의 지명에서 온 것이다. 변종명은 살구의 일본이름 안즈(アンズ)를 라틴어화시킨 것이다. │ 영명 Apricot │ 일명 アンズ(杏子) │ 중명 杏(행)

│ 잎

어긋나기.
넓은 달걀형이며, 잎끝이 길게 뾰족하다.
잎자루에 곤충을 유인하는
2~5개의 꿀샘이 있다.

30%

│ 꽃

양성화. 잎이 나오기 전에, 짧은가지 끝에 연한 홍색의 꽃이 1~2개씩 핀다.

│ 열매

핵과. 구형이며, 황적색으로 익는다. 새콤달콤한 맛이 난다.

│ 수피

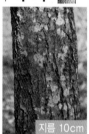

지름 10cm

회갈색이며 오래되면
세로로 불규칙하게 갈라진다.

│ 겨울눈

끝이 뾰족한
넓은 달걀형이며,
적자색을 띤다.
18~22개의
눈비늘조각에
싸여있다.

조경수 이야기

행림 杏林, 직역하자면 '살구나무 숲'이지만 의사를 부르는 미칭으로 사용되는 말이다. 《신선전 神仙傳》에 다음과 같은 유래가 전한다. 중국 오나라 강서성 여산에 동봉 董奉이라는 의원이 있었는데, 환자를 치료해주고 그 대가를 돈으로 받지 않고 무거운 병은 5그루, 가벼운 병은 1그루의 살구나무를 심어달라고 했다. 이렇게 하여 여러 해가 지나자, 그의 집 주위는 수십만 그루의 울창한 살구나무숲을 이루게 되었다. 사람들은 이 숲을 행림 또는 동선행림 董仙杏林이라는 불렀다. 이후 동봉은 해마다 살구가 익으면 그것을 팔아서 잡곡과 교환하여 가난한 사람들에게 나누어 주었으며, 식량이 부족한 길손에게 주는 몫만도 1년에 2만여 석이나 되었다고 한다. 그는 인간세상에서 300여 년을 살다가 나중에는 신선이 되어 승천했다고 한다. 여기에서 비롯된 행림춘만 杏林春滿이란 고사성어는 훌륭한 의사 혹은 그러한 의사의 미덕을 칭송하는 말로 사용되고 있다.

그러면 동봉은 왜 하필 살구나무를 심으라고 했을까? 그것은 아마 살구의 여러 가지 효용성 때문인 듯하다. 살구씨 속에 있는 인 仁을 행인 杏仁이라 한다. 단 맛이 나는 것은 볶아서 과자처럼 먹기도 했으며, 쓴 맛이 나는 것은 기름을 짜서 먹거나 개고기를 먹고 체한데, 토

사·설사·기침 등에 효험이 있다고 한다. 또 살구는 날로 먹는 외에 행병 떡·행포 살구를 설탕물에 졸여서 만든 과자·행탕 살구씨에 뜨거운 물을 부어 만든 자양강장제·행인죽·살구술 등을 만들어 먹었다고 한다.

《구약성경》〈창세기〉에 나오는 구절이다. "주 하느님께서는 사람에게 이렇게 명령하셨다. "너는 동산에 있는 모든 나무에서 열매를 따 먹어도 된다. 그러나 선과 악을 알게 하는 나무에서는 따 먹으면 안 된다. 그 열매를 따 먹는 날, 너는 반드시 죽을 것이다."

최초의 인간 아담과 하와는 에덴동산에서 사악한 뱀의 꼬임에 넘어가 '선과 악을 알게 하는 나무의 열매'를 따먹고 그 벌로 에덴동산에서 추방당하고 만다. 밀턴이 《실락원 失樂園》에서 선악과 善惡果를 사과로 표현하면서부터 사람들은 이 열매를 사과라고 인식하기 시작했다.

그러나 성서식물학자들은 사과의 원산지인 코카서스 지방은 레반트 지방에 접해 있고, 팔레스타인이나 시리아 등지에서는 야생사과가 없었다고 한다. 또 창세기에 나오는 정도의 굵은 사과는 비교적 근년에 개량되어 재배된 것이라 한다. 따라서 창세기의 선악과는 사과가 아니라 살구라는 것이 지금까지 가장 유력한 학설이다.

◀ 동봉(董奉)

조경 Point

예로부터 우리나라 전역에서, 마을 주변이나 집안에 심어오던 가정과수이다. 4월에 잎보다 먼저 피는 담황색 꽃이 나무 전체를 화사하게 수놓는다. 7월에 익는 주황색 열매는 맛도 있을 뿐 아니라, 관상가치 또한 높다.

재배 Point

내한성이 강하며, 해가 잘 비치는 곳에 식재하면 좋다. 습기가 있고 배수가 잘되며, 적당히 비옥한 토양이라면 어떤 곳에서 심어도 잘 자란다.

나무	새순			—개화		—열매					
월	1	2	3	4	5	6	7	8	9	10	11	12
전정	전정						전정					전정
비료	한비				시비							

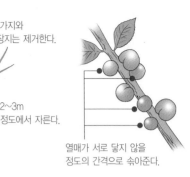

긴 가지와 도장지는 제거한다.

2~3m 정도에서 자른다.

열매가 서로 닿지 않을 정도의 간격으로 솎아준다.

▲ 열매솎기

병충해 Point

병해로는 열매, 잎, 가지에 반점이 나타나는 검은별무늬병, 열매에 물이 스며든 것 같이 옅은 갈색의 병반이 생기는 잿빛무늬병, 가지에 갈색의 둥근 병반이 나타나고 가지가 고사하는 가지검은마름병, 햇잎이 마르는 잎오갈병 등이 있다.

해충으로는 복숭아명나방, 외점애매미충, 복숭아유리나방, 복숭아혹진딧물, 복숭아가루진딧물, 벚나무응애 등이 있다. 외점애매미충은 성충과 약충이 주로 잎뒷면에서 수액을 빨아 먹어 잎색이 퇴색하고, 피해가 심하면 조기에 낙엽이 진다.

복숭아유리나방은 애벌레가 나무의 줄기와 가지를 식해하여 수세를 약화시키고, 심하면 나무 전체가 고사한다. 특히 5~6월 결실기에 검은별무늬병은 발생초기에 디페노코나졸(로티플) 액상수화제 2,000배액을 1주 간격으로 2~3회 방제한다.

▲ 복숭아명나방 애벌레

▲ 외점애매미충

전정 Point

2~3m 정도에서 중심줄기를 잘라서 나무의 크기를 제한한다. 전정은 낙엽기에 하며, 도장지와 불필요한 가지를 잘라준다. 좋은 열매를 수확하기 위해서 열매솎기를 한다.

번식 Point

휴면지접목은 1~3월에 충실한 전년지 중에서 꽃눈이 붙어 있지 않은 것을 접수로 사용한다. 대목은 세력이 좋은 1~3년생 살구나무 실생묘가 좋지만, 친화성이 있는 매실나무나 자두나무 실생묘도 가능하다.

접목작업은 대목을 식재한 채로 하거나, 굴취해서 하거나 상관이 없다. 대목은 뿌리에서 5~10cm 되는 부분에서 자르고 형성층이 나타나도록 칼로 쪼갠다.

접수는 눈이 1~2개 붙은 것을 사용하며, 눈이 대목의 안쪽에 오도록 양면을 깎아낸다. 대목의 형성층과 접수의 형성층이 서로 붙도록 접합한 후, 접목용 광분해테이프로 묶어서 고정시킨다.

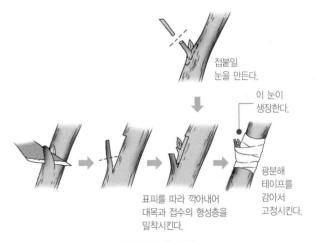

접붙일 눈을 만든다.

이 눈이 생장한다.

표피를 따라 깎아내어 대목과 접수의 형성층을 밀착시킨다.

광분해 테이프를 감아서 고정시킨다.

▲ 접목(눈접) 번식

앵도나무

- 장미과 벚나무속
- 낙엽활엽관목 · 수고 2~3m
- 중국 원산; 전국적으로 널리 재배

학명 *Prunus tomentosa* 속명은 라틴어 plum(자두, 복숭아 등의 열매)에서 유래한 것이며, 종소명은 '솜털이 많은'이라는 뜻으로 가지에 털이 많음을 나타낸다. **영명** Nanking cherry **일명** ユスラウメ(梅桃) **중명** 毛櫻桃(모앵도)

잎

어긋나기.
잎자루와 잎 양면에 털이 많으며,
특히 뒷면에 융단 같은 털이 많다.

75%

꽃

양성화. 잎이 나기 전에 가지마다 1~2개의
흰색 또는 연한 홍색의 꽃이 핀다.

열매

핵과. 구형이며, 붉은색으로 익는다. 새콤달콤한
맛이 난다.

수피

자갈색 또는 암갈색이며, 성장
함에 따라 표면은 얇은 종잇장
처럼 불규칙하게 벗겨진다.

겨울눈

인뿔형
또는 달걀형이며,
6~8장의
눈비늘조각에
싸여 있다.

앵도는 고려시대 때 이규보가 쓴《동국이상국집 東國李相國集》에 등장한다. 또 고려에 파견된 송나라 사신 서긍이 고려의 문물에 대해 기록한《고려도경 高麗圖經》에 "앵도의 신맛이 초맛과 같다"라고 적혀있는 것으로 보아, 우리와 함께 한 세월이 꽤 오래되는 귀화식물인 것으로 보인다.

꾀꼬리가 앵도를 즐겨 먹으며, 생김새가 복숭아와 비슷하다고 하여 앵도鶯桃라 하다가 앵도櫻桃가 되었다고 한다. 그러나 조류 전문가의 이야기로는 꾀꼬리는 앵도나무 근처에도 가지 않는다고 하니, 꾀꼬리 '앵鶯'자와 앵도 '앵櫻'자의 발음이 같아서 빌려 쓴 것으로 보인다.

앵도나무 잎 표면과 뒷면에 잔 털이 많고 어린 가지에도 미세한 털이 많아 중국 이름은 모앵도毛櫻桃이며, 종소명 토멘토사tomentosa 역시 '솜털이 많은'이라는 뜻으로 가지에 털이 많음을 나타낸다.

세종은 앵도를 무척 즐겨 먹었는데, 조선시대 역대 왕의 업적을 모아 편찬한《국조보감國朝寶鑑》에 문종이 세자일 때 후원에다 앵도나무를 심고 손수 가꾸어 열매가 익으면 따다 세종에게 올렸다는 기록이 있다. 세종은 맛을 보고나서 '바깥에서 따 올리는 앵두 맛이 어찌 세자가 직접 심은 것만 하겠는가'라고 했다는 기록이 있다.

앵도나무는 수분이 많고 양지 바른 곳에서 잘 자라는 특성 때문에, 동네의 우물가에 흔히 심겨졌다. 옛날 고달픈 시집살이에 시달리던 우리 어머니들이 우물가의 이 앵도나무 밑에서 스트레스를 풀었으리라 짐작된다. 그 후 "앵두나무 우물가에 동네처녀 바람났네……"로 시작되는 유행가가 나왔고, 소문으로만 듣던 대도시의 정보도 아마 우물가 앵도나무 밑에서 교환했을 것으로 여겨진다.

조경 Point

잎보다 먼저 피는 흰색 또는 연분홍 꽃은 아름답기도 하고 향기도 좋다. 6월경에 열리는 붉은 열매는 관상가치가 높으며, 아이들의 좋은 간식거리이기도 하다.
예부터 인가 주변의 산지에서 자생하거나 우물가, 돌담가, 마당가 등에 심어 꽃과 열매를 감상하였다. 차폐식재, 경계식재, 산울타리식재로 활용하면 좋다.

재배 Point

내한성이 강하며, 해가 잘 비치는 곳에 식재하면 좋다. 습기가 있고 배수가 잘되며, 적당히 비옥한 토양에 식재하면 잘 자란다. 이식은 2~4월에 한다.

나무	새순		개화	열매				꽃눈분화			
월	1	2	3	4	5	6	7	8	9	10	11	12
전정	전정						전정					전정
비료		한비				시비			시비			

병충해 Point

붉은테두리진딧물, 천막벌레나방(텐트나방) 등의 해충이 발생한다.
붉은테두리진딧물은 4~5월경 새가지의 선단부에 모여 살면서 흡즙가해하므로 새가지의 생장이 저해되며, 잎의 전개와 과실의 생장에 영향을 준다.
4월 중·하순에 이미다클로프리드(코니도) 액상수화제 2,000배액을 10일 간격으로 2회 살포하여 방제한다.

앵도나무주머니병(보자기열매병)에 감염되면 잎이 이상비대해져서 주머니 모양이 된다. 피해를 입은 잎은 따서 소각하거나 땅에 묻고, 만코제브(다이센M-45) 수화제 500배액, 클로로탈로닐(다코닐) 수화제 600배액을 살포한다.

또 월동기에 결정석회황합제 500배액을 눈과 가지에 충분히 살포하여 월동병해충을 방제한다.

전정 Point

꽃이 진 후에 전정하며, 긴 가지나 복잡한 가지를 솎아주거나 (A) 원하는 크기에서 일제히 잘라준다(B).
각 전정방법에 따라 수형, 가지의 모양, 열매의 상태가 달라지므로 원하는 방법을 선택해서 전정을 한다.

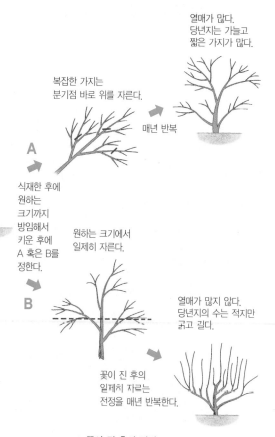

열매가 많다.
당년지는 가늘고 짧은 가지가 많다.

복잡한 가지는 분기점 바로 위를 자른다.

매년 반복

A

식재한 후에 원하는 크기까지 방임해서 키운 후에 A 혹은 B를 정한다.

B

원하는 크기에서 일제히 자른다.

열매가 많지 않다.
당년지의 수는 적지만 굵고 길다.

꽃이 진 후의 일제히 자르는 전정을 매년 반복한다.

▲ 꽃이 진 후의 전정

번식 Point

실생이나 분주 등의 방법으로 번식시킨다. 6월에 열매를 채취하여 바로 파종하거나 저온저장해두었다가, 다음해 봄에 파종한다.

분주는 포기가 커져서 옆으로 번진 것을 2~3줄기씩 나누어 따로 옮겨 심는 번식방법이다.

자두나무

- 장미과 벚나무속
- 낙엽활엽교목 · 수고 9~12m
- 중국 원산, 극동러시아; 전국적으로 널리 재배

학명 *Prunus salicina* 속명은 라틴어 plum(자두, 복숭아 등의 열매)에서 유래한 것이며, 종소명은 '버드나무속(Salix)과 비슷한'이라는 뜻이다.
영명 Chinese plum | 일명 スモモ(酢桃) | 중명 李(이)

잎

어긋나기.
거꿀피침형이며, 잎의 윗부분이 최대 폭이다.
잎자루에 2~5개의 꿀샘이 있다.

60%

꽃

양성화. 잎이 완전히 나오기 전에, 가지
마다 흰색 꽃이 흔히 3개씩 핀다.

열매

핵과. 구형이며, 붉은색으로 익는다.
표면에 흰색 분이 약간 생긴다.

수피

어릴 때는 짙은 자갈색
이며, 광택이 난다.
성장함에 따라 세로로
불규칙하게 갈라진다.

겨울눈

꽃눈은 짧은 물방울형이고,
잎눈은 짧은 원추형이다.
가로덧눈이 있기도 하다.

자두나무는 자도나무 혹은 오얏나무라고도 부른다. 예로부터 복숭아·살구·밤·대추와 더불어 오과五果 중 하나로 귀한 과일로 여겼다. 중국이 원산지이며, 언제 우리나라에 전래된 것이지는 확실하지 않지만《삼국사기》에 백제 온조왕 때 "궁남지에 오얏꽃이 피었다"는 기록이 있는 것으로 보아 역사가 꽤 오랜 과일임에는 틀림이 없는 것 같다.

신라 말기에 풍수설의 대가 도선 국사가 저술한《도선비기道詵秘記》에 '왕씨를 이어 이씨가 한양에 도읍한다 木子得國說'는 설이 있어서, 고려 중엽부터 한양에 벌리 伐李 목사를 두고 백악 북악산 남쪽에 오얏나무를 심어 그것이 무성할 때면 모두 찍어 내어 왕의 기운을 눌렀다 한다.

그러나 고려 왕조는 오얏나무를 찍어내면서도 이씨 왕조의 출현을 막지 못하고 나라를 빼앗긴다. 이미 500여 년 전에 이씨 왕조를 예견한 도선 국사의 예언이 무학 대사에 의해 실현된 것이라 할 수 있다. 그래서인지 과거에 서울의 자하문 밖 평창동 일대는 자두나무의 명산지로 알려졌었다.

조선시대 왕실의 상징 꽃이 이화李花 즉 자두꽃이며, 왕실 건축물의 장식이나 소품으로 널리 사용되었다. 이처럼 자두나무가 왕실의 상징이 되자, 사대부 집에서도 각광을 받으면서 후원에 과실수 혹은 조경수로 심기 시작했다.

지금도 전주이씨 문중에서는 오얏꽃을 문장으로 사용하고 있다. 많은 사람들이 자두꽃 이화李花를 배꽃 이화梨花로 잘못 알고 있는 경우가 많다.

조경 Point

중국이 원산지이며, 예로부터 마을의 인가 부근에 과수로 심었다. 4월에 잎보다 먼저 피는 하얀 꽃이 온 나무를 뒤덮으며, 꽃과 과일을 보기 위해 관상용으로도 식재한다.

7월에 붉은색 또는 자주색의 열매 또한 관상가치가 있다. 독립수 또는 경계식재용으로 활용해도 좋다.

▲ **은제이화문탕기(銀製李花文湯器)**
덮개와 몸체 중앙에 대한제국 황실의 문장인 오얏꽃(李花)을 음각으로 새겼다. 등록문화재 제452호.
ⓒ 문화재청

재배 Point

내한성이 강하며, 해가 잘 비치는 곳에 식재한다. 습기가 있고 배수가 잘되는 적당히 비옥한 토양이라면, 이디에도 식재가 가능하다.

나무		새순		개화			열매	꽃눈 분화			
월	1	2	3	4	5	6	7	8	9	10	11	12
전정	전정							전정				전정
비료	한비								시비			시비

배나무방패벌레, 먹무늬재주나방, 복숭아루진딧물, 배붉은흰불나방, 배저녁나방(배칼무늬나방), 벚나무모시나방, 복숭아명나방, 복숭아유리나방, 박쥐나방 등이 발생한다.

배나무방패벌레는 잎에 기생하며, 수액을 흡즙가해하므로 잎표면이 희게 변한다. 약충 1마리가 1개월에 약 2㎠ 정도의 잎을 가해한다.

발생초기에 에토펜프록스(세베로) 유제 1,000배액 또는 디노테퓨란(펜텀) 입상수화제 2,000배액을 10일 간격으로 2회 살포하여 방제한다.

휴면지접목과 햇가지접목이 가능하다. 작업방법은 살구나무의 접목을 참고하면 된다.

실생 번식과 삽목 번식도 가능하며, 방법은 매실나무 번식법에 준해서 한다.

▲ 박쥐나방

▲ 복숭아루진딧물

▲ 복숭아명나방

▲ 복숭아유리나방

채진목

- 장미과 채진목속
- 낙엽활엽소교목 • 수고 5~10m
- 일본, 대만; 제주도 산지 계곡부에 드물게 자생

| 학명 *Amelanchier asiatica* 속명은 프랑스의 프로방스 지방의 지명에서 유래된 것이고, 종소명은 '아시아의'를 뜻한다.
| 영명 June berry | 일명 ザイフリボク(采振り木) | 중명 東亞唐棣(동아당체)

| 잎

어긋나기.
타원형이며, 가장자리에 잔톱니가 있다.
양면에 털이 많다.

100%

| 꽃

양성화. 새가지 끝의 잎겨드랑이에 10개 정도의 흰색 꽃이 모여 핀다.

| 열매

이과. 구형이며, 흑자색으로 익는다. 단맛이 난다.

| 겨울눈

적색~자갈색이고 광택이 있다.
5~9장의 눈비늘조각에 싸여 있다.

| 수피

연한 회색이고
세로줄이 있으며,
평활하다.
성장함에 따라
세로줄이 뚜렷해진다.

채진목이란 이름은 일본 이름을 그대로 빌려 쓴 것이다. 일본 이름 채진목采振木은 '채배와 같은 나무'라는 뜻이며, 채배采配란 장군이 지휘할 때 쓰는 지휘봉 끝에 달린 수술을 뜻하는데, 꽃 모양이 이 지휘봉의 수술을 닮아서 붙은 이름이다.

우리나라에 가져올 때 한자가 약간 변형되어 채진목茱振木이 되었다. 중국에서는 산앵두나무체棣 자를 써서 당체唐棣 또는 당체棠棣라고 한다. 북한에서는 독요나무라고 하는데, 어원은 알 수 없지만 순수 우리말인 듯하다.

속명 아멜랑키에르Amelanchier는 프랑스의 프로방스 지방의 지명이며, 종소명 아시아티카asiatica는 아시아가 원산지임을 나타낸다. 우리나라에서는 자생지가 한라산에 한정되어 있으며, 산림청 지정 멸종위기식물 2급으로 등록되어 있다.

최근 준베리라는 이름으로 수입종이 들어와 보급되면서 봄에 꽃을 보고, 여름에는 열매를 따고, 가을에는 단풍을 감상하는 조경수로 각광을 받고 있다.

현재 국내에는 13종의 수입종이 등록되어 있으며, 가을에 열매를 맺는 자생종 채진목과 달리 대부분 6~7월에 열매를 맺기 때문에 준베리June berry라는 이름으로 불린다.

◀ 채배
일본에서 장군이 지휘할 때 쓰는 지휘봉.

조경 Point

지휘봉의 수술을 닮은 흰색 꽃이 이채로운 꽃나무이다. 키가 크게는 10m까지도 자라므로, 다소 넓은 공간의 정원이나 공원에 심는 것이 좋다. 녹음을 배경으로 하는 곳에 심으면, 흰 꽃이 눈에 확 띄게 보인다.

화분에 심어 실내에서 감상하기도 하며, 꽃꽂이용 소재로도 활용된다. 아직은 널리 알려지지 않았지만 권장할만한 조경수 중 하나이다.

재배 Point

해가 잘 드는 곳이나 반음지가 식재적지이다. 토양산도는 그다지 가리지 않으나 습기가 있으며, 배수가 잘되는 비옥한 석회질 토양에 잘 자란다.

나무	새순		개화		열매	꽃눈분화			단풍		
월	1	2	3	4	5	6	7	8	9	10	11	12
전정	전정											전정
비료	한비		시비									한비

병충해 Point

깍지벌레는 봄철에 깍지가 생기기 전에 약제를 살포하는 것이 효과적이며, 뷰프로페진.티아메톡삼(킬충) 액상수화제 1,000배액을 1주 간격으로 2~3회 살포한다.

진딧물에는 이미다클로프리드(코니도) 액상수화제 2,000배액을 살포하여 방제한다.

전정 Point

자연수형으로 키우는 나무로 특별히 전정을 해줄 필요는 없다. 그러나 키가 너무 크거나 옆으로 길게 뻗은 가지는 솎아 준다.

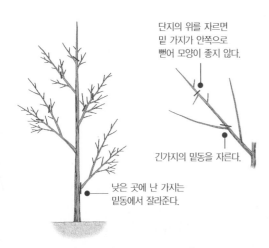

단지의 위를 자르면
밑 가지가 안쪽으로
뻗어 모양이 좋지 않다.

긴가지의 밑동을 자른다.

낮은 곳에 난 가지는
밑동에서 잘라준다.

열매가 자흑색으로 익으면 채취하여 과피와 과육을 물로 씻어
낸다. 모래와 비벼서 끈적끈적한 물질을 제거하고 직파하거나
노천매장하였다가, 다음해 봄에 파종한다.

분주(分株)는 뿌리 주위에 발생한 맹아지를 떼어내어 옮겨 심는
번식법이다. 뿌리접[根椄]은 3월 상중순에 어미나무의 뿌리를
대목으로 사용하여 번식시키는 방법이다.

조경수 상식

■ **트렐리스(trellis)**

정원 등에 설치하는 격자형 담 또는
격자형 구조물. 최근에는 병풍으로
사용하는 경우도 있으며, 대부분 목
제이지만 금속제로 된 것도 있다.

포도

- 포도과 포도속
- 낙엽활엽덩굴식물 · 길이 3m
- 카스피해 남부 및 아시아 서부가 원산지; 중남부 지방에서 재배

 학명 *Vitis vinifera* 속명은 '포도'에 대한 로마 이름이며, 종소명은 '포도주를 생산하는'이라는 뜻이다.
영명 Wine grape | 일명 ブドウ(葡萄) | 중명 葡萄(포도)

| 잎

어긋나기.
보통 3~5갈래로 갈라진 갈래잎이며,
뒷면에 흰색 솜털이 많다.

30%

| 꽃

야생종은 암수딴그루이지만,
재배종은 양성화이므로 자가수
분이 가능하다. 원추꽃차례에
서 황록색 꽃이 핀다.

| 열매

장과. 구형이며, 흑자색으
로 익는다. 단맛이 난다.

| 수피

적갈색이고 세로로 갈라
져 긴 리본 모양으로 벗
겨진다.

| 겨울눈

달걀형이며, 2장의 눈비늘조각에 싸
여있다. 눈비늘이 갈라지면 갈색 털
이 나온다.

포도라는 말은 고대 페르시아어로 포도를 뜻하는 Budawa를 음역한 것이며, 기원전 110년경 중국 한무제 때 장건이 서역에서 중국으로 가져온 식물이다.

처음에는 포도浦挑 또는 국도菊挑라고 불리다가 포도葡萄가 되었다. 포도의 원산지는 카스피해 남부와 서아시아의 반사막 지대이며, 재배 역사가 오랜 과수이다.

기원전 3,000년 무렵부터 주로 포도주의 원료로 재배되었으며, 현재는 세계에서 생산량이 가장 많은 과일로 전체 과일 생산량의 20%를 차지하고 있다. 주산지는 프랑스·이탈리아·스페인의 남부유럽 3국이 세계 생산량의 40%를 차지하고 있으며, 미국·러시아·터키·아르헨티나 등에서도 많이 생산되고 있다.

포도가 우리나라에 들어 온 것은 고려 때로 추정하고 있다. 고려 충렬왕 때 원나라의 원제가 고려왕에게 포도주를 보내왔다고 한다.

고려 때 이색의 《목은집》과 이숭인의 《도은집》에도 포도가 나오는 것으로 미루어, 이 시대에 이미 재배되었던 것으로 보인다. 조선 인조 때, 《농가집성》이라는 농업서적의 특용작물편에 포도재배법에 관한 기록이 있고, 《증보산림경제增補山林經濟》에는 포도에 대한 자세한 기록이 나온다.

고려청자와 조선백자에 포도 무늬가 종종 등장하는데, 이것은 자손번성과 다산을 기원하는 의미를 지니고 있다.

원예작물로서 식용 및 양조용 포도의 역사는 1901년에 안성 천주교회의 안토니오 콩베르 신부가 20여 그루의 머스캣 포도나무 묘목을 성당 뜰에 심으면서 시작되었다. 안토니오 신부는 포도의 품종선별과 재배법을 연구하여 농가에 보급하였으며, 경제적으로 궁핍한 사람들에게 부업으로 포도 재배를 권장했다고 한다. 이런 내력으로 인해 안성군에서는 포도박물관을 개설하였으며, 매년 8~9월에는 '안성맞춤 포도축제'를 열고 있다.

요즘은 무슨 데이Day가 넘쳐나고 있다. 발렌타인데이, 화이트데이를 비롯하여 오리데이·오이데이·삼겹살데이·빼빼로데이·로즈데이·와인데이·오렌지데이·블랙데이·키스데이·포토데이……. 한국포도생산자협의회에서는 포도의 안정적인 소비기반을 구축하기 위해, 포도송이를 닮은 8자가 두 번 겹쳐지는 8월 8일을 포도데이로 제정하였다.

▲ 백자 철화 포도문 항아리
국보 제107호.
© 문화재청

조경 Point

포도는 향미가 좋고 과즙이 풍부하여, 생으로 먹거나 포도주를 담는데 널리 이용되는 과일이다.

또 포도덩굴을 이용하여 퍼걸러, 아치, 펜스, 담장, 기둥 등에 올리면 경관을 좋게 할 뿐 아니라, 시원한 그늘을 즐길 수도 있다.

배수가 잘되는 중성~알카리성의 부식질이 풍부한 토양이 좋다. 내한성이 강하며, 햇빛이 잘 비치거나 반음지에서 재배한다.

나무	새순		개화					열매		단풍	
월	1	2	3	4	5	6	7	8	9	10	11	12
전정	전정		전정			전정						
비료		시비							시비		시비	

포도유리나방, 뒷노랑얼룩나방, 포도박각시, 뿌리혹벌레, 호랑하늘소, 뿌리혹병, 탄저병, 잿빛무늬병, 새눈무늬병, 갈색무늬병, 노균병, 흰머병 등의 병충해가 발생한다. 노균병은 주로 잎에 발생하며 잎맥에 모가 난 담황색 반점이 생기고, 습도가 높을 때에는 뒷면에 흰색 또는 회색의 곰팡이를 만든다. 만코제브(다이센M-45) 수화제 500배액을 예방제로 사용하고 아족시스트로빈(오티바) 액상수화제 1,000배액을 치료제로 사용한다.

포도박각시는 애벌레의 몸집이 크며 입틀도 잘 발달되어 있어서 1마리가 많은 양의 포도 및 머루의 잎을 먹어치운다. 애벌레 발생초기에 인독사카브(스튜어드골드) 액상수화제 2,000배액을 1~2회 살포하여 방제한다.

▲ 호랑하늘소 애벌레

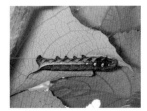

▲ 줄박각시

포도는 덩굴성 식물이어서 삽목, 접목, 취목(휘묻이, 높이떼기) 등으로 쉽게 번식이 가능하다. 포도나무 과수원의 묘목은 모두 접목으로 번식시킨 것으로, 뿌리에 생기는 병을 방지하기 위해 야생포도나무를 대목으로 하여 좋은 품종의 접수를 접붙여 만

든 것이다.

삽목은 전년지를 이용한 숙지삽과 당년지를 이용한 녹지삽이 가능하며, 꽂을 때 아래쪽 자른 부위에 발근촉진제를 바르면 발근이 더 잘 된다.

휘묻이는 가지를 지면으로 유도해서 흙을 묻어두면 묻힌 곳에서 뿌리가 내리는데, 이것을 떼어내어 따로 심는다. 높이 떼기는 가지의 중간을 환상박피하여 물이끼로 싸고 비닐로 감아서 마르지 않게 해두면 약 2개월 후에 뿌리가 내리는데, 이것을 따로 떼어내어 옮겨 심는다.

나무의 수형을 만드는 방법에는 가지를 T자형으로 벌려 양쪽으로 덩굴을 유인하는 산울타리형, 시렁 위로 가지를 뻗게 하는 시렁형, 하나의 지주를 세워 덩굴을 올리는 폴대형 등이 있다.

어떤 방법이든 가장 아래쪽 가지는 지면에서 40~50cm까지 위로 높여서, 빗물이 튀어 올라 열매에 영향을 주지 않도록 한다. 주지를 옆으로 넓게 벌일수록 단지의 수가 늘어나므로 열매는 적어진다.

주지를 좌우로 넓혀 고정시킨다.
열매가 열린 가지는 3~5개의
눈을 남기고 밑동에서 잘라준다.

▲ 산울타리형 수형

시렁의 한쪽 기둥에 주지를 묶고 시렁 위로 가지를 유인한다. 열매는 시렁 사이로 열리며, 3~5개의 눈을 남기고 밑동에서 잘라준다.

▲ 시렁형 수형

하나의 지주를 세워서 주지가 이것을 감고 올라가도록 한다. 가지 밑부분의 3~5개의 눈을 남기고 자른다.

▲ 폴대형 수형

호두나무

- 가래나무과 가래나무속
- 낙엽활엽교목 • 수고 10~20m
- 중국 및 서남아시아가 원산지; 전국적으로 재배

 학명 *Juglans sinensis* 속명은 라틴어 Jovis glans(쥬피터의 견과)에서 유래한 것으로 열매의 맛이 좋은 것을 의미한다. 종소명은 중국이 원산지인 것을 나타낸다. | **영명** Persian walnut | **일명** テウチグルミ(手打胡桃) | **중명** 胡桃(호도)

| 잎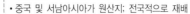

15%

어긋나기.
2~3쌍의 작은잎을
가진 홀수깃꼴겹잎이다.
작은잎은 밑으로
내려갈수록 작아진다.

| 꽃

암꽃차례

수꽃차례

암수한그루. 암꽃차례는 새가지에 위를 향해 달리고, 수꽃차례는 전년지에 아래를 향해 달린다.

| 열매

핵과. 구형이며,
녹갈색으로 익는다.

| 수피

지름 22cm

회백색이며,
처음에는 평활하지만,
오래될수록 세로로
깊게 갈라진다.

| 겨울눈

끝눈과 수꽃차례의
꽃눈은 원추형이며,
암꽃차례의 꽃눈은 맨눈이다.

《본초강목》에 중국에는 호두나무가 없었으나, 2,000년 전 한나라 때 장건이 페르시아 지역에 사신을 갔다 돌아오면서 종자를 얻어와 심은 것이 시초라고 기록되어 있다. 그래서 '오랑캐 나라에서 들여온 복숭아'라는 뜻에서 호도胡桃라고 부른다.

중국 이름은 핵도核桃 또는 강도羌桃라 하며, 가래와 닮았다 하여 당추자唐楸子라고도 한다. 그러나 복숭아처럼 과육을 먹는 것이 아니라, 딱딱한 껍질로 싸인 자엽子葉 부분을 먹기 때문에 호도의 열매를 보지 못한 사람은 그 이름이 왜 붙여졌는지 의아해할 수도 있다.

약 700년 전 고려 충렬왕 때 류청신이 임금을 모시고 중국 원나라에 갔다 돌아올 때, 어린 호두나무와 열매

▲ **천안 광덕사 호두나무**
고려 충렬왕 때 류청신이 중국 원나라에서 가져와 심었다고 전해진다. 천연기념물 제398호.

© 문화재청

를 가져 와서 어린 나무는 광덕사 안에 심고, 열매는 자신의 고향집 뜰 앞에 심었다고 한다.

그래서 천안시 광덕면 광덕리에 있는 광덕사는 우리나라에 최초로 호두가 전래된 곳이라 하여 호두나무 시배지始培地라 부르고 있다.

그러나 이러한 사실은 왜곡된 것으로 바로 잡아야 한다는 주장이 일고 있다. 류청신은 심왕옹립운동과 입성책동 등의 사건으로 고려에 돌아오지 못하고 원나라서 죽은 자로 《고려사》〈간신전〉에 수록된 인물이다. 또한 전남 고흥 사람으로 천안과는 전혀 상관없는 인물로 광덕사 앞의 수령 400년 된 호두나무를 그가 심었다는 것은 허구라는 것이다.

고대 로마인들은 호도를 쥬피터그리스에서는 제우스를 뜻하는 조비스Jovis와 열매를 뜻하는 글란스glans의 합성어로 불렀다. 최고의 신 쥬피터가 준 맛있는 견과라는 뜻이며, 이것이 호두나무의 속명 쥬글란스Juglans의 어원이 되었다.

그리스인이나 로마인들은 다산을 기원하고 사악한 기운이 끼어들지 못하게 하는 주술적인 뜻으로 호두를 결혼 축제 때 호도를 던지는 풍습이 있었다고 한다.

조경 Point

중국이 원산지이며, 주로 중부 이남에서 재배한다. 집 주변의 밭둑, 야산, 시냇가 등에 열매를 식용하기 위해 또는 목재를 가구재로 이용하기 위해 심는다.

과수용을 겸해서 풍치수로 활용해도 좋다.

재배 Point

토심이 깊고 비옥하며, 배수가 잘되는 토양을 좋아한다. 햇빛이 잘 드는 곳에 식재하며, 서리가 많은 지역에서는 바람막이를 해준다.

뿌리가 깊게 자라므로, 식재는 구덩이를 깊고 넓게 파서 심는다.

나무			새순	개화					열매		
월	1	2	3	4	5	6	7	8	9	10	11	12
전정	전정										전정
비료	한비				시비						한비

병충해 Point

고약병, 호두나무포몹시스가지마름병, 호두나무가지마름병, 호두나무탄저병 등의 병해가 발생한다.

호두나무탄저병은 비교적 따뜻하고 습한 지역에서 새가지와 잎에 잘 발생한다. 감염된 잎과 가지는 기형으로 뒤틀리면서, 일찍 낙엽이 지고 나무의 생장이 저해된다. 병든 잎과 가지는 잘라서 태우며, 비배관리에 철저히 하여 수세를 왕성하게 해준다. 또 곤충이 식해한 상처부위에 발병하기 쉬우므로, 해충구제를 철저히 한다. 베노밀수화제 1,500배액, 플루아지남(후론사이드)수화제 1,000배액을 10일 간격으로 4~5회 살포하여 방제한다.

호두나무가지마름병은 가지나 줄기마름병균 중 병원성이 강한 병으로 감염된 가지 및 줄기는 말라 죽는다. 병든 가지는 잘라서 불태우며, 비배관리를 철저히 하여 웃자람에 의한 동해를 입지 않도록 한다.

미국흰불나방, 세모무늬밤나방 등의 해충이 발생하기도 한다.

▲ 미국흰불나방

▲ 세모무늬밤나방 피해잎

번식 Point

10월 하순~11월 상순경에 굵은 호두알을 따서 노천매장해두었다가, 다음해 3월 하순~4월 중순에 파종한다. 파종이 늦어지면 발아하지 않는 것도 있으므로 일찍 파종하는 것이 좋으며, 파종상에는 토양살충제를 뿌려준다.

호두나무는 자가결실이 잘 되기 때문에, 실생묘를 심더라도 비교적 변이가 적어서 어미나무에 가까운 열매를 생산할 수 있다. 그러나 실생묘는 늦게 결실하고, 과실과 수세가 균일하지 못하기 때문에 보통은 접목묘로 번식시킨다.

접목용 대목으로는 호두나무와 가래나무를 사용하며, 5월 중순~7월 중순에 할접을 붙인다. 접목한 후에 접목부를 접목용 광분해테이프로 묶어 준다.

덜꿩나무

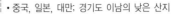

- 인동과 가막살나무속
- 낙엽활엽관목   • 수고 2~3m
- 중국, 일본, 대만; 경기도 이남의 낮은 산지

학명 *Viburnum erosum* 속명은 가막살나무류(Wayfaring tree; *V. lantana*)의 라틴명이며, 종소명은 '고르지 않는 톱니의' 라는 뜻이다.
영명 Erosum viburnum | 일명 コバノガマズミ(小葉莢迷) | 중명 소엽탐춘화(小葉探春花)

| 잎

마주나기.
달걀형이며, 가장자리에
치아상의 톱니가 있다.
앞면은 주름이 깊고,
뒷면은 잎맥이
뚜렷하다.

25%

| 꽃

양성화. 가지 끝에 겹산형꽃차례의 흰색 꽃이 모여 핀다. 밤꽃향과 비슷한 향기가
난다.

| 열매

핵과. 넓은 달걀형이며 붉은색으로 익는다.
시큼한 맛이 난다.

| 겨울눈

별 모양의 털로 덮인
2~4장의 눈비늘조각에
싸여 있다.
겨울눈 중간에 눈비늘조각
이음매가 있다.

| 수피

지름 2cm

회색~회갈색이며 불규
칙하게 갈라진다. 껍질
눈이 흩어져 있다.

가을에 빨간색으로 익어, 겨울 동안 나뭇가지에 달려있는 열매가 여럿 있다. 덜꿩나무·백당나무·마가목·가막살나무·청미래덩굴·낙상홍·비목나무·산수유·호랑가시나무 등이 그것이다. 자신의 열매를 새들의 먹이로 제공하여, 종족을 번식시키려는 목적이 있기 때문이다. 열매가 빨간색을 띠는 것은 새들의 눈에 잘 띄면서 식욕을 자극하기 위한 전략이며, 겨울의 하얀 눈과 빨간 열매가 대비를 이룬다면 선택될 확률이 훨씬 높아지기 때문이다.

꿩은 산기슭이나 민가 부근에 사는 우리나라의 대표적인 텃새다. 닭과 생김새가 비슷하나 꼬리가 길며 수컷은 장끼, 암컷은 까투리라 부른다. 먹이는 찔레 열매를 비롯하여 각종 나무열매와 곡물의 낟알을 먹으며, 메뚜기나 거미 등 동물성 먹이도 잡아먹는다. '봄 꿩이 제 울음에 죽는다', '꿩 대신 닭', '꿩 먹고 알 먹고', '꿩 잡는 게 매', '꿩 구워먹은 자리' 등 꿩과 관련된 속담이 많은, 우리와는 친숙한 새 중 하나이다.

덜꿩나무라는 이름은 꿩이 좋아하는 열매를 달고 있다는 뜻으로 처음에는 들꿩나무라 불리다가 덜꿩나무가 된 것이다. 꿩고비·꿩고사리·꿩의다리·꿩의밥·꿩의비름·꿩의바람꽃 등은 우리나라에 분포하는 식물 중 이름에 '꿩' 자가 들어가는 초본류는 많지만, 목본은 덜꿩나무가 유일하다. 9월경 열리는 빨간 열매는 달걀모양의 원형이고, 새들이 즐겨 먹으며 그중에서도 특히 꿩이 좋아한다.

조경 Point

가지 끝에 흰 눈이 소복히 쌓인 것처럼 꽃이 피며, 붉은색의 윤기나는 열매가 가을의 정취를 더한다. 이 나무와 비슷하게 생긴 가막살나무처럼, 무리로 심으면 더 좋은 경관을 연출할 수 있다. 산책로 주위에 심어 경계식재, 산울타리 등의 용도로도 활용이 가능하다.

재배 Point

습기가 있고 배수가 잘 되며, 적당히 비옥한 토양이 좋다. 내한성이 강하며, 해가 잘 비치는 곳이나 반음지가 재배적지이다. 이식은 3~4월, 10~11월에 한다.

병충해 Point

녹병이 발생하는 수가 있다. 피해가 현저하면 트리아디메폰(티디폰) 수화제 1,000배액을 살포한다.

번식 Point

실생 번식, 삽목 번식 등이 주로 사용된다. 덜꿩나무 종자를 파종하면 거의 1년 발아가 되지 않고, 90% 이상이 2년 발아된다. 3월경에 숙지삽, 7월경에 녹지삽을 하면 발근율이 좋다.

마가목

- 장미과 마가목속
- 낙엽활엽소교목 ・수고 6~10m
- 러시아, 일본; 울릉도를 비롯한 경상남북도 지역에 주로 분포

학명 *Sorbus commixta* 속명은 라틴어의 옛 이름 sorbum에서 유래되었다는 설과 열매가 떫기 때문에 켈트어 sorb(떫다)에서 유래되었다는 설이 있다. 종소명은 '혼합한'이라는 뜻이다. │영명 Mountain ash │일명 ナナカマド(七竈) │중명 歐洲花楸(구주화추)

| 잎

20%

어긋나기.
작은잎이
4~6쌍인
홀수깃꼴겹잎이다.
작은잎 가장자리에
날카로운 톱니가 있다.

| 겨울눈

눈비늘은
붉은 색을 띠며,
수지 성분이 있어
끈적끈적하다.

| 수피

갈색에서 성장함에 따라
짙은 회색이 되며, 노목
에서는 세로로 얕게 갈
라진다.

| 꽃

양성화. 가지 끝에 흰색의 작은 꽃이 모
여 핀다.

| 열매

이과. 둥근형이며, 붉은색으로 익는다.
드물게 노란색 열매도 있다.

마가목이라는 이름은 새순이 말의 이빨처럼 힘차게 돋아난다 하여, 처음에는 마아목馬牙木이라 불리다가 마가목으로 변한 것이다. 또 이 나무의 줄기로 말채찍을 만들어 때리면 말이 죽는다 하여, 마사목馬死木이라 하다가 마가목으로 변한 것이라고도 한다.

일본 이름은 나나카마도七竈인데 열매가 단단하여, 아궁이에 넣어 일곱 번 태워도 타지 않는다고 하여 붙여진 이름이다. 이처럼 불에 잘 타지 않는다고 하여, 화재나 벼락을 방지하는 나무로도 알려져 있다.

북유럽 신화에는 천둥의 신 토르Thor가 대홍수로 떠내려가게 되었을 때, 죽을 힘을 다해 붙잡은 나무가 마가목이라 한다. 이런 연유로 스웨덴에서는 배를 만들 때, 반드시 마가목 나무판 하나를 사용한다고 한다.

유럽 각지에서는 이 나무의 가지로 십자가를 만들어 귀신을 쫓는 풍습이 있으며, 성십자가 관련 축일인 5월 3일을 이 나무의 영어 이름을 써서 로완 트리 데이Rowan tree day라 부르며 기념한다.

가을에 마가목 열매가 줄기마다 가득 달리면 풍성하고 아름다운 풍경을 연출한다. 이 열매는 겨울 동안에도 앙상한 가지에 무리로 달려서, 우리의 눈을 즐겁게 해주고

▲ **마가목 열매**
건조시켜서 약재로도 사용하거나, 담금주나 효소를 만든다.

새들의 좋은 먹이가 되기도 한다.

또, 오래 전부터 마가목은 약용으로 사용되었는데, '풀 중에 제일은 산삼이요, 나무 중에 제일은 마가목이다'라는 말이 있을 정도로 약효가 뛰어난 나무로 알려져 있다. 특히 근육과 뼈를 튼튼하게 해주며, 신경통·중풍·고혈압·류마티스 관절염 등에 효과가 있다고 한다. 심지어 '마가목 지팡이만 집고 다녀도 굽은 허리가 펴진다'는 말이 있을 정도로 관절염과 신경통에 특효가 있다고 한다. 마가목 열매는 차를 끓여 먹기도 하지만, 담금주를 담가 마시면 더 좋은 효과를 볼 수 있다.

조경 Point

가을이면 조롱조롱 열리는 붉은 열매는 관상가치가 높을 뿐 아니라, 새들의 좋은 먹이가 된다. 깃모양겹잎의 황갈색 단풍 또한 아름답다.

독일에서는 가로수로 많이 활용되며 영국, 프랑스, 캐나다 등에서는 정원수로 많이 심는다. 우리나라에서도 최근 조경적 가치가 인정되어, 아파트 단지나 도심의 공원, 고속도로변에 많이 심고 있다.

재배 Point

적당히 비옥하고, 습하지만 배수가 잘되는 곳이 좋다. 내한성이 강하며, 산성~중성의 부식질 토양에서 잘 자란다. 햇빛이 잘 비치거나 반음지인 곳에 재배한다.

마가목은 그다지 토질를 가리지 않고 빠르게 성장하기 때문에, 활착 후에 성장이 시작되면 지주대 결속부에 장애가 생길 수 있다. 상처부위에 병의 감염이 많기 때문에, 지주대를 제거하거나 재결속하는 등의 빠른 조치가 필요하다.

깍지벌레, 진딧물, 잎벌류 등의 해충이 발생하지만, 이보다는 줄기마름병이나 잎썩음병 등의 피해가 훨씬 많다. 줄기마름병의 상처를 통해 침입한 병균에 의해 가지마름이 발생하기도 한다.

전정에 약하고 맹아력도 강하지 않기 때문에, 가능하면 상처가 난 가지는 제거하고 테부코나졸(실바코) 도포제 등을 발라준다.

전정 Point

낙엽이 지는 시기에 길게 자란 도장지나 불필요한 가지를 제거해준다. 또 통풍과 채광을 방해하는 내부의 복잡한 부분의 가지도 제거해준다.

번식 Point

종자를 정선하여 과육과 과육에 있는 발아억제물질을 제거한 후, 건조하지 않도록 저장하였다가 다음해 봄에 파종한다. 종자를 건조시키거나 상온에서 저장하면 발아하지 않을 수도 있다.

보통 실생묘가 결실하기까지는 10년 정도의 기간이 걸리며, 품종에 따라서는 3~4만년에 결실하는 것도 있다. 삽목은 전년지를 10~15cm 길이로 잘라서 삽목상에 꽂으며, 발근촉진제 처리를 하면 발근율을 높일 수 있다.

조경수 상식

■ 증산억제제

식물체에 뿌려 얇은 분자막을 이루게 하여 증산작용을 억제해주는 약제. 어린 묘나 식물을 이식할 때, 엽면살포하면 식물의 증산작용을 억제하여 건조를 막고 활착을 돕는 물질.

먼나무

- 감탕나무과 감탕나무속
- 상록활엽교목 • 수고 10~20m
- 중국, 대만, 베트남, 일본; 전남(보길도), 제주도의 산지 숲속

 학명 *Ilex rotunda* 속명은 '늘푸른 참나무류(Quercus ilex)의 잎과 비슷한'에서 유래한 것이며, Holly genus(호랑가시나무류)에 대한 라틴명이다. 종소명은 '둥근'이라는 뜻으로 톱니가 없는 둥근 잎을 의미한다. ┃ 영명 Round-leaf holly ┃ 일명 クロガネモチ(黒鐵黐) ┃ 중명 鐵冬靑(철동청)

| 잎

어긋나기. 타원형이며, 잎자루는 보라색을 띤다.
재질은 가죽질이고 광택이 난다.

60%

| 꽃

암꽃

수꽃

암수딴그루. 새가지의 잎겨드랑이에서 흰색 또는 연분홍 꽃이 모여 핀다.

| 열매

핵과. 구형이며, 붉은색으로 익는다.
겨울에도 가지에 남아있다.

| 겨울눈

끝눈은 원뿔형이며,
길이 1mm로 아주 작다.

| 수피

녹갈색 또는
짙은 회색이며 평활하다.
작은 껍질눈이 발달한다.

천지가 흰 눈으로 덮인 겨울에 제주도를 여행하다 보면, 빨간 열매가 조롱조롱 달린 가로수를 흔하게 볼 수 있다. 이 빨간 열매는 새들을 유혹하여 스스로 새의 먹이가 되고, 열매를 먹은 새들은 먼 곳까지 날아가서 씨앗을 배설하여 그곳에 나무의 자손을 번식시켜준다.

이 멋진 나무의 이름이 궁금해서 나무를 좀 안다는 사람에게 물어본다. "저게 먼 나무요?" 돌아오는 대답 역시 "먼나무"다. 먼나무? 먼나무! 먼나무? 먼나무! 하다보면 끝이 나지 않을 것 같다. 그래서 이 나무를 '영원히 이름을 알 수 없는 나무'라고도 한다.

이 나무의 실제 이름이 '먼나무'다. 상록수인 먼나무는 겨울에도 싱싱한 푸른 잎과 붉은 열매가 풍성하게 달려 있어서 멀리서도 눈에 잘 띈다 하여 먼나무라 이름 붙였다는 설이 있다. 또 수형이 멋진 나무 '멋나무'에서 먼나무로 불리게 되었다고도 한다. 제주도에서는 먼나무의 잎자루가 검은색으로 변하기 때문에 먹나무 혹은 먹낭이라 부른다.

나뭇가지와 잎자루가 쇠鐵처럼 짙은 자주색을 띠며, 감탕나무 일본 이름 鳥黐와 같이 나무껍질에서 끈끈이를 채취하였다 하여, 일본에서는 구로가네모찌 黒鐵黐라는 이름으로 불린다. 발음이 부자富者, 가네모찌와 통하기 때문에 출세나 금전운을 가져다 주는 연기목緣起木으로 알려져, 가정이나 회사의 정원에 많이 심는다고 한다.

▲ **먼나무 벌꿀**
먼나무는 밀원식물로 꿀을 많이 생산한다.

조경 Point

남부수종으로 제주도를 비롯한 남해안 도서지방에서만 식재가 가능하다.
흰 눈이 내린 겨울동안에도, 상록의 잎을 바탕으로 보석같은 붉은 열매가 달려있어 관상가치가 높다. 남부지방에서는 가로수로도 많이 식재되고 있다.

재배 Point

습기가 있고 배수가 잘 되며, 적당히 비옥하고 부식질이 풍부한 토양이 좋다.
내한성이 약하며, 식재 또는 이식은 늦겨울이나 이른 봄이 적기이다.

나무	열매	새순	개화						열매		
월	1	2	3	4	5	6	7	8	9	10	11	12
전정						전정		전정				
비료	한비											

병충해 Point

병해충이 적은 나무이지만 수세가 약해지면 뿔밀깍지벌레, 거북밀깍지벌레 등의 깍지벌레류가 발생한다.

병해로는 깍지벌레에 동반하는 그을음병 외에 반점병, 흰날개무
늬병, 흰말병 등이 발생하는 것으로 알려져 있다.

그을음병은 깍지벌레나 진딧물이 많이 발생하는 나무에 흔히
생기며, 많은 종류의 낙엽수와 상록수의 잎과 가지에 새까만 그
을음이 뒤덮인 것처럼 보이기 때문에 붙여진 이름이다.

대부분의 그을음병균은 기주식물을 가해하는 진딧물이나 깍
지벌레의 배설물에 번식하지만, 어떤 종류는 기주식물에서 직
접 양분을 섭취하며 기생하는 것도 있다. 기주식물에 붙은 진
딧물, 깍지벌레, 가루이 등을 우선적으로 방제하는 것이 중요
하다.

또 진딧물이나 깍지벌레가 없는데도 발생한 경우는 병해이므로
만코제브(다이센M-45) 수화제 500배액, 티오파네이트메틸(톱
신엠) 수화제 1,000배액 등을 살포한다. 그리고 통풍과 채광이
잘 되도록 주위환경을 개선하고, 질소비료를 과다하게 사용하지
않도록 하여 예방한다.

전정 Point

성목이 될 때까지 그대로 방임해 두었다가, 도장지나 약한 가지
만 잘라주면 열매가 많이 열린다. 성목을 전정하면 열매의 수가
적어질 수 있지만, 좋은 수형을 만들기 위해서 가지가 복잡한
부분만 간단히 전정해준다.

가능하면 늦가을부터 겨울동안에는 전정을 하지 않는 것이
좋다.

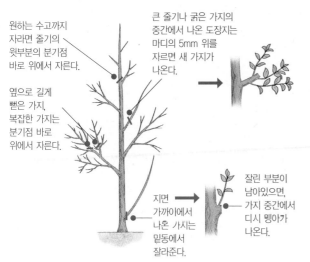

원하는 수고까지
자라면 줄기의
윗부분의 분기점
바로 위에서 자른다.

옆으로 길게
뻗은 가지,
복잡한 가지는
분기점 바로
위에서 자른다.

지면
가까이에서
나온 가시는
밑동에서
잘라준다.

큰 줄기나 굵은 가지의
중간에서 나온 도장지는
마디의 5mm 위를
자르면 새 가지가
나온다.

잘린 부분이
남아있으면,
가지 중간에서
디시 맹아가
나온다.

번식 Point

완숙한 열매를 채취하여 며칠 동안 물에 침전시켰다가 비벼서
과육을 제거한다. 과육에는 발아억제물질이 있는데, 이것을 깨
끗이 제거한다.

정선한 종자는 습기가 있는 모래와 섞어 저온저장하거나 노천
매장을 해둔다. 먼나무 종자는 장기휴면형이므로, 1년간 저장하
였다가 2년째 봄에 파종한다.

먼나무는 암수딴그루이므로, 열매가 맺히는 암나무를 생산하기
위해서는 암나무의 접수를 이용해서 접을 붙인다. 접목으로 기
른 묘목은 실생묘보다 빨리 개화하므로 일찍 꽃과 열매를 감상
할 수 있다.

접목은 3월 하순~4월 상순이 적기이며, 3~4년 실생묘를 대목
으로 사용한다.

삽목은 봄에 하는 숙지삽과 여름에 하는 녹지삽이 가능하지만,
여름 장마기에 하는 녹지삽이 발근율이 높다.

백당나무

- 인동과 가막살나무속
- 낙엽활엽관목 • 수고 3m
- 중국, 일본, 극동러시아, 몽골; 전국의 산지

 학명 *Viburnum opulus* subsp. *calvescens* 속명은 가막살나무류(Wayfaring tree; *V. lantana*)의 라틴명이다. 종소명은 '백당나무 잎과 같은', 아종명은 '털이 없는'이라는 뜻이다. **영명** Sargent viburnum **일명** カンボク(肝木) **중명** 鷄樹條莢迷(계수조협미)

잎

20%

마주나기.
보통은 3갈래로
갈라지지만 갈라지지
않은 것 등 변화가
다양하다.
잎자루에 꿀샘이 있다.

꽃

양성화. 꽃차례의 중앙에 양성화가 피고,
가장자리에 무성화(장식화)가 달린다.

열매

핵과. 구형이며, 붉은색으로 익는다.
쓴맛이 난다.

겨울눈

긴 달걀형이며, 1장의
눈비늘조각에 싸여 있다.
가지 끝에 2개의
가짜끝눈이 붙는다.

수피

짙은 갈색이고
사마귀 같은
껍질눈이 있다.
성장하면서
불규칙하게 갈라지며,
코르크층이 발달한다.

백당나무의 어원은 확실하지 않지만, 잎이 닥나무의 잎과 비슷하고 꽃빛이 흰색이어서 백닥나무에서 백당나무가 된 것이 아닌가 추정된다. 어떤 이는 가지 끝마다 피어 있는 하얀 꽃이 마치 작은 단壇을 이루는 것처럼 보여, 백단나무에서 백당나무가 된 것이라고 한다.

백당나무는 흰색 꽃이 바람에 뒤집힌 우산과 같은 모양의 산방꽃차례로 꽃을 피운다. 어떻게 보면, 흰 접시 한가운데 음식을 가득 담아 놓은 것처럼 보인다. 그래서 북한에서는 이 나무를 접시꽃나무라고 한다.

백당나무에는 유성화와 무성화가 함께 핀다. 가운데에 볼품없이 자잘하게 핀 꽃이 유성화고, 이를 둘러싸고 화려하게 핀 꽃이 무성화다.

무성화는 중성화 또는 장식화라고 부르며, 생식과 무관한 엄밀하게 말하면 꽃이라고도 할 수 없는 가짜 꽃이다. 단지 유성화가 꽃가루받이를 잘 할 수 있도록, 꽃가루를 매개하는 곤충을 꽃차례로 끌어들이는 역할을 맡고 있다. 그래서 유성화보다 훨씬 크고 아름다운 색채를 가진 것이 많다.

백당나무의 자잘한 유성화 하나하나는 가을이면 콩알만 한 굵기의 붉은 열매를 맺는다.

백당나무 종류 중에서 모든 꽃이 무성화로 된 것을 불두화라고 하는데, 주로 절에서 많이 볼 수 있다. 불두화는 백당나무가 모체이며, 꽃을 제외하면 모든 기관이 백당나무와 같다.

백당나무는 꽃 모양이 산수국과 비슷하여 목수국 또는 백당수국이라 부르기도 하지만, 분류학적으로 보면 수국은 수국과이고 백당나무는 인동과로 서로 촌수가 먼 식물이다.

조경 Point

봄에 피는 순백색 꽃과 가을의 붉은 열매가 아름답다. 2003년 2월에 산림청에서 백당나무를 '이 달의 나무'로 선정하면서 열매가 '사랑의 열매'와 닮았다고 언급한 바가 있다.

사찰 주변, 아파트 단지, 주택 정원, 공원 등 어디에 심더라도 잘 어울리는 조경수이다. 특히 공원에서는 큰 나무 아래에 하목으로 심으면 주위 배경과 조화를 잘 이룬다.

재배 Point

내한성이 강하며, 건조함은 싫어한다. 습기가 있고 배수가 잘 되며, 적당히 비옥한 토양을 좋다. 해가 잘 비치는 곳이나 반음지에서 재배한다. 이식은 3~4월에 한다.

▲ 백당나무 분재

나무				새순┐		개화			열매┐		꽃눈분화	
월	1	2	3	4	5	6	7	8	9	10	11	12
전정						전정						
비료	시비											

병충해 Point

해충으로는 쥐똥나무진딧물, 조팝나무진딧물, 박주가리진딧물
등이 있다. 이 진딧물들은 새가지에 모여 살면서 흡즙가해하여,
피해를 입은 가지는 생장이 저해되고 잎은 변형된다.

벌레가 보이기 시작하면 이미다클로프리드(코니도) 액상수화제
2,000배액을 10일 간격으로 2회 살포하여 방제한다. 또 피해를
발견 즉시 피해를 입은 가지나 잎을 제거하여 소각한다.

전정 Point

맹아력이 강하기 때문에 강전정에도 견딘다. 수형이 잘 흐트
러지므로 6~7월에 강전정을 해서 정리해준다. 꽃은 햇가지
끝에 개화하므로 꽃이 진 후, 1~2개월 안에 가지를 가볍게 잘
라준다.

너무 늦게 전정하여 꽃눈을 자르면 다음해에 꽃을 볼 수 없게
된다. 겨울에 웃자란 가지나 도장지를 둥근 형태로 깍아서 수형
을 정리한다.

번식 Point

가을에 잘 익은 종자를 채취하여 2년간 노천매장해두었다가, 3
년째 봄에 파종한다. 파종 후에는 묘상이 마르지 않도록 짚으로
덮어서 관리한다.

봄에 싹이 트기 전에 하는 숙지삽은 충실한 전년지를
10~15cm 길이로 잘라서 꽂는다. 6~7월에 하는 녹지삽은 그
해에 나온 충실한 당년지를 윗잎 2~3장만 남기고 아랫잎은
따낸 후 삽목상에 꽂는다. 숙지삽보다 녹지삽의 발근율이 더
높다.

길게 뻗은 가지를 땅으로 유도해서 흙을 덮어 두었다가 발근하
면 떼어서 옮겨 심는 휘묻이와 뿌리 근처에서 나오는 움돋이를
파내어 나누어 심는 분주 번식도 가능하다.

조경수 상식

■ 퍼걸러(pergola)

덩굴식물을 올리기 위한 시렁. 덩굴장미,
능소화, 포도 등 덩굴성식물이나 과수를
올려서 즐긴다. 휴식공간으로 활용하며
정원의 엑센트가 되기도 한다.

비목나무

- 녹나무과 생강나무속
- 낙엽활엽교목 • 수고 10m
- 일본, 중국; 충청도 이남, 경기도 서해안에 분포

학명 *Lindera erythrocarpa* 속명은 스웨덴의 의사이자 식물학자 J. Linder을 기념한 것이며, 종소명은 erythro(붉다)와 carpa(열매)의 합성어로 '붉은 열매'를 나타낸다. | 영명 Red-fruit spicebush | 일명 カナクギノキ(鐵釘の木) | 중명 紅果釣樟(홍과조장)

잎

어긋나기.
긴 타원형이며,
가장자리는 밋밋하다.
가을에 노란 단풍이
아름답다.

30%

꽃

암꽃

수꽃

암수딴그루. 새가지 밑의 잎겨드랑이에 황록색의 꽃이 모여 핀다. 꽃이 잎보다 먼저 핀다.

수피

연한 회갈색이며
껍질눈이 많다.
오래되면 작은
비늘 모양으로
불규칙하게 떨어진다.

겨울눈

꽃눈은 구형이고
긴 눈자루가 있으며,
잎눈은 긴 달걀형이다.

열매

장과. 구형이고 붉은색으로 익
으며, 열매자루가 길다.

초연이 쓸고 간 깊은 계곡 깊은 계곡 양지 녘에
비바람 긴 세월로 이름 모를 비목이여
먼 고향 초동 친구 두고 온 하늘 가
그리워 마디마디 이끼 되어 맺혔네

한명희가 6·25전쟁이 끝난 이후, 비무장지대 전투초소에서 소대장으로 근무하던 초가을 어느 날, 강원도 화천 백암사 부근에서 잡초가 우거진 양지바른 산모퉁이를 지나다가, 십자나무만 세워진 무명용사의 녹슨 철모와 돌무덤을 보고 작사했다는 〈비목碑木〉이라는 가곡이다.

적막감이 도는 배경이나 단조에서 느껴지는 고독과 우수의 감정이 공감을 불러일으켜, 국민 모두의 사랑을 받는 가곡이다. 적막감에 대한 두려움과 전쟁의 비참함, 그로 인한 간절한 향수가 서정적으로 잘 표현된 곡이다. 여기에 나오는 비목은 비목나무와 아무런 관련이 없다는 것은 누구나 알고 있다. 그렇지만 비목나무하면 누구나 떠올리는 가곡이다.

비목나무는 교목으로 분류되기는 하지만 참나무나 서어나무처럼 키가 크게 자라지 못하기 때문에, 숲속의 키 큰 나무들 속에서 햇빛을 차지하는데 항상 어려움이 있다.

그렇다고 오동나무처럼 잎이 크지 않아서 커다란 나무 틈 사이로 새어 들어오는 햇빛을 받기도 어렵거니와, 그늘에 잘 견딜 수 있는 것도 아니다. 또 박달나무처럼 단단하지 못하니, 강한 바람이 불면 두려움에 떨어야 한다.

이처럼 비목나무는 숲 한 귀퉁이에서 항상 서럽고 고달픈 삶을 살아가고 있다. 사람으로 치면 루저loser인 셈

이다. 그래서 이 나무의 특성을 파악한 누군가가 '외롭고 슬픈 나무'라는 의미로 '비목悲木'이라 이름을 지어준 것이 아닌가 하고 추측할 따름이다.

조경 Point

우리나라 중부이남 산지에서 흔하게 볼 수 있는 나무이다. 9월에 붉게 익는 열매는 '사랑의 열매'를 연상시키며, 노란색 단풍 또한 관상가치가 높다. 둥근 공 모양의 꽃눈과 길쭉한 잎눈이 함께 달리는 겨울눈도 재미있다.
아직까지 조경수로 많이 식재되고 있지는 않지만, 앞으로 정원이나 공원에 악센트식재, 유도식재로 활용하면 좋다.

재배 Point

비옥한 사질양토에 잘 자라며, 건조한 곳에서는 생장이 느리다. 습기가 있으며 배수가 잘되는 산성토양이 좋다.
공해에는 약한 편이다. 이식은 뿌리돌림을 하고 난 후에 한다.

병충해 Point

점무늬병이 발생하는 수가 있다.

번식 Point

종자를 채취하여 2년간 노천매장해두었다가, 3년째 봄에 파종한다. 파종 후에는 건조하지 않도록 해가림을 해준다. 3~4년 정도 파종상에서 기른 후에 캐서 식재간격을 넓혀준다. 실생묘는 5~6년 후에 개화·결실이 시작된다.
7~8월에 그해에 자란 가지로 녹지삽도 가능하다. 뿌리 주위에 나온 움돋이 가지를 성토해두었다가 발근하면 분리해서 옮겨 심는다(성토법).

쉬땅나무

• 장미과 쉬땅나무속
• 낙엽활엽관목 • 수고 2~3m
• 중국, 일본, 몽골, 러시아; 경북(청송) 이북의 숲가장자리 및 계곡부

학명 *Sorbaria sorbifolia* var. *stellipila* 속명은 '마가목속(Sorbus)과 비슷한'이라는 뜻으로 이 나무의 잎이 마가목의 잎과 비슷한 것에서 유래한다. 종소명은 '마가목의 잎을 닮은'이라는 의미이며, 변종명은 '별 모양의 털'이라는 뜻이다.
영명 False spiraea │ 일명 ホザキナナカマド(穗笑七竈) │ 중명 星毛珍珠梅(성모진주매)

| 잎

30%

어긋나기.
작은잎이 6~11쌍 달리는 홀수깃꼴겹잎이다.
작은잎은 피침형이며, 잎맥이 뚜렷하다.

| 꽃

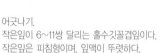

양성화. 가지 끝에 자잘한 흰색 꽃이 모여 피며,
좋은 향기가 난다.

| 열매

골돌과. 원통형이며,
표면에 털이 밀생한다.

| 겨울눈

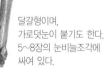

달걀형이며,
가로덧눈이 붙기도 한다.
5~8장의 눈비늘조각에
싸여 있다.

국립수목원에서는 초여름에 흰색 꽃을 무더기로 피우는 쉬땅나무를 '7월의 나무'로 선정했다. 쉬땅나무라는 이름은 평안도 지방에서 수수깡수숫대을 '쉬땅'이라고 하는데, 이 나무의 꽃이 수수이삭을 닮아서 붙여진 것이다. 무리지어 꽃 핀 모습이 마치 여름철에 수수이삭 위에 하얀 눈송이가 내려앉은듯한 느낌을 준다.

예전에 이 나무는 개쉬땅나무 혹은 쉬땅나무로 불리었다. 그러나 이처럼 아름다운 꽃을 피우는 나무에 뭔가 성질이 못하거나 뒤쳐진다는 의미의 접두어 '개' 자가 붙은 것을 못마땅하게 여긴 사람들이 쉬땅나무로만 부르기 시작한 것이다. 그래서 현재는 〈국가표준식물목록〉에 쉬땅나무가 정명正名으로, 개쉬땅나무는 이명異名으로 나와 있다. 북한 이름도 쉬땅나무다.

쉬땅나무는 꽃이 많지 않은 여름철에 하얀 꽃을 무리로 피우기 때문에, 공원이나 정원에 여러 나무를 모아 심으면 무더운 여름철에 시원한 분위기를 느낄 수 있다. 이른 봄에 나오는 새순은 나물로 먹을 수 있으며, 꽃에는 꿀이 많아 벌과 나비의 좋은 밀원식물이기도 하다. 예전에는 민간에서 꽃을 구충·치풍 등의 약재로 사용하기도 했다.

조경 Point

산기슭 계곡이나 습지에 무리를 이루어 자란다. 여름 내내 무리를 지어 피는 흰 꽃송이가 아름다울 뿐 아니라, 꿀벌의 좋은 밀원식물이 되기도 한다. 척박한 곳에서도 왕성한 번식력을 보이며 도로변, 사방지, 산간지 등에 피복용이나 경계식재용으로 많이 심는다. 요즘은 아파트 단지 내의 화단에 심겨진 것도 종종 볼 수 있다.

재배 Point

내한성이 강한 편이다. 적당히 비옥하고, 습하고 배수가 잘 되며, 산성~중성의 부식질 토양이 좋다.

햇빛이 잘 비치거나 반음지인 곳에 재배한다. 이식은 식재 구덩이를 깊지 않고, 넓게 파서 한다.

병충해 Point

등빨간쉬나무하늘소가 발생하면 클로티아니딘(빅카드) 액상수화제 2,000배액, 페니트로티온(스미치온) 유제 1,000배액 등으로 구제한다.

전정 Point

전정을 하지 않거나, 겨울에 원하는 곳을 자르는 정도의 간단한 전정으로 충분하다. 자르는 위치는 다음해의 수고를 어느 정도 크기로 할 것인가에 따라 정한다.

성장기의 전정은 별로 의미가 없으며, 원하는 수고에 따라 적절한 곳을 잘라준다.

번식 Point

영양번식의 일종인 분주법으로 번식이 가능하다. 분주(分株)는 포기나누기라고도 하며, 뿌리 주위에 움돋이가 나온 것을 분리해서 따로 심는 번식방법이다.

종자파종이나 삽목으로도 번식이 가능하다.

작살나무

- 꿀풀과 작살나무속
- 낙엽활엽관목 • 수고 2~3m
- 일본, 중국, 대만; 전국의 산지

 | 학명 *Callicarpa japonica* 속명은 그리스어 callos (아름답다)와 carpos (열매)의 합성어로 열매가 아름답다는 것을 나타내며, 종소명은 '일본의'를 가리킨다.
| 영명 Japanese beautyberry | 일명 ムラサキシキブ(紫式部) | 중명 日本紫珠 (일본자주)

잎

마주나기.
긴 타원형이며, 가장자리에 뾰족한 톱니가 있다.
잎끝이 길게 뾰족하다.

▲ 작살나무 잎
가지가 완전히 마주난다.
잎밑부분까지 톱니가 있다.
55%

꽃

양성화. 잎겨드랑이에 연한 홍자색
꽃이 모여 피며, 좋은 향기가 난다.

열매

핵과. 구형이며, 보라색으로 익는다.
아릿한 맛과 단맛이 함께 난다.

수피

회갈색이며,
어린 가지는 갈색의
별모양 털이 있다.
성장함에 따라
세로로 벗겨진다.

지름 5cm

▲ 좀작살나무 잎
가지가 약간 어긋난다.
상반부에만 톱니가 있다.
65%

겨울눈

눈비늘이 없는 맨눈이며,
별모양의 털로 덮여 있다.
작은 세로덧눈이 붙는다.

▲ 흰작살나무(*C. japonica* var. *leucocarpa*)

작살나무라는 이름은 나뭇가지가 고기를 잡을 때 사용하는 작살을 닮았다 하여 붙여진 것이다. 그러나 이 나무의 가치는 가지가 아니고 열매에 있다.

속명 칼리카르파*Callicarpa*는 아름답다는 뜻의 캘로스*Kallos*와 열매라는 뜻의 카포스*Karpos*를 합친 것으로 '아름다운 열매'라는 뜻이다. 또 영어 이름도 뷰티 베리*Beauty berry*, 즉 '아름다운 열매'이며, 중국 이름 자주紫珠도 '자줏빛 구슬'이라는 뜻이다. 이렇듯 작살나무는 꽃보다 열매가 관상가치가 높은 나무다. 자줏빛의 작은 구슬 같은 열매는 겨울에도 그대로 달려 있어 보는 이의 마음을 즐겁게 해줄 뿐 아니라, 새들을 불러 모으기까지 한다.

일본에서 열린 관상수 품평회에서는 이 나무의 아름다운 열매를 높이 평가하여 '가을열매의 나무'로 선정되었으며, 유럽 여러 나라에서도 열매를 즐기는 관상수로 크게 각광을 받고 있다.

식물이름 앞에 '좀'이라는 접두어가 붙는 것은 다른 것에 비해 키나 잎 또는 열매가 조금 작거나 부족하다는 것을 의미한다. 좀싸리·좀복숭아나무·좀댕강나무·좀회양목 등이 그렇다. 열매가 작살나무보다 더 진한 보랏빛이며, 작은 구슬이 촘촘하게 박힌듯한 좀작살나무가 관상용으로 더 인기가 있다.

작살나무와 좀작살나무은 구별하기가 쉽지 않지만, 좀작살나무의 열매는 작고 다닥다닥 달리며 작살나무는 열매가 조금 굵고 드문드문 달리는 편이다. 좀작살나무는 잎 가장자리의 톱니가 조금 성기고, 작살나무는 좀 더 촘촘하며 잎의 아래쪽에만 톱니가 있다. 또 작살나무는 가지가 정확하게 마주나지만 좀작살나무는 약간 어긋난다.

조경 **Point**

8월에 피는 연한 자주색 꽃과 10월에 온통 나무를 뒤덮는 보라색 열매가 관상가치가 높다. 특히 열매는 새들의 좋은 먹잇감이어서 야생조류 유치에 도움이 되며, 복잡한 도심에서도 새들의 지저귐을 들을 수가 있다.

삭막한 겨울에 잘 어울리는 나무이며 경계식재용, 산울타리용, 하목 등의 용도로 활용할 수 있다.

재배 **Point**

내한성이 강하며, 건조함에도 잘 견딘다. 해가 잘 비치는 곳이나 항상 해가 비치는 곳에서 잘 자란다. 24℃ 이상의 온도기간이 길수록 생장에 좋으며, 햇가지가 굳어지기 위해서는 어느 정도의 여름 고온을 필요로 한다.

이식은 2~3월, 10~11월이 적기이다.

나무				새순		개화			열매		
월	1	2	3	4	5	6	7	8	9	10	11	12
전정	전정						전정				
비료		한비								시비		

▲ 작살나무 열매와 동박새

간혹 목화진딧물이 새가지의 잎뒷면에 모여 살면서 흡즙가해한
다. 대발생하면 새가지의 성장이 저해되고 수세가 약화된다. 소
량 발생한 경우는 월동 중인 알을 헝겊 또는 면장갑으로 문질러
죽인다.

약제방제는 이미다클로프리드(코니도) 액상수화제 2,000배액을
10일 간격으로 2회 살포한다. 깍지벌레류, 큰쥐박각시 등이 발
생하기도 한다.

▲ 뿔밀깍지벌레   ▲ 큰쥐박각시

전정 **Point**

방임해서 키우며, 고사한 가지나 긴 가지 정도만 가볍게 잘라준
다. 강하게 자르더라도 잘 맹아하지만 신초의 성장이 왕성해져
서 착화·착과가 나빠질 수가 있다. 일반적으로는 전정을 하지
않는 것이 좋다.

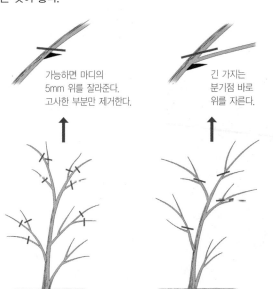

가능하면 마디의
5mm 위를 잘라준다.
고사한 부분만 제거한다.

긴 가지는
분기점 바로
위를 자른다.

 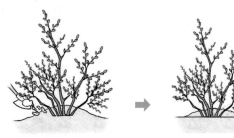
가을에 잘 익은 종자를 채취하여 노천매장해두었다가, 다음해
봄에 파종한다. 발아가 잘 되는 편이며, 4~5년 정도 지나면 개
화·결실한다.

숙지삽은 이른 봄에 전년지를 10~15cm 길이로 잘라서 삽목상
에 꽂는다. 휘묻이는 여러 개의 줄기가 난 뿌리 주위를 흙으로
덮어 두었다가 뿌리가 나오면 이것을 떼어내어 따로 심는 번식
방법이다.

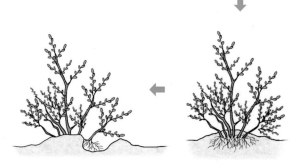

뿌리 주위를 성토해둔다.   물을 듬뿍 준다.

발근한 가지를 떼어내어 옮겨 심는다.   몇 개월 지나면 발근한다.

▲ **취목(성토법) 번식**

콩배나무

- 장미과 배나무속
- 낙엽활엽관목 • 수고 3~5m
- 일본, 중국, 대만; 경기도 이남의 낮은 산지에 드물게 분포

학명 *Pyrus calleryana* 속명은 그리스어 phaeno(보이는)과 pyrus(배)에서 비롯되었으며, 종소명은 19C 중국에서 활동한 프랑스 선교사 Joseph Callery의 이름에서 왔다. │ 영명 Callery Pear │ 일명 マメナシ(豆梨) │ 중명 豆梨(두이)

| 잎

100%

어긋나기.
넓은 달걀형이며, 가장자리에 잔 톱니가 있다.
잎끝이 길게 뾰족하다.

| 꽃

양성화. 잎이 나면서 함께, 가지 끝에 5~9개의 흰색 꽃이 모여 핀다.

| 열매

이과. 구형이며, 황갈색 또는 흑갈색으로 익는다. 단맛이 난다.

| 겨울눈

달걀형이며, 끝이 뾰족하다. 눈비늘조각에 성기게 가는 털이 있다.

| 수피

회갈색 또는 흑갈색이며, 오래되면 그물 모양으로 갈라진다.

조경수 이야기

콩배나무라는 이름은 배를 닮은 지름 1~1.5cm 정도의 작은 열매가 달리기 때문에 붙여진 것이다. 중국 이름 두이 豆梨와 일본 이름 마메나시 豆梨 모두 '콩배'를 뜻한다. 속명 피루스 *Pyrus*는 배나무의 라틴어 옛 이름이다.

산에서 만날 수 있는 야생 배나무는 열매의 지름이 3~4cm 정도 되는 산돌배나무와 열매의 지름이 이보다 작은 콩배나무가 있다. 열매는 먹을 수는 있지만 떫어서 맛이 없으며, 너무 작아서 실제로 식용하기는 어렵다.

이런 종류의 야생 배나무는 열매를 따먹기보다는, 작고 하얀 배꽃과 귀여운 열매를 즐기기 위한 관상수로 심는다. 야생 배나무가 교목같은 당당한 수형에 큼직한 꽃을 화려하게 피운다면, 콩배나무는 관목같은 수형에 배꽃보다 작은 꽃을 소담스럽게 피운다.

4~5월에 피는 흰색 꽃은 가지 끝에 5~9개씩 모여 달리는데, 5장의 꽃잎 속에는 붉은 꽃밥을 단 20여 개의 수술이 2~3개의 암술대를 감싸고 있다. 한방에서는 열매를 녹리 鹿梨라는 약재로 쓰는데, 이질과 식물성 약재로 인한 중독에 효과가 있다.

조경 Point

봄에 가지를 뒤덮는 소박한 순백의 꽃과 야취를 느끼게 하는 자연스런 수형이 특징이다. 공원이나 생태공원에 무리로 심으면, 녹색 잎을 배경으로 흰 꽃이 피어 더욱 돋보인다.
맹아력이 좋아서 산울타리로 활용할 수 있으며, 가을에 익는 작은 배도 관상가치가 있다.

재배 Point

내한성이 강하다. 해가 잘 비치는 곳, 배수가 잘되는 비옥한 토양에서 잘 자란다. 이식은 겨울철 휴지기에 하며, 적응력이 강한 편이다.

병충해 Point

가장 큰 피해를 주는 병은 붉은별무늬병인데, 4~5월에 트리아디메폰(티디폰) 수화제 1,000배액 또는 페나리몰(훼나리) 수화제 3,000배액을 10일 간격으로 3~4회 살포하여 방제한다.
주변의 향나무에도 같은 약제를 4월 상순부터 10일 간격으로 2~3회 살포한다. 붉은별무늬병은 향나무가 중간숙주이기 때문에 2km 이내에는 향나무를 심지 않는 것이 좋다.

번식 Point

실생 번식은 가을에 충실한 종자를 채취하여 노천매장해두었다가, 다음해 봄에 파종한다.
분주법은 옆으로 크게 번진 나무의 뿌리를 캐어 2~3개의 줄기를 가진 포기로 나누어 심는 번식방법이다.
돌배나무 실생묘를 대목으로 이용한 접목 번식도 가능하다.

팽나무

- 느릅나무과 팽나무속
- 낙엽활엽교목 • 수고 20m
- 중국, 일본, 대만, 베트남, 라오스; 전국적으로 분포하며 주로 바닷가 및 남부지방

학명 *Celtis sinensis* 속명은 단맛이 나는 열매가 달리는 나무의 고대 그리스어 이름에서 유래한 것이고, 종소명은 '중국의'라는 뜻이다.
영명 Chinese hackberry | 일명 エノキ(榎) | 중명 朴樹(박수)

| 꽃

양성화

수꽃

꽃이 진 후의 어린 열매

수꽃양성화한그루. 잎이 나면서, 황록색 꽃이 함께 핀다. 수꽃은 가지 아래쪽에 달리고, 양성화는 가지의 위쪽 잎겨드랑이에 달린다.

| 잎

어긋나기.
넓은 타원형이며,
잎의 상반부에만
톱니가 있다.

30%

| 수피

지름 26cm

회색이며, 세로줄이 있고 평활하다. 성장함에 따라 눈금같은 가로줄이 생긴다.

| 열매

핵과. 구형이며, 황적색으로 익는다. 감 맛이 난다.

| 겨울눈

원뿔형이고 끝이 조금 뾰족하다. 가로덧눈은 곁눈 좌우의 첫 번째 눈비늘조각 안에 들어 있다.

팽나무는 느티나무·느릅나무·푸조나무·시무나무 등과 함께 느릅나무과에 속하는 장수목이다. 현재 우리나라에는 470그루 정도가 보호수로 지정되어 있으며, 수령이 500~1,000년을 헤아리는 것도 많다. 이들 팽나무 노거수는 주로 전라도와 경상도 지역에 있으며, 동신목이나 당산목으로 섬겨지고 있다.

우리나라에는 재산을 소유하고 있어서 재산세를 내는 나무가 두 그루 있다. 경북 예천의 석송령石松靈이라는 소나무와 경남 고성의 금목신金木神이라는 팽나무가 그 것이다.

금목신은 경남 고성군 마암면 삼락리 108-2번지에 본적과 주소를 둔 수령 500여 년 된 당산목으로 동답 400평을 소유하고 있으며, 동네의 수호신으로 동민들의 신앙의 대상이다. 이 나무에 제사를 지내지 않으면 마을에 좋지 않은 일이 잇따라 생긴다는 조상들의 말에 따라, 오늘날까지 제사를 지내고 있다.

뿌리가 다른 두 나무의 가지나 줄기가 서로 붙어서 함께 살아가는 나무를 연리지連理枝 혹은 연리목連理木이라

▲ 비익조
암수의 눈과 날개가 각각 하나씩이어서 짝을 짓지 않으면 날지 못한다는 전설 상의 새.

하는데, 흔히 금슬 좋은 부부나 애틋한 연인들의 사랑에 비유한다. 당나라 시인 백거이는 〈장한가長恨歌〉에서 현종과 양귀비의 뜨거운 사랑을 비익조比翼鳥와 연리지에 빗대어 다음과 같이 노래했다.

우리가 하늘에서 만나면 비익조가 되기를 원하고
땅에서 만나면 연리지가 되기를 원하네

비익조는 눈도 날개도 한쪽에만 있어 암수 한 쌍이 좌우로 일체가 되어야만 날 수 있다는 전설 속의 새이다.

충남 금산군 양지리 노인회관 곁에 있는 우리나라에 하나밖에 없는 팽나무 연리목은 밑동에서 하나가 되어 수백 년을 같이 살아가고 있다.

조경 Point

수형이 크고 웅대하며 장수하기 때문에, 예로부터 느티나무와 더불어 정자목이나 당산목으로 많이 심었다.

이식력과 병충해에 강하여 공원, 캠퍼스, 대단위 아파트단지 등에 녹음수나 독립수로 활용하면 좋다. 뿌리가 튼튼하며, 해풍과 염분에 강하기 때문에 바닷가의 조경수로도 적합하다.

재배 Point

온난한 곳에서는, 해가 잘 드는 곳이나 반음지에 식재하면 좋다. 한냉지에서는, 건조한 토양에서도 잘 자라며 햇빛이 잘 비치는 따뜻한 곳을 좋아한다.

이식은 낙엽이 진(10~11월) 뒤부터 싹트기 전(2~3월)에 한다.

병충해 Point

단풍주머니깍지벌레, 등나무가루깍지벌레, 줄솜깍지벌레, 딱총나무수염진딧물, 알락진딧물, 조팝나무진딧물, 큰팽나무이, 자주

빛날개무늬병, 겹둥근무늬병 등이 발생한다.

겹둥근무늬병에 감염된 나무는 7월 초순부터 잎에 갈색~회갈색의 둥근 반점이 생긴다. 잎뒷면에 흰색가루 같은 균체가 형성되고, 병원균은 병든 낙엽에서 월동한다.

다음해에 병의 전염을 방지하기 위해서 병든 낙엽을 조기에 모아서 태우며, 봄에 잎이 피기 시작할 때부터 4-4식 보르도액 등 동수화제 살균제를 2주 간격으로 9월말까지 살포한다.

팽나무 잎에는 나무이류, 혹파리류, 혹응애류 등이 기생하면서, 여러 종류의 벌레혹을 형성한다. 벌레혹을 만드는 해충은 식물에는 큰 적이지만, 벌레혹에서 염료나 의약품 성분을 추출하기도 한다. 종류에 따라서는 매우 아름답게 변화하는 것도 있으며, 벌레집만이 원인이 되어 나무가 쇠약해지는 경우는 거의 없다. 그러나 피해가 심하면 침투성 약제를 살포하면 효과적이다.

큰팽나무이는 약충이 잎뒷면에 기생하여 잎 표면에 뿔 모양의 벌레혹을 만들고, 잎뒷면은 분비물로 백색의 깍지를 만들어 덮는다. 벌레가 형성한 혹이 1~2개 보일 때, 뷰프로페진.티아메톡삼(킬충) 액상수화제 1,000배액을 1~2회 살포하여 방제한다.

▲ 알락진딧물

▲ 팽나무 벌레혹

번식 **Point**

가을에 잘 익은 열매를 채취하여 노천매장해두었다가, 다음해 2~3월에 파종한다.

노천매장하기 전에 황산처리를 하여 껍질을 얇게 해주면 빨리 발아한다. 파종 후에는 파종상이 마르지 않도록 짚으로 덮어 관리한다.

갯버들

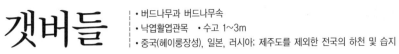

- 버드나무과 버드나무속
- 낙엽활엽관목 • 수고 1~3m
- 중국(헤이룽장성), 일본, 러시아; 제주도를 제외한 전국의 하천 및 습지

 학명 *Salix gracilistyla* 속명은 켈트어 sal(가깝다)과 lis(물)의 합성어로 '물가에 많이 자란다' 또는 라틴어 salire(도약하다)가 어원으로 '생장이 빠르다'라는 의미를 가지고 있다는 설이 있다. 종소명은 slender(가는)를 뜻하는 gracilis와 style(암술)을 뜻하는 stylus의 합성어로서 '가늘고 긴 암술대'를 말한다.

영명 Rose-gold pussy willow │ 일명 ネコヤナギ(猫柳) │ 중명 細柱柳(세주류)

| 잎

어긋나기,
긴 타원형이며,
가장자리에는
잔톱니가 있다.

40%

| 꽃

암꽃차례

수꽃차례

암수딴그루. 3~4월에 지난해에 자란 가지의 잎겨드랑이에서 잎보다 먼저 꽃이 핀다.

| 뿌리

중근형. 소·중경의 수하근과 수평근이 발달한다.

| 겨울눈

꽃눈은 물방울형이며 굵고,
아래쪽이 부풀어 있다.
잎눈은 꽃눈보다 작고 가늘다.

| 열매

삭과. 열매이삭은 원주형이며, 성숙하면 열
리고 솜털에 싸인 종자가 나온다.

물이 흐르는 가장자리를 '갯가'라 한다. 갯버들은 주로 갯가에 살기 때문에 붙여진 이름이며, 물가를 의미하는 포浦와 버드나무柳를 합쳐서 포류浦柳라 부르기도 한다.

갯버들이 피운 기다란 꽃이삭이 강아지 꼬리처럼 생겨서, 버들강아지 혹은 버들개지라고도 부른다. 잎이 채 나기도 전에 뽀송뽀송한 은빛 털을 달고 나온 꽃봉오리를 버들개지라 하고, 갯버들 열매에 꽃가루가 달린 것은 버들강아지라고 구분해서 말해야 한다는 사람도 있다. 《동국이상국집》에 실려 있는 이규보의 대표적인 서사시 〈동명왕편〉은 고구려 건국시조인 주몽의 이야기를 쓴 영웅서사시이다.

여기에 등장하는 하백河伯의 딸, 유화柳花의 이름은 우리말로 하면 버들꽃, 더 정확하게 말하면 갯버들꽃이다. 강과 바다를 다스리는 신, 하백은 압록강가에 예쁘게 핀 버들강아지를 보고 장녀의 이름을 유화갯버들꽃라 붙여주었을 것이다.

유화는 두 동생들과 함께 압록강가에서 곧잘 놀았다. 어

▲ 주몽 우표

느 날 하늘의 아들 해모수가 유화를 압록강가의 집으로 꾀어 사랑을 나누고 홀로 하늘로 올라가버렸다. 아비 없는 자식을 밴 것을 안 하백은 딸을 추방해버렸다. 마침 동부여의 금와왕이 유화를 발견하고 궁으로 데려갔더니 알 하나를 낳았다. 이 알에서 고구려의 시조 주몽이 태어난 것이다.

조경 Point

버드나무과의 낙엽관목으로 개울가에 많이 서식하기 때문에 갯버들이란 이름이 붙여졌다. 이른 봄에 피는 꽃을 흔히 버들강아지라고 부른다. 강가, 개울가, 연못가 등 수변공간에 군식이나 열식하여 즐기면 좋다.

제방 등의 경사지에 지피식재용으로도 활용할 수 있다. 1~2년생 가지는 꽃꽂이 소재로 많이 사용된다.

재배 Point

내한성이 아주 강하다. 건조에 잘 견디지만, 가급적 물가에 심는 것이 좋다. 햇빛이 잘 비치고, 습기가 있지만 배수가 잘되는 토심이 깊은 토양에 식재한다. 토양산도는 pH 4.5~8인 곳이다.

나무	새순	개화		열매	꽃눈분화						
월	1	2	3	4	5	6	7	8	9	10	11	12
전정	전정			전정							전정
비료	한비										

병충해 Point

병충해는 거의 없는 편이지만, 간혹 진딧물이 생기는데 이때에는 이미다클로프리드(코니도) 액상수화제 2,000배액을 뿌려 구제한다.

방임해서 키우는 것이 좋으며, 필요한 경우에는 복잡한 부분의 가지만 제거해준다. 매년 아래쪽에서 나오는 새 가지를 정리하면 더 좋은 수형을 만들 수 있다.

주로 삽목으로 번식시킨다. 봄에 새로 나온 가지나 늦가을에 묵은 가지를 잘라 삽목상에 꽂으면 쉽게 뿌리를 내린다.

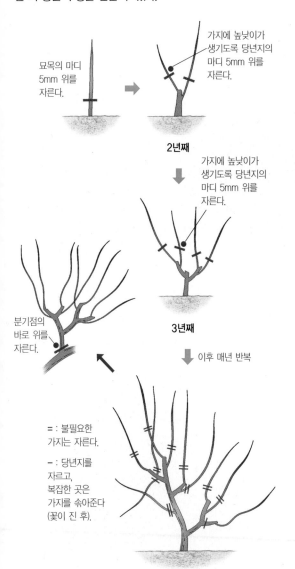

묘목의 마디 5mm 위를 자른다.

가지에 높낮이가 생기도록 당년지의 마디 5mm 위를 자른다.

2년째

가지에 높낮이가 생기도록 당년지의 마디 5mm 위를 자른다.

3년째

이후 매년 반복

분기점의 바로 위를 자른다.

= : 불필요한 가지는 자른다.

－ : 당년지를 자르고, 복잡한 곳은 가지를 솎아준다 (꽃이 진 후).

낙우송

- 측백나무과 낙우송속
- 낙엽침엽교목 • 수고 40m
- 북아메리카 동남부, 멕시코만과 대서양 연안; 전국에 공원수, 가로수로 식재

 | 학명 ***Taxodium distichum*** 속명은 라틴어 taxus(주목)와 eidos(닮다)의 합성어로 주목과 비슷한데서 유래하며, 종소명은 '이열생(二列生)의'이라는 뜻으로 잎의 모양을 나타낸 것이다. | 영명 Deciduous cypress | 일명 ラクウショウ(落羽松) | 중명 落羽杉(낙우삼)

| 잎

가는 잎이 2장씩 어긋나며, 곁가지도 2개씩 어긋난다.
침엽수이지만 가을에 단풍 들고 낙엽진다.

100%

70%

| 꽃

암꽃차례

수꽃차례

암수한그루. 암꽃차례는 녹색이고 어린가지 끝에 모여 달린다. 수꽃차례는 타원형이고 아래를 향해 달린다.

| 수피

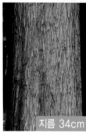

지름 34cm

성장함에 따라 짙은 적
갈색이 되고, 세로로 얇
게 벗겨진다.

구과.
산딸기류와 같은
방울은 구형이며,
황갈색으로 익는다.

달걀형이며,
여러 개의
눈비늘조각에
싸여 있다.
곁눈은 가지에
거의 직각으로
붙는다.

조경수 이야기

널리 알려진 낙엽성 침엽수는 4종류가 있는데, 메타스콰이아 · 낙우송 · 은행나무 · 낙엽송이 그것이다. 그 중 하나인 낙우송落羽松은 가을에 낙엽이 지며落, 잎이 새의 깃羽을 닮아서 붙여진 이름이다. 또 소나무 송松 자가 들어가 있지만, 잎이 바늘 모양이라는 것 외에는 소나무와 아무 연관이 없다.

낙우송의 고향은 북미 남부의 미시시피 강이 멕시코 만으로 흘러드는 저습지이다. 고향이 강가인 것에서 알 수 있듯이 물을 아주 좋아하기 때문에 '물을 그리워한다'는 뜻의 수향목 水鄕木으로도 불린다. 일본에서는 물에서

자라는 삼나무, 즉 소삼沼杉이라고도 부른다.

이처럼 물을 좋아하다 보니 땅속의 뿌리가 숨을 쉬기 어려울 때는 땅위로 뿌리를 내보내어 호흡을 하는데, 이러한 뿌리를 호흡근呼吸根이라 한다. 마치 사람의 무릎처럼 툭 튀어 올라온 뿌리라 하여, 서양 사람들은 이것을 무릎뿌리knee root라고 부른다. 낙우송의 특징 중 하나이며, 생존을 위한 특별 대책인 셈이다.

같은 측백나무과에 속하지만 속屬이 서로 다른 사촌쯤 되는 나무로 메타세쿼이아가 있다. 겉모습은 마치 한 형제처럼 아주 비슷하다. 차이점이라면 메타세쿼이아는 잎 하나하나와 잎가지가 서로 마주 보고 달리는데 비해, 낙우송은 어긋나게 달린다는 점이다.

▲ 호흡근

조경 Point

원추형의 수형이 아름답기 때문에 공원, 유원지, 골프장 등 넓은 장소에 심으면 어울린다. 또, 생장속도가 빨라서 대단위 녹지공간의 기조식재로도 활용할 수 있다.

독립수로 한 그루만 심어도 좋지만, 가로수처럼 열식을 해도 나무의 특징을 잘 살릴 수 있다. 수형이 비슷한 메타세쿼이아에 비해 침엽의 질감은 부드러운 편이다. 습기가 있는 땅을 좋아하여 연못가나 개울가에서 잘 자라며, 건조지에서는 생육이 좋지 않다.

재배 Point

내한성이 강하며, 생장속도가 빠르다. 웬만한 습기나 수분조건에서도 잘 자란다. 양지나 반음지에서 잘 자라며, 특히 산성토양을 좋아한다. 태풍과 같은 강한 바람이 불면 줄기의 상단부가 부러지기도 한다.

병충해 Point

솔나방, 뿔밀깍지벌레, 차주머니나방 등의 해충에 의해 잎이 피해를 입기도 한다. 차주머니나방의 암컷성충은 주머니 속에서 산란하며, 알은 6월~8월에 부화하여 주머니에서 탈출하므로 주머니를 제거하면 밀도를 낮출 수 있다.

7월 하순~8월 중순에 카탑하이드로클로라이드(파단) 수용제 1,000배액 또는 페니트로티온(스미치온) 유제 1,000배액을 살포하여 방제한다.

삼나무의 병해로 알려진 붉은마름병은 낙우송에도 심한 피해를 입힌다. 병이 발생한 가지는 모두 제거해야 하며, 인근에 삼나무림이 있는 경우는 전염되지 않도록 주의한다.

전정 Point

특별히 전정을 하지 않아도 아름다운 자연수형을 유지하는 나무이다. 어느 정도 자라면 햇볕을 받지 못하는 내부의 가지를 잘라 주어 채광과 통풍이 잘 되게 해준다.

번식 Point

주로 종자로 번식시키지만 삽목도 가능하다. 가을에 채취한 종자를 3~4월에 파종하고, 여름 동안에 잡초제거와 비배관리를 해주면, 가을에는 50cm 이상 자란다.

돈나무

- 돈나무과 돈나무속
- 상록활엽관목 • 수고 2~3m
- 대만, 일본, 중국; 경남, 전남, 전북 및 제주도의 바닷가 산지

 학명 *Pittosporum tobira* 속명은 그리스어 pitta(수지)와 sporo(종자)의 합성어로 종자가 점착성 물질에 싸여 있는 것을 나타낸다. 종소명은 일본 이름을 라틴어화시킨 것으로 사립문(扉)을 뜻한다. │ 영명 Australian laurel │ 일명 トベラ(扉) │ 중명 海桐(해동)

| 잎

어긋나기.
긴 거꿀달걀형이며, 가지 끝에 모여 달린다.
햇빛을 많이 받으면 잎이 귀로 말린다.

50%

| 꽃

양성화. 새가지 끝에 흰색 꽃이 모여 피며, 좋은 향기가 난다.

| 열매

삭과. 황갈색으로 익으며, 3갈래로 갈라져 끈끈한 점액질에 싸인 붉은 종자가 드러난다.

| 겨울눈

꽃눈은 반원형이고, 잎눈은 달걀형이다.

| 수피

회백색이며, 평활하다. 성장함에 따라 껍질눈이 두드러진다.

돈나무는 보통 5월에 꽃이 피지만 따뜻한 제주도 지역에서는 4월 정도면 꽃이 피기 시작한다. 돈나무의 꽃이 필 때쯤에는 벌이나 나비는 활동이 뜸하고 파리나 등에와 같은 지저분한 곤충들의 활동이 활발하다. 따라서 향기가 나는 돈나무 꽃에 이러한 곤충들이 모여들어 나무가 지저분하게 보이므로, 제주 사람들은 이 나무를 더럽다는 뜻으로 '똥나무'라 불렀다.

일본 사람들이 제주도에 왔다가 제주 사람에게 나무 이름을 물었는데, '똥나무'라 하자 '똥' 자를 발음하지 못하는 일본 사람이 '돈나무'라 하여, 이 이름을 가지게 되었다고 한다. 제주도에서는 똥낭, 똥나무로 불린다.

돈나무 꽃에서는 희미한 향기가 나지만, 잎을 비비거나 가지를 꺾으면 고약한 냄새가 난다. 특히 뿌리나 나무껍질을 벗기면 더 심한 악취를 풍긴다. 일본에서는 이렇게 고약한 냄새가 나는 돈나무 가지를 입춘 전날, 문짝에 걸어놓아 귀신을 쫓았다고 한다.

그래서 문짝이라는 뜻의 도베라扉라는 일본 이름을 얻게 되었으며, 종소명 토비라tobira도 일본 이름을 라틴어화시킨 것이다.

중국에는 오동나무 동桐 자가 들어가는 나무 이름이 여럿 있다. 우리나라의 벽오동을 가리키는 오동梧桐을 비롯하여, 예덕나무는 야동野桐, 이나무는 산오동山梧桐, 기름오동나무라 불리는 유동油桐 등이 있다. 바닷가의 오동나무라는 뜻의 해동海桐은 돈나무의 중국 이름이다.

조경 Point

윤기가 나고 햇빛을 받으면 뒤로 말리는 잎과 가을에 익으면 드러나는 주황색 종자가 관상가치가 있다. 공해와 해풍에 강하기 때문에 바닷가 도로변이나 공원녹지에 심으면 좋다.

주로 무리로 심는 경우가 많지만, 전정을 하지 않아도 단정한 수형을 유지하므로 정원에 독립수로 활용하기도 한다. 또, 강전정에도 잘 견디므로 산울타리로 심어도 좋다. 추위에 약하기 때문에 아직은 주로 남부지방에서만 식재되며, 중부지방에서는 화분에 심어서 실내 조경수로 활용된다.

재배 Point

내한성이 약한 편이며, 햇빛이 잘 비치는 곳이나 반음지가 좋다. 습기가 있지만 배수가 잘되는 비옥한 토양에 식재한다. 이식은 3~7월에 한다.

병충해 Point

진딧물, 깍지벌레, 선녀벌레, 차주머니나방, 돈나무이 등 다양한 해충이 발생한다. 돈나무이는 약충이 새순이나 새잎의 뒷면에 모여 살며 흡즙가해하면서, 흰가루와 점착물을 분비하여 그을음병을 유발한다. 피해 받은 잎은 위축되어 잎가장자리가 뒤쪽에 세로로 붙어 있으며, 새순의 생육이 중지된다.

잎에 벌레가 보이기 시작하면 뷰프로페진.디노테퓨란(검객) 수화제 2,000배액을 1~2회 살포하여 방제한다.

▲ 돈나무이

▲ 돈나무이에 의 분비물에 의한 그을음병

맹아력이 강하므로 둥근 수형, 산울타리 등 자유로운 형태로 전정이 가능하며, 시기는 장마기 전후가 좋다. 정원에 조경수로 심었을 때는 둥근 수형 혹은 자연수형으로 전정하며, 수고는 0.7~1m 정도가 적당하다.

어린 나무에서는 도장지가 많이 발생하는데, 도장지는 가지의 분기점 바로 위를 잘라준다.

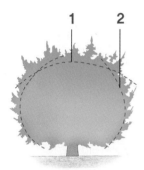

꼭대기 부분은 강하게 깍고(**1**),
옆 부분은 위에서 전정한 라인을
봐가면서 약하게 깍는다(**2**).

잎이 없는 굵은 가지가
노출되지 않도록 전정가위를
수관 속에 넣어 가지의
분기점 위를 자른다.

▲ 둥근 수형의 전정

가을에 열매가 벌어져서 종자가 드러나면 채취하여 과육을 제거하고, 노천매장을 해두었다가 다음해 봄에 파종한다. 파종상이 마르지 않도록 관리하면 5~6월경에 발아한다. 기후가 따뜻한 곳에서는 발아율이 더 높다.

삽목은 4월경에 전년지를 10cm 길이로 잘라서 숙지삽이나 여름 장마철에 녹지삽을 하는데, 발근이 잘 되는 편이다.

망종화

- 물레나물과 물레나물속
- 낙엽활엽관목 · 수고 1m
- 중국 원산, 일본 히말라야; 전국지에 관상용으로 식재

 학명 *Hypericum patulum* 속명은 그리스어 hyper(위에)와 eikon(그림)의 합성어이며, 악령을 쫓기 위하여 이 식물을 그림 위에 매달아 두었던 것에서 유래한다. 종소명은 '흩어진'이라는 뜻이다. | 영명 Chinese St. John's Wort | 일명 キンシバイ(金絲梅) | 중명 金絲梅(금사매)

| 잎

마주나기.
긴 달걀형이며, 가장자리는 밋밋하다.
잎뒷면은 흰빛이 돌고 기름샘이 있다.

60%

| 꽃

양성화. 금빛 수술이 실처럼 가늘고 길
어서 금사매라고도 불린다.

| 열매

삭과. 갈색의 달걀형이며, 익으면 위쪽이
벌어진다.

| 겨울눈

긴 타원형이고 작으며,
눈비늘조각에 싸여 있다.

망종芒種은 24절기 중에서 아홉 번째에 해당하는 절기다. 소만과 하지 사이에 들며 음력으로는 5월, 양력으로는 6월 6일 무렵이다. 망종이란 벼, 보리와 같이 수염이 있는 까끄라기 곡식의 종자를 거두는 시기라는 뜻이며, 이 시기는 모내기와 보리베기를 하기에 알맞은 때이다.

망종화는 망종 때쯤 꽃이 핀다고 하여 붙여진 이름이다. 또 다른 이름 금사매金絲梅는 꽃잎 속의 황금빛 수술을 한가닥 한가닥 금실로 수놓아 만든 매화라는 의미이다. 가지 끝에 노란 꽃을 피우는데, 길게 뻗은 수술이 환상적이다.

망종화는 중국이 원산지이며, 우리나라에 심는 것은 주로 일본에서 수입한 종류이다. 꽃은 망종화와 비슷하나 잎이 갈퀴덩굴 같이 생긴, 북미가 원산지인 갈퀴망종화도 있다.

망종화의 영어 이름 세인트 존스 워트St. John's wort는 예수에게 세례를 주었던 세례자 요한을 잡으려고 한 로마 병사가 성 요한의 집에 이 꽃을 꽂아 표시해두었는데, 다시 가보니 모든 집에 이 꽃이 꽂혀있었다는 이야기에서 유래한 것이다.

옛날부터 칼에 베인 상처에는 이보다 더 좋은 약초가 없

다고 해서, 십자군 원정 때 병사들이 이 약초를 꼭 가지고 다녔다고 한다.

꽃말은 '변치 않는 사랑', '당신을 버리지 않겠어요'.

조경 Point

한번 이식하면 특별히 관리를 하지 않아도 아름다운 꽃을 즐길 수 있는 조경수이다. 야생성이 풍부한 나무로 동양식 정원이나 서양식 정원, 어느 곳에 식재해도 잘 어울린다.

큰 나무 밑에 하목, 바위틈 사이, 연못가 등에 심으면 좋다. 또 잔디밭을 배경으로 무리로 심거나 원로 또는 건물을 따라 줄심기를 해보는 것도 재미있다. 꽃꽂이의 소재로도 많이 사용된다.

재배 Point

해가 잘 비치는 곳이나 반음지가 좋으며, 내한성이 중간 정도이다. 중부지방 위쪽에서는 겨울 추위에 지상부가 죽는다.

적당히 비옥하고 수분이 있으며 배수가 잘되는 토양에 재배한다.

나무					새순	개화	꽃눈분화					
월	1	2	3	4	5	6	7	8	9	10	11	12
전정	전정						전정					
비료	한비											한비

병충해 Point

특별한 병충해는 거의 없지만, 가끔 깍지벌레가 발생하는 수가 있다.

◀ 세인트 존스 워트(St. John's wort)
우울증과 정신신경계 환자들에게 효과 있다.

전정을 하지 않고 방임해서 키워도 좋으며, 수고를 제한하고 싶을 때는 수관을 깍아준다. 겨울 전정의 강도에 따라 개화 시의 가지모양새가 달라진다.

꽃이 진 후에는 방임해 두는 것이 좋지만, 가지가 너무 많이 뻗으면 수시로 원하는 곳에서 잘라준다.

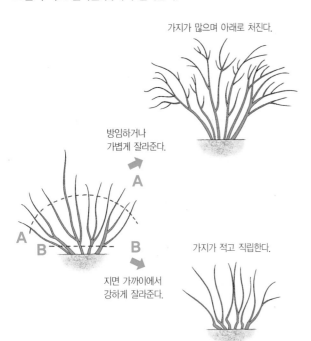

가지가 많으며 아래로 처진다.

방임하거나
가볍게 잘라준다.

A

A
B   B

지면 가까이에서
강하게 잘라준다.

가지가 적고 직립한다.

뿌리가 잘 번지기 때문에 분주법으로 번식시키면 편리하다. 4월경에 큰 포기를 파서 뿌리가 붙은 줄기를 3~5개씩 나누어 따로 심는다. 많은 묘가 필요할 때는 2~3개씩 나누어 심어도 된다.

가을에 잘 익은 종자를 채종하여, 다음해 3월 하순~4월 상순에 뿌리는데, 씨가 작아서 화분이나 상자에 파종하는 것이 좋다. 꽃이 필 때까지는 3년 정도가 걸린다. 잎에 반점이 들어 있는 원예종은 7~8월에 삽목으로 번식시킨다.

수양버들

- 버드나무과 버드나무속
- 낙엽활엽교목 • 수고 15~20m
- 중국이 원산지이며, 세계적으로 식재; 전국적으로 널리 식재

 학명 *Salix babylonica* 속명은 켈트어 sal(가깝다)과 lis(물)의 합성어로 '물가에 많이 자란다' 또는 라틴어 salire(도약하다)가 어원으로 '생장이 빠르다'라는 의미를 가지고 있다는 설이 있다. 종소명은 '바빌로니아의'라는 뜻이다.
영명 Weeping willow 일명 シダレヤナギ(枝垂柳) 중명 垂柳(수류)

| 잎

어긋나기.
길고 늘씬한 좁은 피침형이며,
가장자리에 잔톱니가 있다.
잎자루가 꼬여 있다.

70%

| 꽃

암꽃차례

수꽃차례

암수딴그루. 잎이 나면서 동시에 잎겨드랑이에 원기둥형의 꽃이 핀다.

| 열매

삭과. 열매이삭은
원주형이며,
종자에는 흰색의
솜털이 있다.

| 겨울눈

꽃눈은 황록색이고
달걀형이며,
곁눈은 가지에
바짝 붙어서 난다.

| 수피

지름 27cm

검은 회색이고
코르크층이 발달한다.
성장하면서 갈라져서
세로로 긴 그물 무늬가
생긴다.

《구약성경》〈시편〉137편에 나오는 구절이다.

"우리가 바벨론 강가에 앉아 시온을 생각하며 울었도다. 거기 버드나무에 우리 수금竪琴; 오늘날 하프에 해당하는 악기을 걸었나니. 우리를 포로로 잡아간 자들이 노래를 부르라, 우리의 압제자들이 흥을 돋우라 하는구나. "자, 시온의 노래를 한 가락 우리에게 불러 보아라." 우리 어찌 주님의 노래를 남의 나라 땅에서 부를 수 있으랴?"

이스라엘 자손들은 바빌론에 유배되어 오랫동안 포로 생활을 했다. 그들은 깊은 비애에 잠겨 유대민족의 신앙 중심지인 시온을 생각하며, 바빌론 강가에서 울었다.

버드나무에 수금을 걸었다는 것은 그들을 사로잡은 자들이 기쁨을 청하여 노래하라 함인데, 그들을 기쁘게 할 수 없다며 여호와의 노래를 부르지 않겠다는 뜻을 나타낸 것이다. 이 대목에 나오는 버드나무는 수양버들을 가리킨다.

▲ 모네의 〈수양버들〉
화가 클로드 모네는 수련을 비롯해 수양버들을 자신의 정원에 심고 여러 작품 속에서 소재로 이용하였다.

수양버들의 종소명 바빌로니카*babylonica*는 '바빌론의'라는 뜻인데, 여기에서 유래된 이름이다. 그러나 여기에 나오는 버드나무가 버드나무과의 미루나무라는 주장을 하는 학자도 있다. 그들은 버드나무가 주로 북쪽의 담수가 흐르는 곳에서 잘 자라는데 견주어, 미루나무는 남쪽의 염분이 있는 강 유역에서 잘 자라며 땅 속의 염분농도가 높은 곳에서도 잘 견딘다는 이유를 들고 있다.

버드나무에는 이밖에도 개수양버들 · 광버들 · 눈갯버들 · 갯버들 · 떡버들 · 호랑버들 · 섬버들 · 용버들 · 콩버들 · 키버들 · 능수버들 등 다양한 종류가 있다.

조경 Point

축축 늘어지는 가지가 시선을 아래로 끌어내리기 때문에 냇가, 강변, 연못가 등의 수변공간에 심으면 운치를 더한다. 생장속도가 빠르고, 공해나 추위에 강하기 때문에 가로수로 많이 심는다.

예전에 가로수로 심은 수양버들의 씨앗이 온 사방으로 날아다녀 재채기와 눈병을 유발하고 경관을 해친다 하여, 근래에는 이것을 방지하기 위해 수나무를 심는다.

재배 Point

내한성이 아주 강하다. 건조함에도 잘 견디지만, 가급적 수변에 식재하면 좋다. 습기가 있지만 배수가 잘 되며, 토심이 깊은 토양에서 잘 자란다.

나무	새순		개화	열매								
월	1	2	3	4	5	6	7	8	9	10	11	12
전정	전정						전정				전정	
비료	한비											

뽕나무하늘소의 애벌레가 가지와 수간 내부를 갉아먹어 수세가 쇠약해지고, 심하면 나무가 고사하기도 한다. 피해를 입은 목질부는 변색되고 공동이 생긴다. 애벌레가 밖으로 배출한 벌레똥을 보고 피해부위를 쉽게 찾을 수 있다. 벌레똥을 배출한 구멍 속에 페니트로티온(스미치온) 유제 50배액을 주입하고, 빗물이나 균이 침입하지 못하도록 진흙 등으로 막아준다.

방제법으로는 성충발생기에 티아메톡삼(플래그쉽) 입상수화제 3,000배액을 수관에 살포하여 성충의 후식과 산란을 방지한다.

잎에 나타나는 병해로는 점무늬병, 흑문병, 탄저병, 잎녹병 등이 있고, 해충으로는 진딧물류, 잎벌레류 등이 있다.

▲ 수양버들 벌레혹

삽목은 2~3월에 전정을 하고 난 후에 나온 휴면지를 이용하며, 다른 시기에 하더라도 쉽게 발근한다. 적옥토 등을 넣은 삽목상에 꽂으며, 물삽목도 가능하다.

씨앗이 날리지 않는 수나무만 증식시키고자 할 때는, 수나무에서 채취한 가지로 삽목을 한다.

조경수 상식

■ 펄라이트(pearlite)

진주암을 구워서 분쇄한 것을 고온괴열 발포처리하여 제조한 백색의 다공질체로서 토양개량제로 이용된다. 가볍고 통기성, 보수성, 배수성이 좋으므로 걸이화분 등의 흙으로 이용된다.

위성류

- 위성류과 위성류속
- 낙엽활엽소교목 • 수고 5~8m
- 중국 원산; 전국의 공원 및 정원에 식재

 | 학명 *Tamarix chinensis* 속명은 옛 라틴명으로 위성류속의 식물이 피레네 지방의 Tamaris강 유역에 많이 자생하는 것에서 붙여진 것이며, 종소명은 '중국의'를 가리킨다. | 영명 Chinese tamarix | 일명 ギョリュウ(御柳) | 중명 檉柳(정류)

| 잎

20%

어긋나기.
활엽수이면서 비늘잎 모양의
잎을 가지고 있다.

| 꽃

양성화. 1년에 봄(5월)과 가을(9월) 두 차례 꽃이 핀다. 봄꽃이 크지만 결실하지 않는 경우가 대부분이다.

| 수피

지름 43cm

회녹색이며, 코르크층이 발달한다. 성장함에 따라 세로로 줄이 생기고 융기한다.

| 겨울눈

작아서 눈에
잘 띄지 않는다.

조경수 이야기

위성에 아침 비가 내려 흙먼지를 적시니
여관집 둘레 푸른 버들 빛 더욱 산뜻하여라
그대에게 다시 잔을 들어 술을 한잔 권하노니
서쪽으로 양관 땅에 나가면 벗이 없느니라.

중국 당나라의 왕유가 지은 이 한시는, 친구를 송별하는 시 중에서 백미로 꼽힌다. 여기에 나오는 위성 渭城은 장안 長安 부근에 있는 도시로, 당시에 사람들이 이곳까지 나와서 손님을 전송하는 풍습이 있었다고 한다.

중국이 원산지인 위성류는 우리나라에서는 그다지 흔하게 볼 수 있는 나무는 아니다. 당나라 현종이 총애한 양귀비가 후원에 심고 감상했다고 하여 어류 御柳라 불리기도 하고, 비가 오기 전에는 잎을 세우고 비가 오면 전부 서서 비를 맞는다 하여 '비를 예측하는 나무'라는 뜻의 우사 雨師라는 별칭으로 불리기도 한다.

전라남도 구례군 토지면 오미리에는 남한의 3대 길지 중 하나로 알려진 '구름 속의 새처럼 숨어사는 집' 운조루 雲鳥樓가 있다. 운조루라는 집이름은 도연명의 시 〈귀거래사〉 중에서

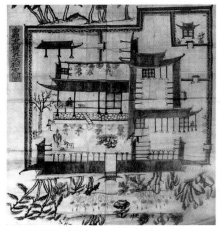
▲ 전라구례오미동가도
사랑채 마당 왼쪽 아랫부분에 위성류와 조랑말이 보인다.

구름은 무심히 산골짜기에 피어오르고 雲無心以出岫
새는 날기에 지쳐 둥우리로 돌아올 줄 아네 鳥倦飛而知還

이 두 구절의 첫머리 두 글자를 따와 정했다고 한다. 운조루 사랑채 앞마당에는 집주인이 중국에 다녀온 사신으로부터 선물로 받은 위성류가 자라고 있다. 이 집이 지어질 당시의 모습을 그린 〈전라구례오미동가도 全羅求禮五美洞家圖〉에 보면, 이 나무에는 조랑말 한 마리가 매여 있는 것이 보인다.

집주인은 멀리서 조랑말을 타고 찾아온 친구와 사랑채에서 술잔을 기울였을 것이다.

성경에는 위성류를 히브리어 에셸 eshel로 그대로 인용하여 표현하고 있다. 이스라엘 땅에 자생하는 위성류는 3~4m 정도 자라는 것이 많지만, 10m 정도까지 자라는 것도 있다. 건조에 매우 강하며 습지를 좋아하고, 염분이 많은 곳에서도 잘 견딘다. 따라서 요르단강 유역, 지중해연안, 네게브 사막, 아라바 계곡의 강바닥 등 척박지에서도 잘 살아간다.

다른 식물들이 말라죽는 가뭄에도 땅속 30m까지 뿌리를 뻗어 물을 흡수하는 능력이 있으며, 잎이 비늘잎처럼 생겨서 증산작용을 억제하여 사막과 같은 건조지대에서도 살아갈 수 있다.

아브라함이 아비멜렉에게 암양새끼 일곱을 주고 우물을 사서 증거로 심었다. 그 때에 브에르 세바 맹세의 우물에 에셸나무 위성류를 심고, 거기서 영생하시는 하느님 여호와의 이름을 불렀다.

"아브라함은 브에르 세바에 에셸나무 위성류를 심고, 그곳에서 영원한 하느님이신 주님의 이름을 받들어 불렀다 창세기 21장 33절."

잎이 침엽수와 비슷하지만 활엽수로 분류되며, 나무의 질감이 곱고 부드럽다. 1년에 두 번 피는 연분홍빛 꽃이 아름다우며, 수양버들처럼 가지가 아래로 처지는 성질이 있어서 물가에 심으면 수변의 풍치를 더해준다.

조해와 해풍에 강하기 때문에 해변조경에도 적합한 수종이다. 정원이나 공원에 독립수, 첨경수로 활용하면 좋다.

재배 Point

내한성이 강하며, 충분한 햇빛이 비치는 곳이 좋다. 배수가 잘 되는 토양, 보수성이 좋은 토양에 재배하면 잘 자란다. 차고 건조한 바람을 막아준다.

병충해 Point

특별히 알려진 병충해는 없다.

전정 Point

원하는 수고까지 자라면 주지를 정리해서 짧게 자른다(A). 수고와 가지폭 모두 작게 만들 수 있으므로, 공간이 좁은 정원에 알맞은 수형이다.

A : 위로 선 가지는 밑동에서 자른다.
B : 주지를 짧게 자른다.

주지에서 가지가 나오게 하며, 너무 많이 나오면 솎아준다. 가을까지 방임해 두어 2~3개의 가지가 나오게 한다.

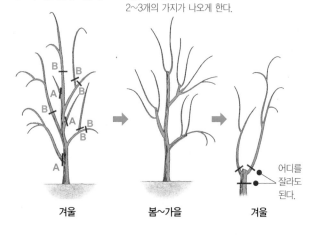

겨울   봄~가을   겨울

어디를 잘라도 된다.

▲ 좁은 정원에 알맞은 수형 만들기

번식 Point

삽목은 3월 중순~4월 중순이 적기이며, 손가락 정도 굵기의 충실한 가지를 20cm 길이로 잘라서 삽목상에 꽂으면 발근이 잘 된다. 발근이 된 묘는 다음해 봄에 옮겨 심는다.

해당화

- 장미과 장미속
- 낙엽활엽관목 • 수고 1.5~2m
- 일본, 만주, 러시아, 사할린; 서해와 동해의 해안가

 학명 *Rosa rugosa* 속명은 라틴어 옛이름 rhodon(장미)에서 유래한 것으로 '붉다'는 뜻이다. 종소명은 '주름이 많은'이라는 뜻으로 잎의 모양을 나타 낸다. 영명 Rugose rose 일명 ハマナス(浜茄子) 중명 玫瑰(매괴)

| 잎

어긋나기.
2~4쌍의 작은잎을 가진 홀수깃꼴겹잎이다.
종소명 루고사(*rugosa*)는 '(잎에) 주름이 많다'는 의미이다.

60%

| 꽃

양성화. 새가지 끝에 1~3개의 홍자색 꽃이 피며, 좋은 향기가 난다.

| 열매

장미과. 약간 납작한 구형이며, 붉은색으로 익는다.

| 겨울눈

달걀형이며, 끝이 둥글다. 5~7장의 눈비늘조각에 싸여 있다.

| 수피

연한 갈색이며, 가늘고 긴 가시로 덮여있다. 성장함에 따라 세로로 갈라진다.

▲ 흰해당화(*R. rugosa* 'Alba')

해당화海棠花라는 이름은 '바닷가海에 사는 아가위棠가 열리는 꽃花' 정도로 풀이할 수 있다. 아가위는 산사나무 열매를 이르는 우리말로 열매에 꽃받침이 남아있는 것이 특이하며, 해당화 역시 열매에 큰 꽃받침이 남아 있어서 해당화 열매가 아가위를 닮은 것으로 본 것 같다.

중국에서는 구슬같이 생긴 열매를 보고 매괴玫瑰라 하였으며, 일본에서는 해변가에 나는 배라 하여 하마나시浜梨라 한 것이 나중에 하마나스ハマナス가 되었다.

모두 열매에 중점을 두고 붙인 이름이다. 혼동하기 쉬운 해당화 중에 서부해당이나 수사해당이 있는데, 이는 장미과 수목이긴 하지만 해당화와는 거리가 먼 꽃사과 종류이다.

> 이 몸은 백설의 모래사장을 밟고,
> 거울 같이 맑은 바다를 바라보며 자라났습니다.
> 봄비가 내릴 때는 목욕하여 먼지를 씻었고,
> 상쾌하고 맑은 바람 속에 유유자적하면서 지냈습니다.
> 이름은 장미라고 합니다.

식물을 의인화한 설총의 〈화왕계花王戒〉에 장미가 자신을 소개하는 대목이다. 그러나 내용을 뜯어보면, 이 꽃은 장미가 아니라 해당화로 판단된다.

해당화는 때찔레라고도 불렀다. 옛 가요 중에 "찔레꽃 붉게 피는 남쪽나라 내 고향……"이라는 가사 속에 나오는 찔레꽃은 우리가 흔히 알고 있는 하얀색 찔레Rosa multiflora가 아닌 붉게 피는 때찔레, 즉 해당화Rosa rugosa를 말한다. "해당화 피고 지는 섬 마을에……"로 시작하는 우리 귀에 익은 〈섬마을 선생님〉이란 노래도 있다.

이처럼 해당화를 소재로 한 시와 노래는 대부분 바닷가를 배경으로 하고 있는데, 이는 해당화가 우리나라 동해안과 서해안의 모래땅에서 자라는 장미과의 꽃나무이기 때문이다.

조경 Point

대표적인 해변 조경수로 바닷가의 관광지나 피서지에 무리로 심으면 좋다. 척박한 토양의 도로변 절개지에서도 잘 자라며, 꽃과 열매가 아름답고 향기가 있어서 정원수나 공원수로도 많이 심는다.

가시가 있고 곁가지가 많이 나오므로 낮은 산울타리나 경계식재로 적합하지만, 어린 아이가 접근할 수 있는 곳은 피한다. 꽃이 지고 난 후에 열리는 붉은 열매도 관상가치가 있으며, 약재로 이용된다.

재배 Point

생육이 왕성한 원종 장미로 추위와 건조에 강하다. 모래땅에서 자라지만 일반 토양에서도 잘 자란다.

나무				새순		개화			열매			
월	1	2	3	4	5	6	7	8	9	10	11	12
전정		전정								전정		
비료		한비									꽃후	

◀ **해당화 열매**
해당화 열매에는 비타민C를 많이 함유되어 있어서 말려서 한약재로 사용한다. 또 차로 마시거나 술이나 진액으로 만들어 먹기도 한다.

병충해 Point

병충해로는 흰가루병, 깍지벌레, 진딧물, 점박이응애, 장미등
에잎벌 등이 있다. 특히 진딧물은 즙액을 빨아먹고 감로(甘露)
를 생산하므로, 개미와 벌이 모여들어 그을음병을 유발한다.
찔레수염진딧물은 새가지, 새잎, 꽃자루에 모여 살면서 흡즙가
해하므로, 새가지의 생장이 저해되고 잎이 변형되며 전개도
늦어진다.

특히 꽃봉오리 주변에 밀도가 높아 눈에 잘 띈다. 벌레가 조금
보이기 시작할 때, 메티다티온 유제 또는 이미다클로프리드 액
상수화제, 수화제 1,000배액을 10일 간격으로 2회 살포하여 방
제한다.

장미흰깍지벌레는 줄기, 가지, 잎에 기생하여 흡즙가해한다. 약
충 발생시기에 이미다클로프리드(코니도) 액상수화제 2,000배
액을 10일 간격으로 2회 살포하여 방제한다.

번식 Point

가을에 열매를 채취하여 과육은 다른 용도로 이용하고, 정선한
종자를 바로 뿌리거나 종자와 모래를 1:2의 비율로 섞어서 노천
매장해두었다가 다음해 봄에 파종한다.

분주는 기는줄기(포복경) 중에서 뿌리가 나온 것을 잘라서 다른
곳에 옮겨 심는 번식법으로, 3월경에 하면 활착율이 높다.

삽목은 봄에 싹이 트기 전에 전년생 가지를 15~20cm 길이로
잘라서 하는데, 발근율이 높은 편은 아니다.

전정 Point

3~4년 정도 오래된 가지는 3월 상순에 밑동을 잘라주어 새 가
지로 갱신시키고, 남은 가지는 2~3월 상순에 1/3~1/2 정도를
잘라준다.

뿌리가 땅속에서 옆으로 퍼지는 성질이 있으므로, 좁은 장소에
심었을 경우에는 길게 뻗은 기는줄기[葡匐莖]를 잘라준다.

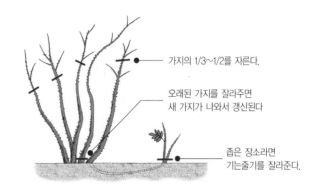

가지의 1/3~1/2를 자른다.

오래된 가지를 잘라주면
새 가지가 나와서 갱신된다

좁은 장소라면
기는줄기를 잘라준다.

흰말채나무

- 층층나무과 층층나무속
- 낙엽활엽관목 • 수고 2~3m
- 중국, 러시아, 몽골; 전국적으로 널리 식재

 학명 *Cornus alba* 속명은 라틴어 corn(뿔)에서 온 말로 나무의 재질이 단단한 것에서 유래한 것이며, 종소명은 '흰색의'라는 뜻이다.
영명 Tatarian dogwood | 일명 サンゴミズキ(珊瑚水木) | 중명 紅瑞木(홍서목)

| 잎

30%

마주나기.
넓은 타원형이며, 가장자리는 밋밋하다.
측맥이 잎끝을 향해 둥글게 뻗어 있다.

| 꽃

양성화. 가지 끝에 자잘한 흰색 꽃이 모여 핀다.

| 열매

핵과. 구형이며, 흰색으로 익는다. 단맛이 난다.

| 수피

여름에 청갈색이다가 겨울에 적자색을 띤다. 광택이 나며, 회백색의 둥근 껍질눈이 많다.

| 겨울눈

맨눈이며,
긴 달걀형이고
끝이 뾰족하다.
갈색의 누운 털로
덮여 있다.

흰말채나무는 나무에 물이 한창 오르는 봄에, 낭창낭창한 이 나무의 가지를 말채찍으로 썼기 때문에 붙여진 이름이다. 무엇보다도 이 나무의 관상 포인트는 붉은색 가지에 있다. 낙엽이 지고 난 뒤, 흰 눈을 배경으로 진한 붉은 빛으로 선명하게 물들인 흰말채나무의 잔가지를 보면 절로 감탄사가 나올 정도다.

중국 이름 홍서목紅瑞木도 붉은색 수피에서 유래한 것이며, 일본 이름 산고미즈키珊瑚水木는 이 나무의 가지가 붉은 산호珊瑚처럼 생기고 층층나무과水木科에 속하기 때문에 붙여진 이름이다. 줄기가 붉은색인데 흰말채나무라고 부르는 것은, 줄기의 속이 흰색이기 때문이다. 8~9월에 흰 구슬에 까만 점이 찍힌 것 같은, 올챙이 모양의 열매 역시 관상가치가 높다.

겨울에 가지의 색이 노랗게 변하는 노랑말채나무 *Cornus alba* ‘Aurea’도 있다. 종소명 알바*alba*는 ‘흰색의’라는 뜻으로 열매의 색을 나타내는 이름이다.

조경 Point

겨울에 흰 눈을 배경으로 펼쳐지는 붉은 빛의 잔가지가 관상포인트이다. 8~9월에 올챙이 모양으로 조롱조롱 열리는 열리는 흰색 열매 역시 관상가치가 높다. 추위에 잘 견디므로 정원에 무리로 심어두면, 겨울의 따뜻한 정취를 즐길 수 있다. 큰 나무 밑의 하목이나 산울타리의 용도로도 활용할 수 있다.

재배 Point

추위에 강하나 건조에는 약하며, 토양조건은 가리지 않고 잘 자란다. 양지바른 곳에서 재배하면 가지의 붉은 색이 더 예쁘게 나온다. 기후환경은 온도 약 −25℃까지 견딘다.

병충해 Point

복숭아혹진딧물, 황다리독나방 등의 해충이 발생한다. 황다리독나방은 애벌레가 잎을 식해하며 애벌레 한 마리의 섭식량은 많으나 대발생하지는 않는다.

발생초기에 인독사카브(스튜어드골드) 액상수화제 2,000배액, 클로르플루아주론(아타브론) 유제 3,000배액을 수관 살포하여 방제한다. 수간에서 월동 중인 알덩어리를 채취하여 소각하거나 문질러 죽인다.

전정 Point

수세가 강하여 강전정에도 잘 견디므로 원하는 수형으로 키우기가 쉽다. 넓은 식재장소라면 전정을 하지 않고 자연수형으로 키우는 것이 좋다.

번식 Point

종자를 채취하여 과육을 제거한 후에 직파하거나, 이듬해 봄에 파종한다. 종자가 건조하면 발아가 늦어진다.

삽목은 겨울에 15cm 정도의 삽수(눈이 2개 이상 붙은 것)를 만들어서 저온저장해두었다가, 봄에 삽목상에 꽂는다. 삽수를 비스듬하게 자르면 수분 흡수량이 많아져서 빨리 발근한다.

남천

- 매자나무과 남천속
- 상록활엽관목 • 수고 1~3m
- 중국, 일본, 인도; 전국에 관상수로 식재

 | **학명** *Nandina domestica* 속명은 일본 이름 nanten을 라틴어화시킨 것이고, 종소명은 '가정의'라는 뜻으로 가정에서 많이 심었기 때문에 붙여진 것이다.
영명 Heavenly bamboo | **일명** ナンテン(南天) | **중명** 南天竹(남천죽)

| **잎**

작은잎이 2~3번 반복
되는 2~3회깃꼴겹잎이다.
상록이지만 겨울철에 붉은색
변하기도 한다.

15%

| **꽃**

양성화. 가지 끝의 대형 원추꽃차례에서
흰색 꽃이 모여 핀다.

| **열매**

장과. 구형이고 연한 초록에서 붉은색으
로 익으며, 겨울 내내 달려있다.

| **뿌리**

중근형. 중경이 발달하고 근모가 밀생한다.

| **겨울눈**

원추형이며, 여러개의
비늘조각은 줄꼴로 감싸
고 있다.

▲ **노랑남천**(*N. domestica* var. *leucocarpa*)

남천은 남천촉 南天燭이라고도 부르는데 가을에 열리는 붉은 열매가 마치 불타는 촛불과 같다고 붙여진 이름이며, 잎이 대나무를 닮았다고 하여 남천죽 南天竹이라고도 부른다. 중국 산동성과 귀주성 일대가 자생지이며, 일본과 우리나라 남부 지방에도 자생한다.

일본에서는 남천이 '재난을 피한다 難を轉ずる'는 뜻의 난텐 難轉과 발음이 같아서, 도난을 막고 화재를 예방한다 하여 문앞 현관에 심는 행운목으로 알려져 있다. 남천의 꽃말이 전화위복인 것도 이것과 일맥상통하는 것이다. 또 일본에서는 남천이 독을 없애고 나쁜 기운을 정화한다는 민간속설이 있다고 한다. 다른 사람에게 먹을 것을 선물할 때 그 위에 남천 잎을 3장 올려서 보내는데, 이 역시 남천 잎이 독을 소멸시킨다고 믿는 풍습에서 유래한 것이다. 또 변소 근처에도 남천을 심었는데, 이때는 냄새를 없애고 더러운 곳을 정화한다는 뜻을 내포하고 있다고 한다.

남천의 각 부위는 여러모로 약효가 많다고 한다. 복어독에 중독되었을 때 남천 잎을 찧어서 즙을 마시면 해독이 된다고 하며, 가슴통증이나 배멀미를 멎게 하는데도 효과가 있다고 한다. 또 치통이 있을 때 이 즙을 바르면 통증이 멈추며, 쥐에 물린 데도 효과가 있다고 한다.

다래끼나 결막염, 안구충혈 등의 눈병에는 나무껍질이나 뿌리껍질을 달여서 바르며, 각기나 중풍에는 이 물을 마시면 효과가 있다고 한다. 또 어린 아이가 동전을 삼켜 목에 걸렸을 때, 남천 뿌리를 태워서 뜨거운 물에 타서 먹이면 토하기 때문에 효과가 있다는 민간요법도 있다. 성숙한 남천의 열매는 남천실 南天實이라고 하는데, 오래된 해수·천식·백일해 등에 효과가 있는 한방약으로 알려져 있다.

조경 Point

남부지방에서는 정원수로 많이 재배하며, 중부 지방에서도 가로변의 하목이나 산울타리 또는 차폐식재로 많이 이용되고 있다. 내음성이 강하기 때문에 큰 나무 밑이나 녹지의 모퉁이, 북쪽 그늘진 곳에 심어도 잘 생육한다.

잎은 반상록성으로 가을에 붉게 물들며, 겨우내 달려있는 붉은색 열매 또한 관상가치가 높으며 새들의 좋은 먹이가 된다. 화분에 심어 아파트나 사무실의 실내 조경수로도 이용해도 좋다.

재배 Point

내한성이 약한 편이며, 보수성이 있고 배수가 잘되는 토양에 재배한다. 가능하면 직사광선 하에서 비바람을 막아주는 장소가 좋다. 자연상태에서는 석회암지역에서 무성하게 자라는 수종이다.

나무	열매		새순		개화					열매		
월	1	2	3	4	5	6	7	8	9	10	11	12
전정			전정			전정						
비료	시비						시비					

병충해 Point

황반병에 감염된 나뭇잎은 황갈색으로 변하면서 쉽게 낙엽이 지며, 이로 인해 수관이 매우 엉성해지고 나무의 생육도 불량해진다. 병든 낙엽은 모아서 태우고, 코퍼하이드록사이드(코사이드) 수화제 1,000배액을 발병초기부터 10일 간격으로 3~4회 살포하여 방제한나.

해충으로는 흰색 솜 모양의 이세리아깍지벌레와 뿔 모양의 돌기가 가운데 1개, 둘레에 8개가 있는 뿔밀깍지벌레 등이 있다. 이들은 가지에 기생하면서 수액을 빨아먹어서 수세를 약화시키며, 배설물로 인해 그을음병을 유발하기도 한다.

방제법으로는 밀한 가지를 솎아서 통풍을 좋게 해주고, 뷰프로
페진.디노테퓨란(검객) 수화제 2,000배액을 발생초기에 2~3회
살포한다.

▲ 뿔밀깍지벌레

전정 Point

어릴 때는 특별히 전정이 필요하지 않지만, 몇 년이 지나서 수
고와 폭이 커지면 전정을 시작한다. 5~7개의 줄기만 남기고 나
머지는 밑동에서 잘라서 주립상의 수형으로 키운다.

가끔 꽃이 피지 않는 경우가 있는데, 이때에는 3월경 지면줄기
에서 25~30cm 되는 곳을 삽으로 깊게 찔러 뿌리의 끝부분을
자르는 뿌리끊기를 해주면, 생육이 일시적으로 억제되기 때문에
꽃눈이 잘 생긴다.

작은 수형으로
만들고 싶으면 원하는
수고에서 자른다.

꽃이 피지 않으면
줄기의 주위를 삽으로
깊게 찔러준다(뿌리끊기).

너무 크게 자란
나무는 오래된
가지를 잘라내어
새 줄기로
갱신시킨다.

번식 Point

숙지삽은 2월 하순~3월 상순, 녹지삽은 6월 하순~9월이 적
기이다. 숙지삽은 충실한 전년지 또는 2~3년지를, 녹지삽은
충실한 햇가지를 삽수로 사용한다.

삽수는 10~15cm 길이의 눈이 2~3개 붙은 것이 좋으며, 잎
이 붙어있지 않아도 된다. 숙지삽은 한해와 동해를 입지 않도
록 따뜻한 곳에 두고, 녹지삽은 반그늘에 두고 건조하지 않도
록 관리한다. 1~2개월 후에 발근하면 서서히 햇볕에 익숙해지
도록 해주고, 다음해 3월에 이식한다.

11월~2월경에 새가 열매를 따먹지 않을 때 채종하여, 열매껍질
을 흐르는 물로 씻어내고 바로 파종한다. 다음해 여름에 발아(2
년 발아)하며, 생육이 느린 편이다. 겨울에 한해와 동해를 입지
않도록 보호해주고, 3년째 봄에 이식한다. 분주 번식은 뿌리 주
위에서 가지가 뻗어 나와 커진 나무의 포기를 나누어 따로 심는
번식법이다.

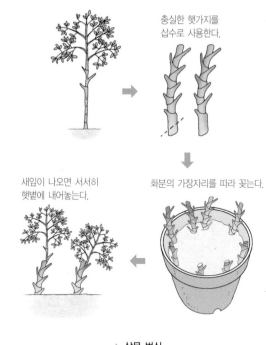

충실한 햇가지를
삽수로 사용한다.

화분의 가장자리를 따라 꽂는다.

새잎이 나오면 서서히
햇볕에 내어놓는다.

▲ 삽목 번식

노간주나무

- 측백나무과 향나무속
- 상록침엽소교목 • 수고 8~10m
- 일본, 중국, 러시아; 전국의 산지 특히 석회암지대에서 잘 자람

학명 *Juniperus rigida* 속명은 켈트어 '거칠다'는 뜻 또는 라틴어 juvenis(젊은)와 pario(분만하다)의 합성어로 이 식물이 낙태제로 쓰인 것에서 유래한다. 종소명은 '뻣뻣한 바늘잎의'를 뜻한다. │ 영명 Needle juniper │ 일명 ネズ(杜松) │ 중명 杜松(두송)

| 잎 |

바늘 모양의 잎이
3개씩 돌려난다.
잎이 짧고 단단하여
찔리면 아프다.

60%

| 꽃 |

암꽃차례

수꽃차례

암수딴그루(간혹 암수한그루). 수꽃차례는 타원형이며 황갈색이고, 암꽃차례는 구형
이며 녹갈색이다.

| 열매 |

구과. 구형이며, 회청색에서 이듬해 가을
에 흑자색으로 익는다.

| 겨울눈 |

끝이 뾰족하고 연한 초록색이며,
여러 겹의 눈비늘조각이 떨어져
있다.

| 수피 |

지름 12cm

적갈색이며,
세로로 얇게
갈라져 긴 조각으로
떨어진다.

나무줄기가 몹시 질기고 탄력이 있어서 소코뚜레 · 도리깨발 · 지팡이 · 도끼자루 등을 만드는 재료로 많이 사용되었으며, 노가자老柯子나무 또는 코뚜레나무라고도 부른다.

중국 이름은 두송杜松이며, 북한 이름은 노가지나무다. 일본에서는 노간주나무 가지를 꺾어서 쥐구멍에 거꾸로 꽂아두면 바늘 같이 날카로운 잎 때문에 쥐가 침입할 수 없다 하여, '쥐를 찌른다'는 뜻의 네즈미사시鼠刺し라는 별명으로도 부른다.

1911년 런던의 한 극장에서 〈핑크 레이디〉라는 연극이 엄청난 흥행을 거두었다. 공연을 마친 후 열린 파티에서 연극에서 주연을 맡은 헤이즐 돈 양에게 아름다운 빛깔의 칵테일 '핑크레이디'가 바쳐졌으며, 이후 이 칵테일은 많은 여성들로부터 사랑을 받았다. 이 술은 칵테일의 기본이 되는 쌉쌀한 맛의 드라이진을 사용하는데, 노간주나무 열매인 두송실杜松實이 바로 드라이진의 원료이다. 우리나라에서도 노간주나무의 열매로 술을 담가 마시는데 두송주라 한다.

배나무 등의 장미과 식물에 발생하는 붉은별무늬병赤星病은 노간주나무나 향나무류에 의해 매개되는 곰팡이병으로 이들 나무에는 녹병을 일으킨다. 곰팡이균은 겨울

◀ 핑크레이디
'핑크빛 귀부인'이라는 이름의 칵테일
© Ralf Roletschek

에 향나무에서 기생하고, 날씨가 따뜻해지면 장미과 식물로 옮겨가 붉은별무늬병을 일으킨다. 서유구의 《임원경제지 林園經濟志》〈행포지 杏浦志〉에 "배나무는 노송 老松을 싫어하며, 배밭 가까이 심어진 노송 한 나무가 배나무 모두를 죽게 한다."고 했다.

여기의 노송은 노간주나무를 가리키며, 당시에도 노간주나무에 의한 붉은별무늬병의 피해가 심했던 것으로 보인다.

조경 Point

우리나라 야산 어디를 가더라도 흔하게 볼 수 있는 나무이지만, 조경수로 활용된 예는 그리 많지 않다. 원추형의 아름다운 수형을 이용하여 크게 키우면 공원수나 정원수로 활용할 수 있다.

또 잎이 예리한 침엽이기 때문에 열식을 하여 수관을 잘 다듬으면 산울타리의 용도로도 적합하다. 조경수 외에 분재의 소재로도 이용된다.

재배 Point

내한성이 강하며, 건조함에도 잘 견딘다. 석회질 또는 사질의 배수가 잘되는 토양에서 재배한다. 해가 잘 비치는 곳 또는 나뭇잎 사이로 간접햇빛이 비치는 곳이 좋다.

병충해 Point

가지마름병에 감염되면 가지는 잘라서 불태우고, 속음전정을 하여 통풍과 일조를 좋게 해주면 어느 정도 예방된다. 묘포에서는 생육기에 만코제브(다이센M-45) 수화제 500배액을 월 2회 정도 살포하여 방제한다.

잎마름병은 배수를 철저히 하여 토양이 습하지 않도록 하면 어느 정도 예방이 가능하며, 발병했을 때는 만코제브(다이센M-45) 수화제 500배액을 2주 간격으로 살포한다.

전정 Point

전정을 하지 않더라도 아름다운 자연수형을 유지하는 나무이다. 꼭 전정이 필요하다면 불필요한 가지 정도만 제거하는 정도로 충분하다.
산울타리로 심었을 때, 한 번에 너무 강전정을 하면 자라는데 오랜 시간이 걸린다.

번식 Point

가을에 익은 열매를 채취하여 과육을 제거한 다음 노천매장을 해두었다가, 다음해 봄에 파종한다. 조기에 발아시키기 위해 황산처리를 한 후에 노천매장하기도 한다.
3~4월에 전년지를 10~20cm 길이로 잘라서 삽목하면 발근이 잘 된다.

조경수 상식

■ 플랜터(planter)

식물을 재배하는 용기. 플라스틱, 목재, 석재 등의 재질로 된 것이 있다.

빈도리

- 수국과 말발도리속
- 낙엽활엽관목 • 수고 1~3m
- 일본 원산; 전국에 관상용으로 식재

| **학명** *Deutzia crenata* 속명은 네델란드의 식물학자 Johan van der Deutz에서 유래한 것이며, 종소명은 '둔한 톱니'라는 뜻이다.
| **영명** Slender deutzia | **일명** ウツギ(空木) | **중명** 齒葉溲疏(치엽수소)

| 잎

마주나기.
달걀형이며, 가장자리에 미세한 잔톱니가 있다.
앞면에는 별모양의 털이 있어 까칠까칠하다.

50%

| 꽃

양성화. 가지 끝의 원추꽃차례에서 흰색
꽃이 모여 핀다.

| 열매

삭과. 구형이며, 별모양의 털로 덮여 있다.

| 뿌리

심근형. 소수의 굴곡이 많은 중·대경과 주위의
잔뿌리가 발달한다.

빈도리는 줄기의 속이 비어 있어서 공목(空木)
이라고도 한다.

| 겨울눈

달걀형이며, 8~10장의
눈비늘조각에 싸여 있다.
가지 끝에 2개의 가짜끝눈이 붙는다.

| 수피

선명한 갈색이고
세로로 얇게 갈라진다.
오래되면 작은 조각으로
불규칙하게 벗겨진다.

▲ 만첩빈도리(*D. crenata* f. *plena*)

▲ 말발도리(*D. crenata* f. *plena*)

조경수 이야기

빈도리의 일본 이름은 우쯔기ウツギ, 空木인데, 이는 가지가 생장하면서 중심부의 골속髓이 없어지고 비게 되어 붙여진 이름이다. 수국과 말발도리속에 속하며, 이 속에는 빈도리를 비롯하여 만첩꽃이 피는 만첩빈도리꽃 말발도리, 바위틈에서 자라는 바위말발도리, 매화처럼 예쁜 매화말발도리, 어린 가지가 가늘고 털이 없는 애기말발도리 등의 종류가 있다.

5월경에 피는 꽃에는 꿀과 화분이 많이 들어있을 뿐 아니라, 약 2달간 지속적으로 꽃이 피기 때문에 양봉가들에게는 더없이 좋은 밀원식물이다. 일본이 원산지이며, 무리로 피는 꽃이 아름다워서 근래에는 조경수로 많이 심기 때문에 주변에서 흔하게 볼 수 있다.

유사종인 말발도리는 열매의 모양이 말발굽의 편자 모양이어서 붙여진 이름이다. 2013년 전라남도 순천에서는 국제정원박람회가 열렸으며, 박람회가 열린 순천만정원은 2015년 우리나라 최초의 '국가정원'으로 지정되었다. 순천만정원 수목원구역에는 300m 구간에 3,000여 주의 말발도리 꽃길이 조성되어, 연인들이 사랑을 속삭이는 길로 유명세를 타고 있다고 한다. 말발도리의 꽃말이 '애교'이어서 그 의미를 더한다.

조경 Point

빈도리 종류는 수형이 작으면서 주립상으로 자라는 나무이다. 따라서 정원의 모퉁이나 원로 양편 혹은 바위틈에 식재하면 좋다. 열식 또는 군식하여 산울타리식재, 경계식재, 차폐식재 등으로 활용하는 것도 좋다. 무리로 피는 하얀 꽃은 아름답기도 하지만, 벌과 나비에게는 좋은 밀원수이기도 하다.

재배 Point

내한성이 강하며, 생장이 느리다. 바위틈의 그늘진 곳에서도 잘 자라지만, 양지바른 곳에서도 잘 자란다. 적당히 비옥하고 건조하지 않은 토양을 좋아한다.

나무				새순	개화				꽃눈분화	열매	
월	1	2	3	4	5	6	7	8	9	10	11	12
전정	전정				전정						전정
비료	한비										

식나무깍지벌레, 검정주머니나방(니토베주머니나방) 등의 해충이 발생한다. 검정주머니나방은 가지나 잎에 주머니 모양의 애벌레집을 짓고 그 속에 매달려 생활하기 때문에 발견하기가 쉽다.

산림 내에서 발생하는 경우는 거의 없으며, 도시근교의 묘포지 혹은 가로수, 수목원 등에서 주로 발생한다. 과거에는 니토베주머니나방라는 이름으로 알려져 있었다.

대량으로 발생하면 애벌레기인 7월 하순~8월에 티아클로프리드(칼립소) 액상수화제 2,000배액 또는 카탑하이드로클로라이드(파단) 수용제 1,000배액을 10일 간격으로 2회 살포하여 방제한다.

가을에 채취한 종자를 기건저장하였다가, 다음해 봄에 물이끼에 파종하고 습도를 유지해주면 발아가 잘 된다.

숙지삽은 눈이 나오기 전에 전년지를 삽수로 이용하며, 녹지삽은 6~7월에 그해에 나온 당년지를 7~15cm 길이로 잘라서 삽수로 이용한다.

포기가 커지면 4~5년마다 한 번씩 포기나누기를 해서 번식시킨다.

꽃을 많이 피우려면 방임해두는 것이 가장 좋으며, 꽃이 진 후에 도장지를 잘라주는 정도의 전정으로 충분하다.

수형이 너무 크다면 꽃이 진 후에 뿌리 주위의 오래 묵은 가지를 잘라주고, 남은 가지는 다음해 봄에 끝을 가볍게 잘라서 작은 수형으로 만들 수 있다.

꽃이 진 후에 나무 전체를 강하게 잘라서 수형을 줄일 수도 있지만, 이렇게 하면 다음해에 피는 꽃의 수가 크게 줄어든다.

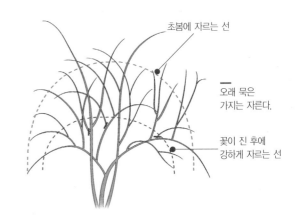

초봄에 자르는 선

오래 묵은 가지는 자른다.

꽃이 진 후에 강하게 자르는 선

뿔남천

- 매자나무과 뿔남천속
- 상록활엽관목 · 수고 1~3m
- 대만 원산, 중국; 남부 지방에 관상수로 식재

학명 *Mahonia japonica* 속명은 19세기 미국의 식물학자 B. McMahon를 기념한 것이며, 종소명은 '일본의'를 뜻한다.
영명 Japanese mahonia | 일명 ヒイラギナンテン(柊南天) | 중명 臺灣十大功勞(대만십대공로)

잎

어긋나기.
4~6쌍의 작은잎으로 이루어진
홀수깃꼴겹잎이다.
작은잎 가장자리에 예리한
톱니가 있다.

20%

꽃

양성화. 줄기 끝이나 잎겨드랑이에 노란
색 꽃이 모여 핀다.

열매

장과. 타원형이며, 흑자색으로 익는다.
표면에 흰색의 분이 생긴다.

수피

황갈색이고 세로로 갈라진다.
성장함에 따라 코르크층이 발달하며,
비늘 모양으로 융기한다.

뿔남천은 벌과 나비가 없는 겨울철에 귀엽고 앙증맞은 모양의 노란색 꽃을 비교적 오랫동안 피운다. 매서운 바람과 차가운 눈보라 속에서 오랫동안 꽃을 피우는 것을 보면, 생명에 대한 경외심을 가지게 된다.

식물이 꽃을 피우는 가장 큰 목적은 자손번식이다. 꽃을 피우고 꽃가루받이가 이루어져 종자를 맺음으로서, 자손을 멀리까지 퍼트리는 것이다.

그런데 추운 겨울에는 꽃가루받이를 도와줄 벌이나 나비가 찾아오지 않는다. 그나마 동백꽃은 동박새가 날아와 꿀을 따먹고 꽃가루를 옮겨주지만, 뿔남천에게는 이런 조력자 조차도 없다. 그래도 언젠가는 꽃가루를 옮겨줄 누군가가 나타나길 기다리며 추운 겨울을 보낸다.

사람이 시련을 겪으면 더 강해지고, 식물이 모진 바람 맞으며 더 아름다워진다는 말이 있는 것처럼, 뿔남천은 그래서 더욱 화려한 꽃을 피우는지도 모른다.

속명 마호니아 *Mahonia*는 미국의 원예가 버나드 맥마흔 Bernard McMahon에서 유래한 것이며, 종소명 자포니카 *japonica*는 일본이 원산지라는 것을 나타낸다. 그러나 실제로는 일본이 아닌 대만이 원산지이다.

중국에서는 열가지 약효가 있다는 뜻으로 십대공로十大功勞라 하며, 일본에서는 가시남천이란 뜻의 히이라기난텐柊南天이라 부른다. 학자에 따라서는 뿔남천은 매

자나무와 큰 차이가 없다 하여, 뿔남천속이 아닌 매자나무속으로 분류하기도 한다.

조경 Point

대만이 원산지인 상록관목이며, 꽃의 모양이 뿔처럼 피어나는 모습에서 뿔남천이란 이름이 붙여졌다. 노란색 꽃은 12월경부터 이듬해 4월까지 피며, 둥근 열매는 7월에 흑자색으로 익는다. 추위에 약해서 우리나라에서는 주로 남부지방에서 재배한다. 또 실내에서 화분에 심어 관상용으로 키우거나 꺾꽂이의 소재로 활용한다.

재배 Point

적당히 비옥하고 부식질이 많으며, 다습하지만 배수가 잘되는 토양에 식재한다. 양지바른 곳 혹은 반음지, 너무 건조하지 않는 토양이 좋다. 이식은 3~4월, 10~11월에 한다.

나무			개화		새순		열매	꽃눈분화			
월	1	2	3	4	5	6	7	8	9	10	11	12
전정			전정								
비료		시비						시비			

병충해 Point

흰가루병, 모잘록병등이 발생한다. 흰가루병은 주로 봄부터 가을에 발생한다. 밀가루 같은 흰색 포자가 잎을 덮어 광합성을 방해하고 잎에서 양분을 흡수하며, 심한 경우는 나무 전체가 고사하기도 한다. 모잘록병은 주로 어린 묘목일 때 발생하며, 토양 속의 병원균이 침입하여 나무가 고사하는 병이다. 발병한 나무는 빨리 제거하고, 하이멕사졸(다찌가렌) 액제 1,000배액을 ㎡당 3ℓ 씩 토양관주처리한다.

◀ 뿔남천 우표
2000년 네팔 발행

특별히 전정을 하지 않아도 자연수형을 잘 유지하는 성질이 있다. 나무가 커져서 줄기의 수가 많아지면, 오래된 가지와 빈약한 줄기는 지면 가까이에서 잘라준다.

식재장소에 따라 다르지만 3~5개의 줄기를 가진 주립상의 수형을 만들어 주면 좋다.

삽목은 7~8월에 그해에 나온 충실한 가지를 15cm 길이로 잘라 삽목상에 꽂는다. 비교적 발근이 잘 되며, 쉽게 번식이 가능하다.

실생은 가을에 익은 열매를 따서 종자를 발라내고 바로 파종하거나, 건조하지 않도록 습한 모래와 섞어서 다음해 3월에 파종한다.

조경수 상식

■ 잎의 구조

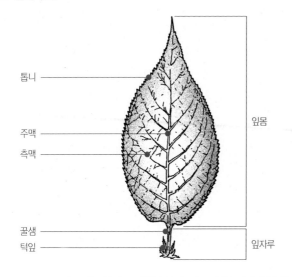

톱니

주맥

측맥

꿀샘

턱잎

잎몸

잎자루

왕대

- 벼과 왕대속
- 상록활엽 • 수고 20m
- 중국 원산; 남부 지방에 식재

학명 *Phyllostachys bambusoides* 속명은 그리스어 phyllon(잎)과 stachys(이삭)의 합성어로 잎에 싸인 꽃이삭의 모양에서 유래한 것이다. 종소명은 인디언 단어 Mambu의 잘못된 발음으로 인한 대나무의 이름 'Bambusa와 닮은'이라는 뜻이다.
영명 Giant timber bamboo | 일명 マダケ(眞竹) | 중명 桂竹(계죽)

| 잎

어긋나며, 잎 모양은 좁은 피침형이다.
잎은 가지에 3~7장씩 모여 달린다.

15%

| 꽃

벼꽃 모양이며, 60~120년에 한 번만 개화한다.
꽃이 피고 나면 모주는 말라 죽는다.

| 수피

전체적으로
매끈하며,
연한 녹색 또는
황록색을 띤다.

지름 6cm

▲ 맹종죽(孟宗竹)

▲ 오죽(烏竹, *P. nigra*)

▲ 구갑죽(龜甲竹)

대나무라는 이름은 한자 죽竹 자의 중국 남방음 덱tek이 우리나라에 들어오면서 끝소리가 약해져서 '대'로 변한 것이라 한다. 대나무의 영어 이름 뱀부Bamboo는 어디에서 온 것일까? 대나무는 말레이시아 지방에서 숲을 이루어 자라는데, 폭풍이 불면 줄기들이 흔들리면서 마찰하여 불을 일으킨다. 이때 굵은 줄기가 가열되어 '뱅'하는 소리를 내고 뜨거워진 수증기가 '푸-'하고 품어져 나오는데, 이 '뱅'하는 폭발음과 '푸-'하는 소리를 합쳐서 '반푸-'라는 이름이 붙여졌다고 한다.

《삼국유사》에 대나무와 관련된 다음과 같은 설화가 나온다. 신라의 경문왕이 즉위하자, 그의 귀가 갑자기 당나귀 귀처럼 길어졌다. 유일하게 이 사실을 알고 있던 두건장이는 이 비밀을 평생 말하지 않다가, 죽기 직전에 도림사의 대나무 숲에 가서 '임금님 귀는 당나귀 귀'라고 크게 소리를 질렀다. 그 후로 바람이 불 때마다 대숲에서는 '임금님 귀는 당나귀 귀'라는 소리가 났다. 임금은 대나무를 베어내고 산수유를 심게 하였는데, 그 후로는 '임금님 귀는 길다'라는 소리가 났다는 이야기이다. 왜 하필이면 대나무 밭일까? 대나무는 대부분 밀식되어 있으며, 잎이 많아서 바람이 불면 잎이 부딪히는 시끄러운 소리가 나기 때문일 것이다.

> 나무도 아닌 것이 풀도 아닌 것이
> 곧기는 누가 그리 시켰으며, 속은 어이 비어 있는가
> 저러고도 사시에 푸르니, 내 그를 좋아하노라.

고산 윤선도의 〈오우가五友歌〉 중에서 대나무를 노래한 부분이다. 이 시조에서 고산이 고민했듯이, 대나무가 풀인지 나무인지에 대한 의문은 지금도 계속되고 있다. 대나무는 벼과의 초본성 식물과 비슷한 구조를 가지고 있어서 일반적으로 벼과로 분류하지만, 겨울에 땅 윗부분이 살아 있고 매년 결실하지 않기 때문에 나무라고 주장하는 이도 있다. 그러나 어떤 때는 대나무과를 별도로 만들어 따로 분류하기도 한다.

대나무는 60년 혹은 120년 주기로 꽃이 피었다가 일제히 죽는데, 그 원인에 대해서는 설이 분분하지만 아직 확실하게 밝혀진 것은 없다. 예로부터 대나무에 꽃이 피면 나라에 흉년이 들거나 좋지 않은 일이 생긴다는 속설이 있다. 식물이 꽃을 피운다는 것은 종족번식의 의미로 좋은 것으로 볼 수 있지만, 대나무에게는 그렇지 않은 것 같다.

조경 Point

대나무는 동양식 정원, 서양식 정원 어디에 식재해도 잘 어울리는 조경수이다. 특히 주변 녹지에 잔디나 초본류를 심으면 대나무의 아름다움이 한층 더 돋보인다.

단독으로 심어도 충분히 좋은 경관을 만들어 낼 수 있으며, 소나무, 참나무, 단풍나무 등 다른 수종과 섞어 심으면 오히려 경관이 나빠질 수 있다. 줄심기나 무리심기를 하여 방풍·방화용 조경수로 활용해도 좋다. 대나무는 연수가 오래될수록 줄기가 붉은 색을 띠어 미관이 나빠지므로 줄기가 굵은 종류는 7~8년, 가는 종류는 4~5년 만에 한번 정도 적당한 밀도로 솎아주는 것이 좋다.

재배 Point

내한성이 강한 편이며, 양지바른 곳이나 그늘 어디에서나 잘 자란다. 습기가 있지만 배수가 잘되는 비옥한 부식질 토양에 식재한다. 이식은 3~4월에 한다.

병충해 Point

대나무붉은떡병, 대나무개화병, 대나무빗자루병(천구소병), 그을음병, 대나무깜부기병(흑수병) 등이 발생한다. 대나무붉은떡병은 5월 초순부터 발병하며, 가지 선단부의 엽초가 부풀어 비대해지고 적갈색으로 변하는 병이다. 채광과 통풍이 잘되게 간벌해주고, 감염된 대나무는 소각하거나 땅에 묻는다.

빗자루병은 흔히 대나무가 개화한 것으로 오인하기 쉬운 병으로, 피해가 발생한 가지가 보이면 잘라내어 소각한다. 수령이 5~6년 이상 오래된 대나무는 빗자루병이 발생하기 쉬우므로 베어서 이용하는 것이 좋다. 개화병은 60~120년에 한 번 정도 어떤 지역이나 밭 전체의 대나무가 일제히 꽃을 피우고 죽는 현상을 말한다. 그 원인은 아직 밝혀지지 않았으며, 특별한 방제법도 없다. 그을음병이 자주 발생하는데, 깍지벌레와 진딧물을 구제하여 방제한다.

▲ 대나무쐐기알락나방

번식 Point

일반적으로 분주법으로 번식시킨다. 3월경에 3년생 정도의 대나무를 뿌리분을 붙여서 굴취한 후에, 뿌리분을 짚 등으로 싸서 바람이 잘 통하는 따뜻한 곳에 가식해둔다. 2년 이상 가식해 둘 경우에는 2년에 한 번씩 뿌리돌림을 해주면, 언제라도 다른 곳에 옮겨 심을 수 있다.

전정 Point

대나무의 아름다움은 푸르름과 싱싱함에 있다. 오래된 지엽은 오염되거나 말라서 보기에 좋지 않으므로, 마른 잎이 붙은 오래된 가지는 2~3월경에 마디 위를 전정해서 신초가 나오도록 해준다. 아름다운 수형의 대나무를 키우는 방법에는 여러 가지가

있다. 즉, 죽순의 생장과정에 나온 가지의 끝을 잘라주거나, 키가 너무 커지는 것을 방지하기 위해서 자라는 죽순의 중간을 자르거나, 소지가 많이 생기도록 어느 정도의 높이에서 자르는 등의 방법이 있다.

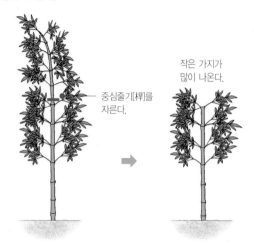

작은 가지가 많이 나온다.

중심줄기(稈)를 자른다.

▲ 수고를 제한하는 전정

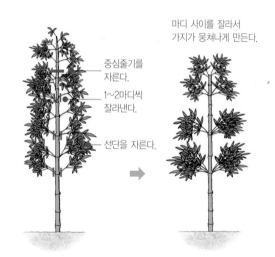

마디 사이를 잘라서 가지가 뭉쳐나게 만든다.

중심줄기를 자른다.

1~2마디씩 잘라낸다.

선단을 자른다.

▲ 대나무의 정지·전정

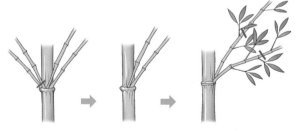

▲ 대나무류의 전정

조록싸리

- 콩과 싸리속
- 낙엽활엽관목 • 수고 1~3m
- 중국(중부 일부), 일본(대마도); 전국의 산지

| 학명 *Lespedeza maximowiczii* 속명은 미국 플로리다 주지사였던 V. M. Cespedes에서 유래한 것으로 인쇄할 때 실수로 Lespedez가 되었다. 종소명은 러시아의 식물분류학자 Masinowicz를 기념한 것이다.

| 영명 Korean lespedeza | 일명 チョウセンキハギ(朝鮮木萩) | 중명 寬葉胡枝子(관엽호지자)

잎

80%

어긋나기.
3장의 작은잎이 모여
달리는 세겹잎(삼출엽)이며,
가운데 작은잎이 가장 크다.

꽃

양성화. 잎겨드랑이와 가지 끝
에 홍자색 꽃이 모여 핀다.

열매

협과. 납작하고 긴 타원형이며, 표면에
털이 많다.

겨울눈

삼각상의 달걀형이며,
눈비늘에는 털이 있다.

싸리는 우리 조상들의 생활에 없어서는 안 될 요긴한 물건을 만드는 재료로 널리 사용되었다. 사립문에서부터 과일이나 곡식을 담는 소쿠리, 마당을 쓰는 빗자루, 곡식을 까부는 키, 물고기를 잡는 발, 아이들 종아리 때릴 때 쓰는 회초리, 울타리, 웃짝, 땔감 등 이루 다 헤아릴 수가 없을 정도이다.

싸리나무에는 싸리 · 참싸리 · 꽃싸리 · 해변싸리 · 풀싸리 · 고양싸리 · 흰싸리 · 조록싸리 등 20여 가지가 있지만, 조경소재로 많이 사용되는 종류는 조록싸리이다. 여기서 조록은 꽃의 색인 자주색을 뜻한다.

속명 레스페데자 *Lespedeza*는 18세기 후반 미국의 플로리다 주지사였던 스페인 사람 체스페데스 *Cespedes*를 기념한 것인데, 그의 이름이 잘못 쓰여져 레스페데즈 *Lespedez*가 된 것이다. 종소명 막시모위지 *maximowiczii*는 러시아의 식물분류학자 막시모위쯔 *Maximowicz*를 기념하여 붙인 이름이다.

조경 Point

번식력이 강하므로 식재공간을 고려해서 심는 것이 좋다. 꽃이 화려하기 때문에, 잔디를 배경으로 한 정원의 통로 주위에 무리심기나 줄심기를 하면 잘 어울린다.
지면피목용, 녹화용으로도 많이 활용된다.

재배 Point

척박한 땅에서도 잘 자라지만, 적당히 비옥하고 배수가 잘되는 토양이라면 좋다. 내한성이 강하며, 햇빛이 잘 드는 장소에서 잘 자란다.

병충해 Point

싸리볼록진딧물은 봄부터 새가지에 기생하면서 흡즙가해하여 나무의 생장이 억제된다. 4월 중 · 하순에 메티다티온유제 또는 이미다클로프리드(코니도) 액상수화제 2,000배액을 10일 간격으로 2회 살포한다.
점박이응애가 잎뒷면에 기생하면서 흡즙가해한다. 발생초기에 아세퀴노실(가네마이트) 액상수화제 1,000배액과 사이플루메토펜(파워샷) 액상수화제 2,000배액을 내성충의 출현을 방지하기 위해 교대로 2~3회 살포한다.

전정 Point

낙엽기에 지면에서 10cm 정도만 남기고 일제히 잘라주면, 다음 해 봄에 다시 새가지가 나온다. 좁은 정원에서 너무 넓게 번지면, 5~6월 상순에 한 번 더 지면에서 50~60cm 정도를 남기고 잘라준다. 자른 부분에서 다시 새눈이 발생해서 꽃이 피는데, 이때는 앞에 핀 것보다는 꽃의 수가 적다.

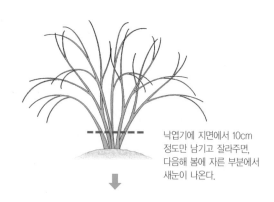

낙엽기에 지면에서 10cm 정도만 남기고 잘라주면, 다음해 봄에 자른 부분에서 새눈이 나온다.

수형이 너무 크게 번지면,
5~6월 상순에 지면에서
50~60cm 되는 곳을
일제히 잘라준다.

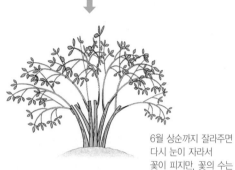

6월 상순까지 잘라주면
다시 눈이 자라서
꽃이 피지만, 꽃의 수는
그다지 많지 않다.

가을에 종자를 채취하여 이듬해 봄에 뿌리면 발아가 잘 된다. 숙지삽은 3월 중순이, 녹지삽은 6월 하순~7월 상순이 적기이다. 분주는 옆으로 크게 번진 포기를 2~3개의 줄기가 붙은 뿌리로 나누어 옮겨 심는 번식방법이다.

조경수 상식

■ **피트모스**(peat moss)

습지의 물이끼가 퇴적되어 반 정도 부숙한 것.
통기성이 좋고 보수성이 풍부하므로 다른 흙과
섞어서 사용한다.

조릿대

- 벼과 조릿대속
- 상록활엽 • 수고 1~2m
- 일본; 제주도를 비롯한 전국의 산지에 분포

| 학명 *Sasa borealis* 속명은 조릿대의 일본 이름 사사(ササ, 笹)에서 유래된 것이고, 종소명은 '북방의'라는 뜻이다.
| 영명 Northern bamboo | 일명 ササ(笹) | 중명 笹(세)

| 잎

어긋나기.
잎 모양은 좁고 긴 피침형이며, 잎이 다 자라도
잎껍질이 2~3년간은 벗겨지지 않는다.

30%

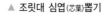

▲ 조릿대 심엽(芯葉)뽑기

| 꽃

꽃차례는 털과 백분으로 덮여
있으며, 아랫부분은 자주색 포
로 싸여 있다.

조릿대라는 이름은 이 나무의 줄기로 쌀을 일 때 사용하는 조리를 만들었기 때문에 '조리를 만드는 대나무'라는 의미에서 유래한 것이다. 지죽地竹·입죽笠竹·산죽山竹으로도 불린다.

산에서 자라는 키가 작은 대나무, 즉 산죽이라고 생각하면 쉽게 연상이 된다. 속명 사사Sasa는 조릿대의 일본 이름 사사笹를 그대로 사용한 것이며, 중국 이름도 같은 한자의 세笹이다.

겉으로 봐서 대나무보다 키가 작고 줄기가 가는 것이 특징이지만, 식물학적으로는 다 컷을 때 겉껍질이 붙어 있는 것은 조릿대이고, 겉껍질이 떨어져 나가는 것은 대나무로 분류한다. 즉 대나무는 죽순이 커감에 따라 껍질이 떨어져 나가고, 조릿대는 다 자라서도 껍질이 그대로 붙어 있다.

대나무류 중에서 가장 키가 작고 무리를 지어 왕성하게 번식하기 때문에, 다른 식물의 생장을 방해하여 문제가 되기도 한다. 그러나 한편으로는 토사유출 방지 및 수원 함양에 큰 역할을 하며, 야생동물들의 중요한 서식처이기도 하다.

▶ 복조리
섣달 그믐날 한밤중부터 정월 초하룻날 아침 사이에 사서 걸어놓고 복을 빌었던 조리.

조릿대 잎으로 차를 끓여 마시기도 하며, 최근에는 난치병 치료에 놀라운 효과가 있다고 알려져 각광을 받고 있다.

우리의 전래 풍속에 정월 초하루에 1년 동안 쓸 조리를 한꺼번에 사서 걸어두었는데, 이것이 특별히 복을 가져다준다고 하여 복조리라고 한다. 예전에는 이른 새벽부터 복조리 장수가 복조리을 팔기 위하여 "복조리 사려"라고 외치며 골목골목을 돌아다녔다. 일찍 사면 더 많은 복을 받는다 하여 새벽 일찍 구입했으며, 복조리 값은 깎지 않았다고 한다.

조경 Point

제주도를 비롯한 남부지방의 수림에서 군락을 이루어 자생한다. 그늘에서도 잘 자라므로 도심의 빌딩 주변이나 큰 나무 아래 심으면 좋다.
겨울에도 푸른 잎색을 가지므로 공원이나 정원의 경계식재, 지피식재 등으로 활용하면 좋다.

재배 Point

내한성이 강하다. 부식질이 풍부하고, 습기가 있지만 배수가 잘되는 비옥한 땅이 좋다.
대부분의 토양에서 재배가 가능하지만, 해가 많이 비치는 건조한 토양은 피한다.

병충해 Point

대나무쐐기알락나방(대먹나방), 대나무류 깜부기병(흑수병), 줄허리들명나방 등이 발생한다. 대나무쐐기알락나방은 애벌레가 집단으로 서식하면서, 잎뒤의 잎살만 식해한다.

애벌레발생 초기에 페니트로티온(스미치온) 유제 1,000배액 또는 인독사카브(스튜어드골드) 액상수화제 2,000배액을 1~2회 살포한다.

▲ 줄허리들명나방 애벌레에 의한 잎말이

▲ 대나무쐐기알락나방 애벌레에 의한 식해잎

전정 **Point**

키가 너무 자랐을 경우에는 2~3월경에 지면 가까이에서 잘라주면, 다음해에 새 순이 나와서 고르게 자란다.

식재량이 적을 경우에는 새 잎이 나오기 전에 심엽(芯葉)뽑기를 해주면, 자연스러운 형태로 신장을 억제할 수 있다.

심엽

▲ 심엽뽑기

번식 **Point**

분주로 번식시킨다. 3월에 넓게 번진 포기를 굴취해서 마대 등으로 싸서 가식해두고, 뿌리가 마르지 않도록 물을 뿌려준다. 이것을 혹한기를 제외한 어느 때에나 다른 곳으로 옮겨 심을 수 있다.

팥꽃나무

- 팥꽃나무과 서향속
- 낙엽활엽관목 • 수고 1m
- 중국, 대만; 전남(진도, 청산도, 완도), 전북의 산지

학명 *Daphne genkwa* 속명은 그리스의 여신명에서 월계수의 이름으로 전용한 것으로 잎 모양이 월계수 잎과 비슷한 것에서 유래한다. 종소명은 중국 이름 원화(芫花)의 일본 발음을 라틴어화 한 것이다. | 영명 Lilac daphne | 일명 フジモドキ(藤擬キ) | 중명 芫花 (원화)

| 잎

마주나기.
잎몸은 날씬한 피침형이며, 가장자리는 밋밋하다.
뒷면에 연녹색의 부드러운 털이 많다.

80%

| 꽃

양성화. 잎이 나오기 전에 전년지 끝에서 3~7개의 홍자색 꽃이 모여 핀다.

| 겨울눈

눈비늘이 없는 맨눈이다.
반구형이며, 흰색 솜털로 덮여 있다.

3월부터 5월 사이에 라일락처럼 생긴 꽃이 가지에 다닥 다닥 붙어 피는데, 꽃색이 팥알 색깔과 비슷하여 팥꽃나 무라는 이름이 붙여진 것으로 보인다. 팥꽃나무 꽃이 등 나무 꽃과 비슷하다 하여 일본 이름은 후지모도키藤擬キ 이며, 라일락꽃과 비슷하다 하여 영어 이름은 라일락 다 프네Lilac daphne이다.

잎이 피기 전의 꽃봉오리를 따서 말린 것을 생약명으로 원화荒花라고 하는데, 독이 많은 약재라서 함부로 사용 해서는 안 된다. 《동의보감》에는 "성질은 따뜻하고 맛은 시고도 쓰며 독이 많다. 옹종·악창·풍습을 치료하며 벌레나 물고기의 독을 푼다"라고 적혀있다.

연전에 〈기황후奇皇后〉라는 TV드라마가 있었다. 기황 후는 고려의 공녀로 중국 원나라에 가서 순제의 황후가 된 여인이다. 이 드라마에서 순제의 아이를 갖게 된 고 려 궁녀 박씨를 놓고 황태후와 순제의 황후가 팽팽한 대결을 펼치는 장면이 나온다. 황후는 승냥기황후을 매 수해 박씨를 유산시키고자 애썼다. 그러나 승냥은 박씨 의 편이었고, 황후 뜻에 따르는 듯하면서 박씨를 지켜 왔다.

어느 날 황후는 여느 때처럼 박씨를 불러 다과회 시간을

◀ 기황후

가졌다. 겉으로는 박씨 뱃속 아이의 태교를 위함이었지 만, 실은 팥꽃나무 꽃가루를 넣은 다과를 그에게 먹여 낙태를 유도하는 것이 목적이었다.

옛날에는 낙태약이 귀했기 때문에 원하지 않는 아기를 가졌을 때는 팥꽃나무 꽃을 낙태약으로 썼다고 한다. 임진왜란 후 조선의 여인들이 원치 않는 왜구의 씨를 잉태했을 때, 팥꽃나무 꽃을 복용해서 낙태를 시도하다 가 목숨을 잃는 사고가 많았다. 그래서 나라에서는 지 방 관리를 통해 팥꽃나무를 모두 베어버리도록 지시했 다고 한다.

조경 Point

꽃색이 팥의 색깔과 비슷하다 하여 붙여진 이름이다. 잎이 나 오기 전에 라일락꽃을 닮은 연한 자주색 꽃을 가지 가득히 피 운다.

키가 1m 이하로 작기 때문에 좁은 공간이나 큰 나무 밑에 하목 으로 심으면 좋다. 지피식재용으로 이용되며, 암석정원에 심어 도 잘 어울린다. 아직 널리 보급되지 않았지만 전망 있는 조경 수이다.

재배 Point

적당히 비옥하고 부식질이 풍부한 사질양토에서 잘 자란다. 내 한성이 강하며, 약알카리성~약산성의 양지바른 곳을 좋아한다. 이식은 가을에서 봄 사이가 적기이지만, 추운 지역에서는 동결 방지를 위하여 봄심기를 한다.

병충해 Point

특별히 알려진 병충해는 없다.

꽃이 진 후에 전정한다. 가지 끝 부분만 가볍게 잘라주는 정도로 충분하다.

경삽(가지꽂이)과 근삽(뿌리꽂이)이 가능하며, 근삽은 5월에 뿌리를 5~10cm 정도씩 잘라서 꽂으며 발근이 잘 된다. 6~7월에 잘 익은 열매를 따서 과육을 제거한 후에 바로 파종하거나, 40일간 저온처리한 후에 파종한다.

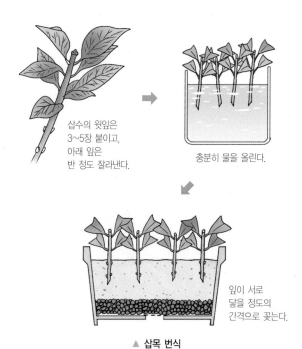

삽수의 윗잎은
3~5장 붙이고,
아래 잎은
반 정도 잘라낸다.

충분히 물을 올린다.

잎이 서로
닿을 정도의
간격으로 꽂는다.

▲ 삽목 번식

가이즈카향나무

- 측백나무과 향나무속
- 상록침엽교목 • 수고 10~15m
- 일본 원예품종; 전국에서 관상수로 식재

| 학명 ***Juniperus chinensis*** ‘**Kaizuka**’ 속명은 켈트어 ‘거칠다’는 뜻 또는 라틴어 juvenis(젊은)와 pario(분만하다)의 합성어로 이 식물이 낙태제로 쓰인 것에서 유래한다. 종소명은 원산지를 나타내며, 품종명은 일본 오사카 부근의 가이즈카(貝塚)라는 지역 이름에서 유래한 것이다.

| 영명 Kaizuka juniper | 일명 カイヅカビャクシン(貝塚伊吹) | 중명 龍柏(용백)

| 잎

침엽이며, 끝이 둥글고 앞뒤의 구분이 없는 비늘형이다.

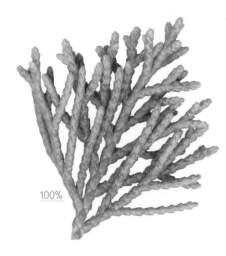

100%

| 꽃

암수딴그루. 암꽃이삭은 노란색의 구형이며, 수꽃이삭은 연한 자갈색의 타원형이다.

| 열매

구과. 편구형이며 자흑색으로 익는다.

| 수피

지름 18cm

연한 갈색 또는 적갈색이며, 표면은 얇은 리본처럼 벗겨진다.

조경수 이야기

향나무는 날카로운 바늘잎針葉과 부드러운 비늘잎鱗葉이 함께 있는 나무이다. 이런 향나무를 일본에서 바늘잎은 없고 비늘잎만 가진 것을 골라서 품종을 고정한 것이 가이즈카향나무이다.

향나무 중에서 정원수로 가장 인기 있는 종류로 일본을 대표하는 조경수이며, 예전에 우리나라 고급 주택의 정원에 어김없이 심겨졌던 나무이기도 하다.

가이즈카라는 이름은 일본말로 패총貝塚, 즉 조개무지라는 뜻인데, 오사카 부근에 있는 가이즈카라는 지명에서 비롯된 것으로 그곳에 가이즈카향나무가 많다고 한다. 나무가 자라면서 옆 가지가 나선형을 이루며 나무줄기를 감고 올라가는 독특한 수형이어서 나사백螺絲柏, 일본에서 개발된 원예품종이라 하여 왜향나무라고도 부른다.

가이즈카향나무가 우리나라에 처음 선보인 것은 한일병합을 앞둔 1909년, 순종황제와 이토 히로부미가 대구 방문을 기념하여 달성공원에 2그루 기념식수한 것을 계기로 일본인 거주지 · 행정관청 · 학교 등에 집중적으로 보급되었으며, 심지어는 여러 곳의 전통 유적지에까지 식재되었다.

일각에서는 이러한 일제의 잔재가 우리의 전통경관과 민족의 정체성을 해치므로 제거해야 한다는 지적이 꾸준히 제기되어왔다.

이러한 움직임의 일환으로 2015년, 명성황후가 시해된 을미사변 120주년을 맞아, 국립공원관리공단은 계룡산 산신에게 제사를 지내던 곳인 중악단中嶽壇에 있던 일본산 가이즈카향나무 2그루를 제거하고, 그 자리에 우리나라 고유 수종인 반송을 심었다.

조경 Point

일제 강점기 이후, 우리나라에서 조경수로 가장 널리 심겨진 나무로 지금도 어디에서나 흔하게 볼 수 있다. 그러나 일본에서 개량된 일본나무이므로, 전통 문화공간에는 심지 않는 것이 좋다. 정원에 첨경목이나 산울타리용으로 많이 심는다.

자연수형은 원추형이지만 강전정에도 잘 견디므로 산옥형, 원통형, 곡간형, 둥근 모양 등 다양한 형태의 수형으로 가꿀 수 있다. 토피어리 나무로도 많이 활용된다.

재배 Point

내한성이 강하며, 석회질 또는 사질의 배수가 잘되는 토양이 재배적지이다. 해가 잘 비치는 곳 또는 나뭇잎 시이로 간접햇빛이 비치는 곳이 좋다.

나무		새순	개화								열매	
월	1	2	3	4	5	6	7	8	9	10	11	12
전정		전정								전정		
비료		한비			시비							

▲ 대구 달성공원의 가이즈카향나무
오른쪽이 순종황제가 심은 가이즈카향나무이다.

병해로는 4~5월부터 초여름 사이에 새눈이 진한 갈색으로 변하고, 나중에는 회갈색~회백색이 되면서 고사하는 눈마름병이 있다. 이 병은 수세가 약할 때 잘 발생하므로 비배관리를 잘 해주고, 발병한 가지는 일찍 발견하여 제거해준다.

잎마름병은 주로 묘목과 어린 나무에 흔하게 발생하며, 특히 강풍이 지나간 뒤에 잘 발생한다. 발생초기에는 클로로탈로닐(다코닐) 수화제 600배액을 살포하고 증상이 지속될 경우에는 이미녹타딘트리스알베실레이트(벨쿠트) 수화제 1,000배액을 1주 간격으로 2~3회 살포한다.

향나무류의 녹병은 4월경 비가 잦을 때 흔하게 발생한다. 가이즈카향나무에서는 병환부의 잎이 변색되거나 마르는 정도로 큰 피해는 없다. 그러나 녹병균은 배나무, 사과나무, 모과나무 등 장미과 수목에 큰 피해를 주는 붉은별무늬병(적성병)을 일으킨다. 3~4월경 터부코나졸(호리쿠어) 유제 2,000배액 10일 간격으로 2회 살포한다. 향나무 부근에는 이러한 나무를 식재하지 않는 것이 좋으며,

식재하더라도 가능하면 2km 이상 떨어진 곳에 심는 것이 좋다.

3~5월에 수형을 흩뜨리는 가지를 골라 15cm 길이로 자르고, 아랫부분의 잎은 제거한 것을 삽수로 사용해서 삽목한다. 발근한 후에 곧게 자라도록 해주는 것이 좋은 묘목을 생산하는 관건이다.

상록침엽교목으로 보통은 수고가 10m 이상 자라지만, 정원의 크기나 식재장소에 따라 4~5m 정도의 수고로 키우는 것이 일반적이다.

산옥형, 방추형, 원통형, 둥근형 등 여러 가지 수형을 만들 수 있으며, 산울타리나 토피어리와 같이 자유로운 모양으로 수관을 다듬어 키울 수도 있다. 맹아력이 강하기 때문에 강전정에도 잘 견디며 전정적기(2~3월, 10~11월)가 아니더라도 전정이 가능하다.

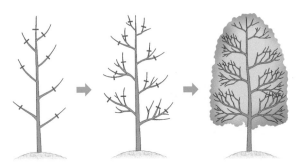

수고 2~3m에서 중심줄기를 끊고, 주지의 끝도 자른다.

가지치기를 반복해서 잔가지의 수를 늘려간다.

수형이 완성되면 수관을 튀어나온 가지를 잘라준다.

▲ 원통 수형

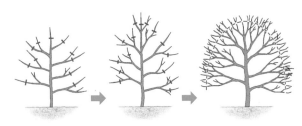

중심줄기와 주지의 끝을 고르게 자른다.

1년에 2~3회 가지치기를 해서 잔가지의 수를 늘려나간다.

원하는 수형이 완성되면 수관을 튀어나온 가지를 잘라서 수형을 유지한다.

▲ 둥근 수형

당종려

- 야자나무과 당종려속
- 상록활엽교목 • 수고 10~15m
- 중국(남부) 원산, 인도 히말라야, 네팔; 남부지방에서 식재

 학명 *Trachycarpus wagnerianus* 속명은 그리스어 trachys(껍질을 붙임)와 carpos(열매)의 합성어로 수피의 표면이 거친 것을 나타내며, 종소명은 독일의 원예가 A. Wagner에서 유래한 것이다. 영명 Chinese windmill palm 일명 トウジュロ(唐棕櫚) 중명 韋氏棕櫚(위씨종려)

| 잎

부채꼴처럼 넓게 퍼진다.
종려나무는 잎끝이 처지는 반면, 당종려는 빳빳하다.

| 꽃

암꽃차례

수꽃차례

암수딴그루. 대형의 원추꽃차례에서 노란색 꽃이 모여 핀다.

| 열매

장과. 편구형이며, 노란색에서
청흑색으로 익는다.

| 수피

지름 24cm

수피의 표면에 잎이 붙
어있던 자국이 나선상
으로 밀생하며, 암갈색
의 거친 털로 덮여있다.

종려나무라 하면 야자과 *Palmae*에 속하는 모든 나무를 통칭하는 의미로 사용되고 있다. 종려나무에서 종려의 한자표기는 종려나무 종棕 자와 종려나무 려櫚 자를 쓴다. 이 두 글자는 오직 종려나무만을 위해 만든 글자로, 종려나무가 나무 중에서 우두머리宗란 뜻이다.

우리나라에는 중국 남부가 원산지인 당종려와 일본 규슈 지방이 원산지인 종려나무 *Trachycarpus excelsa*가 많은데, 종려나무는 중국 원산의 당종려와 구별하기 위해 왜종려라고도 한다. 왜종려는 잎 모양이 원형에 가깝고 잎이 중간에서 꺾이거나 휘어져 처지는 특징이 있는 반면, 당종려는 잎 모양이 부채꼴이고 빳빳해서 늘어지지 않는 것이 특징이다.

당종려는 털옷을 입은 것 같은 갈색의 섬유질로 나무줄기를 싸고 있어서, 내한성이 강한 편이다. 따라서 우리나라 남부 지방은 물론 중부 지방에서도 식재가 가능하며, 특히 제주도를 비롯한 남부 해안 지역에서는 가로수로 심은 것을 많이 볼 수 있다. 한겨울의 매서운 바닷바람을 견디며 꼿꼿이 서있으니 가히 '나무 중의 우두머리'라 할만하다.

"종려나무 가지를 들고 그분을 맞으러 나가 이렇게 외쳤다. "호산나! 주님의 이름으로 오시는 분은 복되시어라. 이스라엘의 임금님은 복되시어라 요한복음 12장 13절." 신약성경에 예수님이 예루살렘에 입성할 때, 유대인들이 종려나무 가지를 흔들었다고 한다. 여기에 나오는 종려나무는 대추야자 *Phoenix dactylifera*를 가리킨다.

조경 Point

야자나무과에 속하는 나무로 이국적인 분위기를 자아내므로, 서양풍의 정원에 심으면 어울린다. 정원에 심을 때는 높이가 다른 3그루를 모아 심으면 전체적으로 균형된 모습을 보여준다. 남부지방에서는 가로수로 심어진 것도 볼 수 있다. 내한성이 강한 편이서 중부지방에서 식재된 것을 흔하게 볼 수 있다.

재배 Point

내한성은 중간 정도이며, 배수가 잘되는 비옥한 토양이 좋다. 해가 잘 비치는 곳이나 반음지에 식재하며, 차고 건조한 바람은 막아준다.

병충해 Point

습도가 높고 통풍이 잘되지 않는 곳에서는 응애류나 깍지벌레류가 발생하기 쉽다.

전정 Point

봄에 낙엽이나 고사한 잎을 제거해준다. 추운 곳에서는 가을에 종려나무 털로 만든 끈으로 나무줄기를 감싸준다.

번식 Point

11월에 종자를 채취하여 냉장고에 보관하였다가, 다음해 4월에 파종한다. 당종려는 종려나무와 교잡하기 쉬우므로, 두 종류의 나무가 가까이 심어진 곳에서는 종자를 채취하지 않는 것이 좋다. 교잡으로 태어난 당종려는 잎의 길이가 짧다.

반송

- 소나무과 소나무속
- 상록침엽교목 • 수고 2~10m
- 일본, 중국, 러시아; 전국적으로 분포

 학명 *Pinus densiflora* f. *multicaulis* 속명은 켈트어 pin(산)에서 유래된 라틴어이며, 종소명은 denes(치밀하다)와 flora(꽃)의 합성어로 꽃이 빽빽하게 핀 모습을 나타낸 것이다. 품종명은 multi(많다)와 caulis(원줄기의)의 합성어로 주립상인 것을 나타낸다.
영명 Many-stem Korean red pine | 일명 *タギョウクロマツ(多行黒松)* | 중명 *盤松(반송)*

| 잎

한 다발에 2개의 바늘잎이 모여 나며, 잎의 촉감이 부드러운 편이다.

60%

| 꽃

암수한그루. 수꽃이삭은 타원형이며 황색을 띠고, 암꽃이삭은 난형이 자주색을 띤다.

| 열매

구과. 달걀 모양이며, 황갈색으로 익는다.

조경수 **이야기**

반송은 소나무의 변종으로, 일명 다복솔이라고도 한다. 나무의 모양은 키가 큰 것은 10m까지 자라며 지면에서 여러 개의 줄기가 갈라져서 자라는 주립형 나무여서, 하나의 중심줄기로 이루어진 다른 소나무와 쉽게 구별된다. 지면 근처가 아니라 사람 키보다 높은 곳에서 여러 개의 가지가 나온 것은 일반 소나무로 분류한다.

경북 예천군 천향리 마을회관 앞에 있는 반송은 석송령 石松靈이라는 이름을 가지고 있다. 전설에 따르면, 약 600년 전 풍기 지방에 큰 홍수가 났을 때, 석간천을 따라 떠내려 오던 소나무를 지나가던 한 사람이 건져서 이곳에 심은 것이라고 한다. 그 뒤 이 마을의 이수목이라는 사람이 '석평마을에 사는 영감이 있는 소나무'라는 뜻으로 석송령 石松靈이라는 이름을 지어 주었으며, 자신의 토지 2,000평을 물려주고 등기까지 해주어 재산을 가진 나무가 되었다. 또한 박정희 대통령이 500만원을 내려준 일도 있다. 마을에서는 석송령의 재산으로 장학금을 만들어 학생들에게 주고 있으며, 매년 정월 대보름에 마을의 평화를 비는 제사를 지내고 있다. 석송령은 마치 사람처럼 재산을 가지고 세금과 장학금을 내는 등 세계적으로 그 예를 찾아보기 어려운 나무이다. 우리 민족의 나무에 대한 생각을 엿볼 수 있는 문화적 자료로서 가치가 매우 높다 하여, 문화재청에서는 1982년 천연기념물 제294호로 지정하여 보호하고 있다.

◀ **석송령**
세금 내는 부자나무.
천연기념물 제294호.
ⓒ 문화재청

조경 Point

우리나라 전통정원에서 흔하게 볼 수 있는 품위 있는 소나무로, 옛 선비들이 즐겨 심던 나무이다. 수형이 아름다워서 전통정원, 공원, 고궁, 묘소, 사찰, 성역 등 어디에 심더라도 잘 어울린다. 주로 반원형의 아담한 수형으로 다듬어서, 원로나 건물 주위에 줄심기를 하거나 잔디 정원이나 연못가에 단식을 하는 것이 좋다.

재배 Point

비옥한 사질양토를 좋아하지만, 햇빛이 잘 비치고 배수가 잘되는 곳이면 어떤 토양에서도 잘 자란다.

병충해 Point

잎떨림병, 잎마름병, 잎응애, 진딧물, 솔잎깍지벌레, 소나무좀 등의 병충해가 발생한다. 소나무에 준하여 처치한다.

전정 Point

어린 나무일 때, 중요한 가지 몇 개를 남기고 나머지 가지는 순자르기를 해주면, 키가 크고 세력이 강한 나무로 키울 수 있다. 원하는 수고까지 자랐을 때, 모든 가지에 대해 순자르기를 해주면 나무의 폭이 형성되어 아름다운 수형이 유지된다. 순자르기는 가능하면 손으로 하는 것이 좋다.

번식 Point

반송은 소나무의 돌연변이 품종이다. 따라서 실생 번식으로는 변이가 생기기 어려우며, 생기더라도 수가 적어 수요를 충족할 수 없기 때문에 접목으로 번식시킨다. 대목은 소나무도 가능하지만 곰솔이 좋다. 3월 상중순에 2~3년생 곰솔 실생묘를 대목으로 사용하여 절접으로 번식시킨다.

병솔나무

- 도양금과 병솔나무속
- 상록활엽소교목 • 수고 2~6m
- 호주 원산; 남부 지방에서 관상수로 식재

 | 학명 *Callistemon citrinus* 속명은 그리스어 kallos(아름다운)와 stemon(수술)의 합성어로 '아름다운 수술'이란 의미이며, 종소명은 '레몬'을 의미한다.
| 영명 Bottlebrush | 일명 ブラシノキ(ブラシの木) | 중명 美花紅千層(미화홍천층)

| 잎

어긋나기.
긴 타원상의 피침형으로 뻣뻣하고 광택이 약간 난다.

80%

| 꽃

양성화. 붉은색의 긴 수술대가 눈에 띈다. 수상꽃차례 전체가 젖병을 씻는 솔처럼 보인다.

| 열매

삭과. 몇 년 동안의 열매가 가지에 붙어있어서, 마치 가지 전체에 벌레집이 붙은 것처럼 보인다.

| 수피

회갈색이며, 성장함에 따라 리본처럼 길게 벗겨진다.

| 겨울눈

적갈색이며, 눈비늘조각에 싸여 있다.

조경수 이야기

병솔나무의 속명인 칼리스테몬*Callistemon*은 병솔나무 속屬이라는 것을 나타내며, 그리스어로 아름답다는 뜻의 칼로스*kallos*와 수술을 뜻하는 스테몬*stemon*의 합성어로 '아름다운 수술'이라는 뜻이다.

종소명 스페시오숨*speciosum*은 '아름다운 혹은 화려한'이라는 의미로 꽃의 모양을 표현한 것이다. 붉고 긴 수술이 모여 있는 모습이 마치 '아기 우유병을 씻는 솔'처럼 생겼다 하여, 영어 이름은 보틀 브러시*Bottle brush*이며, 일본 이름도 브러시노키 ブラッシノ木이다. 어느 나라 건 보는 눈은 비슷한 모양이다. 약 30~40여 종류가 있으며, 오스트레일리아 동북부 해안과 파퓨아뉴기니가 원산지이다.

5~8월에 진한 붉은색 꽃이 피며, 8월말 꽃이 진 자리에 콩알만 한 크기의 열매가 다닥다닥 달리는데, 가지에 바짝 붙어 2~3년 동안 떨어지지 않는다. 이는 열매가 익는 과정이며, 열매가 벌어진 후에는 바람에 날려간다. 버들잎 모양의 긴 잎에는 톱니와 털이 없다. 잎을 따서 찧으면 향긋한 향기가 나므로 호주에서는 향신료로 사용한다.

1997년 미국의 리드 그레이는 그의 집에서 기르던 병솔나무 아래에서는 잡초가 덜 자라는 것을 발견하고, 잡초 방제 스펙트럼 조절실험을 통해 병솔나무에서 캘리스토*Callisto*라는 제초제를 얻는데 성공했다.

캘리스토는 생화학적인 활성이 없는 자연친화적인 성분의 제초제로, 주로 옥수수에서 잡초를 방제하기 위해 사용되고 있다. 나무에 대한 작은 관심이 엄청난 국가적 이익과 농업분야의 큰 진전을 이루는 계기가 된 셈이다.

조경 Point

오스트레일리아가 원산지이며, 우리나라에서는 제주도와 남부지방에서 외부 월동이 가능하다. 아직 널리 알려지지 않은 꽃나무로, 애기의 우윳병을 씻는 솔처럼 생긴 이채로운 꽃과 가지에 닥지닥지 붙은 열매가 특징이다.

정원에 첨경수로 한 그루 심어 놓으면 사람들의 호기심을 끌 수 있는 조경수이다.

오스트레일리아와 미국 로스엔젤레스 등에서는 가로수로 심겨진 것을 볼 수 있다.

재배 Point

내한성이 약한 편이다. 습기가 충분하고 배수가 잘되며, 해가 잘 비치는 곳이 좋다. 중성~산성의 토양, 적당히 비옥한 토지에서 잘 자란다.

나무			새순	개화			꽃눈분화					
월	1	2	3	4	5	6	7	8	9	10	11	12
전정			전정				전정				전정	
비료		시비				시비				시비		

병충해 Point

진딧물이나 하늘소가 발생한다. 진딧물에는 이미다클로프리드(코니도) 액상수화제 2,000배액을 살포하고, 하늘소의 애벌레에는 페니트로티온(스미치온) 유제 500배액을 살포하고, 침입한 구멍을 발견하는 즉시 철사나 송곳을 찔러 넣어 죽인다.

전정 Point

원하는 수고와 가지폭으로 자랄 때까지 방임해서 키우고, 그 후에 전정을 해서 수고와 가지폭을 유지한다. 1년 동안에 자라는 가지의 신장량이 적기 때문에 매년 전정할 필요는 없다.

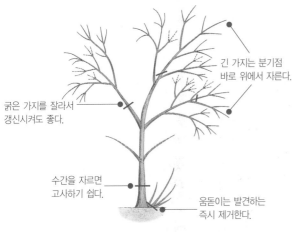

긴 가지는 분기점 바로 위에서 자른다.

굵은 가지를 잘라서 갱신시켜도 좋다.

수간을 자르면 고사하기 쉽다.

움돋이는 발견하는 즉시 제거한다.

▲ 꽃이 진 후의 전정

번식 Point

꽃이 지고 나면, 벌레알 모양의 둥근 열매가 가지에 눌러 붙은 것처럼 생긴다. 열매는 나무에 붙은 채로 2~3년 동안은 발아력이 있다고 한다.

4월에 열매를 채취하면 꼬투리 속에서 미세한 종자가 많이 나오는데, 이것을 적옥토를 넣은 파종상에 파종한다. 반그늘에 두고 건조하지 않도록 관리하면, 세력이 좋은 것은 3~4년 정도 지나면 꽃을 피운다.

3월 중순~4월이 숙지삽, 6~9월이 녹지삽의 적기이다. 숙지삽은 충실한 전년지, 녹지삽은 충실한 햇가지를 삽수로 사용한다. 꽃눈은 미리 제거하며, 건조하지 않도록 관리한다.

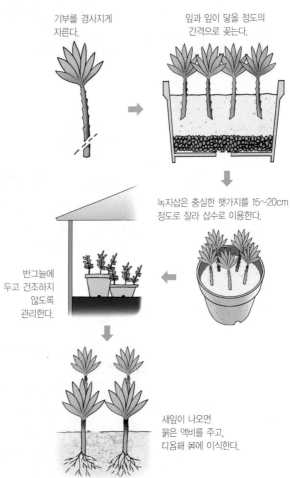

기부를 경사지게 자른다.

잎과 잎이 닿을 정도의 간격으로 꽂는다.

녹지삽은 충실한 햇가지를 15~20cm 정도로 잘라 삽수로 이용한다.

반그늘에 두고 건조하지 않도록 관리한다.

새잎이 나오면 묽은 액비를 주고, 다음해 봄에 이식한다.

▲ 삽목 번식

사람주나무

- 대극과 사람주나무속
- 낙엽활엽소교목 • 수고 4~6m
- 중국, 일본: 동해안을 따라 강원도 설악산까지, 내륙으로는 경북 운문산 및 전북 이남의 숲속

학명 *Sapium japonicum* 속명은 라틴어 sapium(점성이 있는)에서 온 말이며, 잎과 줄기를 자르면 끈끈한 액이 나오는 데서 유래한다. 종소명은 '일본의'를 뜻한다.
영명 Tallow tree │ 일명 シラキ(白木) │ 중명 白木烏桕(백목오구)

│ 잎

어긋나기.
타원형이며, 잎가장자리에
물결 모양의 주름이 있다.
잎자루에 기름샘이 있다.

20%

│ 꽃

수꽃(좌), 암꽃(우)

암수한그루. 새가지 끝에 황록색 꽃이 모여 핀다.

│ 수피

지름 8cm

광택이 나는
회백색이고 매끈하다.
오래되면 세로로
가늘게 골이 진다.

│ 열매

삭과. 삼각꼴 둥근형이며, 익으면 열매껍
질이 3개로 갈라진다.

│ 겨울눈

끝눈은 원추형이고
끝이 뾰족하다.
2~3장의 눈비늘조각에
싸여 있다.

나무껍질이 사람의 피부처럼 희고 매끈해서, 사람주나무라는 이름이 붙었다. 또 수피가 여성의 살갗처럼 매끈하고 단풍이 들면 홍조를 띤 여성의 얼굴을 닮았다 하여, 여자나무라고 부르기도 한다. 흰색의 나무껍질을 가지고 있어서 일본 이름은 시라키白木이고, 중국 이름도 백목白木이다.

10월에 열매가 익으면 열매껍질이 3개로 갈라지는데, 그 안에 각각 하나씩 종자가 들어있다. 열매기름은 상자나 물건이 썩지 않고 아름답게 보이도록 겉면을 바르는 데 쓰이거나, 등잔불을 밝히는 등유로 이용되었다. 그래서 사람주나무를 일명 기름동백나무라고도 부른다. 민간에서는 변이 잘 안 나올 때 이 열매를 볶아 기름을 짜서 소량씩 복용하거나, 기생충이 있을 때 말린 뿌리에 물을 붓고 달여서 마셨다고도 한다.

산호자도 사람주나무를 가리키는 말이다. 꽃이 피기 전에 사람주나무에서 어린 잎을 따서 끓는 물에 살짝 데쳐 햇볕에 말린 다음 나물로 무쳐 먹거나 쌈으로 싸서 먹는데, 이것을 산호자나물이라 한다. 산호자 잎은 쌈으로 먹는 것이 가장 맛있는데, 너무 크지 않은 잎을 골라 살짝 데쳐서 짓갈에 싸서 먹으면 그야말로 일품이라고 한다.

▲ 산호자나물

속명 사피움Sapium은 라틴어로 '점성이 있는'이라는 뜻으로, 이 나무의 잎이나 줄기에 상처를 내면 끈끈한 흰 액이 나오는데서 유래한 것이다. 그래서 백유목白乳木이라는 이름으로 불리기도 한다. 이 진액은 독성이 강해서 눈에 들어가면 실명할 수 있으므로 주의해야 한다.

조경 Point

넓은 잎과 나무껍질이 매끈해서 관상가치가 있으며, 가을에 진홍색으로 물드는 단풍도 아름답다. 크게 자라지 않으므로 큰 나무 아래에 하목으로 심으면 좋다.

재배 Point

내한성이 강하며, 건조함은 싫어한다. 다습하지만 배수가 잘되는 비옥한 토양이 좋다. 음수이므로 햇빛이 잘 들지 않는 곳에 심어도 잘 자란다. 이식은 큰 나무는 뿌리돌림을 하여 잔뿌리를 내리게 한 후에 분을 크게 떠서 옮긴다.

병충해 Point

병충해에 대해서는 별로 알려진 것이 없다.

번식 Point

실생으로 번식시킨다. 10월에 성숙한 종자를 채취하여 저온저장 혹은 노천매장해두었다가, 다음해 봄에 파종한다. 따뜻한 지방에서는 채종 후 바로 파종해도 된다.

안개나무

- 옻나무과 안개나무속
- 낙엽활엽소교목 • 수고 3~8m
- 중국 중부, 히말라야, 유럽 남부; 전국에 조경수로 식재

 학명 *Cotinus coggygria* 속명은 야생 올리브나무의 그리스 이름 kotinus에서 유래한 것이며, 종소명은 Smoke tree를 뜻하는 그리스어 kokkugia에서 왔다.
영명 Smoke tree | 일명 ハグヌノキ(白熊の木) | 중명 黃櫨 (황로)

| 잎

어긋나기.
달걀형 또는 거꿀달걀형이며, 가지 끝에 모여난다.
가을의 단풍이 아름답다.

40%

| 꽃

암수딴그루. 가지 끝에 연한 자주색의
작은 꽃이 핀다. 꽃이 진 후에 꽃자루가
실처럼 길게 뻗어서 솜사탕처럼 보인다.

| 열매

핵과. 납작한 콩팥모양이며, 열매자루에
긴 실 같은 털이 있다.

| 수피

지름 17cm

연한 회갈색이고 세로
줄과 껍질눈이 산재해
있다. 성장함에 따라 비
늘 모양으로 벗겨진다.

| 겨울눈

원추형이며, 적갈색을 띤다.

안개나무는 중국, 히말라야, 유럽 남부가 원산지인 낙엽 소교목이다. 5월경에 황록색의 작은 꽃이 피며, 꽃이 진 다음에 꽃자루가 실처럼 발달하여 꽃 전체가 하얀 안개처럼 보여, 몽환적인 분위기를 연출한다. 그래서 이름이 안개나무이며, 영어 이름도 스모크 트리Smoke tree이다. 일본 이름 하구누노키白熊ノ木는 스님이 설법을 할 때 들고 있는 불자拂子를 백곰白熊의 꼬리로 만든 것에서 유래하며, 영어 이름을 그대로 사용하여 스모크 트리スモークツリー라고 부르기도 한다. 중국 이름은 황로黃櫨인데, 임금의 의복을 염색하는데 쓰는 노란색 염료를 이 나무의 심재心材에서 채취했다고 한다. 근래에는 안개나무 추출물을 이용하여, 한지를 천연염색하는 기술이 개발되었다.

나뭇잎의 촉감이 양배추와 비슷하고, 동글동글하고 귀여운 모양을 띠며, 가을에 붉은색의 선명한 단풍을 선사하는 조경수이다. 암수딴나무이며, 환상적인 안개를 즐기기 위해서는 암나무를 심어야 한다.

▶ **불자(拂子)**
원래 인도에서 승려가 모기나 파리를 쫓는 데 쓰던 것인 데, 지금은 선종의 승려가 번뇌나 장애를 물리치는 표지로 쓴다.

조경 Point

긴 꽃자루가 마치 안개가 피어오르는 것처럼 보여서 붙여진 이름이다. 우리나라에는 아직 많이 보급되지 않아서, 잔디 정원이나 공원에 첨경수로 악센트식재를 하면 보는 사람의 주의를 끌 수 있다. 정원에 심을 때는 창가에 햇볕을 가려주거나 스크린용으로 심으면 좋다. 가을에 노란색으로 물드는 단풍도 아름답다.

재배 Point

습도가 있지만 적당히 비옥하고, 배수가 잘되는 토양이 좋다. 양지 또는 반음지에 식재하며, 잎이 보라색인 품종은 양지에 심으면 잎색이 좋아진다. 이식은 2~3월, 10~11월에 한다.

나무				새순	개화	열매	꽃눈분화				단풍	
월	1	2	3	4	5	6	7	8	9	10	11	12
전정	전정											전정
비료	한비						꽃후					한비

병충해 Point

안개나무탄저병이 발생하면 잎에 흑갈색의 반점이 나타난다. 잎 가장자리에서 점차 확대되면서 다른 병반들과 합쳐져서 커다란 회갈색 병반을 만들기도 한다. 땅에 떨어진 감염된 잎은 모아 불태우거나, 땅에 묻어서 월동 전염원을 없앤다. 또 잎이 떨어지고 나면, 만코제브(다이센M-45) 수화제 500배액, 터부코나졸(호리쿠어) 유제 2,000배액 등을 살포하여 겨울눈에서 월동하는 병원균을 없앤다.

전정 Point

도장지는 아주 불필요한 것만 제거하고, 가능하면 남겨서 분지가 많이 생기도록 해준다. 꽃을 피우지 않은 가지도 될 수 있으면 자르지 않는 것이 좋다. 큰 나무는 가지치기만 해주어도 된다.

번식 Point

9월 하순~10월에 종자를 따서 바로 직파하거나 노천매장해두었다가, 다음해 봄에 파종한다. 발아율은 높은 편이다. 뿌리가 잘 번지므로 분주 또는 근삽으로도 번식이 가능하다.

곰솔

- 소나무과 소나무속
- 상록침엽교목 • 수고 20~30m
- 중국, 일본; 중남부의 바닷가 인근 산지

학명 *Pinus thunbergii* 속명은 켈트어 pin(산)에서 유래된 라틴어이며, 종소명은 린네의 제자였던 스웨덴의 식물학자 Thunberg를 기념한 것이다.
영명 Black pine | 일명 クロマツ(黒松) | 중명 黑松(흑송)

| 잎

한 다발에 2개의 바늘잎이 모여 난다.
잎끝은 뾰족하고 단단하여 찔리면 아프다.

25%

| 겨울눈

은백색의 원주형이며, 송진이
나온다.

| 열매

구과. 다음해 가을에 갈색으로 익는다.
달걀꼴의 긴 타원형이며 사방으로 돌려
난다.

| 꽃

◀ 암꽃차례(위), 수꽃차례(아래)
암수한그루.
수꽃차례는 황색이며,
새가지 아래쪽에 많이
모여 달린다.
암꽃차례는 자갈색이며,
수꽃차례 위쪽에
2~3개씩 달린다.

| 수피

지름 19cm

검은 갈색 또는 짙은 회색을 띠며,
성장함에 따라 거북 등껍질 모양으로 깊게 갈라진다.

조경수 이야기

주로 해안가에 많이 분포하는 소나무이기에 해송海松, 잎이 소나무에 비해서 굵고 억세기 때문에 곰솔, 수피가 검은색을 띤다 하여 검솔 혹은 흑송黑松이라는 이름으로도 불린다. 소나무는 나무껍질이 붉은색이어서 적송이고 영어 이름은 레드 파인Red pine이며, 곰솔은 수피가 검은색을 띤다 하여 블랙 파인Black pine이다.

소나무와 곰솔은 모두 바늘잎이 둘씩 붙어 있어서 이엽송二葉松이고, 재질이 단단하다 하여 경송硬松이라 부른다. 그러나 소나무는 수피가 붉고 잎이 보드라우며 여성적인 이미지를 가지고 있어서 여송女松 또는 자송雌松, 바닷바람을 맞고 자란 해송은 잎이 억세고 나무껍질도 검어서 남성적인 이미지를 가지고 있다고 하여 남송男松 또는 웅송雄松이라고 부른다.

강인한 성질을 가진 곰솔은 바닷바람에 견디는 힘이 강해서, 남부 지방의 섬지역에 분포하지만, 울릉도와 홍도에는 자생하지 않는다. 현재 울릉도에서 자라는 곰솔은 모두 인공적으로 심은 것이다. 일정한 면적의 섬에서 자라는 곰솔은 지리적으로 격리된 상태이기 때문에 유전적 분화가 심하게 나타나며, 소나무와 곰솔이 접촉하는 경계에는 두 수종간의 잡종인 중곰솔間黑松이 자주 나타난다. 그러나 곰솔과 소나무는 분포영역이 확실하게 구분되므로, 곰솔이 소나무의 생육 영역을 침범하여 들어갈 수 없고, 소나무는 곰솔의 생육영역으로 들어가지 못히는 분서分棲 현상이 뚜렷하게 나타나고 있다.

◀ 제주 수산리 곰솔
천연기념물 제441호.
ⓒ 문화재청

조경 Point

우리나라 해안가에 많이 자생하는 기개가 있는 소나무란 뜻으로 해송(海松)이라고도 한다. 어린 나무일 때는 수형이 고르지 못하지만 커 갈수록 원추형의 수형을 이루며, 해변가에 군식하여 방조림, 해안사방림, 간척지 조성림, 풍치림, 방풍림 등으로 많이 활용된다. 웅대한 수형과 사계절 변함없는 푸르름을 지닌 기품이 넘치는 조경수이다.

재배 Point

해풍에 잘 견디며, 사질양토나 산성토양에서 잘 자란다. 어린 나무일 때부터 충분한 햇빛이 있어야 하고, 바늘잎나무 중에서 건조와 바닷바람에 가장 강하다. 토양환경은 물빠짐이 잘 되어야 하지만 건조하거나 저지대의 물이 드나드는 곳에도 잘 견딘다.

나무			새순	개화						열매		
월	1	2	3	4	5	6	7	8	9	10	11	12
전정		전정			전정					전정		
비료	한비											

병충해 Point

소나무의 병충해에 준해서 관리한다.

전정 Point

소나무의 전정법에 준한다.

번식 Point

가을에 종자를 채취하여, 다음해 3월 중하순에 파종한다. 1년 정도 키우고, 그 다음해 봄에 식재간격을 넓혀준다. 정원수로 심을 수 있을 정도로 크게 키우려면 15년에서 20년 정도 걸린다. 원예품종은 늦겨울에 접목으로 번식시킨다.

다정큼나무

- 장미과 다정큼나무속
- 상록활엽관목 • 수고 2~4m
- 중국, 일본, 대만, 베트남, 필리핀, 라오스; 경남, 전남, 전북, 제주도의 바다 가까운 산지

학명 *Raphiolepis indica var. umbellata* 속명은 그리스어 raphe(바늘)와 lepis(비늘 조각)의 합성어로 포가 바늘 모양인 것에서 유래하며, 종소명은 '인도의'라는 뜻이다. 변종명은 '우산을 닮은'이라는 뜻으로 우산꼴꽃차례를 나타낸다.
영명 Yeddo hawthorn | 일명 シャリンバイ(車輪梅) | 중명 石斑木(석반목)

잎

어긋나기.
긴 타원형이며,
둔한 톱니가 있다.
가지 끝에 여러 장의
잎이 돌려난다.

30%

꽃

양성화. 전년지 끝에 흰색 또는 연분홍색의 꽃이 모여 핀다.

열매

이과. 구형이며, 흑자색으로 익는다. 표면에 흰색 분이 생긴다.

가지 끝에 여러 장의 잎이 다정하게 돌려난다(이름의 유래).

겨울눈

긴 달걀형이며, 5~7장의 적자색 눈비늘조각에 싸여있다.

수피

흑갈색이며, 세로로 길게 갈라진다.

지름 4cm

다정큼나무, 참 정겹고 다정스러운 이름이다. 다정큼나무는 '다정 多情'과 '큼'을 합한 이름으로 '다정하게 크는 나무'라는 뜻으로 풀이할 수 있다. 상록의 작은 잎은 어긋나게 달리지만, 가지 끝에서는 오밀조밀하고 다정하게 모여 나므로 붙여진 이름이다.

잎뿐 아니라 붙임성 있어 보이는 꽃, 조롱조롱 맺는 열매에서 전체적으로 정다운 느낌을 받는다. 이런 나무를 한 그루 집울타리 안이나 담장 밑에 심으면 집안이 저절로 화목해질 것 같다. 다정큼나무의 꽃말 역시 '친밀'이다.

일본 이름 샤린바이 車輪梅는 꽃이 매화를 닮았고, 가지가 뻗은 모양이 마치 수레바퀴살을 닮았다고 붙여진 이름이다.

다정큼나무는 나무껍질과 목재에 4~5%의 탄닌을 함유하고 있어서, 바닷가에서는 어망 등을 염색하는 갈색 염색제로 활용되었다. 그래서 일부 지방에서는 쪽나무라고도 부른다. 일본에서는 줄기나 뿌리의 즙을 짜서 철분이 많은 진흙과 섞어, 명주를 물들이는데 사용했다고 한다.

또 다정큼나무는 음이온을 많이 발생하여 실내습도를 높여주기 때문에 돈나무, 만병초 등과 함께 농업진흥청에서 추천하는 실내원예식물이기도 하다.

조경 Point

원래는 해안가의 식물이지만, 일본에서는 가로수로도 식재하고 있다. 공해와 염분에 강하기 때문에 도시의 공원수나 해변의 조경수로 활용하면 좋은 수종이다. 수형이 단정해서 정원의 잔디밭이나 산책로 주변 또는 건물의 악센트식재로 심으면 좋다.

햇볕이 잘 드는 현관 앞이나 연못가에 신록을 배경으로 심는 것도 재미있다.

재배 Point

내한성은 약하나, 내염성은 강한 편이다. 생장속도는 빠른 편이며, 사질양토에서 잘 자란다.
이식은 3~5월 중순, 9~10월 중순에 하지만, 7~8년생 이상은 이식이 어려운 편이다.

병충해 Point

통풍이 잘되지 않고 습도가 높으면, 매미나방(집시나방), 거북밀깍지벌레, 갈색둥근무늬병이 많이 발생한다. 갈색둥근무늬병은 봄에 새잎이 나올 때부터 가을까지 발생한다.
병든 나뭇잎은 조기에 떨어지므로 수세가 쇠약해지며, 심한 경우에는 나무가 고사한다.
가을 이후에 병든 낙엽을 모아서 불태우며, 잎이 나오기 시작하면 곧 만코제브(다이센M-45) 수화제 500배액이나 코퍼하이드록사이드(코사이드) 수화제 1,000배액을 10일 간격으로 3~4회 살포하여 방제한다.

▲ 매미나방 애벌레

보통 수관을 둥글게 깍아주는 전정을 하는데, 다음의 2가지 방법이 있다. 하나는 꽃이 진 후와 가을~초봄의 두 번에 걸쳐서 전정을 한다.

이 방법은 둥글고 고른 수형을 유지할 수 있지만, 꽃의 수가 적은 것이 단점이다. 다른 하나는 꽃이 진 직후에 전정하는 것으로 수형은 흐트러지지만 많은 꽃을 볼 수 있다.

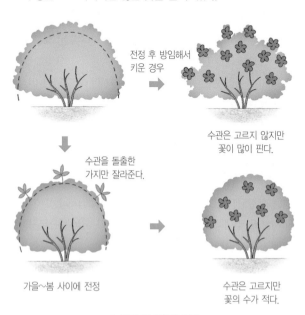

전정 후 방임해서 키운 경우

수관은 고르지 않지만 꽃이 많이 핀다.

수관을 돌출한 가지만 잘라준다.

가을~봄 사이에 전정

수관은 고르지만 꽃의 수가 적다.

▲ 꽃이 진 직후의 전정

가을에 종자를 채취하여 과육을 제거하고 노천매장을 해두었다가, 다음해 3~4월에 파종한다. 내한성이 약하기 때문에 파종상에 파종한 경우에는 동해를 입지 않도록 주의해서 관리한다.

삽목으로도 번식이 가능하며, 4월경 전년지로 숙지삽을 하거나 6월경 당년지로 녹지삽을 한다.

담팔수

- 담팔수과 담팔수속
- 상록활엽교목 • 수고 15m
- 베트남, 태국, 중국(남부), 대만, 일본; 제주도(서귀포) 지역에 분포

학명 *Elaeocarpus sylvestris* var. *ellipticus* 속명은 그리스어 elaia(올리브)와 carpos(열매)의 합성어로 올리브나무 열매와 비슷한 것을 나타낸다. 종소명은 '야생하는', 변종명은 '타원형'이라는 뜻이다. **영명** Woodland elaeocarpus **일명** ホルトノキ(ホルトの木) **중명** 杜英(두영)

| 잎

어긋나기.
거꿀피침형이며,
잎자루는 붉은 색을 띤다.
소귀나무 잎과 비슷하다.

40%

| 꽃

양성화. 잎겨드랑이에서 나온 총상꽃차례에 15~20개의 흰색 꽃이 아래로 향해 핀다.

| 열매

핵과. 타원형이며, 흑자색으로 익는다.
종자의 표면에는 그물무늬가 있다.

| 수피

회갈색이며, 매끄럽다.
성장하면서 껍질눈이
두드러진다.

| 겨울눈

눈비늘이 없는 맨눈이며,
흰색 솜털로 덮여있다.

담팔수는 따뜻한 곳에서 자라는 나무로, 우리나라에서는 제주도 지역에서만 자란다. 우산 모양의 수형이 아름다우며, 나뭇잎은 소귀나무 잎과 모양이 비슷하다. 상록수이지만, 오래된 잎은 붉게 단풍 들기 때문에 일년 내내 잎의 일부가 단풍 든 것처럼 보인다. 나무 이름의 유래에 대해서는 여러 가지 설이 있다. 여덟 잎 중 하나는 항상 단풍이 들어서, 혹은 일 년에 여덟 번 단풍이 들어서, 혹은 나뭇잎이 여덟 가지 빛을 낸다고 하여 담팔수膽八樹라는 이름이 붙여졌다는 등의 설이 있다. 하지만 나무 이름에 왜 쓸개 담膽 자가 들어가 있는지에 대해서는 어디에도 명확한 설명이 없다. 일본 이름 호루토노키ホルトノ木는 '포르투갈의 나무'라는 뜻이다. 에도江戸 시대에 올리브유를 포르투갈유라고 했는데, 이 나무를 올리브나무로 잘못 알고 '포르투갈의 나무'라고 부른 것에서 유래한 것이라 한다. 중국 이름은 두영杜英이며, 담팔수膽八樹라는 별명으로도 불린다.

제주도에만 담팔수 자생지가 있으며, 천연기념물로 지정된 것이 제주도에 2군데 있다. 제163호 제주 천지연 담팔수 자생지는 천지연 서쪽 언덕에 자라는 5그루의 나무다. 제544호 제주 강정동 담팔수는 강정천의 내길

◀ **제주 강정동 담팔수**
천연기념물 제544호.
© 문화재청

이소沼 서남쪽에 있는 내길이소당堂의 신목으로, 오랫동안 마을사람들이 치성을 드리는 민속대상이기도 하다. 제주특별자치도 기념물 제14호 천제연 담팔수나무는 천제연폭포 계곡 서쪽 암벽 사이에서 자라는 나무다.

조경 Point

담팔수는 우산 모양의 단정한 수형, 여름에 피는 흰색 꽃, 가을에 익는 검은 열매가 모두 아름다운 조경수이다. 상록수이지만 단풍으로 물든 잎이 드문드문 섞여있는 것 또한 특이하다. 일본에서는 담팔수를 가로수로 많이 심지만, 내한성이 약하여 우리나라에서는 제주지역에서만 가로수로 식재된 것을 볼 수 있다. 녹음수, 경관수, 독립수 등의 용도로 활용 가능하다.

재배 Point

내한성은 약한 편이다. 해가 잘 드는 곳, 비옥하고 부식질이 풍부한 토양이 좋다. 습기가 있지만 배수가 잘 되며, 중성~산성의 토양에 식재한다.

병충해 Point

루비깍지벌레는 새가지에 기생하여 흡즙가해하므로, 수세가 약화되고 이차적으로 그을음병을 유발시켜 미관을 해친다. 조경수나 과수 등에 광범위하게 피해를 주며, 제주도를 비롯한 남부지방에 주로 분포한다. 약충 발생기인 7월에 뷰프로페진.디노테퓨란(검객) 수화제 2,000배액을 살포하여 방제한다.

번식 Point

가을에 검은 자주색으로 익은 열매를 채취하여 과육을 제거한 후, 노천매장을 해두었다가 봄에 파종하면 1개월 후에 발아한다. 생장이 빠른 편이며, 가을에는 30cm 정도까지 자란다.

소나무

- 소나무과 소나무속
- 상록침엽교목   • 수고 35m
- 일본, 중국(동북부), 러시아(동부); 북부 고원지대의 높은 산 정상부를
  제외한 전국의 산지

 학명 *Pinus densiflora* 속명은 켈트어 pin(산)에서 유래된 라틴어이며, 종소명은 denes(치밀하다)와 flora(꽃)의 합성어로 꽃이 빽빽하게 핀 모습을 나타낸 것이다. | **영명** Japanese red pine | **일명** アカマツ(赤松) | **중명** 赤松(적송)

잎

한 다발에 2개의
바늘잎이 모여 나며,
곰솔에 비해
촉감이 부드럽다.

30%

꽃

암꽃차례   수꽃차례

암수한그루. 암꽃차례는 달걀형이고 진한 자주색이다. 수꽃차
례는 황색이고 여러 개가 모여 달린다.

열매

구과. 달걀 모양의 원추형이며,
갈색으로 익는다.

뿌리

심근형. 크고 굵은 수하근이 발달하며,
세근은 표층에 많다.

수피 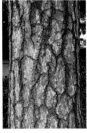	겨울눈

적갈색이고 얇은 조각
으로 불규칙하게 벗겨
진다. 오래되면 거북
등껍질처럼 깊게 갈라
진다.

타원상의 계란형이고, 적갈색
을 띤다. 윗부분의 눈비늘조각
을 약간 뒤로 젖혀진다.

백송(P. bungeana) ▶

조경수 이야기

소나무는 우리나라에 그 수가 가장 많고 점유 면적이 넓
으며, 우리 국민이 가장 사랑하는 명실상부한 우리 민족
의 나무이다. 애국가에서 "남산 위에 저 소나무 철갑을
두른 듯/ 바람서리 불변함은 우리 기상일세"라고 노래
한 것은 반만년의 역사 속에서 외세의 침략을 극복한 강
인한 우리 민족의 정신을 표현한 것이다. 여기에 나오는
남산은 남산타워가 있는 서울의 남산을 가리키는 것이

◀ 정부인송
정이품송과 가까이 있으며 부부 사
이라고 부른다.
천연기념물 제352호.
© 문화재청

아니라, 남쪽 즉 '앞쪽에 있는 산'을 의미한다. 따라서
우리나라 어디를 가도 있는 앞산의 소나무를 뜻한다.

산림청이 여론조사한 바에 의하면 우리나라 사람이 가
장 좋아하는 나무로는 소나무가 46%로 1위이고 2위인
은행나무는 8%에 지나지 않아서, 우리 국민이 얼마나
소나무를 좋아하는지를 단적으로 알 수 있다.

소나무를 순수 우리말로 '솔'이라 하는데, 이는 으뜸元
혹은 높음高 뜻하는 말로 소나무가 모든 나무의 으뜸임
을 나타낸다. 또 우두머리를 뜻하는 '수리'에서 '술'이
되고 다시 '솔'로 바뀌어, 솔나무가 소나무로 되었다는
견해도 있다. 중국의 진시황이 길을 가다가 소나기를
피할 수 있게 해준 나무에 벼슬을 주어, 나무 목木 자와
공公 자를 합쳐서 소나무 송松 자가 되었다는 이야기도
있다.

소나무의 영어 이름인 'pine'은 '간절히 사모하다', '사

랑으로 여위어 쇠약해지다'라는 뜻을 가지고 있으며, 일본 이름 마쯔ﾏﾂ도 '기다리다'는 의미여서 모두 사랑과 관련된 애틋한 사연을 담고 있다. 소나무의 라틴어 이름 피누스Pinus는 그리스 신화에 나오는 숲의 요정 피티스Pitys에서 유래한 것이다. 목양신牧羊神 판Pan은 피티스와 바람의 신인 보레스Bores를 사랑했는데, 피티스가 판을 따르자 보레스는 바람을 일으켜 피티스를 낭떠러지에서 날려버렸다. 그 낭떠러지에서 소나무 한 그루가 돋아났는데, 판은 이 소나무를 피티스의 화신이라 여기고 자기 나무로 삼았다고 한다.

속리산 법주사로 가는 길에 있는 천연기념물 제103호로 지정된 정이품송은 일명 '연輦; 임금이 타는 가마 걸이 소나무'라고 한다. 세조가 종양을 치료하기 위해 약수로 유명한 속리산 법주사의 복천암으로 가던 중에 이 소나무 아래를 지나가게 되었다. 그런데 소나무 가지가 아래로 처져서 가마가 가지에 걸리게 되어 가마가 움직일 수 없게 되자, 임금이 '연 걸린다' 하고 꾸짖자 소나무가 자신의 가지를 위로 들어 무사히 지나가도록 하였다 한다. 세조가 이를 기특하게 여겨 친히 옥관자를 걸어주고 정이품의 벼슬을 내렸다. 인근에 있는 천연기념물 제352호 보은 서원리 소나무는 정이품송과는 부부 사이라 하여 '정부인송'이라고 부른다. 정이품송이 외줄기로 곧게 자란 남성적인 멋을 가졌다면, 이 나무는 우산 모양으로 퍼져 여성적인 아름다움을 가졌기 때문이다.

조경 Point

질감이 부드러운 잎, 적갈색 수피, 나무의 곡선 등의 요소로 우리 국민이 가장 사랑하는 수종이다. 예로부터 정원수나 풍치수로 심었으며, 전국 각처에 이름난 소나무숲이 있고 곳곳에 정자목과 동신목이 산재해 있다. 우리나라 자연경관에서 가장 중요한 자리를 차지하고 있으며, 현대 조경에서도 필수불가결한 조경소재이다. 자연스런 수형미를 지니고 있어서 독립수로 활용하

거나, 넓은 공간에 무리심기를 하면 멋진 경관을 연출할 수 있다. 요즘은 도심의 큰 빌딩 주변이나 고층 아파트단지 주변에 많이 식재되고 있다.

재배 Point

내한성이 강하며, 건조함에도 잘 견딘다. 햇빛이 잘 비치고 배수가 잘되는 곳이면, 척박한 토양에서도 잘 자란다. 이식은 큰 나무의 경우 지상부와 지하부를 고려하여, 1~3년 전에 뿌리돌림을 하여 잔뿌리를 발달시킨 후에 한다.

나무			새순	개화						열매		
월	1	2	3	4	5	6	7	8	9	10	11	12
전정			전정			전정				전정		
비료		한비										

병충해 Point

1. 소나무재선충병(소나무, 곰솔, 잣나무 등)

재선충병은 솔수염하늘소와 북방하늘소가 기주식물을 갉아먹어 생긴 상처를 통해 선충이 나무 속으로 침입한 후, 폭발적으로 증식을 반복하여 조직 내의 수지세포를 파괴하는 병이다. 감염 후에는 수액의 통도저해가 급격하게 일어나고, 잎의 위조현상이 나타난다. 통도저해가 일어나는 메카니즘은 확실하지 않지만, 목부의 수분공급이 정지되기 때문에 조직세포가 괴사하여 단기간에 나무 전체가 고사한다. 이 병에 걸리면 모든 소나무가 죽기 때문에 소나무에이즈라고도 부른다. 아직까지 확실한 방제법은 없으며, 감염된 피해목은 제거하여 처리한다.

재선충의 매개체인 솔수염하늘소와 북방하늘소의 탈출시기(5~7월)를 전후로 살충제를 살포하면, 매개충에 의한 후식을 방해하여 감염을 방지할 수 있다. 감염시기 수 개월 전에 미리 선충을 죽이는 약제를 수간에 주입하면, 감염 후에 재선충의 증식을 막을 수가 있다. 수간주입용 약제는 아바멕딘(로멕딘) 유제 원액을 흉고직경 cm당 1cc의 약량을 산정하여 수피 아래 목질부에 주입한다. 약액의 누출과 주입지연 등의 경우가 있으므로 시공에 충분한 주의가 필요하다.

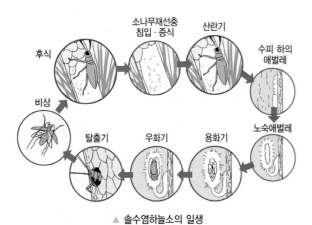

후식

비상

소나무재선충 침입·증식

산란기

수피 하의 애벌레

노숙애벌레

탈출기

우화기

용화기

▲ 솔수염하늘소의 일생

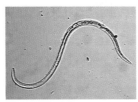

▲ 소나무재선충병에 감염된 소나무　　▲ 소나무재선충

2. 소나무잎떨림병(잣나무, 소나무, 곰솔, 스트로브잣나무, 리기다소나무 등)

세계적으로 소나무류에 널리 발생하며, 특히 유럽지역과 북미지역에 큰 피해를 주고 있다. 4월경부터 묵은 잎이 적갈색으로 변하면서 떨어지기 시작하여, 5월 하순까지 계속된다. 이 병은 나무가 쇠약할 때 잘 발생하므로 적당한 비배, 잡초제거, 전정 등을 통해 튼튼한 나무로 키우면 예방이 가능하다. 묘포에서 발생한 경우는 만코제브(다이센M-45) 수화제 500배액, 베노밀 수화제 1,500배액을 4~5번 살포한다.

3. 솔나방(소나무, 곰솔, 잣나무, 리기다소나무, 개잎갈나무, 전나무, 가문비나무 등)

예로부터 소나무에 큰 피해를 입히는 해충으로 알려져 있으며, 애벌레를 보통 송충이라고 부른다. 애벌레가 가을과 다음해 봄 두 차례에 걸쳐 가해하며, 심하게 피해를 입은 나무는 고사하기도 한다. 애벌레 1마리가 한 세대 동안 먹어치우는 솔잎의 길이는 수컷이 약 40m, 암컷이 약 78m 정도이다.

월동한 애벌레의 가해초기인 4월 중·하순이나 어린 애벌레 시기인 9월 상순에 클로르플루아주론(아타브론) 유제 3,000배액,

인독사카브(스튜어드골드) 액상수화제 2,000배액을 수관에 살포하여 방제한다. 좀벌류, 맵시벌류 등의 기생성 천적과 무당벌레류, 거미류 등의 포식성 천적, 박새, 찌르레기 등의 조류를 보호하는 것도 좋은 생물학적 방제법이다.

월동을 위해 지상으로 내려오는 습성을 이용해, 수간 1m 높이에 잠복소를 설치하여 애벌레를 유인한 다음, 다음해 2월에 수집하여 처리한다. 이때 주의할 것은 애벌레가 쉽게 잠복소에 들어갈 수 있도록 느슨하게 묶어야 한다는 것이다.

4. 소나무왕진딧물(소나무, 곰솔 등)

5~6월경에 소나무류의 가지에 기생하는 진딧물로 성충과 약충이 모여 살면서 흡즙가해한다. 새가지의 생장이 저해되고 수세가 약화되어 가지가 고사하며, 2차적으로 그을음병을 유발한다. 약제방제로는 약충 및 성충 발생초기에 이미다클로프리드(코니도) 액상수화제 2,000배액을 10일 간격으로 2회 살포한다. 발생밀도가 낮은 경우에는 눈에 보이는 벌레를 포살하는 정도로 충분하다.

5. 소나무응애(소나무, 리기다소나무, 반송, 노간주나무 등)

연 5~10회 발생하며 당년지의 표면에서 알로 월동한다. 약충은 4월 하순부터 나타나며, 10월 하순까지 모든 충태가 혼재한다. 성충과 약충이 잎에서 수액을 빨아 먹어 엽록소가 파괴되면서, 잎이 노랗게 변한다. 고온건조한 기후가 지속되면 피해가 심하다. 약제방제로는 5월부터 세심하게 관찰하여, 아세퀴노실(가네마이트) 액상수화제 1,000배액과 사이플루메토펜(파워샷) 액상수화제 2,000배액을 내성충의 출현을 방지하기 위해 교대로 2~3회 살포한다.

6. 솔잎혹파리(소나무, 곰솔 등)

연 1회 발생하며, 지피물 밑이나 깊이 1~2cm의 토양 속에서 애벌레로 월동한다. 성충은 5월 중순~7월 중순에 나타나서 새 잎에 산란하며, 부화한 애벌레는 잎 기부로 내려가 벌레혹을 형성하고 수액을 빨아먹는다. 애벌레는 9월 하순~다음해 1월에 벌레혹에서 나와 월동처로 이동한다. 애벌레가 솔잎 기부에 벌레혹을 형성하고, 그 속에서 수액을 빨아먹어 솔잎이 건전한 잎보다 짧아지며, 가을에 갈색으로 변색되어 말라 죽는다. 약제방제로는 5월 전후로 이미다클로프리드(어드마이어) 분산성액제를 흉고직경 10cm당 4cc씩 수간주사한다.

▲ 소나무가루깍지벌레

▲ 소나무순나방

▲ 소나무좀

▲ 솔나방의 애벌레(송충이)

▲ 소나무솜벌레

▲ 소나무순나방 피해신초

▲ 소나무잎떨림병

▲ 소나무잎마름병

▲ 소나무가지끝마름병

번식 Point

가을에 솔방울 속의 씨를 따서 말려 두었다가, 다음해 3월 중하순에 파종한다. 형질이 크게 변하지 않는 소나무나 곰솔과 같은 종류를 번식시키거나, 대목묘를 양성할 경우에는 종자로 번식시킨다. 원예품종은 늦겨울에 접목으로 번식시킨다.

전정 Point

가지치기와 같은 강전정은 일반적으로 10월 중순~11월 상순 또는 2월 중순~3월 중순에 실시한다. 세력이 강한 가지와 수형을 흐트리는 가지는 잘라 주어서 수관부를 정리한다. 소나무는 어릴 때에 전정하면 발육이 나빠지므로, 10년 정도 지난 후에 골격이 만들어지면 전정을 시작한다.

가지가 지나치게 자라는 것을 억제하기 위해 매년 새순의 끝 부분을 잘라주는데, 이것을 순자르기 혹은 순지르기라 한다. 순자르기를 해주면 나무의 수고생장이 억제되고 잔가지가 많이 생겨, 아름다운 수형이 만들어진다. 매년 5~6월경에 새순이 5~10cm 정도 자랐을 때 실시한다. 노목이나 약한 나무는 다소 빨리 하고, 어린 나무나 수세가 좋은 나무는 다소 늦게 하는 것이 좋다. 1~2개의 새순만 남기고, 원치 않는 방향으로 자라는 순은 모두 밑동에서 잘라준다.

소나무의 묵은 잎따기는 손으로 묵은 잎을 정리하는 것을 말하며, 10~11월경에 한다. 봄에 순자르기를 하지 않은 경우는 수형이 흐트러지므로 반드시 잎따기를 해야 한다. 지엽이 무성하게 자라면 미관상 좋지 않을 뿐 아니라, 가지 아랫부분까지 햇빛이 들지 않아서 가지가 고사하기도 한다. 가지 끝에서 7cm 정도를 남기고 아래의 잎은 모두 따낸다. 세력을 키우고 싶은 가지는 적게 따고, 세력을 억제하고 싶은 가지는 많이 따낸다.

5개의 순 중에서 2개는 밑동에서 자르고, 나머지는 1/2~1/3 정도를 자른다.

소나무나 오엽송 등 수세가 약한 종류는 1/3~1/4 정도 약하게 자른다.

수세가 강한 곰솔은 강하게 자른다.

▲ 순자르기

가지 끝의 잎을 7cm 정도 남긴다.

묵은 잎을 떼어낸다.

▲ 묵은 잎따기

24-5 전정

소철

- 소철과 소철속
- 상록침엽소교목 또는 관목 • 수고 1~6m
- 중국 남부, 일본, 대만; 제주도 및 남부 지방에 조경수로 식재

 학명 *Cycas revoluta* 속명은 소철의 그리스 이름 kykas에서 유래된 것으로 palm tree의 일종인 koikas를 잘못 읽은 것에서 붙여진 이름이다. 종소명은 잎가장자리와 잎끝이 '뒤로 말린'을 뜻한다. | **영명** Sago palm | **일명** ソテツ(蘇鐵) | **중명** 蘇鐵(소철)

| 꽃

암배우체

수배우체

암수딴그루. 수배우체의 수꽃이삭은 장타원형의 기둥 모양이고, 암배우체의 생식기관에는 대포자엽이 모여 달린다.

| 열매

구과. 타원형 또는 거꿀달걀형이며, 적색으로 익는다.

| 수피

지름 16cm

수피의 표면에 잎이 붙어있던 자국이 나선상으로 밀생한다.

아열대 지방이 고향인 소철은 소교목 또는 상록관목이다. 소철과에는 소철 하나만 있는 외로운 존재이며, 천년 이상 생존해온 화석식물로 알려져 있다.

철분을 좋아해서 나무의 기운이 쇠약할 때 철분鐵을 주면 회복蘇된다고 하여, 소철蘇鐵이라는 이름이 붙여졌다. 그래서 화분에 녹슨 못을 박아두기도 하는데, 소철이 철분이 풍부한 땅에서 잘 자라는 것은 분명한 것 같다.

《양화소록》에도 "시들시들 말라 살기가 어렵거든 쇠못을 숯불 위에 놓아 달군 뒤에 소철의 등걸 위나 가지 사이에 끼워 놓으면 곧잘 살아서 순이 오똑 솟아오른다"고 하였다. 중국이나 일본에서도 같은 의미에서 소철이라 부른다.

나뭇잎이 크고 웅장하기 때문에 식전式典에서 영예를 상징하는 장식용으로 널리 사용되었다.

소철은 철초鐵蕉·번초番蕉·봉미초鳳尾蕉 등의 이름으로도 불린다. 이들 이름에 모두 파초 초蕉 자가 들어간 것은, 소철의 잎 모양이 빗살처럼 생겼지만 파초芭蕉의 잎과 닮았기 때문이다. 종소명 레볼루타revoluta는 '뒤로 말린'이란 뜻인데 이것도 잎의 형태를 나타낸 것이다.

소철은 은행나무와 마찬가지로 꽃가루가 아닌 동물처럼 정충精蟲을 가진 식물로 알려져 있다. 1896년 이케노池野 교수가 소철의 정충을 발견하였고, 같은 해에 식물학자 히라세平瀬가 은행나무에서 정충을 발견함으로써 현화식물 중에도 정충을 가진 종류가 있다는 사실이 알려져 세상을 놀라게 했다.

▲ **소철 우표**
  중국, 일본 발행.

조경 Point

열대성 식물이며, 우리나라에서는 남부지방 외에는 주로 화분에 심어서 실내에서 재배한다. 정형적인 수형이 아름다우며, 웅장한 분위기를 연출하는 실내조경에서는 초록색의 큰 잎을 활용하면 장식적인 효과를 볼 수 있다.

정원에 심을 때에는 한 그루만 심지 말고, 크고 작은 것을 3~4그루 섞어서 심으면 조화를 이루어 보기 좋다.

재배 Point

내한성이 아주 약한 편이며, 어느 정도의 보호가 있으면 0℃ 정도에서 단기간 견딜 수 있다. 배수가 잘되며, 습기가 있는 비옥한 토양이 좋다. 건조함에도 강하다.

이식은 5~9월에 하고, 화분에 심은 경우는 3~5년에 한번씩 보다 큰 화분으로 옮긴다.

병충해 Point

특별히 알려진 병충해는 없다.

새잎이 나오는 6월경에 묵은 잎이 아래로 쳐져서 미관을 해친다. 오래되어 밑으로 처진 잎은 잎자루에서 잘라주어 보기 좋은 모양으로 정리해준다.

— 새잎

묵은 잎은
밑동에서
제거한다.

가을에서 봄 사이에 종자를 채취하여 과피를 제거한 다음, 습층 저장하였다가 황산에 1~2시간 담가 껍질을 깎아낸 후에 파종하면 발아기간을 단축시킬 수 있다.

줄기에서 막눈(부정아)이 발생하는 경우가 있는데, 이것을 떼어내어 다른 곳에 심어서 번식시킬 수 있다.

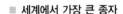

조경수 상식

■ 세계에서 가장 큰 종자

• 세이셀야자(*Lodoicea maldivica*)
식물계에서 가장 큰 종자는 인도양 세이셀(Sesel)제도가 원산지인 바다야자 열매이다. 이 열매는 길이 45cm 정도이고, 무게 20~30kg이며, 성숙하는데 5~6년 정도 걸린다.

측백나무

- 측백나무과 측백나무속
- 상록침엽교목 • 수고 20~25m
- 중국, 러시아; 대구, 안동, 영양, 단양 등 석회암 또는 퇴적암 절벽지에 자생

| 학명 *Platycladus orientalis* 속명은 platos(넓은)과 klados(가지) 또는 Platyclados의 철자에서 온 것이며, 종소명은 '동양의'를 뜻한다.
| 영명 Oriental arborvitae | 일명 兒の手柏(側柏) | 중명 側柏(측백)

| 잎

작고 납작한 잎이 포개져 나 있으며, 숨구멍줄이 없어 앞뒤 구분이 어렵다.

25%

| 꽃

암꽃차례

수꽃차례

암수한그루. 암꽃차례는 연한 갈색의 구형이고, 수꽃차례는 적갈색의 타원형이다.

| 열매

구과. 분백색을 띤 녹색이지만, 익으면서 적갈색으로 변한다.

| 수피

적갈색 또는 회갈색이며, 오래되면 세로로 가늘고 길게 갈라지며 벗겨진다.

지름 12cm

명나라의 명의 이시진은 《본초강목》에서 측백나무를 다음과 같이 설명하였다. "백柏은 나무 목木 자와 흰 백白 자의 합성어로, 흰색이 나타내는 방향은 서쪽 즉 해가 지는 쪽이므로 음이고 계절은 가을이어서, 측백나무는 '서쪽으로 기운 나무'라는 뜻을 가지고 있다."

잎이 앞뒷면 구별없이 모두 한쪽 방향으로 향해 있기 때문에, 측백이라 이름 붙여졌고 한다.

흔히 송백松柏이라 하여 소나무를 온갖 나무의 으뜸으로 삼아 공公이라 하고, 측백나무는 그 다음 가는 작위를 부여하여 백伯이라 하였다.

진시황은 소나무를 공에 봉하였으며, 한무제와 당무제는 백을 각각 선장군先將軍과 5품의 대부大夫에 봉하는 등 나무가 누릴 수 있는 영광은 최대로 누렸다 할 수 있다.

중국 주나라 때는 묘지에 심는 5종류의 관인수종이 있었는데, 군왕의 능에는 소나무를, 왕족의 묘지에는 측백나무를 둘레나무로 심도록 규정하여, 성역의 성수聖樹로 대접받은 나무이기도 하다.

《조선왕조실록》에 실린 영조의 묘지문에는 '장릉을 옮겨 모신 뒤에 효종께서 손수 심으신 측백나무의 씨를 옛 능에서 가져다 뿌려 심으셨으니, 임금의 효성이 끝이 없다'라고 쓰여 있어 우리나라에서도 왕릉이나 묘지의 둘레나무로 많이 심었음을 알 수 있다.

좋지 않은 묘지터에 묻힌 시신에는 진딧물 같은 자잘한 벌레가 생겨 시신을 갉아먹는데, 이 벌레를 염라충閻羅蟲이라 한다. 측백나무를 무덤 옆에 심으면, 무덤 속의 시신에 생기는 이와 같은 벌레를 죽이는 힘이 있다고 한다.

▲ **대구 도동 측백나무 숲**
중국에서만 자라는 나무로 알려져 있었는데, 우리나라에서도 자라고 있어 식물분포학상 학술적 가치가 높다. 천연기념물 제1호.
ⓒ 문화재청

조경 **Point**

어린 나무일 때는 원추형의 아름다운 수형을 유지하지만, 커가면서 수형이 흐트러진다. 독립수, 경계식재, 산울타리, 차폐식재 등으로 많이 활용된다. 궁궐이나 전통유적지 등에 식재하면 좋다.

측백나무과의 수목은 향나무류와 마찬가지로 배나무, 모과나무, 사과나무 등의 붉은무늬병을 매개하는 중간기주이므로, 이들 나무 근처에는 심지 않는 것이 좋다.

재배 **Point**

토양환경은 물빠짐이 잘 되고, 약간 습한 흙이 좋으나 적응력이 넓어서 크게 가리지 않는다. 내한성이 강하며, 어린 나무일 때는 차고 건조한 바람을 막아준다.

이식은 2월 말~5월에 주로 하고, 10월에도 한다. 큰 나무는가지치기를 하고, 뿌리분을 크게 떠서 옮긴다.

나무				새순	개화				열매			
월	1	2	3	4	5	6	7	8	9	10	11	12
전정			전정			전정				전정		
비료		한비										

병충해 Point

향나무하늘소(측백나무하늘소), 남방차주머니나방(주머니나방), 측백·편백나무 검은돌기잎마름병 등이 발생한다.

향나무하늘소는 애벌레가 수피 속으로 파고들어가 형성층을 갉아 먹어 나무를 급속하게 고사시킨다. 수세가 쇠약한 나무에 피해를 주지만, 대발생하면 건전한 나무에도 피해를 준다. 벌레똥을 밖으로 배출하지 않아 피해부위를 발견하기가 어렵다.

3월 하순~4월 상순에 줄기와 수관에 티아메톡삼(플래그쉽) 입상수화제 4,000배액을 20일 간격으로 2~3회 살포하여 성충과 애벌레를 구제한다. 천적인 좀벌류, 맵시벌류, 기생파리류, 딱따구리류 등을 보호하여 생물학적 방제를 하는 것도 좋은 방법이다.

번식 Point

가을에서 봄 사이에 종자를 채취하여 과피를 제거한 다음, 습층 저장하였다가 황산에 1~2시간 담가 껍질을 깎아낸 후에 파종하면 발아기간을 단축시킬 수 있다.

줄기에서 막눈(부정아)이 발생하는 경우가 있는데, 이것을 떼어내어 다른 곳에 심어서 번식시킬 수 있다.

전정 Point

9~10월에 열매를 따서 1주일 정도 말린 후에 종자를 털어 바로 파종하거나, 다음해 봄에 파종한다. 파종상은 짚으로 덮어주고 차광막을 설치해서, 여름의 더위와 건조함으로부터 보호해 준다.

삽목은 4~5월에 지난해에 자란 가지 중에서, 잘 굳은 것을 10~15cm 길이로 잘라서 물을 올려 삽수로 사용한다.

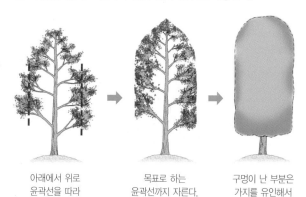

아래에서 위로 윤곽선을 따라 정리한다.

목표로 하는 윤곽선까지 자른다.

구멍이 난 부분은 가지를 유인해서 수관면이 고르게 나오도록 한다.

▲ 원통형 수형 만들기

화백

- 측백나무과 편백속
- 상록침엽교목 • 수고 30m
- 일본(혼슈 이남) 원산; 중부 이남 지역에 식재

학명 *Chamaecyparis pisifera* 속명은 chami(작은)와 cyparissos(사이프러스)의 합성어로 사이프러스보다 열매가 작은 것에서 유래한 것이며, 종소명은 라틴어 pisum(완두)과 ferre(생기다)의 합성어로 열매의 크기와 생김새가 작은 완두콩 같기에 붙여진 것이다.

영명 Sawara cypress | 일명 サワラ(椹) | 중명 日本花栢(일본화백)

| 잎

작고 납작한 잎이 포개져 나며, 뒷면에 X자형 숨구멍줄이 있다.

40%

| 꽃

암수한그루. 암꽃은 연한 갈색의 구형이며, 수꽃은 적갈색의 타원형이다.

암꽃 / 수꽃

| 수피

적갈색이고 세로로 얇게 갈라진다. 성장함에 따라 띠처럼 길게 벗겨진다.

지름 17cm

▲ 잎의 앞뒷면

| 열매

구과. 구형이며, 녹색에서 갈색으로 익는다.

▲ 실화백(*C. pisifera* 'Filifera')

화백은 1920년경 일본에서 도입되어, 주로 중부 이남에 식재되었다. 키 30m, 지름 1m까지 자라며, 나무껍질은 홍갈색이고 세로로 얇게 벗겨진다. 작고 납작한 잎이 포개져 난 모양이 물고기 비늘을 닮았으며, 뒷면에는 X자형의 흰색 숨구멍줄이 있다.

가지가 수평으로 퍼져서 위로 곧게 자라므로, 안정된 원추형의 수형을 나타낸다. 비교적 생장속도가 빠르기 때문에 어릴 때 잘 다듬으면 쉽게 원하는 수형의 조경수로 키울 수 있다. 우리나라 전역에서 재배가 가능하지만, 특히 남부 지방에 적합한 수종이다.

화백은 잎의 모양이나 자라는 습성에 따라 여러 가지 품종이 있다. 가지가 실처럼 아래로 처지는 실화백, 잎이 비단처럼 부드러운 비단편백, 비단편백과 화백의 중간형인 플루모사, 황금색의 잎을 가진 황금화백, 잎이 은청색이고 질감이 섬세한 은화백, 잎이 은백색의 눈으로 덮인 것 같은 서리스노우화백 등이 있다.

▲ **화백의 목재로 만든 주방용품**
화백은 습기에 강하기 때문에 도마나 음식을 보관하는 통을 만드는 목재로 사용된다.

조경 Point

일본 특산종으로 편백과 비슷하지만, 잎에 난 기공의 모양에 따라 구별할 수 있다. 일본식 정원에서 흔하게 볼 수 있는 수종이며, 맹아력이 좋아서 여러 가지 모양의 수형을 만드는데 활용하거나 산울타리의 용도로 활용하면 좋다.

아황산가스나 일산화탄소에 대한 저항력이 강해서 도심의 조경수로 적합하다.

재배 Point

토양은 별로 가리지 않으며, 중성~약산성의 토양이 최적이다. 해가 잘 비치고, 수분을 많이 함유하지만 배수가 잘되는 곳에 식재한다.

나무				새순	개화				열매			
월	1	2	3	4	5	6	7	8	9	10	11	12
전정			전정			전정				전정		
비료		한비										

병충해 Point

뿌리썩이선충병, 편백·화백나무 가지마름병, 갈색날개노린재, 편백깍지벌레, 향나무하늘소(측백나무하늘소), 삼나무독나방 등이 발생한다.

편백·화백나무 가지마름병은 측백나무과에서는 자주 발생하는 병으로 노간주나무가 전염원이 되기도 한다. 주로 작은 가지가 피해를 받으며, 병든 부위의 윗부분은 적갈색으로 변하면서 말라 죽는다.

병든 가지는 건전부위에서 절단하여 태우며, 묘포에서는 생육기에 만코제브(다이센M-45) 수화제 500배액, 아족시스트로빈(오티바) 액상수화제 1,000배액을 월 2회 정도 살포한다. 전염원인 노간주나무의 제거를 병행한다.

전정 **Point**

맹아력이 왕성하기 때문에 자연적으로 분지하여 지엽이 증가하며, 방임해두어도 자연수형을 잘 유지하는 편이다. 잎이 없는 부분을 전정하면, 새 눈이 생기지 않고 가지가 마르는 원인이 되므로 주의한다.

번식 **Point**

9~10월에 종자를 채취하여 기건저장해두었다가, 파종하기 1개월 전에 노천매장한 후에 파종한다. 대부분 종자로 번식시키지만 삽목도 잘 되는 편이다.

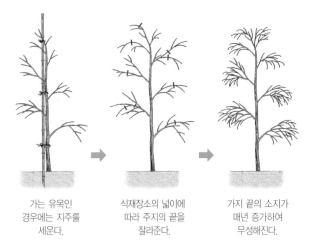

가는 유목인 경우에는 지주를 세운다.

식재장소의 넓이에 따라 주지의 끝을 잘라준다.

가지 끝의 소지가 매년 증가하여 무성해진다.

▲ 실화백 수형만들기

조경수 상식

■ 부엽토

나뭇잎이나 작은 가지 등이 미생물에 의해 부패·분해되어 생긴 흙으로 배수가 잘되고 수분과 양분을 많이 가지고 있어 원예에 많이 사용된다.

다래

- 다래나무과 다래나무속
- 낙엽덩굴식물 · 길이 10m
- 중국, 일본, 대만; 전국의 산지 계곡에서 자람

학명 *Actinidia arguta* 속명은 그리스어 actis(방사상의)에서 유래된 것으로 암술머리의 배열 상태를 나타낸 것이며, 종소명은 '뾰족한'이라는 뜻이다.
영명 hardy kiwi | **일명** サルナシ(猿梨) | **중명** 桃軟棗獼猴桃(연조미후도)

| 잎

25%

어긋나기.
넓은 달걀형이며,
가장자리에 작은
가시같은 잔톱니가 있다.

| 꽃

수꽃

양성화

수꽃양성화딴그루. 새순의 잎겨드랑이 또는 곁에 흰색 꽃이 1~7개 모여 핀다.

| 열매

장과. 긴 타원형이고
황록색으로 익으며,
단맛이 난다.

| 겨울눈

겨울눈은 잎자국
윗부분의 부풀어 오른
부분[葉枕] 속에 숨어
보이지 않는다(묻힌눈).

| 수피

회갈색이며,
노목에서는
불규칙하게
종잇장처럼
벗겨진다.

조경수 이야기

머루와 다래 하면, 가을에 심산유곡에서 나는 맛있는 열매를 연상한다. 그것은 아마 고등학교 교과서에 수록된 작자미상의 고려가요 〈청산별곡〉 때문일 것이다.

다래나무의 열매를 다래라 하며, 가을에 대추만한 열매가 녹색으로 익으면 그 맛이 매우 달아서 생으로 먹거나 과즙·과실주·잼 등으로 만들어 먹기도 한다. 또 식용뿐 아니라 진통제 등의 약용으로도 사용되었다.

다래는 대추 모양의 참다래가 있고, 꼬리가 뾰족 나온 쥐다래·개다래 등이 있으며, 참다래는 녹색으로 익는 데 비해 쥐다래와 개다래는 주황색으로 익기 때문에 구별하기가 쉽다.

특히 개다래 열매 중에 벌레가 알을 낳거나 기생하여 자란 울퉁불퉁한 것을 개다래충영이라 한다. 개다래충영만 모아 뜨거운 물에 넣었다가 건져 말려서 약으로 사용하는데, 이것을 한방에서는 목천료木天蓼라고 한다. 혈액순환을 잘 되게 하고 몸을 따뜻하게 하며, 요통·류마티스 관절염·통풍 등에 치료효과가 탁월하다고 한다.

◀ 키위 우표
참다래 열매를 닮은 새로 뉴질랜드를 상징하는 국조.
© Wikimedia Commons

키위Kiwi라 불리는 참다래는 원래 중국이 원산지이며, 1906년 뉴질랜드에 도입되어 개량된 품종이다. 열매가 뉴질랜드 국조인 키위 새처럼 생겼다 하여, 영어 이름도 키위이다.

달고 신맛이 나는 과즙이 풍부하여, 열매 한 개에 성인 하루분의 비타민C가 들어 있다고 한다. 우리나라에서는 1977년에 뉴질랜드에서 묘목을 도입해 주로 제주도·전라남도·경상남도 등에서 재배하고 있다.

다래나무의 수액은 신장병에 좋다고 하여, 이른 봄 싹이 트기 전에 가지덩굴을 잘라 물을 받아먹었기 때문에 수령이 오래된 다래나무는 찾아보기 힘들다.

창덕궁 후원 깊은 곳에는 600살 정도의 다래나무 노목은 천연기념물 제251호로 지정되어 보호를 받고 있다. 아마 궁궐 깊숙한 곳에 있어서, 노거수가 되도록 살아남을 수 있었을 것이다.

조경 Point

낙엽덩굴식물로 공원이나 생태공원의 퍼걸러나 아치, 트렐리스 등에 올려 꽃과 열매를 감상하며, 그늘을 활용하면 좋다.
능소화나 등나무와 같은 다른 덩굴식물에 비해 야취가 풍부한 나무이다.

재배 Point

내한성은 강하며, 비옥하고 배수가 잘되는 곳에 식재한다. 해가 잘 비치는 곳에 강풍을 막아주는 산울타리로 적합하다. 열매를 잘 맺기 위해서는 해가 잘 비치는 곳에 심어야 한다.
추운 지역에서는 초봄에 새순과 꽃에 동해를 입어, 열매의 생산이 감소할 수 있다.

흰가루병이 발생하는 수가 있다.

실생묘는 결실이 매우 느리다. 종자가 발아하고 묘목이 자라서 개화·결실하기까지는 약 10~15년이 걸린다. 전년에 삽목한 대목에 금년에 결실한 암나무의 가지를 절접을 하면, 조기에 열매를 맺게 할 수 있다.

분주법은 봄에 뿌리 주위에서 나온 맹아지를 캐서 나누어 심는 번식법으로, 쉽게 큰 묘목을 얻을 수 있다. 삽목은 병충해에 강하고 튼튼하게 자란 가지를 20~25cm 길이로 잘라 삽수로 이용한다.

조경수 상식

■ 통꽃과 갈래꽃

꽃잎이 서로 분리된 꽃을 갈래꽃[離瓣花]이라 하며, 이에 대해 꽃잎이 서로 붙어있는 꽃을 통꽃[合瓣花]이라 한다.

갈래꽃

통꽃

덩굴장미

- 장미과 장미속
- 낙엽활엽덩굴식물 · 길이 5m
- 중국 원산, 세계적으로 식재; 전국에 식재

학명 *Rosa multiflora* var. *platyphylla* 속명은 라틴어 옛 이름 rhodon(장미)에서 유래된 것으로 '붉다'는 뜻이다. 종소명은 '꽃이 많은'이라는 뜻이며, 변종명은 '넓은 잎'이란 뜻이다. | **영명** Climbing rose | **일명** ツルバラ(蔓薔薇) | **중명** 野薔薇(야장미)

| 잎

어긋나기.
2~3쌍의 작은잎으로
이루어진 홀수깃꼴겹잎이다.

40%

| 꽃

양성화. 흔히 겹꽃의 붉은색 꽃이 피며,
품종에 따라 색이 다양하다.

| 열매

장미과. 다육질의 항아리 모양이며, 붉은
색으로 익는다.

| 겨울눈

삼각형이며,
5~7개의 눈비늘조각에 싸여 있다.

덩굴장미는 덩굴을 뻗어 자라면서 장미꽃을 피운다 하여 붙여진 이름이다. 예전에는 찔레 또는 덩굴찔레라고 하였으며, 기원전 200년경부터 여러 종류의 장미원종이 복잡하게 교배하여 이루어진 잡종성 관상용 화훼장미를 지칭한다.

대개 온대와 아한대 지역에 자라는 장미속屬의 50~60종의 원종이 이용된 것으로 알려져 있다. 덩굴찔레가 더 적합한 이름이지만, 일반적으로 덩굴장미 또는 목향장미라고 한다. 유사종으로 흰색 꽃이 피는 흰덩굴장미와 노랑꽃이 피는 노랑덩굴장미 등이 있다.

덩굴장미는 길이가 5~10m까지 자라고, 꽃의 크기에 따라 소륜종·중륜종·대륜종으로 나뉜다. 또 각각의 종류에 대해 꽃이 피는 시기에 따라 사계절 꽃이 피는 종류, 봄에만 꽃이 피는 종류, 꽃이 지고 난 후에 전정을 해주면 다시 꽃이 피는 종류 등 다양하다.

담장이나 펜스에 올리거나 산울타리용으로 많이 심는다. 관상수 또는 밀원식물로도 심으며, 열매는 관절염이나 치통 등에 약으로 이용된다.

조경 Point

덩굴을 뻗으며 자라는 장미꽃으로 관상용, 약용, 밀원 등의 목적으로 재배한다. 피걸리, 폴, 아치, 기둥, 펜스 등에 올려서 키우기에 적합한 덩굴나무이다. 특히 퍼걸러, 울타리, 벽면 등에는 차폐, 은폐, 경계용 목적으로 심는다.

덩굴장미의 가지를 수평방향으로 유인하면, 한층 더 많은 꽃이 핀다. 여러 가지 종류가 있지만, 봄에 꽃이 만개하고 그 이후로도 계속적으로 간간이 꽃을 피워주는 사계덩굴장미가 인기가 있다.

재배 Point

내한성이 강하며, 적당히 비옥하고 부식질이 풍부한 곳이 좋다. 습기가 있지만 배수가 잘되는 토양에서 잘 자란다.

나무		새순		개화				꽃눈분화				
월	1	2	3	4	5	6	7	8	9	10	11	12
전정		전정					전정					전정
비료		한비					꽃후					한비

병충해 Point

겨울 휴면기인 12~2월에 2~3회 석회유황합제 10~15배액을 살포하면 깍지벌레, 진딧물, 응애, 흰가루병 등에 예방효과가 크다.

흰가루병, 붉은별무늬병은 터부코나졸(호리쿠어) 유제 2,000배액을 살포하여 방제한다.

진딧물은 이미다클로프리드(코니도) 액상수화제 2,000배액을, 깍지벌레는 월동기에 석회유황합제를 살포하고 5~6월과 7~8월에 뷰프로페진.디노테퓨란(검객) 수화제 2,000배액을 살포하여 방제한다.

전정 Point

당년지는 지면 가까이에서 수평으로 유인하지 않으면, 꽃이 잘 피지 않으므로 주의해야 한다.

겨울전정 시에는 유인하기 위해 임시로 묶은 것을 풀어서, 가지를 전정한 후에 유인하여 다시 묶어준다. 오래 묵은 가지는 잘라내고, 1~2년지 중심으로 키운다.

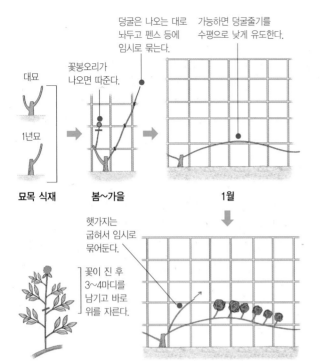

대묘

1년묘

묘목 식재

꽃봉오리가
나오면 따준다.

덩굴은 나오는 대로
놔두고 펜스 등에
임시로 묶는다.

가능하면 덩굴줄기를
수평으로 낮게 유도한다.

봄~가을

1월

삽목이 일반적인 번식법이다. 봄에 싹이 트기 전에 삽수를 15cm 길이로 잘라 준비한 용토에 꽂는다. 삽목 후, 1년이 지나면 30cm 길이로 잘라 울타리에 심는다.
접목은 굵고 짧은 찔레꽃 대목에 우량품종의 장미에서 눈을 떼어내서 눈접을 붙인다.

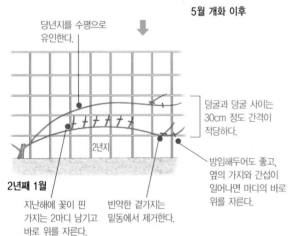

햇가지는
굽혀서 임시로
묶어둔다.

꽃이 진 후
3~4마디를
남기고 바로
위를 자른다.

5월 개화 이후

당년지를 수평으로
유인한다.

덩굴과 덩굴 사이는
30cm 정도 간격이
적당하다.

방임해두어도 좋고,
옆의 가지와 간섭이
일어나면 마디의 바로
위를 자른다.

2년지

2년째 1월

지난해에 꽃이 핀
가지는 2마디 남기고
바로 위를 자른다.

빈약한 곁가지는
밑동에서 제거한다.

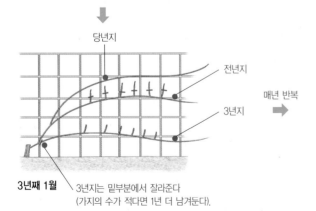

당년지

전년지

3년지

매년 반복

3년째 1월

3년지는 밑부분에서 잘라준다
(가지의 수가 적다면 1년 더 남겨둔다).

등

- 콩과 등속
- 낙엽활엽덩굴식물 · 길이 10m
- 일본, 중국; 경남과 경북의 숲 가장자리에 자생하며, 전국적으로 식재

| **학명** *Wisteria floribunda* 속명은 미국 펜실바니아대학의 해부학 교수였던 Caspar Wistar에서 유래한 것이며, 종소명은 '꽃이 많이 피는'이라는 뜻이다.
| **영명** Wisteria | **일명** フジ(藤) | **중명** 多花紫藤(다화자등)

| **잎**

15%

어긋나기.
작은잎이 5~9쌍인
홀수깃꼴겹잎이다.
잎자루 밑부분에 엽침이 있다.

| **꽃**

양성화. 가지 끝 또는 잎겨
드랑이에 나비 모양의 연한
자주색 꽃이 모여 핀다.

| **열매**

협과. 콩꼬투리 모양의 열
매가 달린다. 표면에 비로
드 같은 부드러운 털이
밀생한다.

| **뿌리**

심근형. 소·중경의 노끈 모양의
수하근이 발달한다.

| **수피**

회갈색이며,
표면이 거칠다.
반시계방향(좌권)으로
감고 내려간다.

| **겨울눈**

물방울형이고 2~3장의
눈비늘조각에 싸여 있다.
겨울눈의 밑부분 양옆이 부풀어 있다.

▲ 흰등(*Wisteria floribunda* f. *alba*)

조경수 이야기

'갈등'이란 칡나무와 등나무를 뜻하며, 일이 서로 복잡하게 뒤얽혀 있는 것을 나타내는 단어다. 다산 정약용도 칠등팔갈七藤八葛이란 표현을 즐겨 썼다. 등넝쿨이 일곱이고 칡넝쿨이 여덟이다. 즉 이 둘이 서로 엉켜서 풀 수 없는 뒤죽박죽이 된 혼동의 상태를 나타내는 말이다. 가만히 보면 칡나무는 오른쪽 방향으로 감고 올라가는 오른손잡이이고, 등나무는 왼쪽 방향으로 감고 올라가는 왼손잡이이다. 그래서 콩과의 사촌뻘 되는 이 두 덩굴식물을 붙여 놓으면 서로 반대 방향으로 돌다 보니, 더 많은 갈등이 생기는 것인지도 모른다. 덩굴식물은 저마다 정해진 방향으로 감고 올라가기 때문에, 인위적으로 방향을 바꿔놓아도 다시 원래 제 방향대로 자리를 잡는다.

천연기념물로 지정된 등나무는 제89호인 경주 오류리 등나무, 제176호인 부산 범어사 등나무군락, 제254호인 서울 삼청동 국무총리 공관의 등나무가 있다. 경주 오류리의 팽나무 노목을 얼싸안고 있는 것처럼 보이는 등나무에는 다음과 같은 애달픈 전설이 전한다. 신라시대에 이 마을에 살던 한 농부에게 19세와 17세 되는 마음씨 곱고 예쁜 두 딸이 있었다. 이 자매는 옆집에 사는 씩씩하고 잘 생긴 화랑을 서로 모르게 사모하고 있었다. 그러다 그 화랑이 전쟁터로 떠나게 되었을 때, 두 자매

는 비로소 한 남자를 함께 사랑한다는 것을 알고 놀라서로 양보하겠다고 마음을 먹었다. 어느 날 뜻하지 않게그 청년이 전사했다는 비보가 전해져, 두 자매는 충격과슬픔을 달래려 연못가에 나와 새벽까지 얼싸안고 울다가 지쳐 부둥켜안은 채 연못에 몸을 던져 죽고 말았다.그 후 연못가에 두 그루의 등나무가 자라나기 시작했는데, 마을 사람들은 두 자매의 넋이 등나무가 되었다고했다. 그러나 죽은 줄 알았던 화랑이 전쟁이 끝나고 돌아와 그 사연을 듣고 그 역시 뒤따라 연못에 몸을 던져죽었는데, 그 자리에서 팽나무가 자라기 시작했다고 한다. 두 그루의 등나무는 팽나무를 얼싸안듯 휘감고 올라가 있어서 사람들은 이것을 살아있을 때 이루지 못한 사랑을 죽어서 이룬 것으로 여겼다고 한다.

◀ 경주 오류리 등나무
오류리 마을 입구 작은 개천 옆에 있으며, 옆에 있는 팽나무와 얼키고 설켜서 팽나무를 얼싸안고 있는 것처럼 보인다. 천연기념물 제89호.
ⓒ 문화재청

조경 Point

5월경에 약 보름간 피는 연보라빛의 등꽃은 아름답기도 하며, 향기도 좋다. 등나무는 주로 퍼걸러용으로 식재하지만 대문, 담장, 현관 등에 올려서 차폐용으로도 활용한다. 꽃을 감상하는 것이 목적이라면, 꽃송이가 잘 보이도록 아래로 처지도록 유도해 주는 것이 중요하다. 서양식 정원에서는 덩굴장미와 같이 테라스나 아치 등에 올려서 심는다. 콩과 식물로 척박한 땅에서도 잘 자라며 병충해에도 강하여, 도로면 절개지나 사방지에 심어 토양을 안정시키는데도 활용한다.

재배 Point

내한성이 강하며, 습기가 있고 배수가 잘되는 비옥한 토양이 좋다. 햇빛이 잘 비치는 곳 또는 반음지에 심는다. 수목에 올리는 경우는 유인이 필요하지 않다. 산성 또는 중성토양에서 잘 자란다.

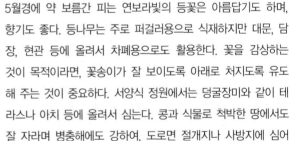

나무		새순 ┐ 개화		꽃눈 분화		열매			
월	1	2	3	4	5	6	7	8	9	10	11	12
전정	전정			전정		─전정			전정
비료	시비				시비				한비

병충해 Point

병해로는 녹병과 혹병이 알려져 있다. 녹병은 수세에는 큰 영향을 미치지 않지만, 혹병은 수세에 큰 손상을 가한다. 6월경에 혹이 생겨서 점차 커지고 오래되면 벗겨져 떨어진다. 내부가 부패하여 공동화하면 가지와 줄기가 말라서 수세를 현저하게 약화시키므로, 혹이 생긴 가지는 제거하고 줄기의 혹은 잘라낸다. 해충으로는 주름재주나방, 장미등에잎벌, 거위벌레, 잎벌레, 아까시아진딧물, 왜콩풍뎅이, 콩독나방 등이 있다. 발생초기에 티아클로프리드(칼립소) 액상수화제 2,000배액을 살포하여 방제한다.

▲ 주름재주나방 애벌레

번식 Point

10월경에 다갈색으로 익은 열매를 따서, 4~5일 정도 말리면 열매껍질이 벌어지고 종자가 드러난다. 종자를 바로 파종하거나 비닐봉지에 넣어 건조하지 않도록 상온에 보관하였다가, 다음해 3월에 파종한다. 묘가 크기 때문에 큰 상자나 파종상에 10cm 간격으로 뿌리고, 1~2cm 정도 흙을 덮는다. 다음해 봄에 파서 뿌리를 반 정도 자르고 이식한다.
2월 하순~3월 중순이 숙지삽, 6~7월이 녹지삽의 적기이다. 숙지삽은 충실한 전년지, 녹지삽은 그해에 뻗은 덩굴을 12~15cm 길이로 잘라서 잎을 반 정도 잘라낸 후에 삽목상에 꽂는다. 밝은 음지에 두고 건조하지 않도록 관리하며, 다음해 3월에 이식한다. 1~3월이 접목의 적기이다.

2~3년생 실생묘 대목에 충실한 전년지를 접수로 절접을 붙인다. 새눈이 자라면서 대목에서 나오는 눈은 제거한다.

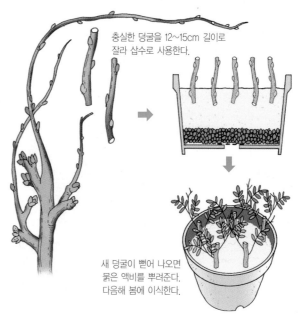

충실한 덩굴을 12~15cm 길이로 잘라 삽수로 사용한다.

새 덩굴이 뻗어 나오면 묽은 액비를 뿌려준다. 다음해 봄에 이식한다.

▲ 삽목 번식

전정 Point

덩굴줄기가 퍼걸러나 아치의 전체 면적을 등분하여 균등하게 뻗을 수 있도록 유인하는 것이 중요하다. 다음은 등나무를 시렁 위에 올리는 예이다. 시렁의 길이나 폭에 따라 여러 가지 형태로 만들 수 있다. 신초가 서로 얽히지 않도록 고려해서 덩굴을 잘라준다.

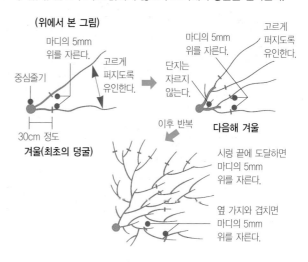

(위에서 본 그림)

중심줄기

마디의 5mm 위를 자른다.

고르게 퍼지도록 유인한다.

30cm 정도

겨울(최초의 덩굴)

마디의 5mm 위를 자른다.

단지는 자르지 않는다.

고르게 퍼지도록 유인한다.

이후 반복

다음해 겨울

시렁 끝에 도달하면 마디의 5mm 위를 자른다.

옆 가지와 겹치면 마디의 5mm 위를 자른다.

마삭줄

- 협죽도과 마삭줄속
- 상록활엽덩굴식물 · 길이 5m
- 중국, 일본, 인도, 타이; 경북, 전북 이남 및 서해안의 산지, 제주도

 학명 *Trachelospermum asiaticum* 속명은 그리스어 trachelos(목)와 sperma(종자)의 합성어로 종자의 모양이 잘록한 것을 나타낸다. 종소명은 '아시아 의'를 뜻한다. | **영명** Asian jasmine | **일명** テイカカズラ(定家葛) | **중명** 亞洲絡石(아주락석)

| 잎

마주나기.
타원형 또는 달걀형이며,
톱니가 없다.
상록성이지만
겨울에는 붉은색으로
단풍 들기도 한다.

50%

| 꽃

양성화. 새가지 끝이나 잎겨드랑이에 바람개비 모양의 흰색 꽃이 피며, 진한 향기가 난다.

| 열매

골돌과. 선형이며, 적갈색으로 익는다. 종자 끝에 흰색의 관모가 붙어 있다.

| 수피

지름 2cm

유목일 때는
자갈색이고,
털이 밀생한다.
줄기에서 뿌리가
내려 적절히
달라붙어 자란다.

| 겨울눈

맨눈이며
솜털로 덮여있다.
크기가 작은
둥근꼴 타원형이며,
갈색을 띤다.

마삭줄은 협죽도과에 속하는 상록덩굴나무이다. 적갈색 줄기가 뻗어나가다가 바위나 나무에 닿으면, 공기뿌리氣根를 내려서 물체를 감고 올라가며 자란다.

다른 물체를 휘감고 올라가는 모습이 '삼으로 꼰 밧줄', 즉 마삭麻索처럼 보인다 하여 마삭줄이라는 이름이 붙여졌다. 영어 이름은 차이니스 아이비Chinese ivy, 혹은 차이니스 자스민Chinese jasmine인데, 아이비ivy와 자스민jasmine을 더해 보면 이 식물의 특징을 잘 알 수 있다.

키가 큰 나무를 타고 올라가더라도, 절대로 나무에 피해가 가지 않도록 껍질에 조심스럽게 붙어 올라간다. 칡이나 등나무처럼 갈등을 일으키며 올라가지 않는다. 또 음수이기 때문에 더 많은 햇빛을 받기 위해, 굳이 나무 꼭대기까지 올라가려고도 하지 않는다.

일본 이름 데이카가쯔라定家葛는 가마꾸라 시대 초기를 대표하는 예능인 후지하라 데이카藤原定家의 묘지에 사는 칡葛 같은 덩굴식물이라는 뜻에서 유래한 것이다.

중국 이름 풍차말리風車茉莉는 '바람개비 자스민'이라는 뜻으로 꽃의 모양과 향기를 나타내는 이름이다. 5개

▲ 마삭줄 분재

로 갈라진 꽃잎은 흰색으로 피었다 이내 연한 노란빛으로 변해간다.

갈라진 꽃잎조각이 바람개비처럼 한 방향으로 뒤틀리는 꽃을 피우며, 자유롭게 뻗는 줄기와 잎이 잘 어우러져 자유분방한 느낌을 준다. 오랫동안 꽃이 피는 것도 장점 중 하나이다.

조경 Point

늘푸른 잎과 향기로운 꽃이 아름다운 덩굴나무이다. 잎은 여름에는 선명한 녹색이고, 겨울에 추워지면 갈색을 띠거나 붉게 변한다. 5개의 꽃잎을 가진 프로펠러처럼 생긴 흰 꽃은 짙은 향기를 풍긴다.

퍼걸러, 선반, 기둥, 고목 등에 감아올리거나 암석원에 심어 녹화용으로도 활용할 수 있다. 서양식 정원에서는 기둥이나 테라스 등에 심어도 좋다.

실내에서는 화분에 심어 꽃과 열매, 향기를 즐길 수 있다.

재배 Point

내한성이 약하며, 배수가 잘되고 비옥한 토양이 좋다. 충분한 햇빛이 비치거나 반음지인 곳에 재배하며, 차고 건조한 바람은 막아준다.

실내에서 키울 때는, 겨울철에 몇 시간은 햇빛을 받게 해야 한다.

병충해 Point

깍지벌레와 진딧물이 종종 발생한다. 소량의 깍지벌레가 발생한 때는 장갑 등을 이용히어 문질러서 없앤다.

진딧물은 여름에 햇가지에 발생하는데, 약충과 성충 발생 시기에 티아클로프리드(칼립소) 액상수화제 2,000배액을 살포한다.

마삭줄은 덩굴식물로 펜스나 폴에 올려서 키운다. 뻗어나가는 덩굴을 적절히 유인해주며, 유인하기 어려운 것은 잘라준다.
지면을 덮는 그라운드커버로 활용해도 좋다. 이 때에도 방임해두었다가 정해진 범위를 벗어나는 것만 잘라준다.

삽목 번식은 충실한 줄기를 10~15cm 길이로 잘라서, 마사토 또는 깨끗한 강모래에 꽂고 건조하지 않도록 관리한다. 시기는 6월 하순~8월 중순이 좋으며, 너무 오래 묵은 가지보다는 어린 가지가 발근이 잘 된다.

높이떼기는 5월에 덩굴의 각 부위에서 공기뿌리가 나오는데 이 것을 이용한다. 여기에 물이끼를 감아두면 꽤 굵은 가지일지라도 뿌리가 나오며, 환상박피를 해주면 발근이 더 잘 된다. 뿌리와 균형을 맞추기 위해 가지와 잎을 적당히 잘라준다.

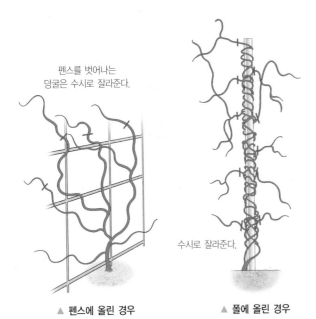

펜스를 벗어나는 덩굴은 수시로 잘라준다.

수시로 잘라준다.

▲ 펜스에 올린 경우　　▲ 폴에 올린 경우

송악

- 두릅나무과 송악속
- 상록활엽덩굴식물 • 길이 10m
- 일본, 대만; 경북(울릉도) 이남의 바닷가 및 제주도의 산지

 학명 *Hedera rhombea* 속명은 ivy(담쟁이덩굴)의 옛 라틴명이며, 종소명은 '마름모꼴의'라는 뜻이다.
영명 Japanese ivy **일명** キヅタ(木蔦) **중명** 菱葉常春藤(능엽상춘등)

| 꽃

웅성기

웅성기에서 자성기로 변하는 단계

자성기

| 수피

양성화. 하나의 꽃이 처음에는 웅성기(雄性期)이다가, 그 이후로 자성기(雌性期)로 바뀐다. 이것은 자가수분을 피하기 위한 전략이다.

노목은 회갈색이며, 공기뿌리[氣根]가 다른 물체를 타고 오른다.

| 잎

20%

어긋나기.
3~5갈래로 갈라지는 갈래잎이다.
종소명 롬베아(*rhombea*)는
마름모꼴이라는 뜻으로
잎의 모양을 나타낸다.

| 뿌리

천근형. 소경의 부정근과 중간 굵기의 잔뿌리가 발달한다.

| 열매

핵과. 구형이며,
흑자색으로 익는다.
다소 역한 맛이 난다.

| 겨울눈

물방울형 또는
긴 타원형이며,
홍자색을 띤다.

조경수 이야기

송악은 해안이나 섬 지방에서 담장나무라는 별명으로 불리며, 북한에서는 큰잎담장나무라 한다. 바닷가 돌담에 심어올린 송악은 바닷바람에도 잘 견딜 뿐 아니라, 담장과 어울려져 멋진 풍경을 연출하기 때문에 붙여진 이름일 것이다. 남부 지방에서는 '소가 잘 먹는 식물'이라 하여 소밥나무라고도 부른다.

담쟁이덩굴과 모습이 비슷하지만 담쟁이덩굴은 가을에 붉은색 단풍이 곱게 드는데 비해, 송악은 겨울에도 싱싱한 늘푸른잎을 유지하는 난대성 수종이다. 그러나 추위에 강한 개량품종이 나오고, 지구온난화로 인해 점차 날씨가 따뜻해지면서 중부 지방에서도 겨울에 푸른 송악을 볼 수 있게 되었다.

천연기념물 제367호인 고창 선운사 입구의 송악은, 우리나라에서 가장 오래되고 아름다운 송악으로 유명하다. 이 송악은 일본이 태평양 전쟁에서 패하고 자기 나라로 돌아갈 때, 그 무엇보다 일본으로 가져가고 싶어 했던 것이라고 한다. 그러나 바위岩에 붙어 자라는 소나무松이기 때문에 가져갈 수 없었던 모양이다.

서양송악은 술의 신 디오니소스에 봉헌된 신성한 나무이다. 그는 자유분방하게 기른 머리카락 위에 송악 잎으로 만든 관을 쓰고, 사슴이나 표범의 가죽으로 이어 만든 옷을 입고 다녔다고 한다. 송악 잎을 씹으면 술 취한 것 같은 느낌이 나지만, 반대로 술을 취하지 않게 하는데도 효과가 있다고 한다.

◀ 술의 신 디오니소스
송악 잎으로 만든 관을 쓰고 있다.

조경 Point

상록활엽 만경류로 주로 해안과 도서의 숲속에서 자란다. 내한성이 강한 편이어서 서울과 중부지방에서도 월동이 가능하다. 건물의 벽면에 심어서 늘푸른잎을 감상하거나, 가리고 싶은 곳을 은폐하기 위해 심는다. 근래에는 공원 등에서 큰 나무 밑에 지면피복용으로 심어진 것을 흔하게 볼 수 있다. 품종에 따라서는 화분에 심어 실내조경용으로 활용되기도 한다.

재배 Point

상록이지만 내한성이 강한 편이며, 다양한 조건 하에서도 잘 생육한다. 다습하지만 배수가 잘되는 부식질의 비옥한 토양, 알카리성 토양이 좋다. 이식은 3~4월, 10~11월에 하며, 퇴비 또는 부엽토를 등을 섞어서 심는다.

병충해 Point

루비깍지벌레 등 깍지벌레류가 새가지에 기생하면서 흡즙가해하므로 수세가 약화되고, 2차적으로 그을음병을 유발시킨다. 루비깍지벌레는 제주도를 비롯한 남부지방에 주로 분포하며, 조경수나 과수 등에 많은 피해를 준다. 약충 발생기에 뷰프로페진.티아메톡삼(킬충) 액상수화제 1,000배액을 살포하여 방제한다. 목화진딧물이 발생하기도 한다.

▲ 목화진딧물

번식 Point

종자로도 번식이 가능하지만, 주로 삽목으로 번식시킨다. 비닐하우스나 온실 내에서 20~30℃의 온도와 포화상태에 가까운 습도만 유지해주면 연중 삽목이 가능하다. 덩굴을 3~4마디 잘라서 꽂으면 활착이 잘 된다. 노지삽목은 장마기 전후가 적기이다.

으름덩굴

- 으름덩굴과 으름덩굴속
- 낙엽활엽덩굴식물 · 길이 7m
- 중국, 일본; 황해도 이남의 산지에 분포

 | 학명 *Akebia quinata* 속명은 일본 이름 아께비(アケビ)를 라틴어화시킨 것이며, 종소명은 '5개의'란 뜻으로 손꼴겹잎을 묘사한 것이다.
| 영명 Five-leaf chocolate vine | 일명 アケビ(木通) | 중명 木通(목통)

| 잎

20%

5~7장의 작은잎을
가진 손꼴겹잎이다.
종명 콰이나타(quinata)는
잎이 5장인 것을 나타낸다.

| 꽃

암꽃(좌)과 수꽃(우)

암수한그루. 짧은가지의 잎겨드랑이에서 연한 자주
색 꽃을 아래로 드리워 피운다.

| 열매

장과. 긴 달걀형이며, 익으면 세로로
갈라진다. 과육은 단맛이 난다.

| 겨울눈

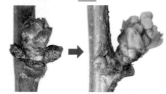 

달걀형이며, 12~16장의 눈비늘조각에
싸여있다. 가로덧눈이 붙는다.

| 수피

갈색이고 껍질눈이
있으며, 성장함에 따라
세로로 갈라진다.
오른감기[右券].

| 뿌리

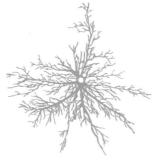

천근형. 소·중경의 덩굴 모양의 수평근
이 발달한다.

속명 아케비아 *Akebia*는 으름덩굴의 일본 이름 아케비 アケビ, 木通를 라틴어화시킨 것으로, 열매가 익으면 크게 벌어진다는 뜻에서 유래한 것이다.

종소명 쿠이나타 *quinata*는 5를 의미하는데, 이는 잎이 5장이어서 붙여진 이름이며, 영어 이름도 같은 뜻을 가진 '파이브 리프 초코렛 바인 Five-leaf chocolate vine' 이다.

으름은 머루, 다래와 함께 산에서 얻을 수 있는 3대 과일 중 하나로 과육이 달고 연하지만, 씨가 많아서 과일구실은 제대로 하지 못한다. 으름이라는 이름은 열매를 입 안에 넣으면 혀끝에 느껴지는 싸한 느낌이 마치 얼음과 같다 하여 붙여진 것이다.

으름이 익어 껍질이 벌어진 모양이 여자의 음부와 같다 해서 임하부인 林下婦人이라는 별명으로도 불린다. 제주도에서는 으름 열매가 익어가면서 모양이 변하는 것을 보고, 다음과 같은 재미있는 수수께끼가 전해진다. "아이 땐 조쟁이남성의 성기, 어른 땐 보댕이여성의 성기가 되는 건 뭐꼬?"

한방에서는 으름덩굴의 줄기껍질을 벗긴 것을 통초 通草라 하고 뿌리껍질을 벗긴 것을 목통 木通이라 하며, 기혈과 혈맥을 잘 통하게 하기 때문에 마비동통에 약재로 쓴

◀ 으름덩굴 줄기로 만든 공예품

다. 열매는 혈당을 내려주기 때문에 당뇨병에 효과가 있고, 줄기와 뿌리는 말려서 다려 마시면 수종에 잘 낫는다고 한다.

조경 Point

손바닥 모양의 겹잎, 향기가 좋은 보라색 꽃, 먹을 수 있는 타원형의 열매가 관상가치가 높은 덩굴성 조경수이다.

아치, 울타리, 퍼걸러, 트렐리스, 그늘시렁 등에 올리면 자연스러운 전원의 분위기를 느낄 수 있다. 최근에는 지면피복용이나 벽면녹화용으로도 많이 이용되고 있다.

재배 Point

내한성이 강하나, 늦서리에 꽃이 피해를 입기도 한다. 비옥하고 배수가 잘되는 곳, 햇빛이 잘 드는 곳이나 반음지에 식재한다.

서리가 내리는 곳에서는 벽에 심거나, 다른 식물 사이에 심어 서리의 피해를 입지 않도록 한다.

나무	새순		개화							열매		
월	1	2	3	4	5	6	7	8	9	10	11	12
전정		전정			전정							
비료	한비											한비

병충해 Point

으름밤나방의 애벌레는 자나방처럼 기어 다니면서 으름덩굴의 잎을 식해한다. 성충은 편 날개의 길이가 10cm 내외인 대형 나방이다. 애벌레는 크기 때문에 눈에 잘 띄므로 발견하면 포살한다.

애벌레 발생초기에 페니트로티온(스미치온) 유제 1,000배액 클로르플루아주론(아타브론) 유제 3,000배액 등을 수관에 살포하여 방제한다.

▲ 으름밤나방 애벌레

결실한 가지에 생긴 마디에서, 꽃이 피고 열매가 열린다. 열매가 고르게 열리도록 하려면, 8월 이후에는 전정을 하지 않는 것이 좋다. 길게 자란 어린 줄기를 잘라주면 충실한 열매가 열린다.

가을에 열매가 익으면 채취하여 종자를 정선한 다음 바로 파종하거나, 건조하지 않도록 비닐봉지에 넣어 냉장고에 보관하였다가, 3월 중순~4월 상순에 파종한다.

강모래, 펄라이트, 버미큘라이트 등을 혼합한 용토를 넣은 삽목상에 꽂고, 반그늘에 두어 건조하지 않도록 관리한다. 새눈이 나오기 시작하면, 서서히 햇볕에 내어두고 묽은 액비를 시비한다. 다음해 3월 중순~4월 상순에 이식한다.

3월에 숙지삽, 6월 중순~7월에 녹지삽이 가능하다. 숙지삽은 충실한 전년지, 녹지삽은 충실한 햇가지를 접수로 사용한다.

휘묻이는 덩굴을 지면으로 유도하여 흙으로 성토해두면 그 곳에서 뿌리를 내는데, 4~5월에 발근한 것을 떼어서 옮겨 심는 번식법이다.

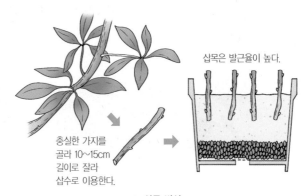

충실한 가지를 골라 10~15cm 길이로 잘라 삽수로 이용한다.

삽목은 발근율이 높다.

▲ 삽목 번식

인동덩굴

- 인동과 인동속
- 반상록 활엽덩굴식물 • 길이 3~4m
- 일본, 대만, 중국; 전국의 낮은 산지의 숲 가장자리

학명 *Lonicera japonica* 속명은 16세기 독일의 의사이자 식물학자인 Adam Lonizer을 기념한 것이며, 종소명은 '일본의'라는 뜻이다.
영명 Japanese honeysuckle | **일명** スイカズラ(吸葛) | **중명** 忍冬(인동)

| 잎

| 꽃

양성화. 가지 끝의 잎겨드랑이에 흰색 꽃이 2개씩 모여 핀다. 점차 노란색으로 변하며, 향기가 좋다.

| 열매

장과. 구형이며, 검은색으로 익는다. 쓴맛이 강하지만 약간 단맛도 난다.

마주나기.
긴 달걀형이며, 가장자리는 밋밋하다.
따뜻한 곳에서는 겨울에도 잎이 나는 반상록성이다.

| 수피

회갈색이고 얇게 벗겨지며, 다른 물체를 감고 올라간다. 왼감기[左券].

| 겨울눈

긴 타원형이며 눈비늘껍질에 싸여 있다.

▲ 붉은인동(*L. periclymenum*)

조경수 이야기

인동덩굴은 함경도를 제외한 전국의 산기슭에서 자생하는 반상록 덩굴성관목이다. 따뜻한 지방에서는 겨울 동안에 낙엽이 지지 않고 상록을 유지한다. 이런 이유로 중국에서는 인동忍冬이라 하며, 우리 이름도 인동덩굴이다.

흔히 인동초라 하지만, 초본이 아니라 여러해살이 목본이다. 처음에는 흰 꽃이 마디마디 한 쌍씩 피었다가 차츰 노란색으로 변하기 때문에, 흰꽃은 은, 노랑꽃은 금이라 하여 은이 금으로 변한다는 뜻에서 길한 꽃으로 여겼다.

흰색 꽃이 노란색 꽃으로 변하는 것은 벌과 나비에게 꽃가루받이受精가 끝났으니 흰색 꽃으로 가라는 따뜻한 배려라고 한다.

인동덩굴은 수술이 노인의 수염을 연상시킨다고 하여 노옹수老翁鬚, 꽃의 모습이 해오라기 같다 하여 노사등鷺鷥藤, 줄기가 왼쪽으로 감고 올라간다 하여 좌전등左纏藤, 꽃빛이 은색에서 금색으로 변하므로 금은등金銀藤, 꽃에 꿀이 많아서 밀보등密補藤 등 많은 별명을 가지고 있다.

옛날에 딸 쌍둥이 금화와 은화 자매가 있었다. 어느 날

▲ 인동무늬
인동은 겨울을 견뎌낼 뿐만 아니라, 덩굴을 이루면서 끊임없이 뻗어나가기 때문에 연면(連綿)의 상징성이 있다.

갑자기, 언니 금화가 병이 나서 고열이 나고 온몸에 반점이 생겨, 의원도 가망이 없다는 진단을 내렸다. 동생 은화는 언니를 정성껏 간호하다가 전염되어 함께 죽고 말았다. 둘은 죽어가면서 "우리가 죽으면 반드시 약초가 되어 이런 병으로 죽는 사람이 없도록 하겠다"라는 말을 남겼다.

다음해 봄에, 자매의 무덤가에 한 줄의 가냘픈 덩굴식물이 돋아나고 흰 꽃과 노란 꽃이 피었다. 사람들은 이 꽃을 금화와 은화 자매의 화신이라 믿어 금은화라 부르게 되었다.

《본초강목》에 인동초가 오시병五尸病을 고치는 명약으로 기록되어 있다. 오시병은 귀신의 기운이 온몸을 덮쳐 오한과 고열이 나고 마침내 죽게 되는 병이다. 그래서 인동초를 귀신을 다스리는 약이라 하여, 통령초通靈草라고도 부른다.

조경 Point

6월에 피는 꽃은 처음에는 흰색이다가 점차 노란색으로 변한다. 우리나라에는 산야에서 흔히 볼 수 있어 귀하게 여기지 않지만, 미국이나 일본에서는 정원에 많이 심는 정원수 중 하나이다.

퍼걸러, 아치, 폴, 트렐리스, 고목 등에 감아올려 산울타리로 활용하면, 녹색의 시원함과 아름다운 꽃을 감상할 수 있다. 최근에는 유럽과 북아프리카 원산의 다양한 꽃색의 품종이 도입되어 보급되고 있다. 화분에 심어 실내조경에 이용하기도 한나.

재배 Point

추위에 강하여 우리나라 전역에서 재배가 가능하다. 토양은 가리지 않으나, 배수가 잘되는 비옥한 사질양토에서 잘 자란다.

나무					새순		개화		꽃눈분화		열매	단풍
월	1	2	3	4	5	6	7	8	9	10	11	12
전정		전정				전정			전정			
비료	한비					시비					한비	

병충해 Point

줄나비, 굵은줄나비, 쥐똥나무진딧물 등이 발생한다. 쥐똥나무진딧물은 새가지에 모여 살면서 흡즙가해한다. 피해를 입은 새가지는 생장이 저해되고 잎이 변형된다.

벌레가 조금 보이기 시작하면, 이미다클로프리드(코니도) 액상수화제 2,000배액을 10일 간격으로 2회 살포하여 방제한다.

번식 Point

가을에 잘 익은 열매를 채취해서 노천매장해두었다가, 다음해 봄에 파종한다. 파종상이 마르지 않게 관리하고, 여름에는 조금 차광을 해준다. 봄에 싹이 트기 전에, 지난해에 자란 줄기를 10cm 정도의 길이로 잘라서 삽목상에 꽂는다.

휘묻이는 가지의 일부분을 환상박피하여 땅에 묻어 두면 뿌리가 나오는데, 이것을 분리해서 다른 곳에 옮겨 심는다.

전정 Point

펜스, 아치, 폴대 등에 올려서 키우며, 많이 돌출한 덩굴만 잘라준다. 보통 겨울에 전정을 하지만 수시로 해도 된다.

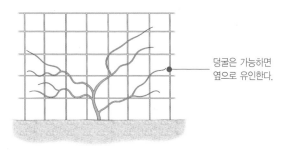

덩굴은 가능하면 옆으로 유인한다.

▲ 펜스에 올린 경우

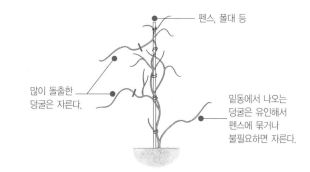

펜스, 폴대 등

많이 돌출한 덩굴은 자른다.

밑동에서 나오는 덩굴은 유인해서 펜스에 묶거나 불필요하면 자른다.

▲ 폴대에 올린 경우

길게 늘어진 가지, 튀어나온 가지 등을 잘라주는 정도로 정리한다.

▲ 아치에 올린 경우

줄사철나무

- 노박덩굴과 화살나무속
- 상록활엽덩굴식물 · 길이 10m
- 중국, 대만, 일본, 동남아시아; 중부 이남의 숲 가장자리 및 바위지대

학명 *Euonymus fortunei* var. *radicans* 속명은 그리스어 eu(좋은)와 onoma(명성)의 합성어로 '좋은 평판'이란 뜻이지만 가축에 독이 될 수 있다는 나쁜 이름을 반대로 나타낸 것이라고 하며, 그리스 신화 중의 신의 이름이기도 하다. 종소명은 스코틀랜드의 식물학자인 Robert Fortune의 이름에서 유래한 것이며, 변종명은 '뿌리를 내리는'이라는 뜻이다. | **영명** Fortunes creeping | **일명** ツルマサキ(蔓柾) | **중명** 小葉扶芳藤(소엽부방등)

| 잎

50%

마주나기.
달걀형이며, 가장자리에는 둔한 톱니가 있다.
가죽질이며, 앞면에는 광택이 있다.

| 꽃

양성화. 잎겨드랑이에 황록색 또는 황백색 꽃이 7~15개씩 모여 핀다.

| 열매

삭과. 구형이며, 연홍색으로 익는다. 4갈래로 갈라지면 속에서 적황색 가종피(헛씨껍질)에 싸인 종자가 나온다.

줄기와 기근

| 겨울눈

달걀형이며, 약 10개의
눈비늘조직에 싸여 있다.
곁눈은 마주난다.

조경수 이야기

덩굴식물이고 잎 모양이 사철나무와 비슷하기 때문에, 줄사철나무라는 이름을 얻게 된 것이라고 한다. 하지만 잎이 작은 타원형 혹은 거꾸로 세운 타원형이어서 사철나무 잎과는 다소 차이가 난다. 따라서 여기에서 사철나무는 잎 모양보다는 잎이 '사철 푸르다'는 뜻에서 붙인 것으로 보인다. 또 줄기에서 공기뿌리氣根를 내려 다른 나무나 바위에 붙어 자라기 때문에 '줄'이라는 접두어가 붙었다.

줄기에서 공기 중으로 성장한 뿌리를 공기뿌리라 하는데, 여기에는 여러 가지 형태가 있다. 지상부에서 사방으로 뻗어가는 식물체를 지지하는 버팀뿌리支持根, 땅위 줄기에서 발생한 여러 개의 가는 공기뿌리가 얽혀서 두껍고 딱딱한 층을 이루어 줄기를 보호하는 보호근保護根, 습지 등에서 자라는 식물의 호흡을 돕기 위한 호흡근呼吸根, 난초과 식물에서 많이 볼 수 있는 흡수근吸水根, 다른 물체에 붙어서 식물체를 지지하는 부착근附着根 등이 있다. 은행나무나 낙우송의 공기뿌리는 호흡을 위한 호흡근이고, 줄사철나무의 공기뿌리는 담쟁이덩굴이나 송악처럼 물체를 감고 올라가기 위한 부착근이다. 종소명 포투네이fortunei는 스코틀랜드의 식물학자인 로버트 포춘Robert Fortune의 이름에서 유래한 것이며, 변종명 라디칸스radicans는 '뿌리를 내리는'이라는 뜻이다.

◀ 마이산의 줄사철나무
천연기념물 제380호.
ⓒ 문화재청

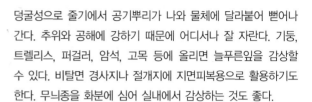

조경 Point

덩굴성으로 줄기에서 공기뿌리가 나와 물체에 달라붙어 뻗어나간다. 추위와 공해에 강하기 때문에 어디서나 잘 자란다. 기둥, 트렐리스, 퍼걸러, 암석, 고목 등에 올리면 늘푸른잎을 감상할 수 있다. 비탈면 경사지나 절개지에 지면피복용으로 활용하기도 한다. 무늬종을 화분에 심어 실내에서 감상하는 것도 좋다.

재배 Point

배수가 잘되는 토양이라면, 어디에서나 잘 자란다. 햇빛이 잘 비치는 곳이나 조금 그늘진 곳이 좋으며, 차고 건조한 바람을 막아준다. 반입종은 햇빛이 충분히 비치는 곳에서 더 선명한 무늬가 나타난다.

병충해 Point

노랑털알락나방, 사철나무탄저병, 사철나무혹파리 등이 발생한다. 사철나무탄저병은 잎에 크고 작은 반점이 생기고, 심하면 일찍 낙엽이 져서 미관을 해친다. 감염된 잎은 채취하여 소각하고, 코퍼하이드록사이드(코사이드) 수화제 1,000배액, 이미녹타딘트리스알베실레이트(벨쿠트) 수화제 1,000배액을 발병초기부터 10일 간격으로 3~4회 살포하여 방제한다.

사철나무혹파리는 애벌레가 잎뒷면에 울퉁불퉁하게 부풀어 오른 것 같은 벌레혹을 형성하여 흡즙가해한다. 카보퓨란(후라단) 입제를 3월 중순과 5월 상순에 피해목 주변에 1m²당 200g씩 매립하면 방제에 효과적이다.

번식 Point

삽목은 봄부터 가을 사이에 언제라도 가능하다. 숙지삽은 전년지를, 녹지삽과 가을삽목은 단단하고 굳은 당년지를 삽수로 이용한다. 10~11월에 열매를 채취하여 3~5일 정도 물에 담가서 과육을 제거한 후, 습한 모래와 섞어서 저온저장 또는 노천매장 해두었다가, 다음해 봄에 파종한다. 파종 후에 건조방지를 위하여 볏짚이나 거적 등을 얇게 깔아준다.

청미래덩굴

- 청미래덩굴과 청미래덩굴속
- 낙엽활엽덩굴식물 • 길이 5m
- 중국, 대만, 베트남, 타이, 일본; 황해도 해안가 이남, 남부 지역에서 흔하게 자람

 학명 *Smilax china* 속명은 '독이 있는 나무', 가려운 데를 '긁기'에 대한 그리스 이름에서 유래한 것이다. 종소명은 세간의 주목을 피하고자 하는 '부유한 중국인의(rich Chinese)'를 뜻한다. **영명** Wild smilax **일명** サルトリイバラ(猿捕茨) **중명** 菝葜(발계)

| 잎

100%

어긋나기.
하트형 또는 원형이며, 가장자리는 밋밋하다.
잎겨드랑이에 턱잎이 변한 2개의 덩굴손이 있다.

| 꽃

암꽃

수꽃

암수딴그루. 새가지의 잎겨드랑이에 10~25개의 황록색 꽃이 모여 핀다.

| 열매

장과. 구형이며, 붉은색으로 익는
다. 약간 단맛이 난다.

| 겨울눈

긴 삼각형이고 살짝을 띤다. 반투명한 1장의
눈비늘조각에 싸여 있다.

조경수 이야기

청미래덩굴은 우리나라의 산과 들에서 흔히 볼 수 있는 덩굴식물로, 빨간 열매는 꽃꽂이의 소재로 인기가 있으며 새에게는 겨울을 나는 소중한 식량이자 안식처이다.

경기도 지방에서는 표준 이름 청미래덩굴이라 하며, 황해도에서는 망개나무 또는 매발톱가시, 강원도에서는 청열매덤불, 영남지방에서는 명감나무 또는 종가시나무라 했다.

이외에도 지방에 따라서는 맹감나무·멍개나무·밍감나무·깜바구나무·늘렁감나무 등의 다양한 이름으로 불린다. 이름이 많다는 것은 그만큼 널리 이용되었다는 증거이기도 하다.

《본초강목》에 "요즘 여자를 좋아하는 사람이 많아 매독 같은 성병이 많이 유행하는데, 약을 써서 고쳐도 자주 재발하여 오래 고생을 하게 되는데 이때는 토복령土茯苓을 치료제로 쓰라"고 쓰여 있다.

토복령은 청미래덩굴의 뿌리로 한방에서 중요한 매독 치료제로 쓰인다. 토복령은 산귀래山歸來라고도 부르는데, 여기에는 다음과 같은 이야기가 전해진다.

옛날 어떤 사람이 아내 몰래 바람을 피우다가 매독에 걸려 죽을 지경에 이르자, 아내는 남편이 너무 미워 하인을 시켜 업어 산에다 버렸다. 남편은 배가 고파 먹을 것을 찾아 산을 헤매다가 청미래덩굴을 발견하고 그 뿌리를 캐서 먹었더니, 자기도 모르는 사이에 매독이 나았고 몸도 건강해졌다고 한다.

그제서야 잘못을 뉘우치고 집으로 돌아온 남편은 두 번 다시 아내 몰래 나쁜 짓을 하지 않았다고 한다. 그 뒤로 사람을 '산에서 돌아오게 했다' 하여 이 나무의 이름을 산귀래山歸來라고 부르게 되었다. 청미래덩굴은 매독뿐 아니라 임질·태독·악창 등에도 다려서 마시면 효과가 있다고 한다.

경상도 지역에서는 청미래덩굴을 망개나무라고 하며, 하트 모양의 청미래덩굴 잎에 떡을 싸서 망개떡이라 한다. 나뭇잎의 향이 떡에 베어들어 상큼한 맛이 나고, 여름에도 쉬 상하지 않는다고 한다.

◀ **망개떡**
경상도 지역에서는 청미래덩굴을 망개나무라고 하며, 이 잎에 떡을 싸서 망개떡이라 한다.

조경 Point

산지의 숲 가장자리에서 자란다. 줄기는 마디마다 굽으면서 자라고 갈고리 같은 가시가 있다. 잎은 원형 또는 하트형이며 두껍고 윤기가 난다.

가을에 열리는 붉은색 열매는 겨울에도 가지에 매달려 있어서 볼거리를 제공해준다. 빨간 열매가 달린 가지는 꽃꽂이용 소재로 이용된다. 덩굴성 낙엽활엽수로 지면피복 식재에 활용하면 좋다.

재배 Point

내한성은 다소 약한 편이다. 충분히 햇빛을 받거나 부분적으로 차광된 곳, 적당히 비옥하고 배수가 잘되는 곳이 좋다. 위로 올려서 키울 때는 지주대를 세워준다.

이식은 3~4월에 가지를 잘라낸 뒤 일부 줄기와 함께 심거나 작은 나무를 심는다.

목화진딧물, 식나무깍지벌레, 청띠신선나비 등의 해충이 발생한다. 청띠신선나비는 애벌레가 잎뒷면에서 잎에 구멍을 뚫으며 식해한다. 소량으로 발생한 경우는 특별히 약제방제가 필요하지 않다.

대량으로 발생한 경우에는 애벌레 발생초기에 페니트로티온(스미치온) 유제 1,000배액을 수관살포하여 방제한다.

번식 Point

9~10월에 열리는 열매를 채취하여 바로 파종하거나 젖은 모래와 섞어 저장해두었다가, 다음해 봄에 파종한다. 삽목 혹은 분주로도 번식이 가능하다.

조경수 상식

■ 천연기념물 느티나무

1	제95호	삼척 도계리 긴잎느티나무	11	제281호	남원 진기리 느티나무
2	제108호	함평 향교리 느티나무·팽나무 숲	12	제283호	영암 월곡리 느티나무
3	제161호	제주 성읍리 느티나무 및 팽나무 군	13	제284호	담양 대치리 느티나무
4	제192호	청송 신기리 느티나무	14	제382호	괴산 오가리 느티나무
5	제273호	영풍 단촌리 느티나무	15	제396호	장수 봉덕리 느티나무
6	제274호	영풍 태장리 느티나무	16	제407호	함양 학사루 느티나무
7	제275호	안동 사신리 느티나무	17	제478호	장성 단전리 느티나무
8	제278호	양주 황방리 느티나무	18	제493호	의령 세간리 현고수(느티나무)
9	제279호	원성 대안리 느티나무	19	제545호	대전 괴곡동 느티나무
10	제280호	김제 행촌리 느티나무			

▲ **함양 학사루 느티나무** 천연기념물 제407호. ⓒ 문화재청

▲ **장성 단전리 느티나무** 천연기념물 제478호. ⓒ 문화재청

가막살나무

- 인동과 가막살나무속
- 낙엽활엽관목 • 수고 2~3m
- 일본, 중국, 대만; 주로 남부지역의 산지에 자생

 | 학명 *Viburnum dilatatum* 속명은 가막살나무류(Wayfaring tree; *V. lantana*)의 라틴명이며, 종소명은 '확장된'이라는 의미로 꽃이 부챗살 모양의 겹산형꽃차례로 피는 것을 나타낸다. | 영명 Linden viburnum | 일명 ガマズミ(莢蒾) | 중명 莢蒾(협미)

| 잎

25%

마주나기.
거꿀달걀형 또는 원형이며,
가장자리에 물결 모양의 톱니가 있다.

| 꽃

양성화. 새가지 끝에 흰색 꽃이 모여 핀다.

| 열매

핵과. 넓은 달걀형이며, 붉은색으로 익는다. 겨울에도 가지에 달려 있다.

| 수피

지름 3cm

짙은 회갈색이며,
껍질눈이 있고 평활하다.

| 겨울눈

달걀형이며, 끝이 뾰족하다.
2~4장의 눈비늘조각에 싸여 있다.

| 뿌리

중근형. 잔뿌리가 표층에 많이 분포한다.

'가막'은 검다는 뜻이다. 줄기가 '검은 빛을 띠는 살을 가진 나무'라는 뜻에서 가막살나무라는 이름이 붙여졌다. 활짝 핀 가막살나무의 꽃은 겨울에 나무에 내린 함박눈을 떠올리게 한다. 보통 꽃잎은 희더라도 암술이나 수술은 노랗거나 붉은데 비해, 가막살나무의 꽃은 통째로 흰색이다.

가막살나무는 덜꿩나무와 꽃과 잎의 모양이 비슷해서 구분하기가 힘든데, 잎자루가 짧은 쪽이 덜꿩나무이고 턱잎이 없는 쪽이 가막살나무이다. 또 한자 이름은 가막살나무가 탐춘화探春花라고 하는데 비해, 덜꿩나무는 소엽탐춘화小葉探春花라고 하니 '작은 잎의 가막살나무'라는 뜻이다.

가을에 열리는 콩알만 한 붉은 열매는 겨울새들의 멋진 양식이다. 새들은 열매를 먹는데 그치지 않고, 나무가 번식할 수 있도록 멀리까지 종자를 날라 준다. 그래서 열매의 색깔은 새들의 눈에 잘 띄는 붉은색 혹은 검은색이 많으며, 크기도 새의 입 크기에 맞게 진화했다.

일본에서는 가막살나무의 열매를 카마즈미鎌酸實라고 하는데 '신이 내린 열매神ツ實'에서 유래한 것이라 한다. 또 신의 야생화는 패랭이꽃이고, 신의 나무는 가막살나무라는 이야기가 있다. 이 나무의 꽃말 '사랑은 죽음보다 강하다'는 어떠한 꽃보다 더 강렬한 느낌을 준다.

조경 Point

푸른 잎을 배경으로 무리지어 피는 흰색 꽃, 독하다 싶을 정도로 강하게 풍기는 꽃향기, 정열적인 붉은 열매 등 어느 것 하나 버릴 것 없는 조경수이다.

큰 나무 밑에 하목이나 첨경수, 자연공원, 골프장 조경 등에 활용하면 좋다. 산울타리용, 방화수로도 이용 가능하다.

재배 Point

내한성이 강하며, 습기가 있고 배수가 잘되는 적당히 비옥한 토양이 좋다. 해가 잘 비치는 곳이나 반음지가 재배적지이다. 공해에 강해서 도심의 조경수로도 적합하다.

나무	새순		개화			꽃눈 분화		열매	단 풍		
월	1	2	3	4	5	6	7	8	9	10	11	12
전정	전정											전정
비료		시비										

병충해 Point

비교적 병충해가 적은 수종이지만 잎벌레, 잠자리가지나방 등이 발생하는 수가 있다. 잎벌레는 4월부터 성충과 애벌레를 동시에 방제할 수 있는 티아클로프리드(칼립소) 액상수화제 2,000배액 또는 페니트로티온(스미치온) 유제 1,000배액을 10일 간격으로 2회 수관살포한다.

잠자리가지나방은 발생초기에 페니트로티온(스미치온) 유제

▲ 가막살나무 분재

1,000배액을 10일 간격으로 1~2회 살포한다. 이른 봄 가지치기를 할 때, 병든 가지와 나뭇잎을 모아서 태움으로써 전염원을 없앤다.

전정 Point

약목일 때는 방임해두었다가 원하는 크기에 도달하면 전정을 시작한다. 나무의 크기가 작은 경우에는 꽃이 피지 않는 가지만 골라서 잘라준다. 나무의 크기가 큰 경우에는 수관면을 고르게 깎아주는 전정을 하는데, 이렇게 하면 꽃의 수가 적어진다. 나무의 크기를 단번에 줄이고 싶을 때는, 꽃이 진 후에 일제히 깎아준다.

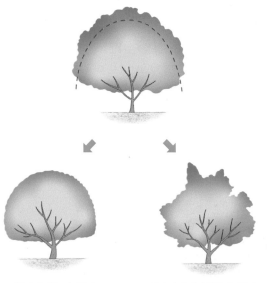

겨울에 수관을 깎아주면
겨울~봄 사이에
가지 끝이 가지런해진다.
꽃의 수는 적다.

꽃이 진 후에 수관을 깎아주면
전체 크기를 작게 만들 수 있지만,
여름 이후에는 수관이 고르지 않다.
꽃의 수는 조금 적다.

번식 Point

실생 또는 삽목으로 번식시킨다. 가을에 열매를 채취하여 과육을 제거하고 바로 파종하거나, 건조하지 않도록 모래와 섞어서 흙 속에 매장해두었다가, 다음해 3월 중순에 파종한다. 꽃이 필 때까지는 약 5~6년이 걸린다.

녹지삽(6~8월)은 그해에 나온 햇가지를 15cm 길이로 잘라서 삽수로 사용한다. 접목은 주로 원예종을 번식시킬 때 이용한다.

실생으로 키운 2년생 가막살나무를 대목으로 사용하고, 여기에 증식시키고 싶은 품종의 가지를 접붙인다.

느티나무

- 느릅나무과 느티나무속
- 낙엽활엽교목 • 수고 35m
- 중국(중남부 이북), 일본, 대만, 러시아; 전국에 분포

  | **학명** *Zelkova serrata* 속명은 코카서스 지방에서 자라는 식물이름 Zelkowa에서 유래한 것이며, 종소명은 '톱니가 있는'이라는 뜻으로 잎의 톱니를 의미한다. | **영명** Sawleaf zelkova | **일명** ケヤキ(欅) | **중명** 欅樹(거수)

| 잎

어긋나기. 긴 타원형이며, 잎끝이 커브 모양이다. 가을에 적색 또는 황색의 단풍이 든다.

35%

| 꽃

암꽃(좌)과 수꽃(우)

암수한그루. 암꽃은 새가지 윗부분에 1송이씩 달리고, 수꽃은 새가지 밑부분에 모여 달린다.

| 수피

지름 25cm

회갈색을 띠며 평활하다. 성장함에 따라 불규칙한 조각으로 벗겨지고, 얼룩덜룩한 무늬가 나타난다.

| 열매

핵과. 일그러진 구형이고 익으면 황갈색을 띤다. 매우 단단하다.

| 겨울눈

8~10장의 눈비늘조각에 싸여 있다. 덧눈은 가지의 그늘진 쪽에 붙는다.

| 뿌리

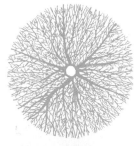

천근형. 노끈 모양의 수평근이 많이 벌딜하며, 잔뿌리가 치밀하게 밀생한다.

어느 시골을 가더라도 마을 어귀에 들어서면 어김없이 만나는 정자나무가 있다. 이 정자나무는 동네사람들의 교류의 장소이며, 고된 농사일을 한 후에 쉬는 휴식처이기도 하다. 정자나무로는 회화나무·팽나무·은행나무 등을 많이 심었지만, 어떤 나무보다 느티나무가 많으며 또 최고로 친다.

이처럼 느티나무가 정자나무로 사랑을 받는 이유는 잎이 무성하여 녹음이 짙고, 병충해가 별로 발생하지 않으며, 나무의 수명이 길다는 장점 때문이다. 어려서는 볼품이 없지만 커갈수록 티가 나는 나무, 그래서 느티나무라 하며, 한자 이름은 괴목槐木 혹은 규목槻木이다.

노거수에는 보통 예로부터 전해오는 금기사항이 있다. 즉 잎이나 가지를 꺾으면 목신의 노여움을 사서 재앙을 입는다는 것인데, 이는 노거수가 인간의 피해를 입지 않고 아름다운 수형과 긴 수명을 유지할 수 있게 한 지혜로움이라 할 수 있다. 조선 숙종 때 실학자 홍만선이 엮은 《산림경제》에 보면 중문 안에 느티나무 3그루를 심으면 세세손손 부귀를 누린다고 하였고, 서남간에 심으면 도적을 막는다고도 했다.

우리나라에 천연기념물로 지정된 느티나무는 19그루가 있는데, 이것은 은행나무 22그루 다음으로 많은 수다. 노거수로 보호받고 있는 나무 중에는 느티나무가 가장 많으며, 현존하는 최고령 느티나무는 약 1,300살로 추정되는 부산시 기장군 장안읍에 있는 노거수이다.

느티나무가 천연 염색제로 사용된 된다는 사실을 모르는 사람이 많다. 어디서나 간단하게 구할 수 있고 색채가 아름다우므로, 좀 더 실용화되어도 좋은 나무라 하겠다. 염색제로 사용하는 나무껍질과 뿌리껍질은 여덟 번 달여 낸 액을 삶아서 물들이며, 8~9월에 채취한 푸른 잎으로도 염색을 한다.

느티나무는 과거의 정자수에 머물지 않고, 21세기를 상징하는 미래의 나무이기도 하다. 산림청에서는 느티나무가 우리나라의 번영과 발전을 상징하고 역사성과 문화성을 지니고 있어, 새 천년 동안 강한 생명력을 유지할 수 있는 나무라는 이유로 '밀레니엄나무'로 선정한 바가 있다.

◀ 느티나무로 만든 테이블
목재는 나무결이 곱고 황갈색의 색깔에 약간 윤이 나며, 무늬도 아름답다. 또 마찰이나 충격에 강하고 단단하여 '나무 중의 황제'로 통한다.

조경 Point

예로부터 마을의 정자목으로 많이 식재된 나무로, 현재 19그루가 노거수가 천연기념물로 지정되어 있다. 바람에 뒤집힌 우산 모양의 배상형 수형, 미끈한 수피, 노랗게 물드는 단풍이 아름다워 독립수나 가로수로 많이 식재되고 있다. 또 병충해가 적고 공해에도 강한 편이어서, 도심의 조경수로 특히 각광을 받고 있다. 잎이 조밀하게 나고 녹음이 짙기 때문에, 넓은 공간에 심으면 이보다 더 좋은 녹음수는 없을 정도이다. 느티나무는 수명이 길고 큰 나무로 자라기 때문에 열식을 할 경우에는 충분한 식재 간격을 유지하는 것이 중요하다.

재배 Point

습기가 있고 배수가 잘 되며, 토심이 깊은 토양이 좋다. 양지바른 곳이나 반음지에 재배하며, 서리가 내리는 지역에서는 차고 건조한 바람을 막아준다. 이식의 적기는 3월, 4월, 10월, 11월 중이며, 옮겨심기한 뒤에는 줄기에 새끼를 감아서 보호할 필요가 있다.

나무	새순	개화								열매		
월	1	2	3	4	5	6	7	8	9	10	11	12
전정	전정										전정	
비료	한비											

병충해 Point

잎에 작고 짙은 갈색 반점이 생겨서 점차 커지는 흰별무늬병에 감염되면, 병든 낙엽은 모아서 태우고 잎이 피기 시작할 때부터 9월 중순까지 동수화제(보르도액 등)을 3~4회 살포한다. 활엽수근주심재부후병은 나무의 수간기부나 뿌리가 침해되어 백색부후를 일으킨다. 감염된 나무는 벌채한 후 병든 뿌리는 모아서 태우고, 티오파네이트메틸(톱신엠) 수화제 1,000배액으로 토양관주한다.

회색고약병은 채광과 통풍이 원활하지 않은 곳에서 잘 발생한다. 줄기나 가지에 회색의 두꺼운 균사층이 마치 고약처럼 붙어 있다. 병든 가지는 제거하여 불태우거나 땅에 묻으며, 겨울철에 석회유황합제를 살포하여 예방한다.

느티나무외줄면충은 어린잎의 뒷면에서 흡즙하는데, 잎의 앞쪽에 표주박 모양의 혹이 마치 열매처럼 많이 생긴다. 이미다클로프리드(코니도) 액상수화제 2,000배액을 발생초기에 1~2회 살포하여 박제한다. 느티나무벼룩바구미는 애벌레가 잎살을 먹어 치우는데, 나무가 말라죽을 지경에까지 이르지는 않지만 피해를 입은 나무는 성장이 저해된다. 잎 속의 애벌레나 번데기 혹은 성충을 구제하기 위해 페니트로티온(스미치온) 유제 1,000배액을 잎에 살포한다. 무당벌레, 거미, 풀잠자리 등 포식성 천적을 보호하는 것이 좋다.

▲ 느티나무외줄면충

전정 Point

약목일 때 가지솎기와 가지치기를 반복해주면 자연스러운 잔 모양의 배상형 수형을 유지되며, 이후로는 특별히 전정이 필요하지 않다. 소지 끝을 가지런히 다듬고, 내부의 복잡한 가지 등 불필요한 가지를 자르는 정도의 전정만 해주면 아름다운 수형을 유지된다.

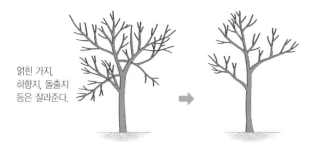

수간이 굵은 나무는 완전히 성숙하지 않았을 때, 부목을 대어 바루어준다.

가지치기를 해서 수관의 크기를 줄인다.

▲ 수관을 줄이는 전정   ▲ 수간 바루기

얽힌 가지, 하향지, 돌출지 등은 잘라준다.

▲ 불필요한 가지의 전정

번식 Point

일반적으로 종자로 번식시킨다. 10월 중순에 종자를 채취하여 직파하거나 노천매장을 해두었다가, 다음해 봄에 파종한나. 파종 2~3일 전에 물에 담가 수분을 흡수시키고, 줄뿌림 또는 흩어뿌림을 한다.

파종한 후에 종자가 흙 속에 묻히도록 롤러로 눌러주고, 그 위를 1cm 정도 고운 흙으로 덮어 준다.

떡갈나무

- 참나무과 참나무속
- 낙엽활엽교목 • 수고 20m
- 중국, 일본, 대만, 몽고; 주로 해발 고도가 낮은 산지에 분포

 학명 *Quercus dentata* 속명은 켈트어 quer(질이 좋은)와 cuez(목재)의 합성어로 Oak Genus(참나무류)에 대한 라틴명에서 비롯한 것이며, 종소명은 '톱니가 있는'이라는 뜻이다. | 영명 Daimyo oak | 일명 カシワ(柏) | 중명 槲樹(곡수)

| 잎

15%

어긋나기. 거꿀달걀형이며,
가장자리의 크고
둥근 톱니가 있다.
잎자루는 매우 짧다.

| 겨울눈

끝눈은 물방울형이며,
20~25장의 눈비늘조각에
싸여 있다.
끝눈 주위에 여러 개의
곁눈이 붙는다(정생측아).

| 수피

회갈색 또는
흑갈색이며,
깊게 갈라지고
코르크질이 발달한다.

| 꽃

암꽃차례   수꽃차례

암수한그루. 잎이 나면서 황록색의 꽃이 동시에 핀다.
암꽃차례는 위로 곧추서고, 수꽃차례는 아래로 처진다.

| 열매

견과. 달걀 모양의 구형이며, 갈색으로
익는다.

추석 명절에 즐겨 먹는 송편의 본래 이름은 소나무 송松 자와 떡 병餠 자를 써서 송병松餠이었는데, 시간이 지나면서 송편으로 바뀌어 불리게 되었다. 송편을 찔 때 솔잎을 넣은 이유는 송편끼리 달라붙는 것을 방지해서 송편의 본래 모양을 유지하고, 솔잎이 가진 그윽한 향과 좋은 성분이 송편에 스며들게 하기 위해서이다.

이와 같은 이유로, 떡을 찔 때 떡 사이사이에 떡갈나무 잎을 넣어 떡이 달라붙는 것을 막고, 잎의 향기가 떡에 스며들게 했다. 떡갈나무란 떡을 찔 때 넣는 참나무, 즉 '떡갈이나무'란 뜻이다.

일본 이름 카시와炊葉는 떡갈나무 잎이 음식을 담는 용기로 사용된 것에서 유래한 것이며, 이 잎으로 싼 떡을 가시와모찌柏餠라 하며 즐겨 먹었다고 한다.

낙엽 참나무 종류는 가을에 단풍이 들고 단풍 든 잎이 바로 떨어지지 않고, 다음해 봄에 새 잎이 나올 때까지 붙어있다. 굴거리나무처럼 '새 잎'과 '마른 잎'이 조화로운 세대교체를 하는 셈이다. 겨울 동안에 나뭇가지에 붙어 있는 갈색 단풍잎은 삭막한 겨울에 멋진 풍경을 제공해준다.

우리에게 친숙한 〈떡갈나무에 걸린 노랑 리본Tie a yellow ribbon round the old oak tree〉이라는 팝송이 있

◀ 백병(柏餠)
예전에는 떡갈나무 잎에 떡을 싸서 먹기도 했다.

다. 형무소에서 석방된 사람이 옛 애인에게 아직도 자기를 기다린다면 마을 어귀의 떡갈나무에 노란 리본을 매달아 달라고 했는데, 버스가 마을에 도착해보니 오래된 떡갈나무에 수백 개의 노란 리본이 걸려있었다는 감동적인 가사의 노래이다.

조경 Point

지금까지 우리나라 산지에서 흔하게 볼 수 있었으나, 조경수로 활용된 경우는 많지 않았다. 그러나 수형이 웅대하고 아름다우며, 생장이 빠른 편이어서 조경수로의 활용이 기대된다.
넓은 잎과 가을의 황갈색 단풍이 겨울 내내 나뭇가지에 달려있어서 겨울의 경관을 제공해준다.

재배 Point

토심이 깊고 배수가 잘되는 비옥한 토양이 좋으며, 해가 잘 비치는 곳 또는 반음지에 재배한다.
특별한 경우가 아니면, 석회질 토양에서도 잘 자란다. 공해에 대한 저항성이 높다.

병충해 Point

참나무순혹벌(갈떡혹벌), 갈참나무혹빌, 곧은줄재주나방, 도토리바구미, 밤나무재주나방, 사과독나방, 젓나무잎응애 등의 해충이 있다. 참나무순혹벌은 4~5월경에 참나무류의 새가지 선단부에 직경 2~3cm의 벌레혹을 만들며, 나무가 피해를 받으면 생육이 나빠진다.
새눈이 나오기 전인 4월 상순에 티아메톡삼(플래그쉽) 입상수화제 3,000배액늘 1~2회 살포하여 방제한다. 나무에서 벌레혹을 떼어내어 소각한다.
도토리바구미는 참나무류의 도토리 속에 산란된 알에서 부화한

애벌레가 과육을 식해하는 해충이다. 산란한 가지를 땅에 떨어뜨리지 않아 도토리거위벌레와 구분된다. 배설물을 밖으로 배출하지 않기 때문에, 피해부를 식별하기 어렵다.

6~7월에 성충을 대상으로 페니트로티온(스미치온) 유제 1,000배액, 티아클로프리드(칼립소) 액상수화제 2,000배액을 10일 간격으로 2~3회 수관살포하여 방제한다.

참나무류흰가루병, 참나무류둥근무늬병, 참나무백립잎마름병 등의 병해가 발생한다.

번식 Point

가을에 도토리를 따서 습기가 많은 모래와 섞어서 저온에서 저장하거나 노천매장을 해두었다가, 다음해 봄에 파종한다.

도토리를 따서 바로 파종하면, 노천매장을 해두었다가 봄에 파종하는 것에 비해 발아율이 떨어진다. 파종상에서 3~5년 정도 기른 후, 묘목을 캐어 판갈이를 해주면 잔뿌리가 많이 생겨 더 튼튼한 묘목을 키울 수 있다.

조경수 상식

■ 식물의 계통분류

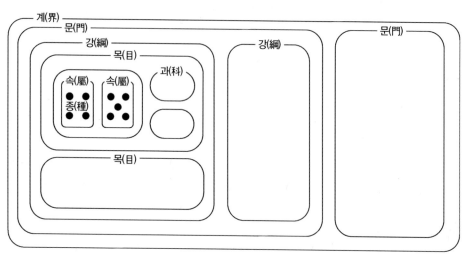

린네는 식물을 외형상의 유사성에 따라 식물의 분류체계를 만들었다. 식물계(界)로 시작해서 스물다섯 개의 문(門)을 나누고, 각각의 문을 강(綱)으로, 그리고 다시 강을 목(目), 과(科), 속(屬), 종(種)으로 나누었다.

서어나무

- 자작나무과 서어나무속
- 낙엽활엽교목 • 수고 15m
- 일본, 중국; 강원도와 황해도 이남의 산지

| 학명 *Carpinus laxiflora* 속명은 켈트어 car(나무)와 pin(머리)의 합성어이며, 종소명은 '드문드문 달린 꽃의'이라는 의미이다.
| 영명 Red-leaved hornbeam | 일명 アカシデ(赤四手) | 중명 見風乾(견풍건)

| 잎

어긋나기.
타원형이며, 가장자리에
날카로운 겹톱니가 있다.
잎끝은 길게 뾰족하다.

100%

| 꽃

암꽃차례

수꽃차례

암수한그루. 암꽃차례는 새가지 끝에 붙어 있고, 수꽃차례는 전년지의 잎겨드랑이에 달리고 밑으로 처진다.

| 열매

소견과. 열매이삭은 긴 원통형이며 아래로 처진다.

| 겨울눈

작은 겨울눈은
잎눈 또는 암꽃차례이고,
큰 겨울눈은 수꽃차례이다.

| 수피

지름 16cm

회색이며,
표면이 매끈하다.
성성임에 띠리
줄기가 크게
뒤틀리고 융기하여,
근육질 느낌이 난다.

서어나무는 '서쪽에 있는 나무' 즉 서목西木으로 불리다가, 서나무에서 서어나무가 되었다. 나무의 이름에 서쪽이라는 방위를 들어간 것은, 이 나무가 대표적인 음수陰樹이기 때문이다.

음수는 어릴 때, 빛이 잘 들지 않는 음지에서도 잘 자라는 나무를 말한다. 서어나무의 특징 중 하나는 보디빌더의 근육 같은 울퉁불퉁하고 미끈한 나무껍질이다. 그래서 영어 이름은 근육나무, 즉 머슬트리Muscle tree 이다.

흔히 서어나무를 극상림을 대표하는 수종이라고 한다. 숲도 시간이 지나면서 변화를 겪는데, 이것을 '숲의 천이遷移'라고 한다.

극상림은 초본류에서 관목류를 거쳐 양수림, 혼합림, 음수림으로 변해 가는 과정에서 맨 끝에 나타나는 숲의 형태이며, 극상림이 형성되기까지는 약 200년 정도가 걸린다고 한다.

우리나라의 경우, 대표적인 양수 소나무가 나타나고, 음수에 해당하는 나무로는 1차적으로 참나무류, 2차적으로 서어나무가 나타난다. 따라서 서어나무가 많은 숲은 천이의 마지막 단계인 극상에 도달한 숲이라는 뜻이다.

2000년 '제1회 아름다운 숲 전국대회'에서 대상을 받은 전북 남원시 운봉읍 행정리의 마을숲은 2백여 그루의 서어나무로 이루어진 아름다운 숲이다. 500년 전 이 마을에 전염병이 돌 때, 한 스님이 서어나무를 심으면 재앙을 막을 수 있다고 해서, 주민들이 정성스레 심은 나무가 이처럼 아름다운 숲을 이룬 것이다.

또 이곳은 한국영화 사상 최초로 칸영화제 공식 경쟁부분에 오른 임권택 감독의 〈춘향뎐〉이 촬영된 장소이기도 하다.

조경 Point

우리나라 온대림의 극상림을 구성하는 대표수종이다. 보디빌더의 근육같은 울퉁불퉁한 수피와 짧은 노끈 모양의 열매가 특징적인 나무이다.

자연풍의 수형이 아름다우며, 공원의 녹음수나 독립수로 심기에 적합하다. 유럽에서 공원수나 가로수로 많이 식재하고 있다. 우리나라에서는 아직 조경수로 활용되는 예는 많지 않으나, 앞으로 개발할 여지가 있는 나무다.

재배 Point

내한성이 강하며, 적당히 비옥하고 배수가 잘되는 비옥토를 좋아한다. 해가 잘 비치는 곳 또는 반음지에서도 잘 자란다.

나무					새순	개화					단풍	열매
월	1	2	3	4	5	6	7	8	9	10	11	12
전정	전정					전정						전정
비료	한비											

◀ **서어나무 분재**
서어나무는 새순의 색이나 줄기의 특성 때문에 분재의 소재로도 많이 이용된다.

광릉긴나무좀, 니토베가지나방, 오리나무잎벌레, 장수하늘소, 털두꺼비하늘소 등의 피해가 우려된다.

장수하늘소는 서어나무, 신갈나무, 물푸레나무 등의 다소 썩은 나무에 서식하면서 목질부를 식해하지만, 천연기념물 제218호로 지정되어 보호받고 있는 희귀곤충이다.

전정 **Point**

식재장소에 적합한 크기에 도달하면, 중심줄기를 잘라서 수고와 가지폭을 제한한다. 서어나무나 낙엽참나무류와 같은 잡목풍의 나무는 날씬한 줄기와 섬세한 가지가 옆으로 퍼지도록 해주는 것이 중요하다. 전정은 낙엽기에 실시한다.

자연낙하한 열매는 해충의 피해를 받은 것이 많으므로, 채종시기를 조금 앞당기는 것이 좋다. 10월초에 종자를 채취하여 물에 담가 벌레 먹은 것은 제거하고, 가라앉은 충실한 종자만 골라 한나절 정도 그늘에 말린다.

이렇게 정선한 종자를 밭에 직파하거나 5℃ 정도의 저온에 마르지 않게 저장하였다가, 파종하기 2개월 전에 저온습층처리하여 파종한다.

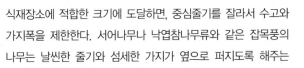

■ 세계에서 가장 큰 나무

• 레드우드(*Sequoia sempervirens*)
세계에서 가장 큰 나무는 미국 캘리포니아주 레드우드 국립공원의 아메리카삼나무로 높이가 115.5m이고, 둘레가 30.79m, 나이는 600살 이상이라고 한다. 그리스 신화에 나오는 신의 이름을 따서 히페리온(Hyperion)이라는 이름이 붙여졌으며, '제너럴셔먼 나무(General Sherman)'라는 별명도 가지고 있다.

ⓒ Famartin

소귀나무

- 소귀나무과 소귀나무속
- 상록활엽교목 • 수고 10m
- 일본(혼슈 이남), 중국(남부), 핀리핀: 제주도(서귀포) 일대의 하천 부근

학명 *Myrica rubra* 속명은 라틴어 myrizein(방향)에서 유래한 것이며, 종소명은 '붉은색의'라는 뜻으로 열매의 색을 나타낸다.
영명 Chinese waxmyrtle | **일명** ヤマモモ(山桃) | **중명** 楊梅(양매)

| 잎

어긋나기.
잎 모양이 소귀를
닮았다(이름의 유래).
길고 가는 잎이
가지 끝에 모여 붙는다.

40%

| 꽃

암꽃차례

수꽃차례

암수딴그루. 가지 끝이나 잎겨드랑이에 원주형의 꽃차례가 달린다.

| 수피

지름 26cm

회백색 또는
적갈색이고
껍질눈이 있다.
오래되면 세로로
가늘고 얕게
갈라진다.

| 겨울눈

끝눈은 눈비늘이
없는 맨눈이다.

| 열매

핵과. 구형이며, 표면에는 오돌도돌한
돌기가 있다. 새콤달콤한 맛이 난다.

소귀나무라는 이름은 끝부분이 넓은 거꿀피침형의 잎 모양이 '소의 귀'를 닮아서 붙여진 이름이다. 길쭉한 잎 모양이 버들잎을 닮았다 하여 중국 이름은 양매楊梅, 완숙한 열매가 복숭아를 닮아서 일본 이름은 '산에서 나는 복숭아'라는 뜻의 야마모모山桃이다.

소귀나무는 우리나라에서는 제주도에서도 남쪽 서귀포 부근에서만 자생하는 난대수종이다. 계곡이나 해안의 햇빛이 잘 드는 양지쪽에 자라는 나무로 제주도에서도 발견하기가 쉽지 않은 종으로, 개체수가 많지 않아 산림청에서는 희귀식물로 지정하여 관리하고 있다.

소귀나무 열매는 당도가 높아 날 것으로 먹을 수 있으며, 잼·파이·주스 등을 만들어 먹기도 한다. 일본에서는 과수로 재배하여, 열매를 주스로 가공해서 건강식품으로 판매하고 있다. 또 수피를 벗겨 말린 것을 한방에서는 양매피라 하는데 혈압강하제나 이뇨제로 쓰고, 잎은 지사제로 사용한다.

나무는 수형이 아름다워 조경수나 가로수로 권장할만하며, 바닷바람에 잘 견뎌 바닷가 방풍림으로 활용해도 좋다.

제주도 서귀포시 남원읍 하례리에는 수령 100살이 넘는

마을 보호수 소귀나무가 있다. 이 마을에서는 인근에 서식하는 소귀나무를 활용해서, 마을을 생태관광마을로 변모시킬 계획이라고 한다. 이와 함께 소귀나무의 약용 성분과 열매인 양매를 활용하여, 화장품과 기능성 가공 제품을 만들어 마을의 소득을 높인다는 계획이다.

마을 인근에 있는 신례초등학교는 소귀나무가 교목이다. 소귀나무는 이름과 달리 '그대만을 사랑하오'라는 로맨틱한 꽃말로 가지고 있다.

조경 Point

우산 모양의 수형과 6~7월에 붉은색으로 익는 열매가 아름다운 조경수이다. 암수딴그루이므로 열매를 얻거나 감상하려면 암나무를 심어야 한다.

제주도 서귀포 지역에 자생하며, 내한성은 약한 편이지만 바닷바람, 건조함, 공해에 잘 견디므로 남부지방의 바닷가에 가로수, 방화수, 방풍수로 적합하다.

아직은 그다지 알려지지 않았지만, 앞으로 전망 있는 조경수로 각광받을 것으로 예상된다.

재배 Point

따뜻한 난대지역에서만 자라는 난대수종으로 내한성은 약하지만, 건조와 공해에 대한 저항성은 크다.

부식질이 풍부하고, 습한 토양에서 잘 자란다. 이식할 때 큰 나무는 뿌리돌림을 한다.

나무		개화	새순	꽃눈분화							
월	1	2	3	4	5	6	7	8	9	10	11	12
전정			전정								
비료				시비				시비			

◀ 소귀나무 담금주
소귀나무는 열매를 생으로 먹을 수도 있지만, 잼이나 과실주로 만들어 먹기도 한다.

병충해 Point

대표적인 병해로는 세균의 침입에 의해 가지에 사마귀 모양의 혹이 생기는 혹병이 있다. 작은 가지에 감염되면 가지가 쇠약해져서 고사하며, 큰 가지에 감염되면 균이 침입한 부분의 강도가 저하되어 가지가 부러지기 쉽다. 혹을 제거하더라도 모든 세균을 없앨 수 없으며, 오히려 제거한 부분의 외상으로 인해 다른 가지로 옮겨갈 우려가 있다.

감염된 나무를 전정한 가위나 톱은 다른 나무에 사용하기 전에 반드시 알코올 등으로 소독해야 한다. 토양개량이나 적절한 시비 등으로 수세를 향상시키면, 어느 정도 예방이 가능하다.

잎말이나방은 가지 끝의 잎을 2~3매씩 묶어서, 그 속에서 잎살과 새순을 식해한다. 총채벌레류는 잎에 기생하며 흡즙하는데, 처음에는 잎에 흰색 반점이 생기고 곧 갈색으로 변한다.

▲ 미국흰불나방

전정 Point

어린 나무일 때는 성장이 완만하므로 방임해서 키운다. 8~10년 정도 지나서 수간지름이 5cm 정도가 되면 수형을 고려하여 전정을 실시한다.

맹아력이 매우 강하기 때문에, 지엽이 없는 위치에서 자르더라도 새 눈이 잘 나온다.

번식 Point

6~7월에 잘 익은 종자를 채취하여 과육을 제거하고 바로 파종하거나, 젖은 모래와 섞어 비닐봉투에 넣어 냉장고에 저장해두었다가 다음해 봄에 파종한다. 2년 동안 파종상에서 키우는 것이 묘도 튼실해지고 관리하기도 좋다.

우량 형질의 과수나 암나무를 번식시키고자 할 때는, 우량 모주나 암나무에서 접수를 채취하여 접을 붙인다. 삽목도 가능하지만 발근율이 매우 낮아서 그다지 이용하지 않는다.

26-6
관리가 쉬운

윤노리나무

- 장미과 윤노리나무속
- 낙엽활엽관목 • 수고 5m
- 중국 중남부, 일본, 대만; 중부 이남, 제주도, 울릉도

| **학명** *Pourthiaea villosa* 속명은 프랑스 신부 Pourthie를 기념하여 붙인 이름이며, 종소명은 '솜털이 많은'이란 뜻으로 어린 가지에 솜털이 많은 것을 나타낸다. | **영명** Oriental photinia | **일명** カマツカ(鎌柄) | **중명** 毛葉石楠(모엽석남)

| 잎

어긋나기.
거꿀달걀형이며,
가장자리에 겹톱니가 있다.
잎 양면에 털이 많다.

100%

| 꽃

양성화. 새가지 끝에 흰색 꽃이 10~20개 또는 그 이상 모여 핀다.

| 열매

이과. 달걀형 또는 타원형이며, 붉은색으로 익는다. 약간 떫고 단맛이 난다.

| 겨울눈

원추형이며,
눈비늘조각은 3~4개이다.
낙엽이 진 후에도 잎자루가
남아 있어 겨울눈을 보호한다.

| 수피

지름 15cm

연한 회갈색
또는 회갈색이고
평활하다.
성장함에 따라
눈금처럼 가로로
주름이 생긴다.

윷놀이는 정월 초하루에서 보름까지 윷이라는 놀이 도구를 사용해서 남녀노소 누구나 어울려 즐기는 전통놀이로, 부여夫餘의 관직명인 저가 · 구가 · 우가 · 마가 · 대사에서 유래한 것이다. 4개의 윷가락과 윷판, 윷말만 있으면 어디에서나 간편하게 놀 수 있으며, 놀이방법은 단순하지만 놀이과정에서 돌출하는 다양한 변수로 인해 박진감 넘치는 놀이가 가능하다.

윤노리나무의 줄기로 윷을 만들어 놀았기 때문에, 윷놀이나무라 부르다가 윤노리나무가 되었다고 한다. 줄기가 이보다 좀 가는 것으로는 소코뚜레를 만들었다 하여, 한자 이름은 우비목牛鼻木이라 한다. 다큐멘터리 영화 〈워낭소리〉에서 팔순의 최 노인은 사십 년 동안 함께 해온 소가 죽을 것을 예감하고 코뚜레를 풀어 주는 장면이 나온다. 이 코뚜레도 윤노리나무나 노간주나무 아니면 느릅나무로 만들었을 것이라 짐작이 된다. 가지가 단단하고 질긴 특성으로 인해, 예전에는 여러모로 쓸모가 많은 나무였던 것 같다.

일본 이름 카마쯔카鎌柄는 '낫 자루'라는 뜻인데, 목재가 단단하고 잘 부러지지 않으므로 낫자루로 이용한 것에서 유래한 것이다. 또 우시고로시牛殺シ라는 별명도 있는데, 이는 소뿔이 나뭇가지에 끼이면 빠져나가지 못하고 죽는다는 뜻으로, 이 역시 가지의 강인함을 나타내는 이름이다. 윤노리나무에는 떡잎윤노리나무 · 꼭지윤노

▲ **윤노리나무로 만든 연장의 자루**
목재가 단단하여 낫이나 망치의 자루를 만드는 나무로 이용된다.

리나무 · 좀윤노리나무 · 민윤노리나무 · 털윤노리나무 등의 종류가 있다.

조경 Point

나무의 키가 크지 않기 때문에 정원, 공원, 학교 등의 작은 공간에 첨경수로 심으면 잘 어울린다. 또 형제나무에 속하는 팥배나무나 마가목 등과 함께 심으면, 꽃과 열매가 조화를 이룬다. 정원에 한 그루 정도 심으면, 아름다운 열매를 새들도 좋아하기 때문에 새의 울음소리도 함께 즐길 수 있다.

재배 Point

내한성은 강하지만, 공해에는 약하다. 배수가 잘되는 부식질의 비옥한 토양을 좋아하며, 건조함에도 잘 견디며, 약산성 토양에서 잘 자란다.

병충해 Point

목화진딧물은 무궁화에 많이 발생하는 진딧물로 새가지의 잎뒷면에 모여 살면서 흡즙가해한다. 대발생하면 새가지의 성장이 저해되고 수세가 약화된다. 월동 중인 알을 헝겊 또는 면장갑으로 문질러 죽이고, 5월 상순에 이미다클로프리드(코니도) 액상수화제 2,000배액을 10일 간격으로 2회 살포하여 방제한다.

붉은별무늬병은 향나무녹병균에 의해 감염되며 잎앞면에는 붉은 반점이, 뒷면에는 흰색의 털 모양 녹포자퇴가 다량으로 형성된다. 감염된 잎은 일찍 떨어지며, 조경수목의 미관적 가치도 크게 손상된다.

번식 Point

11월에 잘 익은 열매를 따서 흐르는 물에 과육을 씻어서 제거하고 바로 파종하거나, 노천매장해두었다가 다음해 봄에 파종한다. 파종한 후에 3~4년 동안 그대로 키우고 나서 식재간격을 넓혀준다. 실생묘가 개화 · 결실하기까지는 7~8년 정도가 걸린다.

층층나무

- 층층나무과 층층나무속
- 낙엽활엽교목 • 수고 15~20m
- 동북아시아 온대지역에 넓게 분포; 전국의 산지에 분포

| 학명 *Cornus controversa* 속명은 라틴어 corn(뿔)에서 온 말로 나무의 재질이 단단한 것에서 유래한 것이며, 종소명은 '논란이 많은'이라는 뜻이다.
| 영명 Giant dogwood | 일명 ミズキ(水木) | 중명 燈臺樹(등대수)

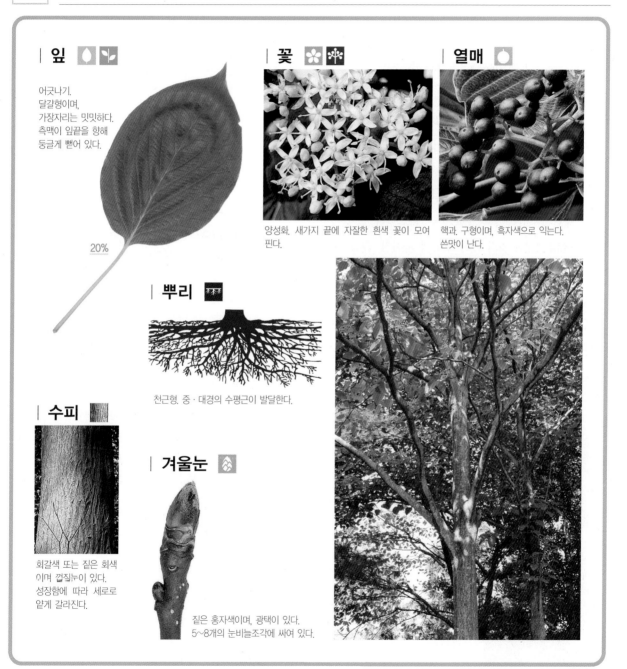

| 잎

어긋나기.
달걀형이며,
가장자리는 밋밋하다.
측맥이 잎끝을 향해
둥글게 뻗어 있다.

20%

| 꽃

양성화. 새가지 끝에 자잘한 흰색 꽃이 모여
핀다.

| 열매

핵과, 구형이며, 흑자색으로 익는다.
쓴맛이 난다.

| 뿌리

천근형. 중 · 대경의 수평근이 발달한다.

| 수피

회갈색 또는 짙은 회색
이며 껍질눈이 있다.
성장함에 따라 세로로
얕게 갈라진다.

| 겨울눈

짙은 홍자색이며, 광택이 있다.
5~8개의 눈비늘조각에 싸여 있다.

줄기를 따라 분홍색 꽃을 층층이 피운다 하여, 꽃층층이꽃이라는 야생화가 있다. 나무에도 가지가 층층이 나서 아파트처럼 층을 이루는 나무가 있다. 5월에 산에 가서 이 나무를 만났을 때, 처음에 그 이름이 잘 생각나지 않더라도 가지가 층을 이루고 있는 모습을 보면 금방 층층나무라는 이름이 떠오른다.

원줄기에서 난 가지가 바퀴살 모양으로 돌려난 것이 층을 이루고, 그 위를 흰 뭉게구름이 피어오르는 듯 하얀 꽃으로 장식된 모습이 층층나무의 특징이다.

녹색의 잎층과 흰색의 꽃층이 번갈아 나타나는 모습 때문에, 계단나무라는 별명으로 불리기도 한다. 또 다른 이름 등대수燈臺樹 역시 계단 모양의 가지가 등대 같다 하여 붙여진 이름이다.

그러나 이런 낭만적인 이름만 가진 것은 아니다. 가지를 넓게 펼치면서 빠르게 자라서 햇볕을 독차지하려는 층층나무의 속성 때문에, '숲 속의 무법자'라는 의미의 폭목暴木이라는 이름으로 불리기도 한다.

◀ **꽃층층이꽃** (*Clinopodium chinense* var. *grandiflora*)
분홍색 꽃이 잎겨드랑이에 모여서 층층으로 핀다.

층층나무는 층층나무과 층층나무속에 속하는데, 이 속에는 산딸나무·말채나무·산수유나무 등이 있다. 속명 코르누스Cornus는 라틴어로 뿔角이라는 뜻의 '코르누cornu'에서 온 것으로, 나무의 재질이 뿔처럼 단단하다는 것을 뜻한다. 해인사에 있는 팔만대장경 경판의 목재 중에는 산벚나무와 돌배나무가 대부분이지만 층층나무도 조금 섞여 있다고 한다.

조경 Point

5월에 무리지어 피는 흰색 꽃과 줄기에 층층으로 돌려나는 가지가 특징인 조경수이다. 내한성이 강하여 우리나라 어디에서도 잘 자라며, 생장이 빠른 속성수이기 때문에 빠른 시일 내에 경관조성이 필요한 곳에서 활용하면 좋다.
수관이 넓게 퍼지는 성질이 있어서, 넓은 공원에 몇 그루 심어 우산 모양의 수형을 감상하는 것도 좋다.

재배 Point

토심이 깊고, 습기가 있는 비옥한 사질양토에서 잘 자란다. 음지나 양지 모두에서 잘 자라는 중용수이다. 추위와 공해에는 강하나, 내조성은 약해서 바닷가에서는 잘 자라지 못한다.
이식은 3~4월, 10~11월에 하고, 뿌리돌림을 하면 발근율은 높아진다.

병충해 Point

별박이자나방(별자나방), 검정주머니나방(니토베주머니나방), 몸큰가지나방, 황다리독나방 등의 해충이 발생한다.
황다리독나방은 애벌레가 잎을 식해하며 애벌레 1마리의 섭식량은 많으나, 대발생 하지는 않는다. 밀도가 높은 지역에서는 잎살까지 먹어 치운다.

발생초기에 페니트로티온(스미치온) 유제 1,000배액 또는 인독사카브(스튜어드골드) 액상수화제 2,000배액을 수관살포한다. 겨울철에 월동 중인 알덩어리를 채취하여 소각하거나 문질러 죽인다.

전정 Point

맹아력이 강해서 강전정에도 잘 견디지만, 자연수형으로 키우는 것이 좋다.

번식 Point

10월에 열매를 채취하여 과육을 제거한 후에 모래와 섞어 노천 매장해두었다가, 다음해 봄에 파종한다. 파종상을 짚이나 거적으로 덮어 마르지 않게 관리하면, 발아율이 높고 고르게 발아한다.

종자를 건조하게 보관하면 파종하고 2년째 봄에 발아하거나 전혀 발아하지 않을 수도 있다. 눈이 트기 전이나 장마기에 발근시킬 부분을 환상박피하고 물이끼 등을 감싸서 비닐로 감아두면 발근하는데, 이것을 떼어내어 따로 심는 번식법이 높이떼기이다.

조경수 상식

■ **목초액**(木醋液)

목탄을 만들 때 생기는 연기를 정제하여 만든 액체로 희석시킨 후 분무하여 살포한다. 병해충이 생기지 않도록 하는 외에 식물의 발육을 촉진시키기도 한다.

푸조나무

- 느릅나무과 푸조나무속
- 낙엽활엽교목 • 수고 25m
- 중국, 일본, 대만; 경북, 경남, 전남, 서·남해안 도서, 제주도

 | **학명** *Aphananthe aspera* 속명은 그리스어 aphanes(희미하다)와 anthose(꽃의)의 합성어로 꽃차례가 뚜렷하지 않다는 뜻이며, 종소명은 라틴어 asper(꺼칠꺼칠한)이라는 뜻으로 잎면의 촉감을 나타낸 것이다. | **영명** Muku tree | **일명** ムクノキ(椋の木) | **중명** 糙葉樹(조엽수)

| 잎

어긋나기.
달걀형 또는 긴 타원형이며,
잔톱니가 있다.
잎 표면은 매우 꺼칠꺼칠하다.

30%

| 겨울눈

물방울형이며,
6~10개의 눈비늘조각에
싸여 있다.

| 열매

핵과. 구형 또는 달걀형이며, 검은색으로
익는다. 감 맛이 난다.

| 꽃

암꽃

수꽃

암수한그루. 잎이 나면서, 황록색 꽃이 함께 핀다.

| 수피

회갈색이며 세로로 가
는 줄이 있다.
성장함에 따라 얇은 조
각이나 비늘 모양으로
벗겨진다.

푸조나무는 주로 경기도 이남의 따뜻한 해안가에서 자란다. 천연기념물로 지정된 강진 사당리 제35호, 장흥 어산리 제268호, 부산 좌수영성지 제311호의 푸조나무도 모두 해안가에서 자라고 있다. 팽나무나 곰솔과 같이 소금기가 많은 바닷바람에 잘 견디기 때문에, 해안지대의 방풍림으로 심으면 좋다.

푸조라는 이름의 어원이나 유래에 대해서는 알려진 것은 없다. 사자가 걸어가는 것 같은 엠블렘의 푸조 PEUGEOT라는 프랑스 자동차회사가 있어서, 마치 외국에서 들어온 나무처럼 생각되지만 분명히 우리나라 토종나무이다. 푸조나무 잎 표면에는 규산을 함유한 가늘고 억센 털이 있어, 촉감이 거칠거칠하다. 잎으로 먼지가 낀 쇠붙이나 단단한 물체를 문지르면 때가 벗겨질 정도다. 중국 이름 조엽수 糙葉樹는 잎이 현미처럼 거칠다는 의미를 가지고 있으며, 종소명 아스페라 *aspera* 역시 잎 표면이 꺼칠꺼칠한 것을 나타낸다. 또 잎이 달걀 모양이고, 끝이 새 꼬리처럼 뾰족해서 팽나무 잎과 비슷하다. 그래서 푸조나무를 개팽나무 또는 검팽나무라고 부르기도 한다.

부산 좌수영성지에 있는 수령 500살 정도로 추정되는 노거수 푸조나무는 마을의 당산목으로 신이 깃든 지신목이라 한다. 이 나무 가까이에 있는 서낭당 할머니의 넋이 마을의 안녕을 지켜준다고 믿고 있으며, 나무에서

◀ **부산 좌수영성지 푸조나무**
천연기념물 제311호.
ⓒ 문화재청

떨어져도 다치는 일이 없다고 한다. 또 나무 밑둥치 1m 정도 높이에서 두 갈래로 갈라져 있어서 북쪽 것은 할아버지나무, 남쪽 것은 할머니나무라 하여 노부부목이라 부른다.

조경 Point

줄기가 곧고 수관은 우산 모양으로 넓게 퍼지는 배상형 수형이다. 푸조나무와 느티나무는 모두 느릅나무과 소속이며 형태와 생태적 특성이 비슷하다. 잎이 조밀하여 녹음이 짙기 때문에 넓은 공간에 독립수나 녹음수로 활용하면 좋다. 특히 소금기에도 강해서 바닷가의 방풍림으로 활용하거나, 임해매립지에 식재해도 좋다.

재배 Point

비옥한 적습지에서 잘 자라며, 뿌리가 잘 발달되어 강풍에도 잘 견딘다. 내한성이 약해서 남부지방에서만 볼 수 있다. 나무의 세력이 강하고 맹아력이 좋으며, 생장이 빠르다.

병충해 Point

푸조나무만의 특징적인 병충해는 거의 보이지 않는다. 푸조나무의 병충해는 같은 느릅나무과의 팽나무를 참조하면 된다.

번식 Point

10월 중순에 종자를 채취하여 직파하거나 노천매장을 해두었다가, 나음해 봄에 파종한다. 파종하기 2~3일 전에 종자를 물에 담가 수분을 흡수시키고, 줄뿌림 또는 흩어뿌림을 한다. 싸종한 후에 종자가 흙 속에 묻히도록 롤러로 눌러주고, 그 위를 고운 흙으로 1cm 정도 덮어 준다.

27-1
공해에 강한

구실잣밤나무

- 참나무과 모밀잣밤나무속
- 상록활엽교목 • 수고 15m
- 중국, 일본, 대만; 서·남해안 도서 및 제주도의 산지

 학명 *Castanopsis sieboldii* 속명은 *Castanea*(밤나무속)와 opsis(비슷하다)의 합성어로 밤나무속과 비슷하다는 의미이며, 종소명은 19세기 독일의 의사이자 식물학자로서 일본에서 식물을 연구한 Siebold를 기념하는 것이다. | **영명** Siebold's chinquapin | **일명** スダジイ(スダ椎) | **중명** 栲(고)

| 잎

40%

어긋나기.
잎몸은 가죽질이고 앞면에는 광택이 있다.
뒷면에 은갈색의 털이 많다.

| 꽃

암꽃차례

수꽃차례

암수한그루. 수꽃차례는 새가지 잎겨드랑이에서 노란색 꽃을 아래로 드리워 피우며, 암꽃차례는 새가지의 윗부분에 달린다.

| 열매

견과. 다음해 가을에 익으면 3갈래로 벌어진다. 식용이 가능하다.

| 수피

지름 25cm

검은 회색을 띠며, 매끄러운 편이나 성장함에 따라 세로로 골이 생긴다.

| 겨울눈

약간 편평한 긴 타원형이며, 눈비늘조각에 싸여 있다.

참나무과 모밀잣밤나무속에는 구실잣밤나무와 모밀잣밤나무가 있다. 이 두 종은 매우 비슷하게 생겨서 전문가도 구별이 쉽지 않지만, 〈국가생물종지식정보시스템〉에서는 잎 뒷면을 다음과 같이 구별하여 설명하고 있다.

구실잣밤나무는 잎뒷면이 비늘털鱗毛로 덮여 있어 대개 연한 갈색이지만 흔히 흰빛이 도는 것도 있으며, 모밀잣밤나무의 잎뒷면은 비늘털로 덮여 있어 흰빛이 돌지만 흔히 연한 갈색으로 되어 있는 것도 있다.

다시 말하면, 잎 뒷면에 갈색 털이 많은 것은 구실잣밤나무, 흰색 털이 많은 것은 모밀잣밤나무일 확률이 높다는 것이다.

노벨문학상 수상작가 오에 겐자부로大江健三郎가 숲속의 민간 전승 이야기를 판타지와 접목시켜 쓴 성장소설《2백년의 아이들》이 있다. 여름방학을 맞아 아버지의 고향 숲속 마을에서 보내게 된 3남매가 120년 전과 80년 후의 세계를 찾아가 당시의 사람들과 교류하며 과거·현재·미래에 대해 고민한다는 내용이다.

'새로운 사람'에 대한 고찰이 곳곳에 깔려 있는 이 작품은 지금 우리가 무엇을 고민하고 어떻게 함께 나가야 하는지를 아이들의 눈을 통해 보여준다.

이 소설에서 천 년 된 구실잣밤나무의 밑둥치에 있는 빈 구멍 속으로 들어가 진심으로 소원을 빌면, 만나고 싶은 사람을 만날 수 있는 전설의 나무로 등장한다. 이것을 보고, 제주도의 한 수목원에서는 구실잣나무 앞에 나무를 안고 소원을 빌어보라는 안내판까지 걸어놓았다.

제주도에서는 구실잣밤나무가 도심의 가로수로 식재된 것을 여러 곳에서 볼 수 있다. 문제는 이 가로수가 5~6월이면 강하고 자극적인 꽃향기가 한 달 이상 풍겨, 길가는 주민들이 역겨워한다는 것이다.

그래서 시에서는 담팔수나 먼나무 등으로 교체하고 있다고 한다. 가로수 수종을 선택할 때도, 여러 가지 면을 고려하여 신중하게 해야 할 것 같다.

▶ **「2백년의 아이들」**
일본에 두 번째 노벨문학상을 안겨준 오에 겐자부로의 판타지소설.

 조경 Point

꽃향기가 강하고 수형이 아름다워 공원수나 정원수로 심는다. 정원에 심을 때는 작은 수형으로 키워서 은폐용으로 활용하며, 넓은 공원에서 크게 키워서 웅대한 느낌을 주는 나무로 활용한다.

바람과 불에 강하기 때문에 방풍수 또는 방화수로 사용해도 좋다. 산울타리로도 활용할 수 있지만, 이 용도로는 가시나무가 더 적합하다.

추위에 약한 난대수종이기 때문에, 아직은 남부지방에서만 식재가 가능하다.

재배 Point

비옥하고 수분이 충분하며, 배수가 잘되는 약산성토양(pH 5.5~6)이 좋다. 햇빛이 잘 비치는 곳에 재배하며, 차고 건조한 바람으로부터 보호해준다.

병충해 Point

활엽수의 성목과 노목에 주로 발생하는 아까시재목버섯에 의한 줄기밑동썩음병의 침해를 받은 나무는 강풍 등에 잘 넘어진다.

따라서 부후의 진행상태를 보아 사람이 다니는 곳의 큰 가지나 줄기는 가급적 빨리 제거해주어야 한다.

빗자루병은 발병부위를 잘라내서 소각하고, 흰가루병은 페나리몰(훼나리) 수화제 3,000배액 등의 살균제를 살포하고, 날개무늬병은 플루아지남(후론사이드) 수화제 1,200배액을 휴면기에 토양관주처리한다.

참나무하늘소, 짚신깍지벌레, 털관진딧물 등의 충해에도 주의한다.

번식 Point

10월에 도토리를 채취하면, 종자소독부터 해야 한다. 이황화탄소로 20분 정도 훈증하든지, 흐르는 물에 4~5일간 침수시켜 살충한 후에 노천매장을 한다. 다음해 3월 중순에 종자를 파종하면, 5월경에 발아한다.

묘목일 때는 생장이 빨라서 2~3회 이식하면, 3~4년 만에 1.5m 정도의 묘목을 생산할 수 있다.

전정 Point

약목일 때는 원추형 또는 타원형의 폭이 좁은 수형으로 키우는 것이 좋다. 수형을 만들기 전에 가지를 솎아서 가지의 수를 조정하며, 도장지는 분기점의 바로 위를 자른다. 수관을 다듬을 때는 소지 끝의 2~3장의 잎을 남기고, 눈이 신장하는 방향이 고르게 나오도록 자른다. 오래된 잎을 제거해준다.

잎을 2~3매 남기고 소지 끝을 자른다.

눈이 신장하는 방향

독일가문비

- 소나무과 가문비나무속
- 상록침엽교목 • 수고 50m
- 유럽 원산; 중부 이남에 식재

 | 학명 *Picea abies* 속명은 pix(송진, 수지)에서 비롯되었으며, 가문비나무(spruces)의 옛 라틴명이다. 종소명은 라틴어 abo(높은)에서 유래된 것이다.
| 영명 Norway spruce | 일명 ドイツトウヒ(ドイツ唐檜) | 중명 歐洲雲杉 (구주운삼)

| 잎

잎은 가지에 입체적으로 돌려난다.
잎끝이 뾰족하고
단단해서 찔리면 아프다.

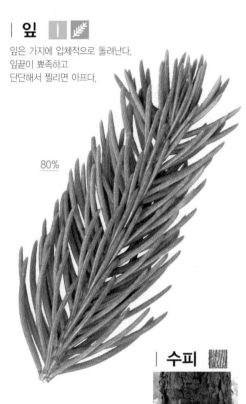

80%

| 꽃

▲ **수꽃차례(위), 암꽃차례(아래)**
암수한그루. 암꽃차례는 녹색 또는 연홍색
의 긴 타원형이고, 수꽃차례는 황록색의
원주형이다.

| 열매

구과. 갈색의 원주상 타원형이
며, 아래를 향해 달린다.

| 수피

지름 18cm

성장함에 따라
짙은 회갈색이 되며,
비늘 모양으로
두껍게 벗겨진다.

| 겨울눈

눈비늘에 싸여 있으며,
서서히 열려 꽃처럼 보인다.

역대 대통령들은 식목일에 어떤 나무를 기념식수했을까? 산림청 국립수목원이 발간한 《광릉숲 대통령 나무》란 책에는 우리나라 전직 대통령들이 기념식수한 나무를 소개하고 있다. 이 책에 보면 박정희 대통령은 은행나무, 전두환 대통령은 독일가문비, 노태우 대통령은 분비나무, 김영삼 대통령은 구상나무, 김대중 대통령은 금강소나무, 노무현 대통령은 주목, 고건 대통령권한대행은 노각나무를 기념식수한 것으로 나와 있다. 상록침엽수가 주류를 이루며, 어느 정도는 성격을 반영한 선택이라고 보여진다. 전두환 대통령이 선택한 독일가문비는 소나무과의 상록침엽교목이다. 노르웨이가 원산지이며, 원래 이름은 노르웨이가문비나무이다. 독일이 2차대전에서 패망한 후에 이 나무를 전국적으로 인공식재하여, 독일이 부흥하는데 바탕이 된 나무라 하여 독일가문비라 부른다. 1920년대에 조림지역의 시험적응을 위해서 우리나라에 처음 들여와서 각 지역에 식재되었으나, 6·25전란으로 인해 그 시험 결과를 알 길이 없고, 다만 그 당시 조림지의 일부가 현재 남아있어 좋은 생장을 하고 있음을 보여주고 있다.

가문비나무는 감비나무라고도 하며, 높고 추운 곳이 아니면 좀처럼 살기 힘든 나무다. 우리나라에는 지리산·덕유산·설악산 등 습도가 높고 한냉한 고산지대에서 자란다. 나무 이름은 비슷한 종류의 전나무나 분비나무에 비해 수피가 진한 흑갈색이어서 '검은피 나무黑皮木'로 불리다가 가문비나무가 된 것으로 추정된다.

조경 Point

대규모 녹지 공간에 줄심기를 하거나, 공원의 잔디밭에 독립수로 심어도 좋다. 유럽에서는 인공조림용이나 방풍림으로 많이 활용되고 있으며, 우리나라에는 조림 목적으로 1920년에 도입되어 무주 덕유산, 광양 백운산 등의 휴양림에 식재되어 있다. 4~5년생 된 어린 나무는 수형이 단정해서 화분에 심어 크리스마스장식용 트리로 이용된다. 화분에 심었을 때는 2~3년마다 한 번씩 분갈이를 해준다.

재배 Point

내한성이 강하며, 식재장소는 해가 잘 비치는 곳이 좋다. 토양환경은 물빠짐이 잘 되고, 산성토양인 곳이지만, 적당한 수분이 있다면 토양은 크게 가리지 않는다.

병충해 Point

가문비나무류에는 응애류가 많이 발생하는데, 특히 도심지에 식재된 나무에 많이 발생한다. 발생초기에는 작은 반점상으로 잎이 퇴색되기 시작하여, 점차 잎 전체가 흰색이 되었다가 갈색으로 변한다. 아세퀴노실(가네마이트) 액상수화제 1,000배액과 사이플루메토펜(파워샷) 액상수화제 2,000배액을 내성충 출현을 방지하기 위해 교대로 1~2회 살포한다. 한번 피해를 입은 잎은 회복되지 않으며, 신초로의 확산을 방지하기 위해 대발생 지역에서는 1년에 2~3회 주기적으로 방제해야 한다.

전정 Point

성장이 빠르기 때문에 정원수로 식재한 경우에는 수고를 제한할 필요가 있다. 가지가 나오는 간격을 봐서, 너무 굵은 옆가지는 밑동에서 잘라서 수간에서 균등한 간격으로 가지가 나오도록 한다. 옆가지를 자르거나 순자르기를 해서 크기를 제한하기도 한다.

번식 Point

종자로 번식시키며, 3월 중순경이 파종의 적기이다. 발아는 잘 되는 편이며, 1m 정도 크는데 약 6~7년이 걸린다. 큰 나무에서만 열매가 열리므로 따뜻한 지방에서는 채종하기가 어렵다. 왜성품종은 늦여름에 숙지삽으로 번식시킨다.

물푸레나무

- 물푸레나무과 물푸레나무속
- 낙엽활엽교목 • 수고 10~15m
- 중국 동부, 일본, 러시아 극동부; 전국의 산지

학명 *Fraxinus rhynchophylla* 속명은 서양물푸레나무의 라틴어 phraxis(분리하다)에서 유래되었다고 하지만 확실하지 않다. 종소명은 그리스어의 rhyncho(새의 부리)와 phylla(잎)의 합성어로 '부리 모양의 잎'을 의미한다. │ **영명** Chinese ash │ **일명** トネリコ(梣) │ **중명** 花曲柳(화곡류)

꽃

양성화

수꽃

수꽃양성화한그루. 새가지 끝 또는 잎겨드랑이에 자잘한 꽃이 모여 핀다.

잎

마주나기.
3~4쌍의 작은잎으로 이루어진 홀수깃꼴겹잎이다.
작은잎은 밑으로 내려갈수록 작아진다.

15%

열매	수피	겨울눈
시과. 갈색으로 익으며 가장자리에 날개가 있다.	짙은 회백색이며, 세로로 갈라지지만 벗겨지지는 않는다. 흰색 얼룩이 있다가 차츰 없어진다. 지름 18cm	옅은 청자색을 띠며, 폭이 넓은 달걀형이다. 3~4개의 눈비늘조각에 싸여있다.

조경수 이야기

이 나무의 가지나 껍질을 벗겨서 물에 담그면 물빛이 푸
르게 변한다 하여, 물푸레나무라는 이름을 얻었다고 한
다. 강원도에서도 같은 이유로 수청목 水靑木 또는 청피
목 靑皮木이라 부른다.

소설가 양귀자는 〈천년의 사랑〉에서 물푸레나무를 이렇
게 아름답게 표현하고 있다.

"이것은 어떤 이름을 가진 나무인가요?"

그녀가 묻는다

"물푸레, 물푸레나무지요."

"물푸레, 정말 아름다운 이름이네요."

"그 이름은 바로 당신의 이름이기도 합니다."

▲ 야구방망이
물푸레나무는 재질이 단단하며 탄력이 있기 때문에 야구방망
이를 만드는데 사용된다.

"왜 그렇지요?"

"이 나뭇가지 하나를 꺾어 물에 담그면 잉크빛 푸른 물로
변합니다.

그래서 물푸레나무지요.

당신이 내 마음 속에 들어오면 나는 그대로 푸르른 사람
이 됩니다.

그래서 당신은 나의 물푸레나무입니다."

물푸레나무는 재질이 단단하며 탄력이 있기로 이름 나
있다. 《성경통지》에 이 나무의 재질이 굳어서 벼루를 만
들면 돌벼루보다 가벼워서, 나들이할 때에 들고 다니기
에 좋다고 했을 정도이다.

지금은 기계화된 탈곡기로 대체되었지만, 이전에는 수
확철에 곡식의 낟알을 떠는데 쓰던 도리깨는 이 물푸레
나무로 만들었다. 뿐만 아니라 도끼자루·낫자루·맷
돌손잡이 등을 만드는데도 이용되었다.

요즘은 학교에서 체벌을 금지하고 있지만, 옛날에는 부
모들이 서당의 훈장님한테 물푸레나무나 싸리나무로
만든 회초리를 갖다 주며 엄하게 가르쳐 달라고 부탁했
다고 한다.

이렇게 회초리를 맞고 자라서 장원급제라도 하게 되면, 물푸레나무 앞에 가서 큰 절을 했다는 이야기도 전한다. 또 태형笞刑을 집행할 때에 쓰던 곤장도 이 물푸레나무로 만들었다고 한다.

미국 프로야구에서는 140여 년 전부터 지금까지 서양물푸레나무로 만든 야구방망이만 사용하고 있다. 그 이유는 지금까지 세워진 역대 기록과 새로운 기록을 공평하게 평가하기 위해서라고 한다.

북유럽 신화에서는 천지창조의 신, 오딘Odin 형제가 여행길에서 말라죽은 두 그루의 나무에 생명을 불어넣어 인류 최초의 남녀를 만들었다고 한다. 물푸레나무로는 남자를 만들고 '아스크Askr'라 하였으며, 느릅나무로는 여자를 만들고 '엠블라Embla'라 이름 붙였다고 한다.

버즘나무방패벌레, 물푸레방패벌레, 쥐똥밀깍지벌레, 장수하늘소, 흰띠알락나방, 장수쐐기나방 등이 발생한다. 흰띠알락나방은 어린 애벌레가 잎살만 가해함으로 잎에 흰점이 생기고, 노숙애벌레는 잎을 모조리 식해한다.

연 2회 발생하며 어린 애벌레로 월동한다. 애벌레 시기인 4월과 8월에 에토펜프록스(크로캅) 수화제 1,000배액을 수관에 살포하여 방제한다.

▲ 흰띠알락나방

조경 Point

단풍나무 열매와 비슷한 시과, 세로로 얕게 갈라지는 회갈색의 나무줄기, 노란색으로 물드는 단풍이 관상가치가 있다.

나무가 크고 자연수형이 아름답기 때문에 공원에 녹음수 또는 독립수, 가로수 등으로 활용하면 좋다. 아직 우리나라에서는 조림용수 정도로 식재되며, 조경수로는 그다지 활용되고 있지 않다.

재배 Point

내음성이 있으나, 자라면서 햇빛을 좋아한다. 습기가 있지만 배수가 잘 되며, 중성~알카리성의 비옥한 토양에서 잘 자란다.

나무	새순		개화			열매						
월	1	2	3	4	5	6	7	8	9	10	11	12
전정		전정					전정					
비료	한비											

전정 Point

원칙적으로 전정을 하지 않고 자연수형으로 키우는 나무이다. 너무 복잡한 가지는 솎아주고, 수관을 돌출한 가지는 잘라주면 좋은 수형이 유지된다.

번식 Point

서리가 내리기 전에 종자를 따서 날개를 제거한 후에 정선한다. 정선한 종자는 습기 있는 모래와 섞어 저온저장하거나 노천매장해두었다가, 다음해 봄에 파종한다. 발아하기까지는 2~3년 정도 걸린다.

아왜나무

- 인동과 가막살나무속
- 상록활엽소교목 · 수고 5~10m
- 중국(남부), 일본, 대만, 인도, 필리핀; 경남 및 제주도의 낮은 지대 숲속

| **학명** *Viburnum odoratissimum* var. *awabuki* 속명은 가막살나무류(Wayfaring tree; *V. lantana*)의 라틴명이며, 종소명은 '향기가 가장 많은'이라는 뜻이다. 변종명은 일본 이름 아와부키(アワブキ, 泡吹)에서 온 것이다.
| **영명** Sweet arrowwood | **일명** サンゴジュ(珊瑚樹) | **중명** 日本珊瑚樹(일본산호수)

| 잎

30%

마주나기.
잎이 두껍고, 가장자리에는 얕은 톱니가 있거나 밋밋하다.
수분을 많이 포함하고 있다.

| 꽃

양성화. 보통 2쌍의 잎이 있는 새가지
끝에서 흰색 꽃이 모여 핀다.

| 열매

핵과. 타원형 또는 난형이며, 붉은색에서
검은색으로 익는다.

| 수피

유목은 회갈색~회색이고,
적갈색의 껍질눈이 많다.

| 겨울눈

피침형이고 털이 없다. 4~6장의
눈비늘조각에 싸여있다.

아왜나무 잎은 크고 두터워서 많은 수분을 품고 있으며, 나무의 몸통도 수분함유량이 높다. 한번 불이 붙으면 나무에서 보글보글 거품이 나오기 때문에, 오래 타지 못하고 꺼져버린다.

그래서 일본사람들은 이 나무를 '거품을 내는 나무'라는 뜻으로 아와부끼 アワブキ, 泡吹라고 부르며, 종소명 아와부끼 *awabuki*도 여기에서 유래한 것이다. 우리나라 이름은 아와부끼라는 일본 발음을 차용해서 아와나무라고 부르다가, 아왜나무가 된 것이다.

이름의 유래에서 알 수 있듯이, 불길이 번지는 것을 막아주기 때문에 방화수 防火樹의 대표 수종으로 꼽힌다. 주로 남부 지방의 바닷가 산기슭에 자생하며, 방화수 외에 바닷바람을 막아주는 방풍림, 해안가의 조경수 등으로 널리 활용되고 있다. 다만 추위에 약해서 추운 지방에서는 심을 수 없는 나무다.

가을이면 콩알보다 작은 빨간 열매가 주렁주렁 달리는데, 이것이 마치 붉은 산호와 닮았다 하여 산호수 珊瑚樹라고도 부르며, 일본 이름 역시 같은 한자의 산고쥬 珊瑚樹이다.

중국 이름은 법국동청 法國冬靑이라고도 하는데, 법국은 프랑스, 동청은 상록수를 가리키므로 '프랑스에서 온 상록수'라는 뜻이다. 이 이름으로 보자면, 아왜나무는 유럽에서 중국을 거쳐서 우리나라와 일본에 전파된 것으로 추정된다.

조경 Point

붉은 열매, 윤기 나는 잎과 붉은 잎자루, 하얀 꽃이 아름다운 나무다. 어릴 때부터 수형을 아담하게 다듬어서, 정원에 첨경수로 심으면 좋다.

내음성이 강해서 건물의 북쪽에 심어도 잘 자라며, 공간을 구획하는 경계식재나 산울타리로 적합하다. 잎이 크고 두꺼우며 수분을 많이 함유하고 있어서 바닷가, 공장지대, 산림지대 등에 방풍수, 방화수, 가로수로 활용된다.

재배 Point

습기가 있고 배수가 잘 되며, 적당히 비옥한 토양이 좋다. 해가 잘 비치는 곳 또는 반음지에서 재배하며, 차고 건조한 바람이 부는 곳은 피한다.

이식은 5월 ~10월 초, 특히 6~7월에 한다.

나무					새순	개화			열매			
월	1	2	3	4	5	6	7	8	9	10	11	12
전정			전정			전정				전정		
비료	한비								시비			

▲ 아왜나무 산울타리

병충해 Point

아왜나무는 해충의 피해를 입기 쉬운 나무이므로 잎의 식해, 가지 끝에 산란한 알, 가지에 붙은 깍지벌레를 자주 체크한다.

자주 발생하는 해충으로는 아왜나무잎벌레가 있다. 가을에 가지 위에 알을 놓으면, 이른 봄에 부화한 애벌레가 햇잎을 먹기 시작한다.

5월경에 땅속으로 들어가 번데기화하고, 6월에 우화한 성충도 잎을 식해한다. 가끔 대발생하면 잎의 반을 먹어버리기도 한다.

거북밀깍지벌레, 가루깍지벌레 등의 깍지벌레가 발생하며, 2차적으로 그을음병을 일으키기도 한다.

이 외에 조팝나무진딧물, 아왜나무잎벌레, 매미나방(집시나방), 목화명나방 등이 잎을 식해한다. 균류에 의한 병에는 페스탈로치아병이 있다.

▲ 조팝나무진딧물

▲ 아왜나무잎벌레

전정 Point

맹아력이 강하기 때문에 강전정에도 잘 견딘다. 가지치기는 봄에 맹아하기 전에 실시하며, 6~8월에 수관을 돌출한 가지는 너무 강하지 않은 강도로 깍아준다.

이러한 깍기전정을 매년 반복하면 열매의 수가 적어지므로, 많은 열매를 즐기려면 2~3년에 한번 정도 실시하는 것이 좋다.

번식 Point

가을에 잘 익은 열매를 따서 종자를 발라낸 후에, 습기가 많은 모래와 섞어 저장해두었다가 다음해 봄에 파종한다.

건조한 것을 특히 싫어하므로, 파종상이 마르지 않게 관수관리와 비배관리를 해주면 매우 빠르게 생장한다. 3~4년 정도 키운 후에 식재간격을 넓혀 이식한다.

숙지삽은 3~4월 새싹이 나기 전에, 녹지삽은 장마기에 하며 어느 경우나 발근이 잘 된다. 숙지삽은 지난 해에 자란 가지를 10~15cm 길이로 잘라 아랫잎은 따내고, 마사토나 강모래를 넣은 삽목상에 꽂는다.

녹지삽은 그해에 자란 당년지를 삽수로 이용하며, 숙지삽보다 발근이 더 잘 된다.

오갈피나무

- 두릅나무과 오갈피나무속
- 낙엽활엽관목 • 수고 3~4m
- 중국(동북부), 일본: 중부 이남 지역의 산지, 농가에서 약용으로 재배

| **학명** *Eleutherococcus sessiliflorus* 속명은 그리스어 eleuthero(떨어지다)와 coccus(분과)의 합성어이며, 종소명은 '꽃대가 없는 꽃'이라는 뜻이다.
| **영명** Stalkless-flower eleuthero | **일명** ウコギ(五加木) | **중명** 短梗五加(단경오가)

| 잎

어긋나기.
3~5장의 작은잎으로
이루어진 손꼴겹잎이다.
잎 가장자리 전체에
잔 겹톱니가 있다.

30%

| 꽃

양성화. 줄기 끝에 3~6개의 황록색 꽃
이 모여 핀다.

| 열매

액과. 거꿀달걀 모양의 구형이며, 검은색
으로 익는다.

| 수피

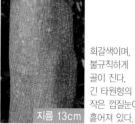

지름 13cm

회갈색이며,
불규칙하게
골이 진다.
긴 타원형의
작은 껍질눈이
흩어져 있다.

| 겨울눈

원뿔형이며,
끝이 뾰족하다.
3~6장의
눈비늘조각에
싸여 있다.

| 뿌리

심근형. 엉성한 중·대경의 사출근과 수하근이
발달한다.

오갈피나무는 인삼과 같은 두릅나무과에 속하는 약용 식물로 오가피五加皮라고도 한다. 속명 아칸토파낙스 *Acanthopanax*는 그리스어로 가시라는 뜻의 아칸토스 acanthos와 인삼을 의미하는 파낙스panax의 합성어로 '가시가 있는 인삼'이란 뜻이다. 잎이 다섯 개로 갈라져 있으며, '하나의 가지에 다섯 개의 잎이 나는 것이 좋다'는 뜻으로 오가五佳라 하다가 오가五加로 바뀌었으며, 〈국가표준식물목록〉에는 오갈피나무가 추천명으로 나와 있다.

오갈피나무는 우리나라를 비롯하여 중국과 러시아에서도 자생하며, 세계적으로 약 600여 종이 있다. 우리나라에는 16종이 있는데, 약용으로 쓰이는 종류로는 오갈피나무 · 가시오갈피나무 · 왕가시오갈피나무 · 민가시오갈피나무 · 털오갈피나무 · 섬오갈피나무 · 서울오갈피 등이 있다. 《동의보감》이나 《본초강목》에 의하면 오갈피 뿌리, 줄기 및 가지의 껍질 등을 장기복용하면 몸이 가벼워진다 하여 오래 전부터 사용해왔으며, 제2의 인삼으로 불리기도 한다.

《계향실잡기桂香室雜記》에 오갈피주와 관련하여 다음과 같은 이야기가 전한다. "어린 아이와 같은 얼굴의 백발 노인이 검은 갈기의 붉은 말을 타고, 앞산까지 달려가니. "노인장! 어디서 그런 힘이 솟아납니까?" 하고 물으매, "오가차를 장복한 때문이오!"라고 대답했다."

◀ **오갈피 나물밥**
어린 순을 따서 무쳐 먹거나, 밥에 넣어 나물밥으로 먹기도 한다.

조경 Point

꽃과 열매가 관상가치가 있는 조경수이지만, 이보다는 약용수로서의 활용도가 더 크다. 조경수로 식재할 경우에는 큰 나무의 하목이나 정원의 가장자리에 식재하는 것이 좋다. 꽃이 오래 피고 꿀이 많아서, 벌과 나비의 좋은 밀원식물이기도 하다.

재배 Point

내한성이 강하며, 공해에도 잘 견딘다. 척박하고 건조한 토양, 습기가 있지만 배수가 잘되는 토양에서 재배한다. 직사광선 하에서 키우는 것이 좋지만, 그늘에서도 잘 자란다. 이식은 3~4월, 9~10월에 한다.

병충해 Point

붉나무소리진딧물, 오갈피나무이 등이 발생한다. 오갈피나무이는 오갈피나무, 가시오갈피나무, 민가시오갈피나무 등 오갈피나무류에 흔하게 발생한다. 잎과 줄기에 기생하여 흡즙에 의한 피해뿐 아니라, 벌레혹을 형성하여 피해를 준다. 좁은 면적에 많은 개체가 벌레혹을 형성하면 모양이 불규칙하고 보기에 좋지 않다. 피해잎은 채취하여 소각하고, 소규모로 발생한 경우는 면장갑이나 헝겊으로 문질러 죽인다. 카보퓨란(후라단) 입제 또는 이미다클로프리드(코니도) 입제를 1아르당 30kg을 살포하여 방제한다.

번식 Point

가을에 열매를 채취하여 2년간 노천매장해두었다가, 3년째 봄에 파종하면 발아한다. 종자를 일정기간 저온처리하여 휴면을 타파시키면, 다음해 봄에 파종하더라도 발아한다. 숙지삽과 녹지삽이 가능하며 상토는 강모래, 펄라이트, 버미큐라이트 등을 섞은 것을 사용한다.

졸가시나무

- 참나무과 참나무속
- 상록활엽소교목 • 수고 5~10m
- 일본 원산, 중국(남부), 대만; 남부 지역에 드물게 식재

 학명 *Quercus phillyraeoides* 속명은 켈트어 quer(질이 좋은)와 cuez(목재)의 합성어로 Oak Genus(참나무류)에 대한 라틴명에서 비롯한 것이며, 종소명은 '필리레어속(Phillyrea)과 비슷한'이라는 뜻이다. | **영명** Ubame oak | **일명** ウバメガシ(姥目樫) | **중명** 鳥風櫟(조풍력)

| 잎

어긋나기.
타원형이며, 가장자리 상반부에 얕은 톱니가 있다.
다른 가시나무 종류보다 잎이 작다(이름의 유래).

50%

| 열매

견과.
타원형이며, 이듬해 가을에
다갈색으로 익는다.

| 뿌리

중근형. 중·대경의 경사근과 수하근이 고르게
분포한다.

| 꽃

암꽃차례

수꽃차례

암수한그루. 암꽃차례는 새가지의 잎겨드랑이에 달리고, 수꽃차례는 아래로 드리워
핀다.

©663highland

| 수피

회갈색이며,
둥근 껍질눈이
있고 평활하다.
성장함에 따라
세로로 얕게
갈라진다.

| 겨울눈

긴 달걀형이며,
눈비늘조각에
싸여 있다.
끝눈 주위에
여러 개의 곁눈이
붙는다(정생측아).

| 가시나무류의 열매

졸가시나무   가시나무   종가시나무

조경수 이야기

졸가시나무는 도토리 열매가 달리는 상록활엽소교목으로, 일본이 원산지이고 제주도에도 자생한다. 가시나무류 중에서 잎이 가장 작아서 졸가시나무라는 이름이 붙여졌으며, 잎이 말의 눈 크기만 하다고 하여 말눈가시나무, 어린 가지가 황갈색의 잔털로 덮여 있어서 털가시나무라고도 한다.

가시나무류 중에서 가장 구분하기 쉬운 형태의 잎 모양을 가지고 있어서, 잎만 보면 금방 구별할 수 있다. 잎은 어긋나지만, 가지 끝에서는 가지 주위를 돌아가면서 어긋난다.

참나무과의 상록수 중에서는 내한성이 강한 편이어서, 대구·김천·전주 등에서도 큰 나무의 월동이 가능하다. 졸가시나무로 만든 숯은 비장탄備長炭이라 하며, 탄질이 단단하고 비중이 크며, 탄소 함유량도 많아 백탄 중에서 최고급품으로 친다.

열매는 먹을 수 있으며, 잎은 차의 대용으로 사용하기도 한다. 졸가시나무를 비롯한 가시나무류는 정원수·녹음수·풍치수·방풍림·생울타리용으로 많이 활용된다.

▲ 비장탄
졸가시나무 재목으로 만든 숯으로 백탄의 일종.

조경 Point

일본이 원산지이며, 참나무과 소속의 나무로 우리나라 남부지방에 심는다.

참나무과의 상록수 중에서는 추위에 가장 강하기 때문에, 남부지방뿐 아니라 중부지방에서도 식재가 가능하다. 정원이나 공원에 관상수로 심는다.

재배 Point

토심이 깊고 배수가 잘되는 비옥한 토양이 좋으며, 해가 잘 비치는 곳 또는 반음지에 재배한다.

상록 가시나무류는 내한성이 약하기 때문에 서리나 찬바람을 막아준다. 이식은 5~6월에 한다.

 병충해 Point

병해로는 그을음병, 녹병, 흰가루병, 빗자루병 등이 있다. 해충으로는 밤나무왕진딧물, 차주머니나방, 깍지벌레류가 발생한다.

밤나무왕진딧물은 새가지에 모여 살면서 흡즙가해하며, 대발생하면 수세가 약해지고 심하면 고사한다. 겨울철에 알덩어리를 제거하여, 봄철의 발생을 억제하는 것이 효과적인 방제법이다.

▲ 밤나무왕진딧물

 번식 Point

가을에 잘 익은 도토리를 따서 젖은 모래 속에 저장하였다가, 다음해 봄에 파종한다. 채취한 종자는 살균·살충 처리하는 것이 중요하며, 종자가 건조하면 말아율이 현저하게 떨어진다.

전정 Point

굵은 가지를 한 번에 많이 자르면 줄기가 일소피해를 입어 수세가 약화될 수 있으므로, 몇 번에 나누어 정지작업을 한다.

조형목 내부의 큰 가지에서 돌출지가 많이 나와 수형을 흐트리기도 한다. 골격이 되는 가지에서 잔가지를 많이 나오게 해주며, 돌출지는 크지 않을 때 자른다.

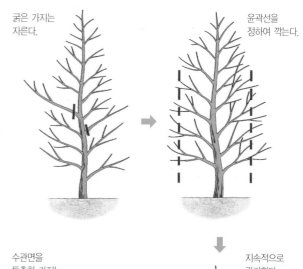

굵은 가지는 자른다.

윤곽선을 정하여 깎는다.

수관면을 돌출한 가지는 자른다.

지속적으로 관리한다 (밑에서부터 다듬는다).

▲ 원통형 수형 만들기

주엽나무

- 콩과 주엽나무속
- 낙엽활엽교목 • 수고 20m
- 중국, 일본(혼슈 이남); 전국의 낮은 지대 계곡 및 산기슭

 학명 *Gleditsia japonica* 속명은 린네와 같은 시대에 독일 베를린 식물원장이었던 J. G. Gleditsch를 기념한 것이며, 종소명은 '일본의'라는 뜻이다.
영명 Japanese honey locust │ **일명** サイカチ(皁莢) │ **중명** 山皁莢(산조협)

| 잎

어긋나기.
5~12쌍의 작은잎으로
이루어진 짝수깃꼴겹잎이다.
작은잎은 좌우비대칭이다.

20%

| 꽃

잡성일가화(雜性一家花). 암꽃, 수꽃, 양성화가 한 그루에 달린다. 짧은가지 끝에 녹황색 꽃이 모여 핀다.

암꽃

수꽃

| 겨울눈

햇가지에 난 2개의 세로덧눈 중
위의 것은 가시, 아래 것은 겨울눈이 된다.

| 수피

회갈색이며, 사마귀 모양의
껍질눈이 발달한다. 가시는
두드러지게 나타나지만 점
차 감소한다.

| 열매

협과. 납작하고 불규
칙하게 비틀려 꼬인
모양이다.

조경수 이야기

주엽나무는 콩과 주엽나무속에 속하며 조협나무라고도 부른다. 콩꼬투리 모양의 열매는 독특한 형태로 뒤틀려 있으며, 열매껍질을 조협皀莢이라 하고 그 속의 씨는 조각자 또는 조협자라 한다. 중국에서는 큰 칼 모양의 곧은 열매가 있어서 적협수·현도수·협과수 등으로 불린다. 또 열매가 큰 것은 무시무시한 멧돼지의 송곳니처럼 생겼다 하여, 저아조협猪牙皀莢이라고도 한다. 나무에 난 단단하고 거친 가시는 초식동물로부터 자신을 보호하기 위한 수단이며, 작은 동물이나 새들과 같은 약자에게는 편안한 쉼터이자 피난처이기도 하다.

봄이나 가을에 주엽나무의 가시를 떼어내 말린 것을 신경통 약으로 사용했으며, 부스럼에도 잘 듣는다고 한다. 열매와 씨는 거담제나 이뇨제로 쓰이며, 고기 가시에 찔린데, 콧병 등에도 효과가 있다고 한다. 또 열매껍질에는 글레디치아 사포닌Gleditschia-saponin 성분이 포함되어 있어서, 예전에는 이 사포닌 성분을 비누 대용품으로 널리 사용했다. 지금은 중풍이나 편두통 약으로 쓰고 있다.

보물 제413호 경주 독락당獨樂堂은 조선시대 성리학자인 회재 이언적이 거처하던 유서 깊은 건물이다. 독락당 울타리 안에는 천연기념물 제115호인 중국주엽나무가 자라고 있다. 이 나무는 선생이 잠시 벼슬을 그만두고 고향으로 내려와 독락당을 짓고 학문에 전념할 때, 중국

◀ **경주 독락당의 중국주엽나무**
천연기념물 제115호.
© 문화재청

에 사신으로 다녀온 친구로부터 종자를 얻어 심은 것이라고 전해진다.

조경 Point

밀원이 되는 황록색의 꽃, 험상궂게 생긴 큼지막한 가시, 길이 20cm 이상의 긴 꼬투리 모양의 열매가 주엽나무의 특징이다. 지금까지 조경수로 활용한 예는 많지 않지만, 공원이나 학교 등에 한 그루 정도 심어보는 것도 좋다.

재배 Point

내한성이 강하지만, 어릴 때는 서리의 피해를 입기 쉽다. 햇빛이 잘 비치고, 배수가 잘되는 비옥한 토양에서 잘 자란다.

병충해 Point

잎이 연하기 때문에 미국흰불나방의 애벌레가 잎을 식해하는 피해가 흔히 발생한다. 발생초기에 클로르플루아주론(아타브론) 유제 3,000배액이나 인독사카브(스튜어드골드) 액상수화제 2,000배액 등을 살포하여 방제한다.

아까시재목버섯에 의한 줄기밑동썩음병이 발생하는 수가 있다. 이 병은 재질썩음병의 일종으로 침해를 받은 나무는 강풍에 잘 넘어지기 때문에 위험하다. 일단 발병하면 방제가 어려우므로, 줄기밑동이나 뿌리에 상처가 생기지 않도록 예방하는 것이 중요하다.

번식 Point

일반적으로 종자로 번식하나, 봄에 가지삽목(경삽)이나 뿌리삽목(근삽)도 가능하다. 종자를 노천매장하거나 파종하기 전에 진한 황산에 1~2시간 침적해두었다가 뿌리면 발아가 잘 된다.

개비자나무

- 개비자나무과 개비자나무속
- 상록침엽관목 • 수고 3~5m
- 중국, 일본, 히말라야; 중·남부 지역의 산지

 학명 *Cephalotaxus koreana* 그리스어 cephlos(머리)와 taxus(주목)의 합성어로 수꽃의 머리 모양이 주목과 닮은 것에서 비롯되었으며, 종소명은 한국이 원산지임을 나타낸다. | 영명 Korean plum-yew | 일명 コウライイヌガヤ(高麗犬榧) | 중명 朝鮮粗榧(조선조비)

| 잎 |

잎은 아닐 비(非)자 모양으로 좌우로 나란하다.
뒷면에 2줄의 흰색 숨구멍줄이 있다.

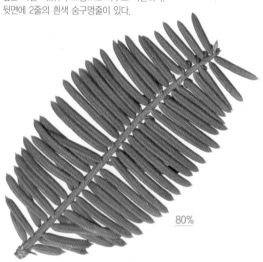

80%

| 꽃 |

암꽃차례

수꽃차례

암수딴그루(간혹 암수한그루). 암꽃차례는 녹색의 달걀형이고, 수꽃차례는 황갈색의 타원형이다.

| 열매 |

핵과 형태이며, 이듬해 적갈색으로 익는다.
익은 헛씨껍질(假種皮)는 단맛이 난다.

| 수피 |

짙은 진한 갈색이며, 성장함에 따라 세로로 갈라져 벗겨진다.

개비자나무의 잎과 비자나무의 잎은 모양과 색깔이 비슷해서 구별하기가 쉽지 않다. 특히 내장산 이남에만 자생하는 비자나무와 개비자나무는 전문가도 구별이 어렵다고 한다.

이처럼 두 나무의 생김새가 비슷하지만, 한쪽 나무에는 '개'라는 접두어가 붙은 것은 아무래도 쓰임새 때문인 것 같다. 비자나무 열매 속의 씨는 의약품이 흔치 않던 시절에 구충제로 사용되었다. 그러나 개비자나무 열매는 먹을 수 없다고 해서, 이름 앞에 '개' 자를 붙인 것으로 보인다.

일반적으로 나무 이름 앞에 '개' 자가 붙으면, 생김새나 용도가 변변치 못하다는 의미를 가진다. 개두릅 음나무 · 개물푸레나무 · 개서어나무 · 개오동 · 개옻나무 · 개잎갈나무 · 개동백 생강나무 · 개꽃나무 산철쭉 등이 그러하다.

북한에서는 개라는 접두어를 거의 쓰지 않는다. 예를 들면 향오동 개오동 · 산벚나무 개벚나무 · 좀서어나무 개서어 나무 · 산살구나무 개살구나무 · 털옻나무 개옻나무 · 말다래나무 개다래 · 돌머루 개머루 등이 있다.

마찬가지로 개비자나무도 북한에서는 좀비자나무라는 이름으로 불리고 있다.

천연기념물 제504호인 경기도 화성의 융릉 개비자나무는 사도세자와 혜경궁 홍씨를 합장한 융릉의 재실 안마당에 있다.

융릉을 만들 때 심었던 것으로 추정되며, 높이 4m에 가슴높이 둘레 68cm 정도의 국내에서는 가장 큰 개비자나무로 꼽힌다. 개비자나무가 왕릉에 심어진 것으로 보아, 조선시대에는 꽤 대접을 받던 나무인 것 같다.

▲ **화성 융릉 개비자나무** 천연기념물 제504호.　ⓒ 문화재청

조경 **Point**

산골짜기나 숲 아래와 같이 습기 많은 곳에서 자생하는 우리나라 특산의 상록침엽관목이다. 음수이므로 큰 나무 밑에 하목으로 심거나 고층 건물 사이에 심으면, 늘푸른잎과 가을에 빨간 열매를 관상할 수 있다.

키가 작고 생장이 느리기 때문에 잔디밭에 무리심기를 하거나 산울타리로 활용해도 좋다. 곧은 가지는 꽃꽂이 소재로도 이용된다.

재배 **Point**

토양은 특별히 가리지 않지만, 비옥하고 보수성이 좋으며 배수가 잘되는 곳이 좋다. 그늘에서도 잘 자라며, 해가 잘 드는 곳일지라도 한랭하고 습기가 많은 곳이 좋다.

해충으로는 깍지벌레, 잎말이나방 등이 발생한다. 깍지벌레를 방제하기 위해서 겨울에 기계유유제를 살포하거나, 발생초기에 뷰프로페진.디노테퓨란(검객) 수화제 2,000배액을 1주 간격으로 2~3회 살포한다.

잎말이나방은 4~5월에 어린잎에 발생하는데 페니트로티온(스미치온) 유제 1,000배액을 살포하여 방제한다.

숙지삽은 주로 3월에 하며, 따뜻한 지역에서는 9~10월에 가을 삽목도 한다. 삽수는 2~3년생 가지를 18cm 길이로 잘라 사용하며, 황토경단을 붙여서 강모래에 꽂으면 발근이 잘 된다.

삽목묘는 3년쯤 되면 정식할 수 있을 정도로 성장한다. 실생 또는 분주로도 번식이 가능하다.

개비자나무는 방임해서 키우더라도 그다지 커지지 않기 때문에, 좁은 정원에 방임해서 키우면 좋다.

또 원하는 수고에서 잘라서 수간을 굵게 키워, 가지가 많이 나오는 수형을 만들 수도 있다.

조경수 상식

■ 세계에서 가장 나이가 많은 나무

세계에서 가장 나이가 많은 나무는 미국 캘리포니아주 주에 있는 브리슬콘 소나무(*Pinus longaeva*)이다. 수령이 대부분 3,500년 이상이며, 약 4,900년 된 것이 가장 오래된 나무라고 한다.

ⓒ Dcrjsr

굴거리나무

- 굴거리나무과 굴거리나무속
- 상록활엽소교목 • 수고 10m
- 중국, 일본, 대반, 베트남; 경북(울릉도), 전라도 및 제주도의 산지

학명 *Daphniphyllum macropodum* 속명은 그리스어 옛 이름 daphne(월계수속)와 phyllon(잎)의 합성어로 월계수류의 잎 생김새와 닮은 것에서 유래한 것이며, 종소명은 '꽃대가 굵은'이라는 의미이다. | 영명 Macropodous daphniphyllum | 일명 ユズリハ(讓葉) | 중명 交讓木(교양목)

| 잎

25%

어긋나며,
잎몸은 가죽질이고
앞면에는 광택이 있다.
새잎은 곧추서고,
오래된 잎은 밑으로 처진다.

| 꽃

암꽃

수꽃

암수딴그루. 지난해 자란 가지의 잎겨드랑이에 꽃잎이 없는 꽃이 모여 핀다.

| 열매

핵과.
달걀 모양의 타원형이며,
흑자색으로 익는다.
표면에 흰색 분이 생긴다.

| 겨울눈

좁은 달걀형이고,
붉은색을 띤다.
잎자루가 변한 여러 개의
눈비늘조각에 싸여 있다.

| 수피

지름 18cm

회갈색이고
껍질눈과
세로줄이 있으나
평활하다.

고대 로마인들은 야누스Janus를 문門의 수호신으로 숭배하였다. 문은 낡은 세계를 끝내고 새로운 세계로 진입한다는 상징적인 의미를 가지므로, 야누스를 모든 사물과 계절의 끝과 시작을 주관하는 신으로 여긴 것이다.

1월을 나타내는 재뉴어리January도 '야누스의 달'을 뜻하는 라틴어 야누아리우스Januarius에서 유래한 것이다. 한 해를 시작하는 1월은 지나간 해를 보낸다는 의미와 새해를 맞이한다는 의미를 동시에 가지고 있다.

'묵은 것을 보내고 새 것을 맞이한다' 또는 '한 해를 보내고 새해를 맞이한다'는 의미를 지닌 1월을 상징하는 나무가 바로 굴거리나무다. 굴거리나무과의 상록소교목인 굴거리나무는 새 잎이 나와서 어느 정도 자리가 잡힌다 싶으면, 묵은 잎이 일제히 떨어져나간다.

인생사에 비유하자면, 때가 되면 후손들에게 자리를 물려주고 명예롭게 은퇴한다는 뜻으로 해석할 수 있다. 그것도 후손들이 받을 준비가 다 될 때까지 기다렸다가, 모든 것을 물려주고 떠나는 것이다. 그래서 중국 이름도 '서로 물려주고 받는다'는 뜻의 교양목交讓木이다.

▶ 야누스
로마 신화에 나오는 두 개의 얼굴을 가진 문(門)의 수호신

굴거리나무의 일본 이름은 '물려주고 떠나는 잎'이라는 의미의 유즈리하讓葉이다. 이 역시 묵은 잎과 새 잎의 조화로운 교체를 뜻하는 말이다. 이처럼 송구영신의 의미를 가지고 있기 때문에, 일본에서는 1월을 상징하는 나무라 하여 정월 초하룻날 새해를 맞이하면서 집안을 장식할 때, 굴거리나무 잎을 바닥에 깐다고 한다.

우리나라 이름은 이 나무의 가지가 굿을 하는데 이용되었다 하여 굿거리나무가 굴거리나무로 변한 것이라는 설과, 묵은 잎은 고개 숙인 것처럼 보이므로 숙이고 산다는 의미의 굴거屈居에서 유래되었다는 설이 있다.

어떻게 보면, 곧추서서 붙어 있는 새잎이 두려울 것 없이 나아가는 젊은이, 고개를 숙이고 붙어 있는 묵은 잎이 쓸쓸히 퇴장하는 은퇴자처럼 보여 한편으로 쓸쓸하기도 하다.

굴거리나무는 우리나라 남부 해안이나 도서 지방에 자생하며, 북방한계선은 내장산 자생지로 알려져 있다. 내장산 내장사 부근의 급경사지 2곳에 총 300여 그루가 군락을 이루어 자생하고 있는데, 습한 토양환경을 선호하는 수목의 특성상 습한 북사면에 자생하는 것으로 보인다.

이 내장산 굴거리나무 군락은 학술적인 가치를 인정받아, 천연기념물 제91호로 지정되어 보호 받고 있다.

조경 Point

돌려나는 잎과 붉은색, 연홍색, 녹색을 띠는 잎자루가 이채롭다. 자연스러운 수형이 좋으며, 나무가 아주 크게 자라지는 않아서 비교적 좁은 뜰에 경관수나 기념수로 심는다.

아파트 단지 내의 정원이나 도시공원의 그늘진 곳에 심으면 좋다. 상록수이면서 공해에 강하므로 임해공단의 녹화수 혹은 주택가의 방풍림으로 활용해도 좋다.

내한성이 강한 편은 아니어서, 제주도를 비롯한 경상남북도, 전라남북도까지만 심을 수 있다.

재배 Point

습기가 있고 배수가 잘 되며, 부식질이 풍부한 토양이 좋다. 양지바른 곳 또는 반음지에 식재하며, 차고 건조한 바람이 부는 곳은 피한다.

이식은 5월 중순에서 9월 중순에 한다.

병충해 Point

굴거리쥐색점무늬병은 어린 나무에는 잎 전체에 발생하지만, 큰 나무에는 주로 수관하부에 발생하며 심하게 감염된 잎은 일찍 떨어진다.

이프로디온(로브랄) 수화제 1,000배액을 1주 간격으로 1~2회 살포한다. 통풍과 채광이 나쁘면 깍지벌레가 생기고 그로 인해 2차적으로 그을음병이 발생하는 수가 있으므로, 적절한 솎음전정을 해서 예방한다.

번식 Point

10월경 열매가 암청색으로 익으면 채취하여, 열매껍질을 흐르는 물로 씻어 제거한다. 이것을 바로 파종하거나, 건조하지 않도록 비닐봉투에 넣어 냉장고에 보관해두었다가, 2월 하순~3월 상순에 파종한다.

파종 후에는 해가림을 해서 건조하지 않도록 관리하며, 발아하면 서서히 해가림을 제거해준다.

숙지삽도 가능하지만, 6월 중순~7월 상순에 하는 녹지삽이 활착율이 더 높다. 암수딴그루이므로 열매를 즐기기 위해서는 충실한 암나무의 햇가지를 삽수로 사용한다.

10~15cm 길이로 잘라서 3~4장의 윗잎만 남기고 아랫잎은 제거하며, 남긴 잎도 1/3 정도 잘라준다. 1~2시간 물올림을 한 후에 삽목상에 꽂는다.

2~3월에 2~3년생 실생묘를 대목으로 하여 전년지로 절접을 붙인다. 또 6~9월에는 신초나 신초의 눈을 이용하여 접을 붙인다. 잎이 아름다운 반입종의 가지를 접목하면, 다양한 잎색을 즐길 수 있다.

삽수는 10~15cm로 자르고, 아래 잎은 제거한다.

1~2시간 정도 물을 올린 후 삽목상에 꽂는다.

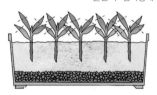

▲ 삽목 번식

붓순나무

- 오미자과 붓순나무속
- 상록활엽소교목 · 수고 3~5m
- 일본, 대만; 남해안 일부 도서(진도, 완도) 및 제주도의 숲속

 학명 *Illicium anisatum* 속명은 라틴어 illicio(유혹)에서 온 말로 꽃과 나무에서 강한 향기가 나는 것에서 유래한 것이다. 종소명은 'Anise(씨앗이 향미료로 쓰이는 미나리과 식물)와 비슷한' 것을 뜻한다. │영명 Aniseed tree │일명 シキミ(樒) │중명 日本莽草(일본망초)

│ 잎

40%

어긋나기.
긴 타원형이며, 가장자리는 밋밋하다.
잎을 자르면 특유의 향기가 난다.

│ 꽃

양성화. 꽃봉오리 모양이 붓과 비슷하다
(이름의 유래). 연한 녹백색의 꽃이 피며,
향기가 강하다.

│ 열매

골돌과. 바람개비처럼 배열되며, 골돌마
다 종자가 1개씩 들어 있다.

│ 겨울눈

잎눈은 긴 달걀형이며,
눈비늘조각에 싸여 있다.
꽃눈은 구형이다.

│ 수피

지름 8cm

회갈색 또는
자갈색이며,
껍질눈이 있다.
오래되면 세로로
얕게 갈라진다.

붓순나무라는 이름은 꽃봉오리의 모양이 붓과 비슷하여 붙여진 것이다. 내한성이 약하기 때문에 제주도나 진도, 완도 등 따뜻한 남부 지방에만 자생하며, 지방에 따라서는 발갓구 · 가시목 · 말갈구 등의 이름으로 불리기도 한다.

꽃과 잎에서 향기가 나며, 가을에 익는 열매는 바람개비처럼 8개의 작은 조각으로 갈라지며, 그 속에는 노란색 씨가 들어 있다. 수피의 추출물은 혈액응고제로 이용되지만, 열매에는 아니사틴anisatin이라는 맹독 성분이 있어서 조금만 먹어도 치명적인 해를 입을 수 있다.

일본 이름 시끼미シキミ는 씨에 독성이 있어서 '나쁜 열매惡しき實'에서 유래한 것이라는 설과 열매가 겹쳐서 붙은敷實 것에서 유래한 것이라는 설이 있다. 중국에서는 밀櫁 혹은 개초芥草라 하는데, 이 역시 열매가 둥글게 다닥다닥 붙은 것을 뜻한 이름이다.

이 나무는 불교와 관련이 깊다. 열매가 팔각형의 수레바퀴 모양이어서 인도 천축무열지天竺無熱池에 있는 칭연꽃을 닮았다 하여, 부처님 앞에 바치는 나무로 알려져 있다. 우리나라에서도 불전이나 묘지에 바치는 나무로 사용되며, 간혹 사찰 주변에 심겨진 것을 볼 수 있다.

특히 일본에서는 이 나무를 묘지 옆에 심으면 귀신이 침범하지 못한다는 이야기가 전해져서, 묘지 주변에 심거나 성묘 때 묘소에 받치는 꽃으로 이용되고 있다.

실제로 붓순나무에서 나는 특유의 냄새는 짐승들이 싫어해서 접근하지 않는다고 한다. 송장 썩는 냄새에 민감한 까마귀도 붓순나무 냄새를 싫어해서 가까이 가지 않는다고 한다.

붓순나무와 비슷한 팔각회향I. verum은 독이 없기 때문에 음식에 넣거나 건위제 또는 구풍제로 사용한다. 따라서 붓순나무를 팔각회향으로 잘못 사용하여 중독을 일으키는 수도 있다.

조경 Point

큰 꽃이 아름다우며, 꽃과 잎에서 특유의 향기가 나는 것이 특징이다. 그러나 유독식물로 꽃이나 열매를 아이들이 먹지 않도록 주의시켜야 한다.

정원수나 공원수로 심으면 좋으며, 산울타리로 활용해도 좋다.

재배 Point

내한성이 약하며, 습기가 있고 배수가 잘되는 비옥토나 석회성분을 포함하지 않은 토양에서 잘 자란다. 건조한 곳에서는 생장이 불량하며, 차고 건조한 바람으로부터 보호해준다.

이식은 4월 중순~5월 중순, 9월 하순~10월 중순이다.

◀ **붓순나무 화분**
일본에서는 조화로 된 붓순나무 화분을 불단 주위에 둔다.

나무				개화	새순				열매			
월	1	2	3	4	5	6	7	8	9	10	11	12
전정			전정									
비료		한비										한비

병충해 Point

후박나무굴깍지벌레, 탱자소리진딧물, 방패벌레, 차잎말이나방 등이 발생하는 수가 있다. 후박나무굴깍지벌레는 줄기, 가지, 잎에 기생하나 주로 잎에서 많이 발견할 수 있다. 흡즙가해하여 나무의 수세를 약화시키고, 배설물로 인해 2차적으로 그을음병이나 고약병 등을 유발하기도 한다.

기생하는 것이 확인되면, 약충 발생시기인 4~5월에 뷰프로페진.티아메톡삼(킬충) 액상수화제 1,000배액을 1주 간격으로 2~3회 살포하여 방제한다.

▲ 차잎말이나방

번식 Point

10월경에 열매가 익으면 터져서 날리기 전에 따서 바로 파종하거나, 젖은 모래와 섞어서 노천매장해두었다가 다음해 봄에 파종한다.

난대수종으로 추위에 약하므로, 겨울에는 짚이나 거적을 덮어서 한해나 동해를 입지 않도록 한다.

4월경 눈이 트기 전에 꽃눈이 없는 가지를 잘라서 숙지삽을 하거나, 6월경 그해에 자란 충실한 가지를 15~20cm 길이로 잘라서 녹지삽을 한 후에 해가림을 해준다. 그해에는 생장이 느리지만, 2년째부터 빨리 자라기 시작한다.

비쭈기나무

• 차나무과 비쭈기나무속
• 상록활엽교목 • 수고 10~15m
• 중국, 일본, 대만, 네팔, 미얀마; 제주도 및 남해안 도서

학명 *Cleyera japonica* 속명은 17세기 네덜란드의 의사이자 아시아의 허브연구가인 A. Cleyer를 기념한 것이고, 종소명은 '일본의'를 뜻한다.
영명 Japanese cleyera | 일명 サカキ(榊) | 중명 紅淡比 (홍담비)

| 잎

50%

어긋나기.
긴 타원형이며, 가장자리는 밋밋하다.
표면은 짙은 녹색이고 광택이 난다.

| 꽃

양성화. 전년지 잎겨드랑이에 1~3개의
황백색 꽃이 모여 핀다.

| 열매

장과. 타원형 또는 구형이며, 흑자색으로
익는다.

| 겨울눈

눈비늘이 없이 맨눈이다.
끝이 길게 삐죽이 나와 있다(이름의 유래).

| 수피

짙은 적갈색이고
평활하며,
작은 껍질눈이
지름 5cm 발달한다.

비쭈기나무라는 이름은 가늘고 긴 겨울눈이 마치 송곳처럼 삐쭉하기 때문에 부쳐진 이름이다. 비슷한 발음의 비쭉이나무, 빗죽이나무 등으로 불리기도 하지만, 〈국가표준식물목록〉에서는 비쭈기나무를 추천명으로 권장하고 있다.

《삼국유사》에 의하면 환웅이 3,000의 무리를 이끌고 태백산정에 있는 신단수神壇樹 아래에 내려왔다고 기록되어 있다. 이 신단수가 백두산에 자생하는 자작나무과의 사스레나무라는 주장과 박달나무라는 주장이 있다. 일본 신화에도 이와 비슷한 신목神木이 나오는데, 일본의 최고 역사서 《고사기古事記》에 기록된 비쭈기나무가 그것이다.

일본 황실의 조상신으로 천신天神을 대표하는 신은, 지신地神을 대표하는 남동생 신이 천상에 올라와 난동 부리자 두려워서 동굴 속에 숨는다. 세상이 암흑천지가 되자, 다른 신들이 천신을 동굴 밖으로 나오게 하기 위해 배례의식을 거행한다. 이때 비쭈기나무가 이용된다.

이 전통을 이어받아, 오늘날에도 일본에서는 비쭈기나무에 베 또는 종이로 만든 오리, 이른바 다마구시玉串를 바치는 의례가 이어지고 있다. 전쟁 범죄자를 합사한 야스쿠니靖國 신사를 참배하는 일본 수상이 비쭈기나무 가지를 들었는지 아닌지에 따라, 이 참배가 공식 참배인지 비공식 참배인지를 알 수 있다.

일본에서 비쭈기나무를 사카키ｻｶｷ라 부르며, 나무木와 신神을 결합한 한자 신榊 자로 표기하는 것도 이와 관련이 있다.

조경 Point

상록의 두꺼운 잎과 향기로운 흰색 꽃, 검고 둥근 열매가 관상 가치가 있다. 우리나라의 남해 및 제주도의 산지에 자생하는 난대수종으로 남부지방에서만 재배가 가능하다.
크게 키워서 정원의 심볼트리로 활용하거나, 잎과 가지가 조밀하게 나오게 하여 산울타리로 활용해도 좋다.

재배 Point

적당히 비옥하고 유기질 성분이 많은 곳이 좋다. 수분이 풍부하지만 배수가 잘 되며, 해가 잘 비치는 곳이나 반음지에 심는다.
차고 건조한 바람으로부터 보호해준다. 이식은 5월이 적기이다.
심은 후 반드시 지주목을 세운다.

▲ **다마구시(玉串)**
비쭈기나무 가지에 베 또는 종이 오리를 달아서 신전에 바치는 나뭇가지.

나무						새순	개화			열매		
월	1	2	3	4	5	6	7	8	9	10	11	12
전정				전정		전정				전정		
비료		한비										

비쭈기나무에는 차잎말이나방, 가루이, 노랑털알락나방, 깍지벌레 등의 해충과 떡병, 탄저병, 그을음병 등의 병충해가 알려져 있다. 그러나 흔하게 발생하는 편은 아니기 때문에, 비교적 관리가 쉬운 수목이다.

깍지벌레의 배설물에 의해 2차적으로 발생하는 병에 대해서도 주의가 필요하다.

가을에 검게 익은 열매를 채취하여 과육을 제거하고, 습기가 많은 모래와 섞어 저온저장 또는 노천매장해두었다가 다음해 3월 하순에 파종한다. 파종상이 건조하지 않도록 관리하면, 발아가 잘되고 발아율도 높아진다. 파종상에서 2년 정도 기른 후에 이식하여 식재간격을 넓혀준다.

숙지삽은 4월 상순경에 전년지를 10~15cm로 잘라서 삽수로 사용하고, 녹지삽은 6월 하순~7월 초순에 그해에 자란 당년지를 10cm 길이로 잘라 삽수로 사용한다. 삽목상은 건조하지 않도록 해가림을 해준다.

조경수 상식

■ 천연기념물 향나무

1	제48호	울릉 통구미 향나무 자생지	7	제240호	서울 선농단 향나무
2	제49호	울릉 대풍감 향나무 자생지	8	제312호	울진 화성리 향나무
3	제88호	순천 송광사 천자암 쌍향수(곱향나무)	9	제313호	청송 장전리 향나무
4	제158호	울진 후정리 향나무	10	제314호	안동 주하리 뚝향나무
5	제194호	창덕궁 향나무	11	제321호	연기 봉산동 향나무
6	제232호	남양주 양지리 향나무	12	제427호	천안 양령리 향나무

▲ **서울 선농단 향나무** 천연기념물 제240호.　ⓒ 문화재청

▲ **서울 창덕궁 향나무** 천연기념물 제194호.　ⓒ 문화재청

사스레피나무

• 차나무과 사스레피나무속
• 상록활엽관목 • 수고 1~2m
• 중국, 일본; 전남, 경남, 전북 남해안 도서 및 제주도의 해안가

학명 *Eurya japonica* 속명은 그리스어 eury(폭이 넓은)에서 비롯된 것으로 넓은 꽃잎을 뜻하며, 종소명은 '일본의'를 가리킨다.
영명 Japanese eurya │일명 ヒサカキ(柃) │중명 柃木(영목)

잎

60%

어긋나기.
타원형이며, 잎끝이 조금 오목하게 들어간다.
재질은 두꺼운 가죽질이고 광택이 난다.

꽃

암꽃

수꽃

암수딴그루(간혹 암수한그루). 잎겨드랑이에 1~3개의 황백색 꽃이 달리며, 아래를 향해 핀다.

열매

장과.
구형이며, 흑자색으로 익는다.
속에 많은 종자가 들어있다.

뿌리

천근형. 주근과 측근이 굵고, 잔뿌리가 밀생한다.

| 수피

회색이고 평활하지만,
오래되면 불규칙하게
작은 세로 주름이 있다.

지름 7cm

| 겨울눈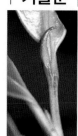

맨눈이고 녹색이다.
좁은 피침형이며,
끝이 낫처럼 굽어 있다.

조경수 이야기

사스레피나무는 남부 지방 바닷가의 야산 자락이나 숲이 우거진 산속 어디에서도 잘 자라며, 특히 완도의 청산도 큰기미해안 등산로에 군락지가 있다. 사스레피나무라는 이름은 이 나무의 제주도 이름 가스룩낭 혹은 가스레기낭에서 유래한 것이다.

사스레피나무는 암꽃과 수꽃이 서로 다른 나무에 피는 암수딴그루이다. 수술이 빽빽이 들어차 있어서 풍성하게 보이는 수꽃과 달리, 암꽃은 수꽃보다 작은 작은 편이고 수술이 없는 씨방만 보인다.

이른 봄에 푸른 나뭇잎 겨드랑이마다 앙증맞은 꽃을 땅을 향해 피운다. 문제는 이 예쁜 꽃이 향기로운 꽃향기가 아니라 약간은 퀴퀴한 암모니아 냄새를 피운다는 것이다. 하지만 이 향기가 사람을 위한 것이 아니라, 꽃가루의 운반을 도와주는 벌이나 파리 같은 곤충을 위한 것이라 하니, 사람이 괜히 꽃향기가 좋다 나쁘다 탓할 처지가 아닌 것 같다.

또 이 향기가 살균이나 진정 작용을 하는 효과가 있을 뿐 아니라, 아황산가스에 대한 내성이 강해 공기를 맑게 하는데 도움을 준다고 하니 더더욱 그러하다. 한 수목원에서는 이 나무 앞에 "사스레피가 자식을 낳고 싶어, 지금 냄새로 벌을 부르는 중입니다"라는 안내판을 세워두어 냄새에 대한 이해를 돕고 있다고 한다.

예전에는 사스레피나무의 가지와 잎을 태운 잿물과 열매를 염매제로 사용했는데, 매염제에 따라 갈색에서 겨자색까지 다양하고 고운 빛깔을 낸다. 그래서인지 제주도에서는 사스레피나무를 잉끼낭이라고도 부른다.

조경 Point

꽃은 4월에 연한 노란빛을 띤 흰색으로 피며, 열매는 10~12월에 자줏빛이 섞인 검은색으로 익는다.

바닷가의 산기슭에서 흔하게 자라며, 해변의 조경수로 활용하면 좋다.

습기가 있지만 배수가 잘 되며, 부식질이 풍부한 토양을 좋아한다. 햇빛이 잘 비치는 곳이나 반음지에 식재하며, 차고 건조한 바람은 막아준다.

이식은 5~6월, 9~10월에 하며, 이른 봄과 장마철은 피한다.

흰말병, 흰띠알락명나방, 깍지벌레류 등이 알려져 있다. 흰말병에 감염된 잎은 반점 주변이 황록색으로 변하고, 수세가 약해지므로 2차적인 병원균의 감염이나 해충의 피해를 받기 쉽다.

나무를 너무 과밀하게 심지 말고 가지솎기를 해서 채광과 통풍이 잘되게 관리하면, 발생율을 줄일 수 있다.

병이 심한 경우에는 코퍼하이드록사이드(코사이드) 수화제 1,000배액을 10일 간격으로 1~2회 살포한다.

▲ 루비깍지벌레

▲ 루비깍지벌레 의 분비물에 의한 그을음병

가을에 잘 익은 열매를 채취하여 과육을 제거하고 종자만 정선하여, 저온저장 혹은 노천매장해두었다가 다음해 봄에 파종한다. 파종상이 건조하지 않도록 관리하는 것이 중요하다.

봄에 전년지를 이용한 숙지삽과 여름에 당년지를 이용한 녹지삽이 가능하지만, 녹지삽의 발근율이 더 좋다.

식나무

- 층층나무과 식나무속
- 상록활엽관목 • 수고 3m
- 일본, 중국, 대만, 동남아시아, 호주; 남부 지역 및 도서 지역의 산지

학명 *Aucuba japonica* 속명은 식나무의 일본 이름 아오키바(アオキバ, 靑木葉)에서 유래한 것이며, 종소명은 원산지 '일본의'를 뜻한다.
영명 Spotted laurel │ **일명** アオキ(靑木) │ **중명** 靑木(청목)

| 잎

마주나기.
긴 타원형이고 상반부에만
큰직한 톱니가 있다.
두꺼운 가죽질이고
광택이 있다.

40%

| 꽃

암꽃

수꽃

암수딴그루(간혹 함수한그루). 전년지 끝의 자갈색 꽃이 모여 핀다.

| 뿌리

천근형. 소 · 중경의 사출근이 발달하며, 주근과 측근은
조금 굵다.

| 열매

핵과. 타원형이며, 붉은색으로 익는다.
단맛이 난다.

▲ 금식나무(*A. japonica* f. *variegata*)

| 수피

유목은 녹색이며, 광택이 있다. 성장함에 따라 세로로 얕게 갈라지고 회갈색이 된다.

유목 성목

| 겨울눈

녹색이고 원뿔형이다. 눈비늘조각은 6장이며, 밑 부분의 2장은 작다.

조경수 이야기

식나무의 일본 이름 아오키青木는 나무의 잎과 줄기가 푸른 빛을 띠는 것에서 유래한 것이며, 속명 아쿠바 *Aucuba*는 '식나무의 잎青木葉'에서 유래한 것이다. 우리나라에서도 청목青木이라 부르기도 하는데, 이 역시 잎과 가지가 푸르기 때문에 붙여진 이름이다. 중국 이름은 도엽산호桃葉珊瑚인데, 이는 잎이 복숭아 잎을 닮았고 붉은 열매가 산호처럼 보인다 하여 붙여진 이름이다. 우리나라 남부 지방에 자생하는 암수딴그루의 상록관목이다. 가을부터 다음해 봄까지 달려있는 빨간 열매는 관상가치가 높으며, 열매를 보려면 암나무와 수나무를 함께 심어야 한다. 조경수로는 잎에 노란 반점이 있는 원예종인 금식나무*A. japonica f. variegata*를 많이 심는다. 양수와 음수는 햇빛을 좋아하는 정도에 따라서 구분하는 것이 아니라, 나무가 그늘에서 견딜 수 있는 내음성의 정도에 따라 구분한다. 그늘에서는 잘 자라지 못하는 수종을 양수라 하고, 그늘에서도 잘 자라는 수종을 음수라 한다. 음수는 낮은 광도에서도 광합성작용을 효율적으로 하며, 광보상점이 낮고 호흡량도 적기 때문에 그늘에서도 잘 자란다. 식나무를 비롯하여 굴거리나무·백

량금·사철나무·호랑가시나무·황칠나무·회양목 등이 대표적인 극음수에 속한다.

조경 Point

내음성이 강한 극음수로, 그늘에 심으면 잎의 녹색이 선명하게 살아난다. 햇빛이 적은 건물의 북쪽이나 큰 나무 밑에 하목으로 심어도 푸르름을 유지하며 잘 자란다. 내한성이 약한 편이어서, 남부 지방에서는 정원이나 가로변에 관상수로 많이 심지만, 중부 이북에서는 화분에 심어 실내에서 키운다. 차폐식재, 경계식재, 산울타리식재로 활용하면 좋다.

재배 Point

강한 음수이며, 생장속도가 느리다. 수분을 많은 흙이 아니라면, 어떤 흙에서도 잘 자란다. 양지나 음지 어디에서도 잘 자라지만, 반입종은 음지에 심는 것이 좋다. 이식은 4~6월과 9~10월에 주로 하며, 구덩이는 크게 파고 심는다.

나무	열매	개화	새순					꽃눈 문화		열매	
월	1	2	3	4	5	6	7	8	9	10	11	12
전정				전정								
비료			시비						시비			

식나무탄저병은 잎끝과 잎가장자리에서부터 회갈색~흑갈색의 부정형 병반이 퍼져서 잎마름 증상을 나타낸다. 심하면 나무 전체가 불에 그슬린 것처럼 되면서, 잎이 새까맣게 변색되어 말라 죽는다. 주요 원인은 여름철의 고온건조한 기후나 태풍 등에 의한 엽면의 손상이다. 솎음전정을 해서 통풍과 채광이 잘되게 식재환경을 개선해주면 예방이 가능하다. 병든 낙엽은 모아서 태우고, 6~7월에 만코제브(다이센M-45) 수화제 500배액, 베노밀 수화제 1,500배액 등을 발병초기부터 10일 간격으로 3~4회 살포한다. 그을음병, 흰별무늬병, 반점병, 겹무늬썩음병 등이 발생할 수가 있다. 이러한 병은 심하더라도 아래에서 새순이 나오기 때문에 나무가 고사하는 경우는 드물지만 미관을 크게 해친다.

해충으로는 식나무깍지벌레, 선녀벌레, 이세리아깍지벌레, 딱총나무수염진딧물 등이 있다.

▲ 선녀벌레 성충

3월 중순~4월 하순에 새눈이 전개하기 시작하여, 잎이 나오기까지 1개월 정도가 걸린다. 5월에 묵은 잎이 떨어지고 꽃이 지고 나면, 새눈이 자라고 그 끝에 꽃눈이 생긴다. 전정을 하지 않아도 주립상의 자연수형을 유지하며, 복잡한 가지나 수관을 돌출한 가지 정도만 정리해도 충분하다. 가지를 자른 곳에서는 눈이 나오지 않는 성질이 있으므로, 강전정은 하지 않는 것이 좋다.

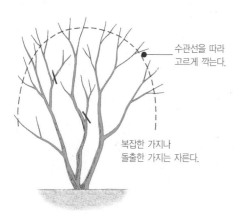

수관선을 따라 고르게 깎는다.

복잡한 가지나 돌출한 가지는 자른다.

식나무 열매는 11월부터 붉게 익기 시작하여, 개화기인 3~4월경까지 나무에 달려있다. 잘 익은 열매를 채취하여 흐르는 물로 열매껍질을 씻어내고, 종자를 선별하여 바로 파종한다. 실생 번식은 어미의 형질을 그대로 전해지는 것은 아니므로, 반입종은 삽목이나 접목으로 번식시킨다.

숙지삽은 3~4월, 녹지삽은 6~9월이 적기이다. 숙지삽은 충실한 전년지를, 녹지삽은 충실한 햇가지를 이용하며, 반입종은 반점이 뚜렷하게 나타나는 부분을 이용한다. 암수딴그루이므로 열매를 관상하기 위해서는 열매가 예쁜 암나무를 삽수로 선택한다.

3~4월과 6~9월에 절접을 붙인다. 대목으로는 생육이 왕성한 1~2년생 식나무 실생묘 또는 삽목묘를 이용하거나, 반입종의 종자를 파종하여 무늬가 나오지 않은 것을 이용하면 효율적이다.

열매를 채취하여 열매껍질을 물로 씻어내고 종자를 골라낸다.

서리의 피해가 없는 곳에 둔다.

1개월 정도 지나면 발아한다.

▲ 실생 번식

대목의 표피를 따라 깎아서 형성층이 나오게 한다.

선단부를 잘라내고, 기부의 3면에 형성층이 나오게 한다.

대목과 접수의 형성층을 밀착시키고, 광분해테이프로 고정시킨다.

▲ 접목(절접) 번식

전나무

- 소나무과 전나무속
- 상록침엽교목 • 수고 30m
- 한국 원산, 중국, 만주; 중부 이북의 높은 산지나 계곡부에 자람

학명 *Abies holophylla* 속명은 라틴어 abire(오르는 것)에서 유래한 것으로 몇 전나무류(Silver fir)의 높이가 큰 것을 뜻하며, 종소명은 그리스어 holos(전체)와 phyllon(잎)의 합성어로 '갈라지지 않은 잎을 가진'을 뜻한다. │ 영명 Needle fir │ 일명 モミ(樅) │ 중명 沙松(사송)

| 잎 |

45%

가지에 바늘잎이 입체적으로 돌려난다.
바늘잎은 뾰족하고 단단해서, 찔리면 아프다.

| 꽃

암꽃이삭

수꽃이삭

암수한그루. 전년지의 잎겨드랑이에 꽃이삭이 달린다.

| 열매

구과. 원통형이고 위를 향해 달리며, 갈색으로 익는다.

| 수피

지름 10cm

회색을 또는 암갈색이
며 표면이 거칠다.
오래되면 비늘 모양으
로 벗겨진다.

| 겨울눈

달걀형이고 나무진이
약간 있다. 가지 끝에
2~3개씩 달린다.

전나무는 젓나무라고도 한다. 이 나무의 줄기를 꺾으면 송진 같은 흰 액이 나오는데, 이것이 '젖'과 같다 하여 젖나무, 젓나무라고 부르다가 전나무가 되었다고 한다. 실제로 《훈몽자회》나 《물명고》에도 '젓나모'로 기록되어 있다.

어떤 이는 식물의 줄기나 잎에서 나오는 희고 끈끈한 진을 '젖'이라고 하므로, 젖나무에서 전나무가 되었다고 주장하기도 한다. 일본에서는 전나무를 종樅이라 쓰고, 모미モミ라 읽는다. 중국에서는 회목檜木이라 하며, 가지의 모양이 바람을 타고 질주하는 말과 같다 하여 포마송이라고도 한다.

독일의 종교개혁가 마틴 루터 목사가 전나무가 빼곡히 들어선 눈 쌓인 산길을 걸어가고 있었다. 그런데 갑자기 주위가 밝아지면서 전나무에 쌓여있던 눈이 달빛에 반사되어 빛을 발하는 아름다운 광경을 목격하게 되었다. 그 광경에 매료된 루터 목사는 그곳에서 하나님의 크고 놀라운 섭리를 발견하고, 전나무를 집으로 가져와 가지에 등을 달아 장식했다고 한다. 이것이 크리스마스트리의 유래라고 한다. 전나무속의 식물로는 우리나라 특산종인 구상나무를 비롯해 전나무, 분비나무, 일본전나무 등이 있는데, 수형이 아름답기 때문에 모두 크리스마스트리로 널리 이용된다.

독일에서는 밤에 손님을 맞이할 때, 전나무 가지나 소나무 가지에 양초를 세우고 현관까지 마중 나가는 풍습이 있었다고 한다. 여기에서 유래하여, 오늘날에도 기독교에서는 그리스도를 맞이할 때 촛불을 밝힌다고 한다.

▲ **합천 해인사 학사대 전나무**
신라 말에 최치원이 짚고 다니던 지팡이를 거꾸로 꽂아놓아 자란 나무라고 전해진다.
천연기념물 제541호.

조경 Point

우리나라 고유수종이며, 원추형의 정형적인 수형이 아름답고 품위가 느껴지는 나무이다. 학교, 공원, 공공기관 등에 독립수나 기념수로 심으면 좋다.
넓은 공원에 무리심기를 하면, 고산의 자연미를 느낄 수 있다.
나무의 모양이 아름답고 드높은 기상을 나타내므로, 시목(市木) 또는 교목(校木)으로 많이 지정되기도 한다. 크리스마스트리용 나무로도 이용된다.

재배 Point

내한성이 강하다. 햇빛이 잘 들고 찬바람이 불지 않는 곳, 비옥하고 수분이 있으나 배수가 잘되는 곳이 좋다.
중성 또는 약간 산성토양에서 재배한다. 뿌리내림이 좋지 않아 이식은 까다롭다.

병충해 Point

젓나무잎응애, 전나무잎말이진딧물, 솔수염하늘소, 전나무 빗자루병, 전나무 잎녹병, 그을음잎마름병 등이 발생한다. 젓나무 잎응애는 산림에서보다 도시의 가로수나 정원수에 피해가 심하며, 다른 잎응애류와 달리 성충과 약충이 잎의 표면에 기생한다.

5월부터 세심하게 관찰하여 약충이 발견되는 즉시 아세퀴노실(가네마이트) 액상수화제 1,000배액, 사이플루메토펜(파워샷) 액상수화제 2,000배액을 내성충의 출현을 방지하기 위해 교대로 2~3회 살포한다.

그을음잎마름병은 잎끝 부분이 적갈색으로 변하는 병으로, 나무를 고사시키지는 않지만 나무의 미관을 크게 해친다. 발병하면 감염된 가지는 잘라서 불태우고, 코퍼하이드록사이드(코사이드) 수화제 1,000배액 또는 만코제브(다이센M-45) 수화제 500배액을 4월 하순부터 10월까지 2주 간격으로 3~4회 살포한다.

▲ 전나무잎응애 피해잎

전정 Point

전정을 하지 않고, 원추형의 자연수형으로 키우는 것이 좋다.
맹아력이 약하기 때문에 강전정을 해서는 안되며, 전정을 하더라도 고사한 가지나 밀생한 가지를 솎아주는 정도로 한다.

번식 Point

솔방울을 채취하여, 양지 바른 곳에서 건조시켜 종자를 분리한다. 정선한 종자를 바로 파종하거나 저온저장 혹은 서늘한 곳에 보관하였다가, 다음해 봄에 파종한다.
삽목으로도 번식이 가능하지만, 발아율은 낮은 편이다.

조경수의 선정

APPENDIX

수목이 가진 뿌리·줄기·가지·잎 등에 의해 총체적으로 만들어진 나무의 전체적인 형태를 수형이라고 하며 유목, 성목, 노목 등 성장해가면서 수형이 변화하기도 한다. 침엽수는 원추형 수형이 많고, 활엽수는 달걀형이나 부정형이 많으며, 관목은 주립형의 수형이 많다. 장래에 어떤 수형으로 만들 것인가를 고려하여 식재수종을 선택하는 것이 중요하다. 이 책에서는 11가지 수형으로 분류하였다.

원추형

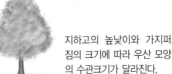

꼭대기가 뾰족한 긴 삼각형의 형태를 나타낸다.
상록침엽수의 교목류가 대부분이다.

• 편백 • 개잎갈나무 • 금송

우산형

지하고의 높낮이와 가지퍼짐의 크기에 따라 우산 모양의 수관크기가 달라진다.

• 주목 • 오엽송 • 계수나무

달걀형

달걀을 세워 놓은 모양으로 가지퍼짐이 가지런한 편이다. 관목에서 흔하게 볼 수 있다.

• 홍가시나무 • 졸참나무
• 아왜나무

타원형

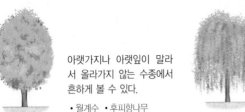

아랫가지나 아랫잎이 말라서 올라가지 않는 수종에서 흔하게 볼 수 있다.

• 월계수 • 후피향나무
• 노각나무

수양형

가는 가지가 지면을 향해 늘어지기 때문에 시선을 쉽게 아래로 끌어내린다.

• 수양버들 • 처진개벚나무
• 실화백

원형

수목의 높이와 수관폭이 비슷하다. 가지와 잎이 조밀하게 자란다.

• 먼나무 • 소귀나무
• 라일락

배상형

높이 올라갈수록 가지가 넓게 퍼지므로 장엄한 느낌을 주며, 녹음 면적이 넓게 형성된다.

• 느티나무 • 산수유
• 배롱나무

부정형

수종에 따라 일정한 형태를 가지지 않고, 개체마다 다른 모양의 수형을 보인다.

• 단풍나무 • 참빗살나무
• 피라칸다

주립형

지면 가까이에서 여러 개의 줄기가 나와 수형을 형성한다. 관목에서 많이 볼 수 있다.

• 식나무 • 차나무
• 낙상홍

포복형

지면에 붙거나 지면 가까이에서 부정형으로 넓게 퍼진다. 대부분 키가 작은 관목류이다.

• 눈향나무 • 눈주목
• 눈잣나무

덩굴형

스스로 서지 못하고 다른 물체에 의지해서 생장한다. 의지할 수 있는 적절한 시설이 필요하다.

• 등 • 능소화 • 담쟁이덩굴

나뭇잎의 모양은 나무마다 달라서 수종만큼이나 다양하다. 또 같은 나무에서도 잎의 형태가 고르지 않거나, 구골나무처럼 어린 잎일 때는 잎가장자리에 가시가 있다가, 노목이 되면 없어지는 등 생장단계에 따라 변화하기도 한다. 둥근 모양의 쪽동백나무, 아기 손바닥 모양의 단풍나무, 달걀 모양의 졸참나무 등 나뭇잎을 알면 알수록 나무에 대한 재미도 더 하게 된다.

단풍나무	예덕나무	모과나무	라일락
배롱나무	푸조나무	고추나무	뽕나무
박태기나무	계수나무	비파나무	중국단풍
생강나무	대왕송	백합나무	메타세콰이아
복자기	호랑가시나무	은행나무	조구나무

3 수피의 모양에 따른 조경수

낙엽이 진 겨울에는 수피를 통해서 나무의 참모습을 볼 수 있다. 나무껍질의 느낌은 부드러운 촉감 혹은 딱딱한 촉감 등이 있으며, 숨구멍의 형태에 따라 가로 혹은 세로로 갈라진다.

또 배롱나무, 노각나무, 모과나무, 백송 등과 같이 수피가 벗겨져서 얼룩덜룩하면서도 매끄러운 종류도 있다. 후피향나무, 느티나무, 소귀나무 등의 수피는 염료로 이용되기도 한다.

■ 얼룩무늬 수피

| 노각나무 | 양버즘나무 | 모과나무 | 백송 | 단풍철쭉 |

■ 미끈한 수피

| 배롱나무 | 서어나무 | 동백나무 | 굴거리나무 | 종가시나무 |

■ 벗겨지는 수피

| 산수유 | 계수나무 | 비자나무 | 중국단풍 | 가이즈카향나무 |

■ 줄이 있는 수피

| 산벚나무 | 자작나무 | 백합나무 | 위성류 | 밤나무 |

식물은 저마다 꽃 피는 시기가 정해져 있다. 계절에 따라 온도가 달라지고, 낮과 밤의 길이가 달라지기 때문에 여러 종류의 식물들이 꽃피는 시기를 달리하여 아름다운 꽃을 피우는 것이다.

주로 봄과 여름에 걸쳐 꽃을 피우는 수종이 많지만, 가을과 겨울에 정원을 아름답게 채색하는 수종도 있다. 특정한 시기에 꽃을 보기를 원한다면, 계절을 고려하여 꽃나무를 심는 것이 좋다.

■ 봄에 꽃이 피는 조경수

산사나무	매실나무	꽃사과	왕벚나무
개나리	산수유	백목련	등
박태기나무	진달래	산딸나무	일본목련
모란	고광나무	풍년화	라일락
철쭉	때죽나무	산당화	조팝나무

많은 식물들이 봄에 꽃을 피우지만 여름, 가을 또는 겨 울에 꽃을 피우는 종류도 의외로 많다. 이들 수종은 꽃 이 많지 않은 계절에 꽃을 피우기 때문에 귀한 대접을 받는다.

■ 여름에 꽃이 피는 조경수

■ 가을에 꽃이 피는 조경수

■ 겨울에 꽃이 피는 조경수

노각나무	수국	태산목	능소화
배롱나무	무궁화	협죽도	치자나무
자귀나무	마가목	백정화	멀구슬나무
금목서	목서	싸리	차나무
팔손이	납매	동백나무	애기동백나무

꽃나무에 피는 꽃에도 여러 가지 색이 있다. 우리나라 자생식물은 7월에 가장 많은 종이 꽃을 피우며, 색깔은 노란색이 가장 많고 다음이 흰색과 붉은색 계통인 것으로 조사되었다. 꽃이 여러 가지 색깔을 가지는 것은 꽃잎에 들어있는 색소가 가시광선 중에서 어떤 파장의 빛은 흡수하고, 어떤 파장의 빛은 반사하기 때문이다. 다양한 꽃색으로 꽃나무의 수종을 선택하여 특색 있는 정원을 꾸며 보는 것도 재미있다.

■ 노란색 꽃이 피는 조경수

■ 자주색 꽃이 피는 조경수

망종화	히어리	산수유	풍년화
삼지닥나무	개나리	금목서	골담초
영춘화	황매화	납매	생강나무
라일락	등	조록싸리	박태기나무
수국	자목련	구기자나무	멀구슬나무

■ 붉은색 꽃이 피는 조경수

해당화 · 매실나무 · 철쭉 · 모란

능소화 · 동백나무 · 배롱나무 · 장미

진달래 · 산당화 · 부용 · 영산홍

■ 흰색 꽃이 피는 조경수

태산목 · 산사나무 · 산딸나무 · 치자나무

함박꽃나무 · 노각나무 · 고광나무 · 백서향

조팝나무 · 마취목 · 불두화 · 백목련

열매란 식물이 수정한 후에 씨방이 자란 것으로, 대개 이 속에는 종자가 들어있다. 열매는 식물에 따라 크기와 색깔이 다양하며 관상가치가 높은 것이 많다. 대부분의 열매는 식용이 가능하며, 모과나무나 탱자나무 열매와 같은 것은 좋은 향기를 풍기기도 한다. 또 열매 자체를 감상하는 것뿐 아니라, 야생 조류들이 열매를 먹기 위해 날아오기 때문에 예쁜 열매가 열리는 정원수를 심으면 아름다운 새소리도 함께 즐길 수 있다.

주목	산수유	뜰보리수	호랑가시나무
산딸나무	백당나무	식나무	피라칸다
산벚나무	꽃사과	낙상홍	비파나무
모과나무	은행나무	탱자나무	좀작살나무
산당화	노린재나무	남천	백량금

일반적으로 낙엽수는 봄에 나오는 새순과 꽃, 여름의 녹음, 가을의 단풍이 주요 관상 포인트이다. 가을이 되면 기온이 낮아져서 나무의 녹색 잎이 빨간색, 노란색, 갈색 등으로 변하는 것이 단풍이다. 잎 속의 색소가 안토시아anthocyanin이면 빨간색, 카로틴carotene이나 크산토필xanthophll이면 노란색 단풍을 나타낸다. 낙엽수의 정원은 여름의 녹음과 그늘은 물론 가을의 화려한 단풍도 함께 즐길 수 있다.

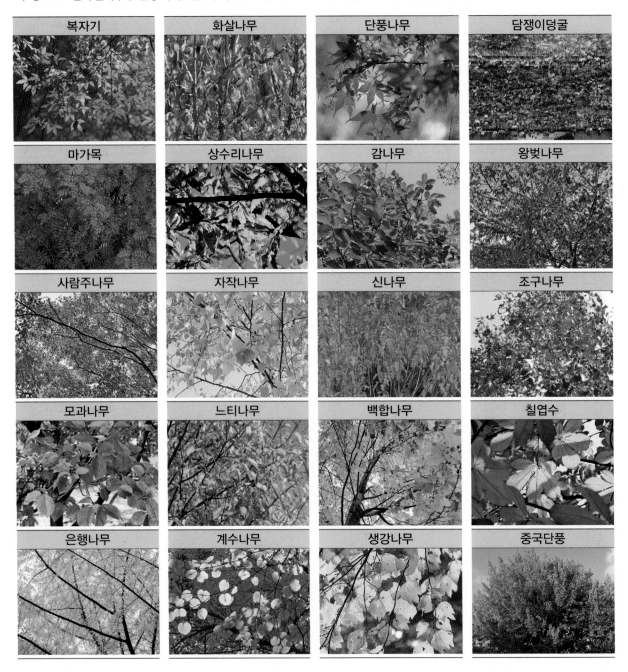

복자기	화살나무	단풍나무	담쟁이덩굴
마가목	상수리나무	감나무	왕벚나무
사람주나무	자작나무	신나무	조구나무
모과나무	느티나무	백합나무	칠엽수
은행나무	계수나무	생강나무	중국단풍

근래에는 자연에 대한 욕구가 다양해짐에 따라 향기 나는 나무로 정원을 만들어 보고 싶어 하는 사람들이 늘어나고 있다. 이러한 향기의 정원은 단순히 눈을 즐겁게 해주는 시각적인 정원에서 벗어나 좋은 향기로 후각을 즐겁게 해준다. 나무 중에는 꽃에서 향기가 나는 종류가 대부분이지만, 잎이나 가지에서 향기가 나는 종류도 의외로 많다. 후각을 즐겁게 해주는 향기 나는 정원도 특색이 있을 것이다.

태산목	인동덩굴	해당화	매실나무
일본목련	자목련	라일락	함박꽃나무
치자나무	금목서	납매	찔레꽃
구골나무	아까시나무	쪽동백나무	아그배나무
덜꿩나무	이팝나무	서향	장미

콩새

주로 도시의 공원, 정원 및 교외의 소나무 숲에서 서식하는 겨울 철새.
부리가 굵은 것이 특징이며 부리로 나무의 열매를 쪼아먹는다.

• 소나무 • 감탕나무 • 피라칸다

멧비둘기

농경지 부근이나 도시에서도 흔하게 볼 수 있는 텃새.
먹이는 낟곡식과 나무 열매가 주식이며, 곤충도 잡아먹는다.

• 소나무 • 꽝꽝나무
• 단풍나무 • 벚나무

박새

평지나 산지의 숲, 나무가 있는 정원, 도시공원, 인가 부근에서 흔히 볼 수 있는 텃새.
곤충을 주식으로 하며 풀이나 나무씨앗도 먹는다.

• 소나무 • 단풍나무 • 감나무

참새

우리나라 전역에 서식하는 가장 흔한 텃새.
낟곡식, 풀씨, 나무열매 등 식물성이나 여름철에는 곤충을 많이 잡아먹는다.

• 소나무 • 감나무 • 무화과나무

직박구리

우리나라 중부 이남 지역에서 흔히 볼 수 있는 텃새.
겨울에는 주로 나무열매를 먹고 여름에는 곤충을 잡아먹는다.

• 꽝꽝나무 • 소귀나무
• 으름덩굴

방울새

낮은 산지의 숲이나 농경지 등에서 서식하는 텃새로 20~30마리씩 작은 무리를 이룬다. 뭉뚝한 부리로 나무열매를 먹는다.

• 곰솔 • 단풍나무 • 화살나무

쇠딱다구리

딱따구리 중에서 몸집이 제일 작은 종류. 산림 속 나무 위에서 생활하며, 식물의 열매나 곤충을 먹는다.

• 마취목 • 피라칸다
• 참빗살나무

딱새

도시 변두리, 농촌의 정원, 인가 근처 등에 서식하는 텃새.
곤충 이외에 식물의 씨앗이나 열매도 먹는다.

• 가막살나무 • 산호수 • 남천

개똥지빠귀

10월에 우리나라를 찾아와 겨울을 나는 철새.
먹이로는 주로 식물의 열매를 먹는데 지렁이나 벌레도 좋아한다.

• 주목 • 먼나무 • 조구나무
• 피라칸다 • 이나무

곤줄박이

산지 또는 평지나 활엽수림에서 서식하는 텃새.
주로 곤충의 유충을 잡아먹는데, 가을과 겨울에는 나무 열매를 먹는다.

• 때죽나무 • 피라칸다
• 가막살나무

후투티

중부 이북 전역에서 볼 수 있는 여름새.
구릉이나 야산의 나무숲에서 번식하며 때로는 인가의 지붕이나 처마 밑에서도 번식한다.

멧새

농경지나 야산 또는 구릉의 숲에서 서식하는 텃새.
겨울에는 주로 나무열매나 풀씨를 먹고 여름에는 곤충의 유충이나 성충을 잡아먹는다.

밀화부리

도시 주변이나 교외 숲에 사는 여름새.
나무 열매 등 식물성 먹이를 주로 먹지만, 새끼에게 주는 먹이는 곤충이다.

• 중국단풍 • 야광나무
• 두충나무

쇠박새

주로 산림지역에서 살지만, 겨울에는 평지와 인가까지 내려와 쉽게 볼 수 있는 텃새이다.

• 장미과 식물의 열매

노랑턱멧새

한국에 흔한 텃새이자 겨울새이다. 산지 숲 가장자리나 관목 숲 또는 냇가 덤불 숲에 산다.

• 사철나무 • 이나무

동박새

서식지로는 우거진 상록활엽수림을 좋아한다.
특히 동백꽃의 꿀을 좋아하며, 개화기에는 동백나무 숲에 많이 모여든다.

• 동백나무 • 보리수나무
• 벚나무

꾀꼬리

시가지 공원을 비롯하여 야산, 깊은 산에 이르기까지 광범위하게 서식한다.
봄 · 여름에는 곤충이나 곤충의 유충, 가을에는 나무 열매를 먹는다.

• 벚나무 • 가막살나무

청딱다구리

한반도 전역에서 흔한 텃새이며, 주로 단독으로 산지의 숲에 서식한다.

• 장미과 식물의 열매

오색딱다구리

한국 전역에서 번식하는 흔한 텃새. 농경지 주변의 나무나 촌락의 숲, 마을에도 날아온다.

• 오디 • 버찌 • 견과류

찌르레기

한국 전국에 번식하는 여름새이지만 중부 이남에서는 겨울을 나기도 한다.
농경지, 구릉, 산기슭, 도시공원에서 산다.

살아있는 수목을 재료로 이용하여 울타리를 만든 것을 산울타리라고 한다. 판자담과 같이 목재가 썩을 우려가 없고 30~40년 또는 그 이상 훌륭하게 유지될 뿐 아니라, 외양도 좋고 통풍이 잘 되므로 건강에도 좋다. 산울타리로 사용하기에 적합한 조건으로는 상록수종이고 지엽이 치밀하며, 맹아력이 큰 것이 좋다. 또 적당한 높이까지 자라면 아랫가지가 말라죽지 않고 외관이 아름다우며, 번식이 용이한 것이 좋다.

눈주목	가이즈카향나무	홍가시나무	산당화
진달래	금목서	사철나무	대나무
철쭉	동백나무	개나리	회양목
쥐똥나무	무궁화	해당화	장미
조팝나무	피라칸다	탱자나무	죽단화

강한 바람을 막기 위해 심는 나무를 방풍수라 한다. 방풍용 수종은 뿌리가 땅속 깊이 뻗는 심근성인 동시에, 지간이 강해서 강풍에 의한 손상을 입지 않는 것이 좋다.

가옥이나 건물 주위에 화재가 발생했을 때, 불길이 인접 주택으로 번지는 것을 차단하고 연소시간을 지연시키기 위해 심는 나무를 방화수라 한다. 화재로 인한 열풍을 차단하려면 가지가 길고 잎의 수가 많으며 수분함량이 많은 것이 유리하다.

특히 아왜나무의 잎은 크고 두터워서 많은 수분을 품고 있어서, 한번 불이 붙으면 나무에서 보글보글 거품이 나오기 때문에 오래 타지 못하고 꺼져버린다. 또, 아왜나무의 종소명 아와부키*awabuki*는 '거품을 내는 나무'라는 뜻을 가지고 있다.

■ **방풍용 조경수**

| 독일가문비 | 동백나무 | 편백나무 | 곰솔 |
| 광나무 | 화백 | 후박나무 | 대나무 |

■ **방화용 조경수**

| 아왜나무 | 굴거리나무 | 돈나무 | 호랑가시나무 |
| 떡갈나무 | 주목 | 후피향나무 | 사철나무 |

일반적으로 모든 나무는 햇빛을 좋아하며, 햇빛이 쬐는 방향으로 자라는 경향이 있다. 이에 대해 그늘진 곳에서도 잘 자라는 나무를 음수라고 한다.

음수는 해가 잘 드는 곳에서는 물론이고, 어느 정도 그늘진 곳에서도 잘 견딘다. 따라서 음수는 건물의 북측면이나 정원에서 그늘지는 시간이 오랜 곳 혹은 큰 나무 아래에서도 잘 자란다.

주목	식나무	뿔남천	자금우
금송	비쭈기나무	차나무	남천
후피향나무	황칠나무	팔손이	동백나무
치자나무	사철나무	담쟁이덩굴	애기동백나무
굴거리나무	꽝꽝나무	목서	멀꿀

정원수를 관리하는 수고의 대부분은 전정작업이다. 따라서 나무의 생장속도가 느리고, 신장하는 방향이 일정한 수종을 선정하여 심는다면, 관리하는 수고를 크게 줄일 수 있다.

큰 수고로움 없이 키울 수 있는 조경수로는 생장이 느려서 천천히 자라는 나무, 방임해두더라도 수형이 크게 흐트러지지 않는 나무, 병충해에 강한 나무, 비료가 그다지 필요하지 않는 나무 등을 꼽을 수 있다.

눈향나무

산호수

식나무

자금우

황칠나무

단풍나무

낙상홍

남천

앵도나무

꽃산딸나무

화살나무

산딸나무

대왕송

오엽송

측백나무

블루베리

복자기

편백

백량금

중국단풍

모든 나무는 생육하기에 적합한 환경조건이 있다. 적합한 환경조건 하에서 생육하는 수목은 병충해에 강할 뿐 아니라, 나무의 건강을 저해하는 요소에 대해서도 저항력을 가진다. 그러나 급격한 환경변화 등으로 인해 생육 상태가 나빠지면, 해충의 침해를 받기 쉽고 병에도 걸리기 쉽다. 병충해에 강한 나무란 어떤 환경조건에서도 건강하게 생육하며, 해충과 병해에 대해 저항력을 가진 나무를 말한다.

주목	백목련	꽝꽝나무	안개나무
금송	대왕송	비쭈기나무	꽃댕강나무
후피향나무	수국	황칠나무	개나리
서어나무	계수나무	히어리	태산목
이팝나무	화백	편백	가이즈카향나무

오염물질이 식물에 주는 피해는 다른 비전염성 생육장애와 증상이 비슷하며, 피해증상이 복합적으로 나타나는 경우가 많다.

또 오염물질에 피해를 입은 수목은 생육장애가 매우 서히 진전되는 경우가 대부분이어서, 육안으로 피해가 관찰되었을 때는 이미 치유 불가능한 단계에 이른 경우가 많다. 최근에는 아황산가스와 자동차배기가스에 의한 수목의 피해가 크게 늘어나고 있다.

■ 아황산가스에 강한 수종

향나무 / 칠엽수 / 녹나무 / 종가시나무
아왜나무 / 은행나무 / 가죽나무 / 멀구슬나무
호랑가시나무 / 굴거리나무 / 편백 / 아까시나무

■ 자동차 배기가스에 강한 수종

비자나무 / 가이즈카향나무 / 태산목 / 협죽도
벽오동 / 버드나무 / 졸가시나무 / 중국굴피나무

목 | 록 | 색 | 인

참고 문헌

- 나무도감. 2010. 국립수목원. 지오북
- 한국의 나무. 2011. 김진석, 김태영. 돌베게
- 나무생태도감. 2016. 윤충원. 지오북
- 식물민속박물지 2012. 최영전. 아카데미서적
- 나무백과(1~6권). 2002. 임경빈. 일지사
- 우리나무 백가지. 1995. 이유미. 현암사
- 유용식물번식학. 1966. 임경빈 역. 문교부
- 수목학. 2006. 이창복. 향문사.
- 식물분류학. 2002. 이창복, 현재선, 나용준. 향문사
- 우리나라 조경수 이야기. 2010. 이광만. 이비락
- 전원주택 정원만들기. 2012. 이광만, 소경자. 이비컴
- 나뭇잎 도감. 2013. 이광만, 소경자. 나무와문화연구소
- 겨울눈 도감. 2015. 이광만, 소경자. 나무와문화연구소
- 삼고 조경수목학. 2013. 박용진 외 4인. 향문사
- 조경수목학. 2002. 한국조경학회. 문운당
- 조경수목도감. 2004. 대한주택공사. 기문당
- 새로운 한국식물도감(1, 2권). 2006. 이영노. 교학사
- 원색 한국수목도감. 1987. 홍성천, 변수현, 김삼식. 계명사
- 나무병해도감. 2008. 강전유. 소담출판사
- 나무병해충도감. 2014. 문성철, 이상길. 자연과생태
- 조경수병해충도감. 2009. 나용준, 우건석, 이경준. 서울대학교출판문화원
- 조경수 식재관리기술. 2012. 이경준, 이승제. 서울대학교출판문화원
- Pruning plant by plant. 2012. Andrew Mikolajski. DK
- Plant Systematics. 2007. Michael G. Simpson. Elsevier
- Plant Biology. 2008. Linda E. Graham, James M. Graham, Lee W. Wilcox. Prentice Hall
- Plant Form. 1991. Bell, A. D.. OxfordUniv. Press
- Structural Botany. 1907. Gray, A. American Book
- 樹木大圖說(Ⅰ, Ⅱ, Ⅲ). 1934. 上原敬二. 有明書房
- 挿木·接木·取木. 2005. 高柳良夫, 矢端龜久男. 日本文藝社
- 樹木大圖鑑. 2007. 平野隆久. 永岡書店
- 花木の剪定. 1998. NHK出版
- 樹木根系圖說. 1970. 誠文堂新光社
- 樹にさく花(Ⅰ, Ⅱ, Ⅲ). 2000. 茂木透, 石井英美. 山と溪谷社
- 景觀植物百科. 2005. 王意成, 郭忠仁. 江蘇科學技術出版社
- 中國本草圖錄(1~9권). 1990. 蕭培根 외 16인. 人民衛生出版社

참고 웹사이트

- 국가표준식물목록 http://www.nature.go.kr/kpni
- 국가생물정보시스템 http://www.nature.go.kr
- 나무세계 http://treeworld.co.kr
- 식물목록 http://www.theplantlist.org
- 미국자연자원보존국 http://plants.usda.gov/
- 미주리식물원 http://www.missouribotanicalgarden.org
- 미국자연자원보존국 http://plants.usda.gov/
- 중국 식물지 http://www.efloras.org/flora_page.aspxflora_id=2
- 국제식물명명규약 http://ibot.sav.sk/icbn/main.htm
- 데이브식물원 http://davesgarden.com/guides/botanary/
- 오레곤주립대학 http://oregonstate.edu/dept/ldplants
- 후쿠하라교수 홈페이지 https://ww1.fukuoka-edu.ac.jp/~fukuhara/
- 보타닉 가든 http://www.botanic.jp/
- 문화재청 홈페이지 http://www.cha.go.kr/
- Flora of Matsue http://matsue-hana.com/
- 三河の植物圖鑑 http://mikawanoyasou.org/
- 국가농작물병충해 관리시스템 홈페이지 http://ncpms.rda.go.kr
- 나무로닷컴 http://www.namu-ro.com/
- 들꽃 카페 http://cafe.naver.com/wildfiower/
- 풀베개 http://wildgreen.co.kr/